商务统计数据分析

主　编：童泽平　李红松
副主编：殷志平　刘俊武　王雅娟

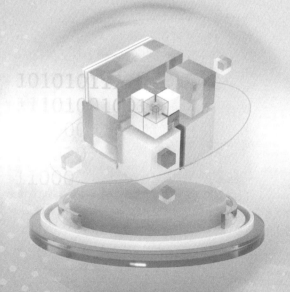

经济管理出版社
ECONOMY & MANAGEMENT PUBLISHING HOUSE

图书在版编目（CIP）数据

商务统计数据分析/童泽平，李红松主编.—北京：经济管理出版社，2023.12
ISBN 978-7-5096-9586-9

Ⅰ.①商…　Ⅱ.①童…②李…　Ⅲ.①统计数据—统计分析—高等学校—教材　Ⅳ.①O212.1

中国国家版本馆 CIP 数据核字（2024）第 026666 号

组稿编辑：杨国强
责任编辑：杨国强
责任印制：黄章平
责任校对：张晓燕

出版发行：经济管理出版社
　　　　　（北京市海淀区北蜂窝 8 号中雅大厦 A 座 11 层　100038）
网　　　址：www.E-mp.com.cn
电　　　话：（010）51915602
印　　　刷：北京晨旭印刷厂
经　　　销：新华书店
开　　　本：720mm×1000mm/16
印　　　张：25.25
字　　　数：510 千字
版　　　次：2024 年 1 月第 1 版　　2024 年 1 月第 1 次印刷
书　　　号：ISBN 978-7-5096-9586-9
定　　　价：49.00 元

前　言

  数据分析在理论研究领域和管理实践中均已得到高度重视，掌握统计数据分析方法、学会运用数据分析工具已成为管理者应具备的基本技能。数据的处理与分析包括数据的获得、数据的整理与展示、数据的分析与结果解读等环节。其中，数据的分析环节需要运用大量的统计分析方法，这些方法如果依靠分析工具完成，可大大提高工作效率并确保分析结果的准确性。本书以统计数据分析的全过程为主线，结合作者多年的教学经验和体会，介绍了数据的来源与获得、数据的整理与展示、数据的处理与分析等内容，其中的分析方法涵盖了统计学中的基本统计方法，主要针对高校统计学和数据分析类课程教学需要而编写。

  本书内容力求简明、通俗易懂，同时为了便于读者对有些内容的理解，在某些方面增加了深度，可作为本科生和硕士研究生相关课程参考教材。本书的一个特点是注重理论分析与方法应用相结合，在介绍方法应用的过程中，尽量结合Excel 和 SPSS 等广泛使用的数据分析工具，突出工具的操作过程，使学习者容易上手，其中，Excel 的操作介绍适用于 2010 及以上版本，SPSS 的操作介绍适用于 17.0 及以上版本。

  本书结合时代需求，在两个方面做了一些尝试：一是融入了课程思政元素，为了响应教育部关于落实"二十大精神进教材""加强课程思政建设"的有关精神，在第一章中增加了"数据分析实践中的职业素养"一节，同时，将改革开放以来社会经济层面取得的巨大成就以案例形式融入教材；二是教材在内容体系设计方面考虑了数据分析过程的完整性和连贯性，以满足不同专业和学历层次教学工作需要，方便使用者根据教学课时安排、教学大纲要求进行内容取舍。

  本书由童泽平和李红松共同担任主编，殷志平、刘俊武、王雅娟等教师参与编写并审核。邓旭东教授对本书的编写提出了许多有益的建议，在此表示感谢！

  由于作者水平有限，书中难免存在疏漏、错误和不足之处，希望得到同行和读者的反馈与指正，以便对教材做出进一步完善。为方便教师教学需要，本书有配套的 PPT 课件可供使用，欢迎使用者在"经管之家"网站（网址：http：//bbs. pinggu. org）下载。

编　者

2023 年 9 月

目　录

第一章　绪论

实践中的数据分析 1：认识数字世界的必备工具

我们生活在一个信息时代，数据信息无处不在，如上市公司财务数据、金融市场交易数据、网络用户行为数据、医药研发实验数据等，如何从这些数据中挖掘有用的信息，帮助我们更好地理解这个数字时代和解决实践中遇到的问题，则需要借助数据分析方法和技术，而统计数据分析的任务是收集、整理和分析数据。

数据分析方法的选取对于发现问题、揭示现象的本质、准确地做出预测决策至关重要。方法并非越复杂越好，每种方法都有特定的适用条件和应用场景，合适的才是最好的。比如，在掌握用户行为方面的数据后，选用什么方法分析用户的需求和偏好，以便更有针对性地精准投放广告、提升广告效果；针对金融市场交易数据，如何评估投资风险和收益，以便为投资决策提供参考；如何对某种新药的试验数据进行分析，评估该药物的有效性和稳定性，为新药研发提供依据；等等。数据分析方法和技术已成为解决上述问题的必备工具。

第一节　统计数据的类型

统计分析所依据的数据是对客观现象属性或特征的描述，是对研究对象观测记录或计算处理后得到的结果。每个数据都具有一定的内涵和外延，并由特定的时间、地点及对象概括，比如上海证券交易所股票价格综合指数 2022 年 12 月末收盘点数 3089.3，2021 年我国国内生产总值（GDP）114.37 万亿元，青岛海尔电器股份有限公司的行业类型为家电制造业（隐含了数据时间点为调查时点），等等。

对数据的分析必须先明确数据的类型，不同类型的数据需要采用不同的处理和分析方法。从不同的角度出发，数据可进行不同的划分，常见的分类视角有四种，分别是计量尺度分类视角、获取方法分类视角、时空分类视角和研究对象范围视角，每种视角下的分类如图 1-1 所示。

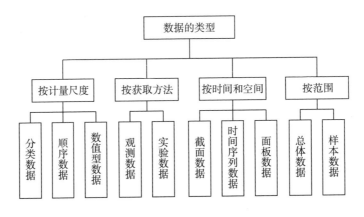

图 1-1 数据的分类

一、分类数据、顺序数据和数值型数据

数据计量的尺度按照由低级到高级、由粗略到精确的标准分为定类尺度（Nominal Scale 或 Classification Scale）、定序尺度（Ordinal Scale）、定距尺度（Interval Scale）和定比尺度（Ratio Scale 或 Numerical Scale）。按照计量尺度的不同，数据可分为分类数据（定类尺度）、顺序数据（定序尺度）和数值型数据（定距尺度和定比尺度）。统计中通常又把分类数据和顺序数据称为品质标志数据，将数值型数据称为数量标志数据。

（一）分类数据

定类尺度是按照客观现象的某种属性对其进行分类或分组计量，各类各组之间属于并列、平等并且互相排斥的关系。依据定类尺度计量得到的数据属于分类数据（Categorical Data），通常用文字表示。例如：将国民经济按产业划分为第一产业、第二产业和第三产业，将学生按性别划分为男生和女生，将交通信号灯的颜色分为红色、黄色和绿色，等等。

分类数据的值不反映各类的优劣、量的大小或顺序，有时候为了便于数据处理，采用数字代码表示各个类别，但这种数字并无大小区分，也不能进行任何数学运算。例如：用"1"和"0"分别表示"男生"和"女生"；用"1"、"2"和"3"分别表示"第一产业"、"第二产业"和"第三产业"；等等。

（二）顺序数据

定序尺度是对客观现象按照等级差或顺序差进行分类或分组计量，与定类尺度不同，定序尺度划分的各类各组之间有优劣、量的大小或先后顺序之分。依据定序尺度计量得到的数据属于顺序数据（Rank Date）。例如：某种疾病治疗方法按疗效划分为治愈、显著有效、好转和无效；学生按某门课程的考试成绩划分为优秀、良好、中、及格和不及格五个等级；公司员工按受教育程度可划分为小学、初中、高中、大学、研究生；等等。

顺序数据的值也可采用数字代码表示，此时，数字大小表明优劣、先后的意义，但不能进行任何数学运算。例如：用"1"、"2"、"3"、"4"和"5"分别表示尿糖化验结果"−"、"±"、"+"、"++"和"+++"，此时数字从大到小表明尿糖含量由高到低；也可用"5"、"4"、"3"、"2"和"1"分别对应"−"、"±"、"+"、"++"和"+++"，此时数字从大到小表明尿糖含量由低到高。

（三）数值型数据

数值型数据（Metric Date）是使用定距尺度和定比尺度计量得到的数据。数值型数据用数值表示，依据定距尺度得到总量数据，依据定比尺度得到相对数数据和平均数数据，两者都属于数值型数据。

定距尺度是用数值对现象各类别之间间距进行精确计量测度，通常用于测度现象的绝对总量、规模和水平，如产量、人口数、销售额、净利润等方面的数据。总量数据根据其数值是否存在间断可进一步分为离散型数据和连续型数据，数值存在间断、只能用整数表示的数据称为离散型数据，如员工人数、零件个数、企业数等；数值是连续的、可以进行无限分割的数据称为连续型数据，如身高、销售收入、工资、进出口额等。总量数据还可根据反映的时间状态不同分为时点数据和时期数据，时点数据描述现象在某一时刻的状态，不能简单加减，如各月月末库存额相加没有意义；时期数据反映现象在一段时间内累积形成的结果，可以累加，比如第一季度产量与第二季度产量相加表示上半年产量。

定比尺度是在定距尺度的基础上，确定相应的比较基数，然后将两种相关的数据加以对比而形成的比值，使用定比尺度计量得到的数据有相对数数据和平均数数据两种。相对数数据通常用于测度现象的结构、比重、速度、密度、强度等数量关系，如及格率、增长率、资金周转率、利润率等方面的数据；平均数数据反映总体的平均水平，如人均产量、平均年龄等方面的数据。相对数数据和平均数数据不能像总量数据那样直接进行加减，其数学运算时必须结合具体情况，依据特定规则进行。

二、观测数据和实验数据

按照获取数据方法的不同，数据可分为观测数据和实验数据。

（一）观测数据

观测数据（Observational Data）是通过调查或观测而收集到的数据，它是在没有对事物进行人为控制的条件下得到的，社会经济现象方面的数据几乎都是观测数据。例如：民意调查获得的数据；统计报表提交的数据；证券交易数据；等等。

（二）实验数据

实验数据（Experimental Data）是采用科学实验方式，通过控制实验对象而收集到的数据。在实验中，实验环境受到严格控制，数据的产生一定是某一约束条件下的结果。例如：新药研制中的临床实验数据；农作物育种培育中种植实验的数据。自然科学研究通常采取实验的方法获得数据。

三、截面数据、时间序列数据和面板数据

按照被描述对象的数据与时空的关联性，可以将数据分为截面数据、时间序列数据和面板数据。

（一）截面数据

截面数据（Cross-Sectional Data）是采用空间维度（横截面），描述研究对象不同空间的个体在某一相同时间点表现出的特征和属性。例如：全国 31 个省区市 2022 年的国内生产总值和固定资产投资数据、某高校 2022 年入学新生的身高和体重数据等。

在使用截面数据研究问题时，有两个方面的问题需要注意：一是由于个体或地域本身的异质性，不同空间个体会存在较大差异，这种差异不可避免，属于"无法观测的异质性"，但引起异质性的因素不能差异太大；二是截面数据要求数据的统计标准及取样时间必须一致。

（二）时间序列数据

时间序列数据（Time Series Data）指对同一对象在不同时间连续观察所取得的数据。时间序列数据采用时间维度描述对象发展变化的轨迹和规律。例如：中国 1978~2018 年改革开放以来历年国内生产总值和固定资产投资数据；某企业 2020 年 1 月至 2022 年 12 月各月的销售收入数据；等等。

利用时间序列数据时，一是要求数据的统计标准在各个观察时间上必须一致，二是对象在不同时间上的空间范围要一致。比如，对上市公司股票价格变动

进行研究时，在研究期内，同一上市公司是否存在重大资产重组、是否因利润分配产生股价的除权除息等，必须综合考虑。

（三）面板数据

面板数据（Panel Data）是由时间序列和截面数据交叉形成的，是从时间和空间两个维度对研究对象不同空间的个体在不同时间连续观察取得的数据。由于对此类数据进行分析时多采用面板模型（Panel Model），故被称为面板数据。例如：中国移动、中国电信和中国联通三家公司近 10 年历年的用户数据；各创业板上市公司 2012~2022 年的主要财务数据；等等。

面板数据既可以分析个体之间的差异情况，又可以描述个体的动态变化特征。比如，利用全国 31 个省份 1978~2018 年的国内生产总值和固定资产投资数据，既可以分析我国国内生产总值和固定资产投资间随时间变化的关系，也可以分析这种关系在各地区是否存在不同。

四、总体数据和样本数据

按照被描述对象涵盖的范围，数据可分为总体数据和样本数据。所谓总体是研究对象内全部个体的集合，每一个个体都是一个总体单位；样本是由总体中的部分个体组成的集合。如果样本是从总体中随机产生的，则称为随机样本，统计推断要求的样本必须是随机样本。比如，调查公司欲了解一种饮料在某地区消费者中的受欢迎程度，通过电话随机采访了 120 位消费者，这一研究的总体是该地区的所有消费者，每个消费者是总体单位，电话采访的 120 位消费者构成了样本。

（一）总体数据

如果掌握的是总体中所有个体的数据则称为总体数据（Population Data），总体数据一般情况下未知，有些总体数据可通过全面调查的方式获得，但有些总体数据即使通过全面调查也不能获得。比如，某大学想要了解该校当年入学新生的成绩与家庭经济状况存在多大程度的关联，则全部新生是研究总体，通过对每位新生进行问卷调查获得的数据是总体数据。

（二）样本数据

如果掌握的是总体中一个样本的数据则称为样本数据（Sample Data）。随机样本可以较好地反映总体的分布，因而统计中经常使用样本数据推断总体的数量特征。如果在上述大学新生成绩与家庭经济状况关联程度的研究中，随机抽取 100 名新生进行问卷调查，那么这 100 名同学就组成了样本，调查获得的数据则是样本数据。

第二节 统计数据的来源

数据的来源可以是通过直接方式获得的第一手数据，也可以是通过间接方式获得的已经存在的数据，即二手数据，前者为数据的直接来源，后者为数据的间接来源。

一、数据的直接来源

如果数据的来源通过直接组织的调查、观测和科学实验等方式获得，则属于第一手数据或者原始数据。当所要研究的对象没有现成的数据，或者虽然有现成的数据但数据可靠性存在问题而不能使用，这时需要通过调查、观测或者实验，获得研究对象的数据。对于自然现象而言，科学实验和观测是取得数据的主要手段；对于社会经济现象而言，调查是获得数据的重要手段。例如：客户满意度调查、电视节目收视率调查、大学生心理健康状况调查等。常见的数据调查方式有普查、统计报表、典型调查、重点调查和抽样调查等。

（一）普查

普查（Census）是为了某种特定目的，专门组织的一次性全面调查。普查是基于特定目的、特定对象而进行的，用于收集现象在某一时点状态下的数据。由于普查涉及面广、调查单位多，需要耗费相当大的人力、物力、财力和时间，通常间隔较长时间进行一次，对于关系国情国力的基本数据，世界各国通常定期举行普查，以掌握特定社会经济现象的基本全貌。

我国目前已开展的全国普查有人口普查、经济普查、农业普查。自 1990 年开展的第四次人口普查起，之后每十年进行一次，2020 年为第七次人口普查；自 1996 年底进行的第一次农业普查起，也是每十年进行一次；2004 年第一次开展了经济普查，之后每五年进行一次。

（二）统计报表

统计报表（Statistical Report Forms）是按国家统一规定的表式、统一的指标项目、统一的报送时间，自下而上逐级定期收集基本统计数据的调查方式。统计报表是我国政府部门收集社会经济统计数据的重要方式。我国大多数统计报表要求调查对象的全部单位填报，属于全面调查范畴，所以又称全面统计报表。统计报表具有统一性、全面性、周期性和可靠性等特点。

目前，我国的统计报表由国家统计报表、业务部门统计报表和地方统计报表组成，报表内容涉及国民经济各行业、各部门，其中国家统计报表是统计报表体系的基本部分。按照报送周期不同统计报表又分为月度、季度、年度统计报表和不定期报表。

（三）典型调查

典型调查（Typical Survey）是根据调查目的和要求，在对总体进行全面分析的基础上，从全部单位中选取少数有代表性的单位进行深入调查的一种非全面调查方式。比如，研究资源在促进县域经济发展中的作用时，可以从全国经济百强县中挑选具有资源优势的县作为典型县进行典型调查，收集数据。

典型调查的特点：第一，典型调查是选取少数有代表性的单位进行调查，由于调查单位少，因此省时省力；第二，典型调查适用于对现象进行深入细致的调查，既可以收集反映研究对象属性和特征的数字资料，分析现象量的属性，也可以收集不能用数字表示的文字资料，以深入分析数量关系形成的原因，并提出解决问题的思路和办法。

典型调查的关键是典型单位的选取。典型单位的选取与研究目的有关，如果研究目的是推广成功的经验，则典型单位从先进中产生；如果是为了总结教训，则典型单位从后进单位中产生；如果是为了近似了解总体的一般情况，则适合划类取典。

（四）重点调查

重点调查（Key-Point Survey）是从研究对象中选取部分重点单位进行调查以获得数据的一种非全面调查方式。重点单位指对于所要研究的属性特征，那些在总体中具有重要地位的单位。比如，要想了解我国房地产业当前的生产经营状况，重点单位是那些销售额、开工竣工面积在全国排名靠前的房地产企业，它们在全国近 10 万家房地产开发企业中只占 1%，但房地产销售额可能占到全国的一半以上，选取排名前 100 的房地产企业进行调查就能够反映整个行业的基本情况。

重点调查省时、省力，当研究任务是为了了解研究对象的基本情况，并且总体存在重点单位时，才适合采用重点调查收集数据。

（五）抽样调查

抽样调查（Sample Survey）是按照随机性原则，从研究对象中抽选一部分单位（或者个体）进行调查，并据此对研究对象做出估计和推断的一种调查方法。在抽样调查中，研究对象是由许多单位组成的整体，称为总体或母体，抽出的部分单位组成的整体称为样本，样本包含的单位数称为样本容量。显然，抽样调查属于非全面调查。

抽样调查是用样本数据推断总体特征，必然产生代表性误差，即使严格遵守随机性原则，代表性误差也不可能完全消除，但在满足一定可信度的情况下，代表性误差可以通过样本容量加以控制。

抽样调查被用于某些不能进行全面调查的现象，或者从理论可行但实际上不能进行全面调查的现象，比如存在破坏性实验的产品使用寿命调查、海洋渔业资源调查等。此外，许多研究虽然可以进行全面调查，但限于时间、成本等因素，运用抽样调查可能更好。

前面提到的典型调查和重点调查虽然也属于利用样本数据反映总体特征的非全面调查，但其样本的产生属于非概率抽样，这与抽样调查中按随机性原则产生的样本完全不同，为了对两者加以区别，通常所指的抽样调查为随机抽样。

二、数据的间接来源

数据的间接来源指使用别人调查的数据或者对原始数据进行加工整理后的数据，也称之为二手数据。所有间接得到的数据都由原始数据过渡而来，间接来源的途径包括：公开出版物，如年鉴、期刊、著作、报纸和报告等；官方统计部门、政府、组织、学校、科研机构等通过媒体公开的数据，如政府统计部门定期通过网站公布的各种统计数据。

使用间接来源的数据时应注意以下问题：一是要了解间接数据中变量的含义、计算口径、计算方法，以防止误用、错用他人的数据；二是引用间接数据时要注明数据的来源或出处。

第三节　统计数据分析的步骤

在已经获得研究分析所需要的数据后，接下来便进入数据的整理与分析阶段。数据分析的目的是从描述研究对象的数据信息中，发现其内在特征和规律。完整的数据分析过程包括数据的整理、数据的展示、分析方法选取、分析结果的评价等环节。

一、数据的整理

数据整理是将获得的数据进行加工汇总，使之条理化的过程，数据整理的内容包括审核与订正、分组、汇总等。

（一）数据的审核与订正

数据的审核是检查数据是否准确、完整，是保证数据质量的关键内容之一。

准确性检查一般依靠逻辑常识判断数据是否存在错误，比如当数据中存在异常值时、当数据有不符合逻辑之处时，都要进行鉴别核实；对于存在数量关系的数据，还应核实是否存在计算上的错误。一旦发现数据存在错误，应对数据进行订正。

数据的完整性审核是检查应调查的对象中是否存在遗漏的单位，要调查的数据项目是否完整齐全等，如果有遗漏，应想办法补充。

（二）数据的分组

所谓分组是按照某种标准将数据分成几个不同的部分。对于分类数据和顺序数据，每一类实际上就是一个组，一般不需要做进一步的划分；对于数值型数据，有时候需要对数据进行分组。关于数据的分组，在第二章中将有详细介绍。

（三）数据的汇总

数据的汇总指采用某种标准分组后，将原始数据按组别分别加总归类的过程。比如，收集到了公司每位员工的年龄，按不同的年龄段分别计算人数，属于最简单的汇总；对于人口普查取得的原始数据进行汇总则相当复杂，需要采用专门的组织形式和技术方法。

二、数据的展示

已经整理好的数据需要按某种方式将其展示出来，选择合适的数据展示方式，不仅可以使数据的特征规律较好地得到体现，还可以达到形象、美观的效果。数据的展示方式包括表格和图形。

表格是最基本的数据展示方式，既可以用来展示数据本身，也可用于对数据进行整理汇总，还可以对数据进行分析并展示分析的结果。

相比表格而言，图形展示数据时，更简明、生动、形象，通过视觉冲击效果使数据的特征和规律一目了然地得到体现，因此，图形展示又称为数据可视化。利用图形不仅可以展示数据，还可以对数据进行简单的分析，关于数据的图形展示与分析将在第二章中详细介绍。

三、数据的分析

（一）数据分析方法的选取

对数据进行量化分析，必须选取恰当的分析方法，以揭示研究对象的本质特征和规律。数据分析既有数据特征的简单描述分析，也有复杂的推断量化分析，具体采用什么方法必须结合研究目的、数据的类型、数据的范围等因素综合确定。

描述分析是对研究对象的规模、水平、内部结构或比例、发展变化的速度、数据的集中趋势、离散程度、分布特征等进行的一般性分析，具体可以运用图、表或计算综合指标等方法实现。

推断分析是运用特定的数量方法，就某一假设、总体未知的特征、现象变化的规律、现象之间的关系等方面进行分析，以验证假设或得出结论。具体方法有总体参数估计分析法、假设检验法、方差分析法、相关分析法、回归分析法、时间序列趋势分析法、因素分析法以及其他各种统计分析方法。

（二）数据分析结果的评价

运用数据分析方法得到结果后，需要用语言文字对结果进行分析评价。评价的内容包括对结果包含的含义、特征和规律的解释，对存在的问题（或者成功的经验）及原因的分析，提出解决问题的措施或建议等。

第四节　常用的数据分析工具

运用量化分析工具，可以快速、准确、高效地对数据进行计算、汇总和处理，对于一些复杂的数据分析方法，往往需要借助专门的分析工具才能得以实现。因而量化分析工具是数据分析的有效助手。目前，运用最为广泛的初级量化分析工具软件是 Office 系列办公软件中的组件 Excel。此外，还有一些专门的分析工具软件如 SPSS、SAS、Stata、EViews、MATLAB 等。近年来比较流行的 R 语言、Python 属于开放源代码、免费使用的可编程工具，也被广泛应用于统计数据分析中。本书后续各章的实例分析中，将重点介绍 Excel 和 SPSS 的数据处理与分析功能的具体实现过程。

一、Excel 与数据分析简介

（一）Excel 的特点及主要功能

Excel 是 Office 系列办公软件组件之一，自 Microsoft 公司 1985 年推出最初版本以来，经过不断升级，功能日益增强。它具有界面直观、简单易操作、数据存储和处理功能强大、数据格式能被许多专门分析工具兼容等特点，被广泛应用于社会经济管理的各个领域。

Excel 的主要功能包括数据存储管理、数据组织与运算、数据分析与预测、图表制作等，本书后续各章在介绍数据分析各种方法时，将会涉及这些功能的运用。

（二）Excel 工作簿及工作表

Excel 文件也称工作簿，一个工作簿文件由许多单独的工作表构成，早期 Excel 版本最多有 255 个，自 1997 版开始突破了这一限制，理论上可以有任意多个，但具体数量取决于机器的物理内存。

打开或新建一个工作簿，界面为当前活动工作表（见图 1-2），包括标题栏、菜单栏、工具栏、地址栏、编辑栏及表格，工作表格由行列标示的单元格组成，在单元格内可以进行数据的输入和编辑操作。针对工作表，可以通过全方位的格式设置，以达到美化效果。

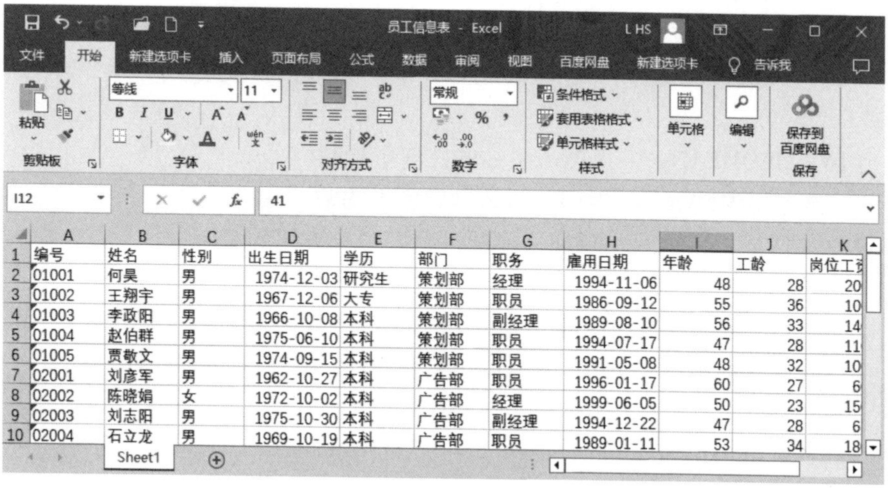

图 1-2　Excel 工作表的界面

（三）Excel 的函数

Excel 提供了许多函数，其中，2016 版本有数学与三角函数、统计、文本、日期与时间、信息、逻辑、财务、工程、查找与引用及数据库等十一大类共 400 多种，利用这些函数并结合编辑公式，可以方便地对数据进行各种计算、组织、处理。下面为数据处理与分析时经常用到的 Excel 函数。

（1）AVEDEV——平均差计算函数。

（2）AVERAGE——算术平均数计算函数。

（3）CHIDIST——根据给定的 x^2 分布的区间点和自由度，返回右侧收尾概率。

（4）CHIINV——根据给定的右侧概率和自由度，返回 x^2 分布的区间点。

（5）CONFIDENCE——给定显著性水平和总体标准差，返回总体均值的置信区间。

（6）CORREL——返回两个变量之间的 PERSON 相关系数。

（7）COUNT——计算包含数字的单元格以及参数列表中数字的个数。

（8）COUNTIF——计算区域内符合指定条件的非空单元格个数。

（9）COVAR——返回两变量之间的协方差。

（10）DEVSQ——返回各数据点与均值之间的离差平方和。

（11）FDIST——给定区间点和分子分母自由度，返回 F 分布的右侧概率。

（12）FINV——给定右侧概率和分子分母自由度，返回 F 分布的区间点。

（13）FORECAST——返回一元线性回归拟合线的一个拟合值。

（14）FREQUENCY——数组函数，以垂直数组的形式返回一组数据的频率分布。

（15）FTEST——返回 F 检验的结果，即两组数据方差无显著差异时的单侧概率。

（16）GEOMEAN——返回一组数的几何平均数。

（17）HARMEAN——返回一组数的调和平均数。

（18）INTERCEPT——返回一元线性回归拟合方程的截距。

（19）KURT——返回一组数据的峰值。

（20）LINEST——数组函数，返回线性回归方程的参数。

（21）MEDIAN——返回一组数的中位数。

（22）MODE——返回一组数的众数。

（23）NORMDIST——返回正态分布的累计左侧概率或概率密度函数值。

（24）NORMINV——根据给定的左侧概率和正态分布特征值，返回对应的区间点。

（25）NORMSDIST——给定标准正态分布的区间点，返回对应的左侧累计概率。

（26）NORMSINV——根据给定的左侧概率，返回对应的标准正态分布区间点。

（27）PEARSON——返回两变量之间的 Pearson 积矩法相关系数。

（28）QUARTILE——返回一组数的四分位数。

（29）RANK——返回某数字在一列数值中相对于其他数值的大小排名。

（30）RSQ——返回两变量之间 Pearson 相关系数的平方。

（31）SKEW——返回一组数分布的偏斜度。

（32）SLOPE——返回一元线性回归拟合线的斜率。

（33）STANDARDIZE——返回经标准化后的正态分布的统计量值。

（34）STDEV——计算一组样本数据的标准差。

（35）STDEVP——计算一组总体数据的标准差。

（36）STEYX——返回一元线性回归的因变量预测值的标准误差。

（37）TDIST——返回给定 t 分布区间点的单尾或双尾概率。

（38）TINV——返回给定双尾概率和自由度的 t 分布的区间点。

（39）TREND——数组函数，返回线性回归拟合线的因变量的预测值。

（40）TRIMMEAN——返回一组数的去尾均值。

（41）TTEST——返回两组数据均值差的 t 检验的单尾或双尾概率值。

（42）VAR——返回一组数据的样本方差。

（43）VARP——返回一组数据的总体方差。

（44）ZTEST——对一组数据的均值是否等于某值作 z 检验时，返回双尾概率值。

（四）Excel 的数据组织分析功能

在 Excel 工作表中，可以直接进行数据运算、数据排序、数据筛选、数据分类汇总以及建立数据透视图表，在加载宏后，调用数据分析功能可以进行数据的描述统计、抽样检验、方差分析、相关分析、线性回归分析、指数平滑预测等各种统计分析。

（五）Excel 的图表制作功能

Excel 除了提供和 Word、PowerPoint 等组件一样的手工绘图工具外，还提供了其他组件不具备的可以依据数据自动完成图表制作的功能，其提供的标准图表类型包括柱形图、条形图、折线图、散点图、饼图等 14 类，此外还提供了多种自定义类型的图表。

二、SPSS 与数据分析

（一）SPSS 简介

SPSS（Statistical Product and Service Solutions）是一款由 IBM 公司推出的"统计产品与服务解决方案"软件包，是一系列用于统计学分析运算、数据挖掘、预测分析和决策支持任务的软件产品及相关服务的总称，有 Windows 和 Mac OSX 等版本。

SPSS for Windows 具有清晰、直观、操作简便、易学易用等特点，其数据格式具有较强的兼容性，可以直接读取 Excel 及 DBF 数据文件，能够把 SPSS 的图形转换为 7 种图形文件，输出结果也可保存为 *.txt 及 html 格式的文件，现已推广到多种各种操作系统的计算机上。主流的 22.0 版本采用分布式分析系统（Distributed Analysis Architecture，DAA），全面适应互联网，支持动态收集、分析数据和 HTML 格式报告。

此外，SPSS 还提供了针对更高级用户的扩展编程功能，SPSS 的命令语句、子命令及选择项的选择，绝大部分在"对话框"操作界面完成，用户无须花费大量时间记忆大量的命令、过程、选择项。

（二）SPSS 的主要功能

SPSS 是一个组合式软件包，具有数据管理、统计分析、图表制作与分析、输出管理等功能，提供了从简单的统计描述到复杂的多因素统计分析方法。以 SPSS 22.0 为例，其数据分析功能包括：描述性统计、均值比较、一般线性模型、相关分析、回归分析、对数线性模型、聚类分析与判别分析、主成分分析与因子分析、复杂抽样、非参数检验、生存分析、时间序列分析、多重响应、神经网络等 24 大类，有些大类又分若干种形式，如回归分析大类中又分线性回归分析、曲线估计、Logistic 回归、Probit 回归、加权估计、两阶段最小二乘法等多种具体形式，每种形式又允许用户选择不同的方法及参数。众多数据分析功能使 SPSS 成为一款有广泛影响的专业数据分析工具。

（三）SPSS 的界面

SPSS 的主界面有数据编辑和结果输出两种界面。

数据编辑界面左下方有数据视图和变量视图两个按钮进行切换，其中，变量视图下可以进行变量属性的编辑操作，数据视图下进行变量值的输入及编辑修改，在数据视图下，可以直接粘贴从 Excel 中复制过来的数据。图 1-3 和图 1-4 分别为数据视图界面和变量视图界面，变量视图下，可以定义变量的类型。

	学号	姓名	英语	变量	变量	变量	变量	变量
1	20141001	王一鸣	79.0					
2	20141002	史可青	68.0					
3	20141003	张胜	83.0					
4	20141005	李铭钥	91.0					
5	10141006	邓小超	73.0					
6	20141007	张晨	79.0					
7	20141008	林丹阳	80.0					

图 1-3　SPSS 的数据视图界面

结果输出界面显示管理 SPSS 数据分析的结果及图表分左右两部分，如图 1-5 所示。左边为索引输出区，是已有分析结果的标题和内容索引，右边为各项分析的详细输出结果。

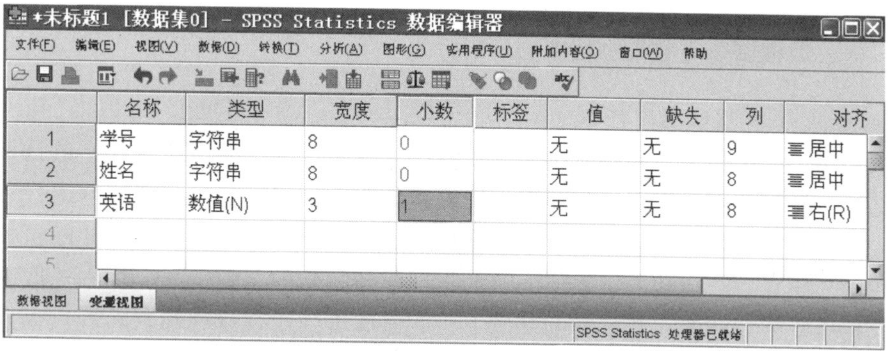

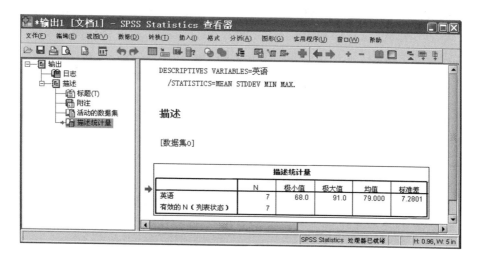

图 1-4 SPSS 的变量视图界面

图 1-5 SPSS 的输出结果管理界面

第五节　数据分析实践中的职业素养

统计数据分析的目的是分析社会经济活动中的问题、揭示现象的本质特征和规律，为决策提供咨询和参考。统计实践活动的全过程涉及数据调查与收集、整理与展示、分析与评价等环节。保证数据的真实性、准确性、完整性和及时性，科学选择分析方法，客观、公正地分析评价结果，是发挥统计数据分析重要作用必须遵循的准则。

一、数据调查与收集过程中的不当行为

(一) 不正确地选择样本

样本选取不当会歪曲调查结果,导致结论失真甚至错误。研究样本的选取包括随机取样和非随机取样,需要根据研究目的确定,以保证样本能较好地代表总体。如果研究目的是进行抽样推断,则样本选取必须遵循随机原则;非随机抽样往往用于研究总结成功的经验或失败的教训或者整体的一般情况,样本选取需要建立在研究者对整体非常了解的基础上,凭研究者的主观设想和判断有意识地选取样本。数据分析实践中的抽样通常指随机抽样,要求总体中的每一个体被抽中的可能性相同,目的是保证样本分布接近总体分布。

如果研究者在抽样时附加了个人主观偏好,则产生的样本属于有偏样本,比如,劳动力市场上女性通常比男性更容易受到就业歧视,对于大学毕业生的就业情况进行抽样调查时,有意识地多选择男生,调查结果会夸大就业率。

如果研究者在抽样时,未能明确研究对象的范围,不恰当地使用了抽样框,则会因抽样设计不当产生有偏样本,比如,为了了解小学生在艺术培训方面的消费支出,如果选择在培训机构向家长调查和在学校向家长调查,那么两种抽样设计得到的平均消费支出结果会存在较大差异,因为前者调查的几乎全部是参加培训的小学生家庭。

(二) 使用虚假数据、编造数据甚至篡改数据

数据的真实性、有效性是数据分析结果有效应用的基本前提,使用虚假数据、编造数据和篡改数据,有违数据分析职业道德,严重者甚至触犯了相关法律。

中华人民共和国《刑法》《统计法》《会计法》《行政处罚法》《环境监测法》等众多法律法规中均有涉及数据造假方面的处罚条文,根据严重程度,针对自然人的处罚包括经济处罚、行政处罚和承担刑事责任处罚。据中国网报道,2022年10月21日,党的二十大新闻中心举办的记者招待会上,生态环境部通报了近年查处的两起典型环境质量监测数据造假案件,两起案件中23人被追究了刑事责任,23人中最重的被判刑两年,最轻的是半年。2023年6月14日,国家统计局网站集中披露了17起提供不真实统计资料的处罚案件,依据《统计法》相关条款对违法企业及责任人处以警告并罚款。

科学研究过程中的数据造假是指研究者为了寻找一个特定结果(假设或主张)而伪造和捏造数据。这类数据造假行为有违职业道德,具有隐蔽性、不容易被发现,但危害极大,最直接后果是研究结论不可被验证,进而误导后续或同类研究,给科学共同体造成永久伤害和损失。2016年7月,三名在新加坡国立大学

和南洋理工大学就职并受到政府机构资助的科学家被发现涉及科研数据造假，该案被认为是新加坡有史以来最严重的学术造假案件，事件中的直接当事人因伪造蛋白印迹数据而致使一篇关于肌肉生长抑制素蛋白功能的文章从 *Molecular Endocrinology* 杂志上被撤稿，南洋理工大学撤销其博士学位，一名教授和另一名助理教授也因此被学校解聘。

二、数据整理与展示过程中的不当行为

（一）使用误导性图表

图表是用于展示数据整理结果的常见工具，具有直观、形象等特点，使用图表展示数据需要将现象的特征、规律、趋势准确地表现出来，如果使用不当会误导大众。图 1-6 中的两个柱状图都是为了展示某次竞赛中各专业得分情况，左图将纵轴起点设置为 20，此时立柱长度不再代表绝对分值，容易从视角上给出各专业差距极大的误导，不能直观反映真实情况，右图则更能客观反映专业差距。

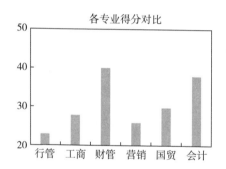 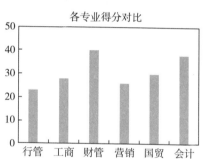

图 1-6 数据的不当展示

（二）带倾向性展示数据

数据展示需要从数据中抽取现象的属性和特征，以客观描述事物的本质。与自然现象相比，社会经济现象往往具有正面和负面双重属性，当研究者预设立场，则可能凭主观意愿带倾向性地展示数据，结果会偏离客观事实。研究者如果预设正面立场，可能会夸大成绩或掩盖问题；研究者如果预设负面立场，则可能放大问题，两种情形均会歪曲事实。

比如，反映新冠疫情给人民健康带来的伤害，不能仅仅展示因疫情死亡的人数，由于我国人口基数庞大，死亡人数的规模会相应较大，如果同时展示新冠死亡率，则能够完整、全面反映事实（见表 1-1），体现我国政府以人民健康为重、在抗击新冠疫情方面的成绩。

表 1-1 中日韩三国新冠死亡情况对比

国家	新冠累计死亡人数①（万人）	年末总人口②（万人）	累计死亡占比③（‰）
中国	12.12	142589	0.085
日本	7.47	12461	0.599
韩国	3.49	5183	0.673

注：中国数据未包括港澳台。①②数据来源于世界卫生组织网站，死亡人数截至 2023 年 6 月 14 日；总人口为 2021 年末；③根据死亡人数和总人口计算。

（三）数据处理方法不当

数据分析前需要对数据进行必要的处理，比如异常数据的处理、缺失数据的处理、数据的标准化或归一化处理等，如果处理方法不当，会影响到数据所表现的特征以及蕴含的内在规律。

数据分析中，对数据进行截尾是处理分布不平衡和极端值的常见做法，可以使数据更趋近正态分布，进而符合统计方法的假设条件。截尾处理可以提高统计分析效果，但截尾前需要评估数据的分布和异常值，否则，会因丢失数据的部分信息导致分析结果不准确。如果截尾目的只是去除不利数据、使结果符合预期，这种处理方式违背了数据分析规范甚至职业道德。

比如，图 1-7 是深圳创业板上市公司 2018 年营业收入分布图，总共 780 家公司中有 738 家公司营业收入不超过 50 亿元，仅有 12 家公司高于 100 亿元，呈现出典型的右长尾特征，这种特征决定了中低收入类公司存在大量可观测样本、

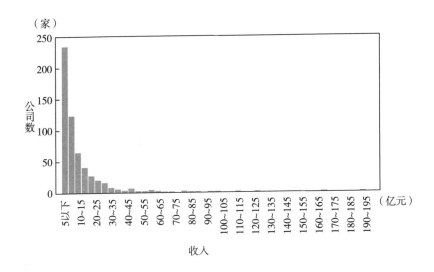

图 1-7 公司营业收入长尾分布情形

高收入公司只能观察到极少数样本（右尾类）。在与营业收入有关的分析中，如果截去右尾部分数据，可能会使分析结果更有效，但无法对规模大的公司进行准确分析预测，结果也就失去价值。

三、数据分析与评价过程中的不当行为

（一）分析指标使用不当

数据的描述性分析是使用相关指标对数据包含的内在特征进行描述和解读，比如，对个体收入的一般性水平进行描述可以使用均值、众数、中位数等指标，但各指标的特点和使用条件不同，当数据存在极端值时，使用算术平均数反映收入的代表性水平和一般水平可能不恰当，此时使用中位数最能反映真实情况。表1-2中，甲组和乙组均为5位员工的月工资数据，甲组不存在收入极端值，使用均值和中位数均能很好地反映工资的一般性水平；乙组存在极端值，4位员工工资低于均值，此时应使用中位数反映一般水平。

表1-2　月工资一般水平对比

单位：元

组别	A	B	C	D	E	均值	中位数
甲组	3880	4260	4470	4760	4880	4450	4470
乙组	4180	4630	4980	5240	8870	5580	4980

（二）分析方法选择失当

统计分析方法多样，每种方法都有其适用条件，同一问题可以用不同的方法解决，方法并非越复杂越好，一定要考虑其适用性。使用不同的方法对同一问题进行研究分析，结论可能不同，有时甚至截然相反，正确选择分析方法是准确得出结论的前提。图1-8是年龄与死亡率关系图，如果使用线性相关和线性回归分析方法分析预测，则很可能得出两者不相关的结论，模型拟合效果不会太好，但图形表明，两者存在某种非线性相关的直接证据，应该配合非线性模型进行分析预测。

（三）分析结果的不恰当解释

对于分析结果的解读，应该秉持客观、公正的立场，既要避免过度浮夸，也要避免放大问题，切忌为了迎合预设立场片面截取甚至篡改分析结果。

比如，进行趋势分析时，要环比与同比结合、相对速度与绝对总量变化相结合。例如，某上市公司2021年净利润0.1亿元，2022年亏损0.1亿元，仅从相对速度看，2022年业绩增长率为-200%，似乎出现业绩崩盘，但如果结合2021年和2022年19.2亿元和20.8亿元的营业收入进一步分析，还不能说明公司业绩崩盘，只能表明盈利能力较差。

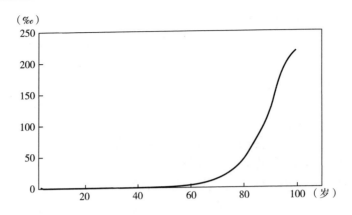

图 1-8 年龄与死亡率关系图

资料来源：根据《人口与就业统计年鉴 2021》数据绘制。

□□■ 小知识：数据分析师

随着大数据时代的到来，数据分析师（Data Analyst）成为了非常热门的职业角色，就业前景广阔。他们可以在各个行业的企业中从事数据分析工作，如金融、电子商务、医疗、教育等。

数据分析师通常使用各种工具和技术，包括数据可视化、统计分析、机器学习等研究数据，发现趋势、模式和洞察力，从而为业务提供有价值的见解。

（1）数据收集：收集来自不同来源的数据，包括数据库、日志文件、调查数据等。

（2）数据清洗：清理和预处理数据，处理缺失值、异常值和重复数据，确保数据质量。

（3）数据分析：应用统计方法、数据挖掘技术和机器学习算法探索数据，识别模式和趋势。

（4）数据可视化：使用图表、图形和报告将数据可视化，以便非技术人员也能理解数据。

（5）洞察力提取：从数据中提取关键见解，为组织的决策制定提供有价值的信息。

（6）报告和沟通：向决策者和团队成员传达分析结果，并提供建议和推荐。

（7）数据驱动决策：帮助组织基于数据做出决策，优化业务流程和战略。

数据分析师通常需要具备一定的技术和分析技能，包括数据处理工具（如Excel、Python、R）、数据库查询语言（如SQL）、统计分析和数据可视化工具。此外，沟通能力也是数据分析师的重要素质，因为他们需要能够向非技术背景的人清晰地解释数据分析的结果。

数据分析师可以通过培训和实践经验来提升技能水平，不断学习和掌握新的数据分析工具和技术。同时，他们需要具备团队协作能力、沟通能力和商业敏感度，以便更好地与团队成员、业务领导和其他相关人员合作，为企业创造价值。

思考与练习

1. 统计数据可以从哪些角度进行分类？

2. 数据的计量尺度由粗略到精确有哪几种？依据计量尺度的不同，统计数据分哪几种类型？

3. 为了分析问题的需要，常将分类数据和顺序数据进行量化处理，量化后的数据是数值型数据吗？两者存在什么不同？

4. 直接获取数据的方法有哪些？各有何特点？

5. 指出下列数据的类型：

（1）中国联通公司 2011~2022 年连续 12 年的月度营业收入。

（2）一汽大众公司 2022 年汽车产销量。

（3）2022 年福布斯中国 100 强企业的行业类别、营业收入。

（4）全班同学体育课考试成绩（优、良、中、及格和不及格五级制）。

（5）市场调查公司采集的消费者性别（男、女）、年龄（岁）、收入（元）及对家用空调售后满意度（非常满意、比较满意、基本满意、不满意）的调查数据。

（6）2020 年全国第七次人口普查采集的全体居民姓名、性别、年龄、民族、文化程度等数据。

6. 某保健品生产企业研发出一种新的有助改善睡眠的保健品，声称其有效率达到 81.2%，一营销公司为了检验其数据的真实性，随机召集了 100 位存在睡眠障碍的志愿者，并严格按照厂家的试验流程和方式进行试验，得到 100 位志愿者的有效率为 79.5%。上述研究中，总体和样本各是什么？两个有效率数据按覆盖范围分别对应什么数据类型？

7. 在 Excel 中录入下表长江生化公司员工原始信息数据（身份证号码为虚拟），利用 Excel 中的相关函数并编辑公式提取员工出生日期。（提示：出生日期包括年份、月份和日期，分别位于身份证号中的第 7~10 位、11~12 位和 13~14 位，利用文本提取函数 MID（）分别提取，再利用日期生成函数 DATE（）组合。）

编号	姓名	身份证号	编号	姓名	身份证号
01001	何昊	330724197412032435	02002	陈晓娟	330724197210022444
01002	王翔宇	330623196712063811	02003	刘志阳	330702197510303513
01003	李政阳	330724196610080510	02004	石立龙	330702196910195617
01004	赵伯群	330724197506102717	02005	李婕	330702197908050461
01005	贾敬文	330702197409155614	02006	冯丽环	330702198110150020
02001	刘彦军	33062519621027929x	03001	郑美娜	330724196608151828

续表

编号	姓名	身份证号	编号	姓名	身份证号
03002	张健	330625197212129296	04001	白丽萍	330724195903021863
03003	徐泽辉	330702196702095619	04002	何伟娜	330702196401211285
03004	柳智慧	330724197905230323	04003	王媛	33070219650104502x
03005	窦晓生	330702197907040412	04004	武立龙	330721198210211027
03006	赵云肖	522701197811260325	04005	刘宗宽	330722197303184332
03007	王希	33072219630521001x	04006	何佩佩	330721196101303582
03008	裴纯	330722197402247513	04007	王坤	330721196702041213
03009	王晓光	33070219760626043x	04008	司佳佳	330724198008025432
03010	刘晨光	332529196908200017	04009	王美玲	432524195609290066

8. 数据分析实践中的数据造假行为会产生哪些后果？收集近年来学术界的数据造假案例，了解行为人为此承担的后果。

第二章 数据的调查与整理

实践中的数据分析 2：人口结构的演变

　　数据分析的基本前提是收集数据。有些情况下，数据已经存在，需要清楚到哪里找、如何找。比如，上市公司财务数据，东方财富、万德数据等财经网站都有系统完整的数据集，这些数据来自上市公司发布的财务报表；互联网用户行为数据，需要借助数据挖掘工具，从海量信息中抓取和清洗。有些情况下，描述研究对象的数据尚不存在，需要借助各种调查进行收集，而调查哪些方面的数据、向谁调查以及如何调查是获取准确可信数据的基本前提。

　　数据整理包括原始数据的加工汇总以及结果展示。作为数据特征和规律的展示工具，数据可视化能够形象直观地展示现象蕴含的内在特征和规律。人口问题关联到教育、医疗、养老等系列社会经济问题，人口金字塔图展现了我国人口的数量及结构特征，这种特征是过去一系列影响人口的内在和外在因素共同作用的结果，并且将按照人口自身的规律不断延续。你能从图 2-1 中得出哪些信息？

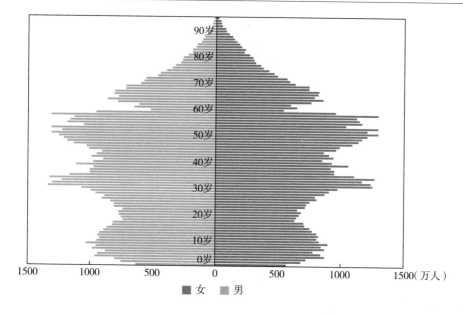

图 2-1　2020 年中国人口金字塔图

第一节　调查问卷

在无现成数据可使用的情况下，研究者往往需要通过问卷收集需要的数据。作为抽样调查的常见形式，一个完整的问卷调查过程包括问卷设计，发放与回收处理等各环节，为保证所收集的数据真实、完整、有效，问卷调查应科学设计，明确发放及填写对象，并精心组织实施。

一、问卷的调查对象

问卷调查需要明确调查谁？向谁调查？由谁来调查？其中，"调查谁？"即调查对象，"向谁调查？"即问卷的填报者，两者有时一致，有时不一致。

（1）问卷调查的对象。问卷调查的对象即问卷的被试群体，明确问卷调查的对象是制定问卷和开展调查的前提。问卷的调查对象需要结合研究目的确定，比如，了解消费者对某款新产品的购买意愿，调查对象应该是消费者而非该产品，需要了解消费者的特征、对该产品的看法等。

（2）问卷的填报单位。负责填写问卷、提供相关信息的组织或人。当调查对象属于组织时，填报人可能是调查对象本身，也可能是了解该组织的第三者。比如，调查疫情对企业经营情况的影响，调查对象为辖区内企业，填报人为调查实施者（个体或组织），两者并不完全一致。

二、调查问卷的设计

一份调查问卷包括问卷标题、问卷说明、填写注意事项、被调查者的基本信息、调查题项及回答选项。

（1）调查问卷的标题。标题即调查问卷的名称，标题需要突出调查的主题，调查主题通常由研究目的决定，比如"大学生心理健康状况调查问卷"、"××公司产品售后服务调查问卷"等。

（2）问卷说明。标题下方应简要说明本次调查的目的及填写告知事项。比如，针对"大学生心理健康状况调查问卷"，问卷中可以标明如下告知事项："同学你好！为了解在校大学生心理健康状况，便于针对性开展健康教育，帮助同学们顺利完成大学学业和生活，特进行本次调查。本问卷为匿名调查，信息不对外公开，请您放心填写，谢谢您的配合！"

（3）被调查者的基本信息应放在问卷前面，根据被调查者是个人还是组织以及研究目的，内容有所不同。比如，调查对象为消费者时，通常包括性别、职业、年龄、受教育程度、婚姻状况等；以组织作为调查对象时，通常包括公司名称、所属行业、公司性质、员工人数等。

（4）调查问卷的题项。问卷的题项即所调查的问题，数量应适中，可有可无的问题尽量不要列入。题项表达应通俗简明，忌模棱两可；一项提问只涉及一个问题，不能含有诱导性。题项应按先易后难、先简后繁、先具体后抽象的逻辑顺序排列，要符合应答者的思维程序。调查的问题应考虑被调查对象的特点，不能过于专业，避免出现敏感性问题引起被调查者的反感。

（5）回答选项。根据研究需要，题项可以设计为封闭式和开放式。封闭式题项回答选项固定，被调查者容易回答；开放式题项无固定答案，由被调查者根据自身理解自由发挥。开放式题项可用于探索性研究，但回答者要花较多的时间和精力思考，容易引起被调查者的拒绝；封闭式题项则容易回答，有助于提高问卷完整性和回收率。

三、调查问卷的发放与回收

调查问卷设计完成后应先进行小范围测试，以发现问题并及时更正和完善，之后正式发放。

（1）问卷的发放与回收。根据载体不同，问卷分纸质问卷和网络电子问卷，纸质问卷的发放包括送发式、邮寄式和电话访问式，必须由人工完成，成本较高，回收和处理较麻烦；电子问卷可以通过电子邮件、网站和在线问卷调查平台等方式发放，不受地域和时间限制，发放和回收速度快、成本低，缺点是调查质量无法得到有效保证。

（2）在线问卷服务平台。目前，国内外有一些专门提供在线调查服务的网络平台，平台上可以进行问卷设计、问卷推送发放、回收和汇总分析，国内提供该类服务的平台包括问卷网、问卷星和调查派等。调查者先设计好问卷，之后将问题导入平台，完成后即可发布，为保证调查质量，平台提供了每份问卷的回答时间长度、每个终端的答题次数、无效答卷筛选、追踪问卷填报等系列功能设定。

四、调查问卷的信度

问卷结果的信度即所得结果的真实程度，反映了问卷调查的质量。当信度较低时，调查结果不能真实反映调查对象的属性和特征，无法满足研究需要，或者使用问卷数据分析得到的结果难以得出准确和真实结论。问卷结果的信度包括被调查者填写结果的真实性和问卷本身的结构信度。

（1）问卷结果的真实性。问卷结果的真实性即问卷是否真实反映了调查对象的信息及属性特征，这种真实性一方面取决于问卷设计是否科学合理，另一方面取决于被调查者是否愿意配合调查。问卷调查中，对调查结果有一定的信度要求，问卷设计时，可以设置前后存在关联的题项，通过对被调查者前后回答结果是否一致进行问卷真实性甄别。

（2）问卷的结构信度。问卷的结构信度指调查问卷中的多个题项间本身存在逻辑关联，被调查个体的回答可能不满足逻辑关联，但不代表该个体存在虚假回答的情况，此时，回收的问卷整体需要满足一定的信度要求，基于问卷数据进行的分析才有价值和意义。比如，因子分析中量表问卷的结构信度通常使用克朗巴哈系数（Cronbach's α）测度，该系数要求达到 0.7 以上，才具有较好的分析效果。

五、调查问卷的效度

调查问卷的效度指问卷能够准确、有效地测量出被调查者对研究问题的回答情况。以下是评估调查问卷效度的几种方法：

内容效度：内容效度指问卷内容是否符合研究目的和被调查者的实际情况。评估内容效度的方法包括问卷设计是否合理、问卷题目是否符合研究目的、题目数量是否合适、题目的表述是否清晰明了等。

结构效度：结构效度是指问卷的结构和设计是否符合预期的理论模型或假设。评估结构效度的方法包括因子分析、结构方程模型、聚类分析等。

预测效度：预测效度是指问卷对于未来的预测能力。评估预测效度的方法包括将问卷结果与实际结果进行比较，计算问卷的预测准确率等。

聚合效度：聚合效度是指多个问卷之间的结果是否一致。评估聚合效度的方法包括计算不同问卷之间的相关系数、使用元分析方法等。

区分效度：区分效度是指问卷能否区分出不同被调查者之间的差异。评估区分效度的方法包括比较不同被调查者之间的平均得分、计算方差等。

在评估调查问卷的效度时，需要综合考虑以上几个方面，以确保问卷的有效性和准确性。同时，对于问卷设计者来说，需要充分了解研究目的和被调查者的实际情况，制定合理的问卷题目和评分标准，以确保问卷的有效性和准确性。

第二节　数据的处理

数据整理从数据录入开始直至最终得到符合要求的数据为止，其中对数据的预处理包括数据的录入、审核、订正、筛选和排序等，借助 Excel 的数据处理功能可以使数据的预处理工作准确、高效完成。

一、数据的录入技术

将书面数据信息输入计算机时，很多情况下必须手工完成，但有时数据本身具有一定的规律性或者需要的数据包含在已经录入的数据中，此时借助 Excel 的某些功能可以自动完成。

例如，将员工信息录入到 Excel 的表格中（见图 2-2），共有编号、姓名、身份证号等十项数据（身份证号码为虚拟），其中仅姓名、身份证号和雇用日期需要完全手工输入，其他数据可以借助 Excel 相应的功能快速完成。

（1）编号输入：Excel 本身定义了许多序列，如星期一至星期天，甲、乙、丙至癸，一月至十二月，等等，可以通过拖动复制功能输入，免去手工一一输入的烦恼。对于有规律的数据，如 10、20、30……；A1、A2、A3……等，只要选择前两个数据，Excel 能自动识别并通过拖动复制实现自动输入。由于每位员工的编号是唯一并且有规律的，只需要输入前两个编号数据，利用拖动复制功能即可完成其他编号的输入。

	A	B	C	D	E	F	G	H	I	J	K
1	编号	姓名	身份证号	性别	出生日期	学历	部门	职务	雇用日期	年龄	工龄
2	01001	何昊	33072419741203****	男	1974/12/03	研究生	策划部	经理	1994/11/06	48	28
3	01002	王翔宇	33062319671206****	男	1967/12/06	大专	策划部	职员	1986/09/12	55	36
4	01003	李政阳	33072419661008****	男	1966/10/08	本科	策划部	副经理	1989/08/10	56	33
5	01004	赵伯群	33072419750610****	男	1975/06/10	本科	策划部	职员	1994/07/17	47	28
6	01005	贾敬文	33070219740915****	男	1974/09/15	本科	策划部	职员	1991/05/08	48	32
7	02001	刘彦军	33062519621027****	男	1962/10/27	本科	广告部	职员	1996/01/17	60	27
8	02002	陈晓娟	33072419721002****	女	1972/10/02	本科	广告部	经理	1999/06/05	50	23
9	02003	刘志阳	33070219751030****	男	1975/10/30	本科	广告部	副经理	1994/12/22	47	28
10	02004	石立龙	33070219691019****	男	1969/10/19	本科	广告部	职员	1989/01/11	53	34
11	02005	李婕	33070219790805****	女	1979/08/05	本科	广告部	职员	1997/05/09	43	26
12	02006	冯丽环	33070219811015****	女	1981/10/15	大专	广告部	职员	1999/03/24	41	24
13	03001	郑美娜	33072419660815****	女	1966/08/15	本科	开发部	职员	1989/08/07	56	33
14	03002	张健	33062519721212****	男	1972/12/12	大专	开发部	职员	1998/07/23	50	24
15	03003	徐泽辉	33070219670209****	男	1967/02/09	大专	开发部	职员	1987/09/19	56	35

图 2-2 公司员工信息表

（2）性别与出生日期输入：由于性别和出生日期信息包含在身份证号中，因而可以将其从身份证信息中提取出来，提取方式是利用相应的函数并结合公式编辑完成。以出生日期为例，利用文本截取函数从身份证号中分别提取出生年份、月份和日期，然后用日期函数组合成出生日期。

（3）学历和部门输入：选中 F 列中需要输入学历的单元格，选择"数据"—"数据工具"—"数据验证"—"设置"，在"验证条件"选项的"允许"中选择"序列"，在"来源"中输入硕士、本科、大专并用逗号分隔（一定要使用英文输入法下的逗号），如图 2-3 所示，确定后回到表格，当鼠标定位在设定区域时会出现输入的序列选项供选择，如图 2-4 所示。采用"有效性"设置输入只有在序列选项较多时才有意义。

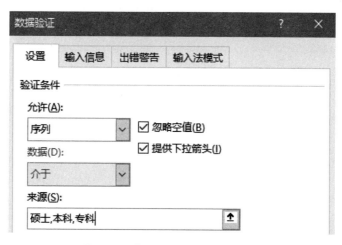

图 2-3 学历录入有效性条件设置

姓名	身份证号	性别	出生日期	学历	部门
何昊	330724197412032435	男	1974-12-03	▼ 硕士 本科 大专	
王翔宇	330623196712063811	男	1967-12-06		
李政阳	330724196610080510	男	1966-10-08		
赵伯群	330724197506102717	男	1975-06-10		
贾敬文	330702197409155614	男	1974-09-15		
刘彦军	330625196210279929x	男	1962-10-27		
陈晓娟	330724197210022444	女	1972-10-02		

图2-4　设置数据有效性后学历的录入

（4）年龄和工龄输入：年龄和工龄也不需要一一输入，利用Excel的相关函数结合公式，可以很方便地自动计算出来，并且会根据计算机系统内的日期对年龄和工龄值自动更新。

二、录入数据的逻辑审核

有些数据本身要求符合一定的逻辑，比如身份证号码必须是18位，员工年龄一般在18~60岁，但在手工输入过程中难免出现错误，如果能在输入的同时让计算机自动识别不合逻辑之处并给出提示，将有助于及时判断输入数据是否有误。比如，对身份证位数的审核，可以通过数据有效性设置自动完成，方法是，选中需要输入身份证的区域，选择"数据"—"数据工具"—"数据验证"—"设置"，在"验证条件"选项的"允许"、"数据"和"长度"分别选取"文本长度"、"等于"和"18"，如图2-5所示，然后切换到"出错警告"进行出错后的提示信息设置即可，如图2-6所示，设置完成后，当在设置区域的单元格内输入不是18位的身份证号时，会即时弹出错误提示。

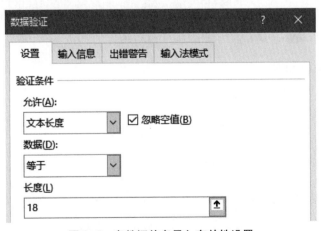

图2-5　身份证信息录入有效性设置

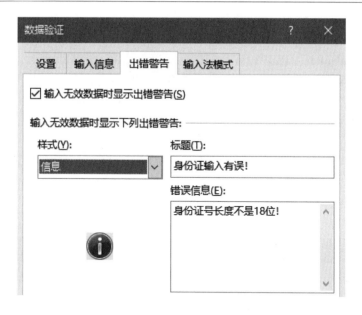

图 2-6　有效性设置的出错提示

三、数据的筛选

在数据整理过程中，有时需要将符合某种条件的数据筛选出来，利用 Excel 提供的数据筛选功能可以较方便地实现。Excel 的数据筛选功能分自动筛选和高级筛选两种。

（一）自动筛选

比如，要从图 2-2 的员工信息表中找出工龄 20 年以上的员工，利用自动筛选功能实现过程为：将光标定位在 A 到 J 列数据清单的任一单元格内，选择"数据"—"筛选"—"数字筛选"（根据所在列是数值、文本还是日期会出现相应筛选），数据清单的每一列第一行的标题单元格右方将出现下拉按钮，点击工龄后的下拉按钮（见图 2-7），选择"自定义"，进入对话框后选择和输入相应条件即可（见图 2-8）。对某一列标题自动筛选得到结果后，可以选择其他列标题进一步筛选，进而得到多重条件下的筛选结果。

（二）高级筛选

与自动筛选相比，高级筛选有三个方面的不同：第一，高级筛选可以只对指定区域的数据进行筛选，而自动筛选必须对整个数据清单进行筛选；第二，自动筛选是在对话框中选择条件，而高级筛选需要先在某区域建立筛选条件，因而可以一次完成多重条件的数据筛选；第三，高级筛选可以将筛选的结果存放到其他

	A	B	C	D	E	F	G	H	I	J
1	编号	姓名	身份证号	性别	出生日期	学历	部门	雇用日期	年龄	工龄
2	01001	何昊	330724197412032435	男	1974-12-03	研究生	策划部	1994-11-06		
3	01002	王翔宇	330623196712063811	男	1967-12-06	大专	策划部	1986-09-12		
4	01003	李政阳	330724196610080510	男	1966-10-08	本科	策划部	1989-08-10		
5	01004	赵伯群	330724197506102717	男	1975-06-10	本科	策划部	1994-07-17		
6	01005	贾敬文	330702197409155614	男	1974-09-15	本科	策划部	1991-05-08		
7	02001	刘彦罕	330625196210279429x	男	1962-10-27	本科	广告部	1996-01-17		
8	02002	陈晓娟	330724197210022444	女	1972-10-04	本科	广告部	1999-06-05		
9	02003	刘志阳	330702197510303513	男	1975-10-30	本科	广告部	1994-12-22		
10	02004	石立龙	330702196910195617	男	1969-10-19	本科	广告部	1989-01-11		
11	02005	李婕	330702197908050461	女	1979-08-05	本科	广告部	1997-05-09	34	16

图 2-7　设置数据的自动筛选功能

自定义自动筛选

显示行:

工龄

大于或等于　｜　20

⦿ 与(A)　○ 或(O)

可用 ? 代表单个字符

用 * 代表任意多个字符

图 2-8　定义数据自动筛选的方式

区域，以免影响原有数据，而自动筛选只能在原数据区域显示筛选结果并覆盖原数据。

四、数据的排序

对数据进行排序是数据整理过程中经常面对的工作，数据的排序有两种：一种是将数据按升序或降序的方式展示；另一种是找出某一数值型数据在一组数据中的相对位置。第一种排序可以利用 Excel 的自动排序功能实现；第二种可以利用 Excel 的排序函数实现。

（一）Excel 的自动排序功能

Excel 的自动排序功能要求有排序关键字，数据清单的第一行要求是排序关键字。选择"数据"—"排序"，进入对话框，如图 2-9 所示，自动排序功能可以最多按三个关键字排序，排序方式有升序和降序两种选择，在排序的"选项"

设置中，还可以选择按自定义序列排序、选择排序的行列方向以及选择字母和笔画两种排序方法。

图 2-9　数据的自动排序向导

使用自动排序功能只是对原有数据按位置重新排列，并不增加、减少或改变数据，也不能得到排序的序号。

（二）利用 Excel 的排序函数

对某一数据在一组数据中的相对位置排序时，可以利用 Excel 的排序函数 RANK 实现，函数格式为：RANK（number，ref，order）。其中，number 为要排序的数；ref 为排序所要参照的一组数据或一个数据列表；order 为排序方式参数，0 或忽略为降序，非零值为升序。RANK 函数对数值排序的结果必须单独存放。

RANK 函数排序的结果是得到一个新的数据序列，该序列是针对数据表中原有的某个数据序列进行排位得到的结果，通过排序函数排序不改变原有的数据位置及结构。

五、数据的标准化处理

每个数据描述的是现象在某一方面的属性或特征，此时，数据具有特定的内涵和计量属性，比如，全班每位同学的身高和体重数据是含义完全不同并且计量量纲不同的数据；资金周转率和利润率虽然都是用百分数表示的相对指标，但具有完全不同的意义。不同属性的数据，其特征和规律通常不能直接比较，有时为了研究某些问题，需要去除数据的量纲和内涵属性，将其进行标准化处理，而标准化处理后的数据不再具有特定的含义和量纲。

对数据进行标准化处理后，不同数据的特征和规律可以直接比较。此外，在回归分析等方法中，通过变量的标准化处理，可以准确考察多个变量影响作用的主次大小关系。依据比较的基准不同，常用的数据标准化处理方法有 Z 得分法、极差正规化变换法和极差标准化变换法三种。

（一）Z 得分法

Z 得分是设定所有数据的中心代表值，计算每一条数据与中心值的差距（负或正），对每个数据与中心值的绝对距离加以平均，用各个数据与中心值的差距除以平均距离，即得到标准化的结果，此种方法类似于正态分布的标准化转换。

由于统计分析中，均值常被用作数据的中心代表值，标准差被用于反映所有数据与中心值的平均距离，因此对变量 x 用如下公式进行 Z 得分标准化处理：

$$Sx = \frac{x - \bar{x}}{s}$$

式中，Sx 表示标准化后的结果，$\bar{x}$ 和 s 分别表示变量 x 的均值和标准差。

Z 得分法处理的结果存在正负值，其变动范围在 $-\infty$ 和 ∞ 之间，采用 Z 得分法处理后的数据均值为 0、方差为 1。该方法在统计分析中被广泛运用，SPSS 分析工具的数据描述性分析中，数据标准化处理即按照此种方法得到结果。此外，SPSS 提供的回归分析、聚类分析、因子分析等工具中，当数据要求进行标准化时，也都要求利用 Z 得分法对变量进行处理。

（二）极差正规化变换法

将所有数据按从小到大排列，以最小值作为比较基准，每个数据与最小值均存在一个距离，其中以最大数据值与最小值之间的距离最大，称为极差或全距（R），以极差作为计算尺度，将每个数据的距离除以极差计算出相对距离，即得到标准化后的结果。用公式表示如下：

$$Sx = \frac{x - x_{min}}{R}$$

全距法可以将存在负值的原始数据全部转换为正值，处理的结果在 0 到 1 之间，经过该方法处理后的数据极差为 1。该方法常用于分组数据中众数、中位数、分位数等数据特征值的估算。

（三）极差标准化变换法

极差标准化变换法是以所有数据的中心（通常为均值）作为比较基准，计算数据与中心值之间的差，然后除以极差即得到标准化后的结果。用公式表示如下：

$$Sx = \frac{x - \bar{x}}{R}$$

极差标准化变换处理后的数据在 -1 到 1 之间，且均值为 0、极差为 1，正负号代表原始数据与中心点的偏离方向。

六、异常数据的检测

对于表现值较多的数值型数据，数据之间往往存在差异，这种差异属于数据的分布特征之一。一组数据中存在极端大或极端小值时，这样的数据被称为异常数据。对于异常数据需要判断分析，它们可能是被错误记录或观测的异常值，也可能是被正确记录和观测的反常值，对于前者，应该更正或删除，对于后者仍需要保留在数据集中。

异常数据的检测通常以数据偏离中心位置的距离作为判断标准，一组数据是否存在异常值，与判断标准和检测方法有关。常见的检测方法有两种，一种是使用标准差作为偏离度量标准，另一种是使用内距作为偏离度量标准，两种方法得到的结果不完全相同。

（一）Z 得分检测法

标准差是所有数据与均值差异的平均处理，对于接近钟形分布的数据，约 68%的数据分布在均值左右各 1 倍标准差的范围内；约 95%的数据分布在均值左右各 2倍标准差的范围内；约 99%的数据分布在均值左右各 3 倍标准差的范围内。

对一组数据经过 Z 得分标准化处理后，通常将 Z 值大于 3 或小于 -3 的数据作为异常数据，或者将超过均值左右 3 倍标准差范围的原始数据作为异常值对待，需要进一步核实其正确性。

（二）内距检测

内距是一组数据的上四分位数（Q_3）与下四分位数（Q_1）之差，反映了中间 50%数据的变动范围，下四分位数和上四分位数则分别代表前 50%数据和后50%数据的中间位置，低于下四分位数和高于上四分位数的数据各占 1/4。

通常以 1.5 倍内距作为偏离标准，低于下四分位数 1.5 倍内距的数据属于异常小值；超过上四分位数 1.5 倍内距的数据属于异常大值。数据集中是否存在异常数据，使用内距检测和 Z 得分方法检测结论可能不同，异常数据不一定是错误的数据，对此要有正确的认识。

第三节 统计分组

分类数据和顺序数据的每个数据值本身就是一个类别，不需要再进行分组，所以，数据的分组更多是针对数值型数据而言。数据的分组就是根据研究目的和任务，选择恰当的标志将研究对象划分为若干部分或组。通过分组，既要保持组内数据的同质性，又要体现组间数据的差异性，以便较好地体现数据的分布特征和规律。

一、数据分组的作用

（一）划分现象的类型

由于研究对象往往包含许多个体或单位，个体或单位之间存在同质的属性，但也存在差异，在规模、水平、速度、结构及比例等方面的数量表现各不相同，通过分组能够将研究对象区分为不同的类型。比如，根据人均收入的数据分组，可以将不同的国家划分为高、中、低收入国家；根据绩效考评的分数分组，可以将员工划分为优秀、良好、普通和绩差员工；等等。

（二）研究现象的内部结构

结构属性属于现象的基本特征，结构分析是对现象内部各部分在总体中所占比重进行分析比较，结构分析的前提是数据的分组。比如，对人口按年龄分组，可以考察人口的年龄结构，进而判断这种结构是否符合人口自身的变动规律。结构分析不仅针对数值型数据，分类数据和顺序数据同样存在结构分析。

（三）研究现象之间的依存关系

现象与现象间往往存在不同程度的相互联系、相互制约的关系，如商品的销售量与价格之间，农作物的施肥量与收获量之间，等等，通过分组可以分析现象间是否存在某种数量关系。再如，对某地区的家电销售企业按销售额分为若干组，观察各组企业的流通费用率，可以发现销售额越高，流通费用率越低。

二、数据分组的种类

根据分组时使用分组标志的多少及排列方式，统计数据的分组可以分为简单分组和复合分组。

（一）简单分组

使用一个特征标志对研究对象进行的分组称为简单分组，比如：员工按性别分组，按工资分组，按年龄分组，等等。

（二）复合分组

使用两个或两个以上的特征标志对研究对象进行分组并且以层叠方式排列，称为复合分组，比如：对员工在工龄分组的基础上再按性别分组为两个特征标志的复合分组。值得注意的是，如果使用两个或两个以上的标志进行分组但采取并行排列，只是多个简单分组的并列，不能称为复合分组，表2-1为两个简单分组的并列，表2-2为复合分组。

表 2-1 按工资和性别简单分组的员工人数分布

员工分组		员工人数
其中：按月工资分	3000 元以下	23
	3000~5000 元	44
	5000 元以上	12
其中：按性别分	男	51
	女	28
合计		79

表 2-2 按工龄和性别复合分组的员工人数分布

按工龄分	按性别分	员工人数
0~9 年	男	21
	女	13
	小计	34
10~19 年	男	18
	女	9
	小计	27
20 年及以上	男	12
	女	6
	小计	18
合计		79

三、数据分组时组限的表示方法

所谓组限指分组时界定一组界限的最小值和最大值，其中最小值为下限，最大值为上限。分类数据和顺序数据分组时，各组用文字表示，各组界限的划分是明确的，不存在组限问题；数值型数据分组时，组的表示方法有单项式和组距式两种，依据情况应选择不同的组限表示方式。

（一）单项式

如果分组时各组均用一个数值表示，称为单项式表示法，此时，下限值和上限值相同。单项式表示法适合数据为离散型数据且变量值个数不多的情形，如某大学新生最小年龄 17 岁，最大年龄 21 岁，则对新生分组时分 17 岁、18 岁、19 岁、20 岁和 21 岁共五个组。

（二）组距式

如果分组时各组均用一个数量范围表示，称为组距式表示法。无论是离散型数据还是连续型数据，当不同的变量值个数较多时，都要采用组距式表示法，但两者在组限的表示方法上略有区别。

对于连续型数据，相邻两组的上限和下限用同一个数值表示，对于同时达到上限和下限的单位，实际统计中应归为下限组，以保证不重复、不遗漏。如按工资对某企业员工分组（见表2-3），其中，第一组2000以下和最后组5000以上组分别为缺下限和缺上限的开口组，中间各组为闭合组。

对于离散型数据，除可以按上述规则表示外，如对某地区的企业按员工人数划分规模时，按表2-4进行分组，实际工作中更多采用的是相邻两组的上限和下限衔接但不重叠的方式，比如同样是对某地区的企业按员工人数划分规模，通常采用表2-5中的形式分组。

表2-3　员工按工资分组

工资（元）	员工人数（人）
2000 以下	21
2000~3000	155
3000~4000	376
4000~5000	82
5000 以上	8
合计	642

表2-4　企业按员工人数分组（1）

员工人数（人）	企业数（家）
0~100	398
100~1000	524
1000~2000	118
2000~5000	24
5000 以上	3
合计	1067

表 2-5　企业按员工人数分组（2）

员工人数（人）	企业数（家）
0~99	398
100~999	524
1000~1999	118
2000~4999	24
5000 及以上	3
合计	1067

组距式分组中，每组均表示一个数量范围，从下限到上限的距离称为组距，开口组组距由相邻组组距代替。表 2-3 的组距式分组中，各组组距相同，称为等距式。表 2-4 的组距式分组中，各组组距不一致，称为不等距式。采用等距还是不等距由数据的分布特点决定，如果数据呈现出发散式的严重偏态分布特征，此时宜采用不等距式分组，比如企业按员工人数进行规模分组、股票投资者按投资金额分组等，一般均采用不等距式分组。

组距式分组的首尾两组是否采用开口，通常由数据中是否存在极端值决定，比如表 2-3 的工资分组中，5000 元以上的 8 人工资分别为 5200、5280、5340、5400、5400、5800、5800 和 6800，最后组适合采用开口 5000 以上，如果 8 人工资分别为 5200、5280、5240、5400、5500、5540、5620 和 5800，则适合采用 5000~6000 的闭合分组。

四、数据分组的组数与组距

数据分组除了遵守上述规则外，决定分组是否合理的一个要素是分组的组数。组数的确定要适中，组数太少则数据分布会过于集中，组数太多则数据分布会过于分散，都不利于考察数据分布的规律。

组数分多少合适并没有绝对标准，有时还要结合研究目的和任务，要恰当地反映数据分布的特点。组数的确定可以依据过去的经验，比如对百分制的考试成绩分组为 60 以下、60~70 等 5 个组，如果无过去的经验可以参考，可以依据斯特吉斯（Sturges）经验公式近似取整：

$$K \approx 1 + 3.322 \lg N$$

式中，K 为组数，N 为不同数据的个数，lg 为常用对数。

确定组数后即可确定组距。如果采用不等距分组，则必须根据数据的具体特点确定；如果采用等距分组，则组距与组数的大致关系是：组距＝全距/组数，其中，全距是最大数据值与最小数据值之差。

例2-1：某专业67名同学某课程考试分数如下，试对数据进行分组。

| 45 | 47 | 48 | 49 | 51 | 52 | 52 | 53 | 54 | 54 | 54 | 55 | 56 | 56 |

| 58 | 58 | 59 | 59 | 60 | 60 | 61 | 62 | 63 | 63 | 64 | 65 | 66 | 66 |

| 67 | 68 | 69 | 69 | 69 | 70 | 70 | 70 | 71 | 71 | 71 | 72 | 72 | 73 |

| 73 | 74 | 75 | 75 | 76 | 77 | 77 | 78 | 78 | 79 | 79 | 80 | 81 | 82 |

| 83 | 83 | 84 | 86 | 87 | 88 | 88 | 90 | 91 | 94 | 96 |

如果目的是考察考试结果的大致等级分布，可采用常规分组方法，整理结果如表2-6所示，数据分布如图2-10（a）所示；如果分析目的是纯粹反映数据本身的分布特征，依据斯特吉斯经验公式，确定的组数为7（N=44，K=6.5），数据的全距为51（96-45），组距约为8（51/7=7.3），分组整理结果如表2-7所示，数据分布如图2-10（b）所示。

表2-6 按分数分组的学生人数（1）

分数（分）	人数（人）	比例（%）
60 以下	18	26.9
60~70	15	22.4
70~80	20	29.9
80~90	10	14.9
90~100	4	6.0
合计	67	100.0

对比分析（a）和（b）两种不同分组情况下的数据分布形态，可以看出，数据按常规方式分组的分布形态为严重的偏态，按经验公式分组的结果则近似正态分布，如果是为了更好地反映数据的分布特征，则按经验公式分组比常规分组更恰当。

表2-7 按分数分组的学生人数（2）

分数（分）	人数（人）	比例（%）
42~50	4	6.0
50~58	10	14.9
58~66	12	17.9
66~74	17	25.4

续表

分数（分）	人数（人）	比例（%）
74~82	12	17.9
82~90	8	11.9
90 以上	4	6.0
合计	67	100.0

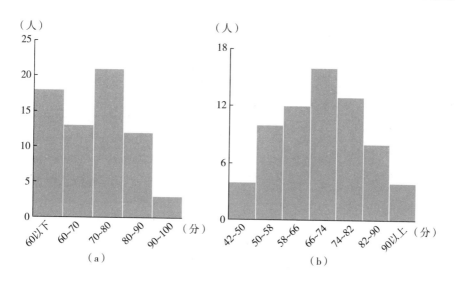

图 2-10 按不同组数分组的数据分布对比

第四节 数据的汇总技术

数据的汇总既包括对数据本身的汇总，也包括分组后对各组频数的汇总，前者为求和，后者为计数。无论是求和还是计数，Excel 都提供了许多工具可以自动完成。

一、数据的计数

数据的计数是用于计算数据的频数和频率，进而反映数据分布特征的整理工作，Excel 中实现数据计数的方法有多种，可用于实现不同情况下的数据计数。

（一）利用 COUNT 函数简单计数

简单计数也就是对一组数据的个数或某个区域的数据个数进行计算，在 Excel 中利用 COUNT 函数可以方便地完成，该函数表示对一组数据或某个区域的数据个数进行计算。例如，图 2-11 中表格的 A2 到 J8 存放了各个学生的考试分数数据，在 M8 单元格对人数进行汇总，输入公式"=COUNT（A2：J8）"即可得到结果。COUNT 函数计数时会忽略空单元格。

	A	B	C	D	E	F	G	H	I	J	K	L	M
1													
2	45	47	48	49	51	52	52	53	54	54		分数	人数
3	54	55	56	56	58	58	59	59	60	60		60以下	
4	61	62	63	63	64	65	66	66	67	68		60~70	
5	69	69	69	70	70	70	71	71	71	72		70~80	
6	72	73	73	74	75	75	76	77	77	78		80~90	
7	78	79	79	80	81	82	83	83	84	86		90以上	
8	87	88	88	90	91	94	96					合计	
9													

图 2-11　数据的计数

（二）利用 COUNTIF 函数进行单一条件计数

COUNTIF 函数是对某区域满足条件的非空单元格计数，格式为 COUNTIF（range，criteria），其中，range 和 criteria 分别代表计数区域和条件。例如要计算图 2-11 表格中 M3 单元格 60 分以下的人数，则在该单元格输入公式："=COUNTIF（A2：J8，"<60"）"。如果要计算 M4 单元格中 60~70 分的人数，可以编辑公式："=COUNTIF（A2：J8，"<70"）-COUNTIF（A2：J8，"<60"）"。

（三）利用 FREQUENCY 函数分组计数

FREQUENCY 函数以一个垂直数组的形式返回数值在某个区域内的出现频数，格式为 FREQUENCY（data_array，bins_array），其中，data_array 为需要统计频率的数组或对一组数值的引用，bins_array 是一个区间数组或对区间的引用，该区间用于确定组的界限。FREQUENCY 函数在统计频率时会忽略空白单元格和文本。

以上述分数段人数统计为例，如图 2-12 所示，首先在 L 列建立 4 个分段点（分段点个数比组数少 1），然后选中存放人数的单元格 O3：O7，输入公式，然后同时按住"Ctrl+Shift+Enter"，即可返回各组学生人数。

| FREQUENCY | ▼ ✕ ✓ f_x | =frequency(A2:J8,L3:L6) |

	A	B	C	D	E	F	G	H	I	J	K	L	M	N	O
1															
2	45	47	48	49	51	52	52	53	54	54		分组界限		分数	人数
3	54	55	56	56	58	58	59	59	60	60		59		60以下	3,L3L6)
4	61	62	63	63	64	65	66	66	67	68		69		60~70	
5	69	69	69	70	70	70	71	71	71	72		79		70~80	
6	72	73	73	74	75	75	76	77	77	78		89		80~90	
7	78	79	79	80	81	82	83	83	84	86				90以上	
8	87	88	88	90	91	94	96							合计	0
9															

图 2-12　利用 FREQUENCY 函数分组计数

（四）利用 SUMPRODUCT 函数多条件计数

SUMIF 函数只能用于满足单一条件的数据计数，而 SUMPRODUCT 函数可用于对一个数据清单中满足多个条件的记录进行计数，具体实现过程参见本节后面数据求和部分。

（五）利用数据分类汇总功能计数

Excel 的数据分类汇总功能，既可进行汇总求和，也可用于分类计数，具体实现过程参见本节后面数据求和部分。

（六）利用数据透视表功能计数

Excel 的数据透视表功能，既可进行汇总求和，也可用于分类计数，具体实现过程参见本节后面数据求和部分。

二、数据的求和

Excel 中也有多种数据求和方法，可用于实现不同情况下的数据求和。

（一）利用 SUM 函数简单求和

简单求和是对一组数据或某个区域的数据进行加总，在 Excel 中利用 SUM 函数可以方便地完成。

（二）利用 SUMIF 函数单一条件求和

在 Excel 中如果要对满足某个条件的数据求和，可以使用 SUMIF 函数，其格式为：SUMIF（range，criteria，sum_range），其中，range、criteria、sum_range 分别代表计算判断的数据区域、条件、求和的数据区域。例如，对图 2-13 表格中各部门的工资数据求和，在 N4 单元格编辑公式："=SUMIF（F2：F31，M4，K2：K31）"。

| N4 | | ▼ | f_x | =SUMIF(F2:F31,M4,K2:K31) | | | | | | | | | | | |

	A	B	D	F	G	I	J	K	L	M	N	O	P
1	编号	姓名	性别	部门	职务	年龄	工龄	岗位工资					
2	01001	何昊	男	策划部	经理	39	19	2000		部门	工资总额		
3	01002	王翔宇	男	策划部	职员	46	27	1000			合计	男	女
4	01003	李政阳	男	策划部	副经理	47	24	1400		策划部	6500		
5	01004	赵伯群	女	策划部	职员	38	19	1100		广告部			
6	01005	贾敬文	女	策划部	职员	39	22	1000		开发部			
7	02001	刘彦军	男	广告部	职员	51	18	600		销售部			
8	02002	陈晓娟	女	广告部	经理	41	14	1500		合计			
9	02003	刘志阳	男	广告部	副经理	38	19	650					

图 2-13　利用 SUMIF 函数求和

（三）利用 SUMPRODUCT 函数多条件求和

SUMIF 函数只能用于满足单一条件的数据求和，而 SUMPRODUCT 函数可用于一个存在多个变量的数据清单中、在多个变量分别满足不同条件下对其中的某个变量值求和，例如，对图 2-13 表格中策划部男性员工的工资求和，可在 O4 单元格编辑如下公式：

=SUMPRODUCT((F2：F31=M4)*(D2：D31=O3)，K2：K31)

如果忽略公式中后面的求和区域，则返回计数结果，即策划部的男性员工人数。

（四）利用分类汇总功能求和

Excel 的分类汇总功能，可以按选定的一种分类对指定的数据汇总，选择"数据"—"分类汇总"（选择此功能时要求光标定位在数据区域），如图 2-14 所示，选择"分类字段"、"汇总方式"和"选定汇总项"即可，其中"汇总方式"有计数、求和、平均等 5 种供选择。

使用分类汇总功能时，要求数据区域为清单格式，数据区域的第一行为列标签（列变量名称）。

（五）利用数据透视表功能求和

Excel 的数据透视表功能也可用于满足多个变量条件下的求和，"插入"—"数据透视表和数据透视图"，按对话框选择需要求和的数据区域以及存放求和结果的位置，进入图表向导，在布局中分别选择分类的页字段、行字段、列字段和汇总的字段（见图 2-15），确定后汇总结果如图 2-16 所示。本例中透视数据以图 2-2 中的员工信息数据表为例，页字段为"部门"，行字段选择"学历"，列字段选择"性别"，求和项为"岗位工资"，通过页、行和列字段后的下拉按钮，可以显示全部及部分岗位工资汇总数据。

图 2-14　数据分类汇总

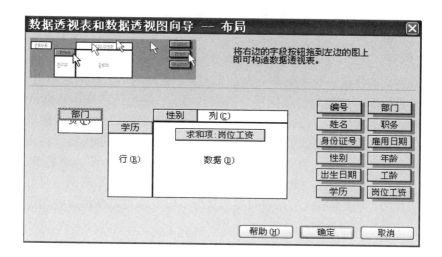

图 2-15　数据透视表布局

图 2-16 数据透视表求和结果

已经建立的数据透视表可以根据需要很方便地更改，将鼠标定位在透视表中任一位置，将会出现字段列表，通过拖动字段到相应的位置，可以实现页、行、列及求和字段的更改。

使用数据透视表功能要求数据区域为清单格式，数据的第一行必须为列标签（变量名称）。数据透视表除用于汇总求和外，通过字段设置还可进行计数、求平均、求乘积、求方差、标准差等数据分析。

第五节 数据可视化

整理得到的数据一般采用表格的方式展示，表格展示的特点是简单、直接、具体，并且可以容纳较大的数据量。与表格相比，利用图形展示数据则具有形象、生动、直观的特点，选择恰当的图形形式可以将数据的特征和规律较好地表现出来，这是表格不易达到的。利用静态或动态图形表现数据的特征称为可视化分析。可视化分析图形种类很多，如散点图、茎叶图、柱形图、条形图、饼图、线图、雷达图、箱线图、气泡图、人口金字塔图等，不同类型的图形具有不同的展示分析作用，利用 Excel 的图表向导工具可以较方便地制作出各种图形，本节将选择其中常用的图形加以介绍。

一、常用的数据展示图

（一）散点图

散点图是对两个变量之间的数量关系进行多次观测，将数据在二维坐标中描绘成点而得到的图形。散点图通常用在对两个变量间是否存在相关关系以及相关形式的初步判断上。图 2-17 为某市场 10 家商户年广告费用投入与销售额散点图，从点的分布特点看，两者存在直线形式的线性相关关系。

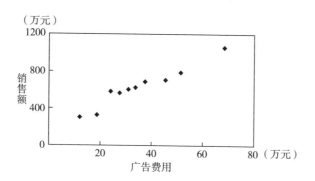

图 2-17　广告费用与销售额散点图

（二）茎叶图

茎叶图又称枝叶图，是用类似树的枝干和叶来表现数据分布的图形。在茎叶图中，将数据基本不变或变化不大的高位部分作为茎（Stem），将变化频繁的个位作为叶（Leaf），列在主干的后面，这样就可以清楚地看到每个主干后面的几个数，每个数具体是多少。

茎叶图保留了所有的原始数据信息，可用于判断数据的分布状况。在例 2-1 中，运用 SPSS 制作的 67 名学生分数的茎叶图如图 2-18 所示，其中，中间部分为茎，其宽度为 10，即分别代表 40、50、60、70、80 和 90；右边部分为叶，第一行的 5789 分别表示数据 45、47、48 和 49；左边部分为频数，表示对应的数据个数。

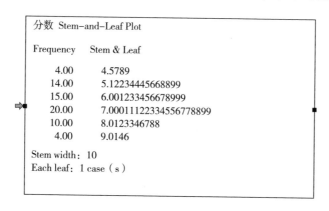

图 2-18　学生分数茎叶图

茎叶图适合数据个数适中的情况，如果数据过多，则适合使用直方图展示数据分布。

（三）柱形图

柱形图，有时又称直方图，是用一系列高度不等的纵向立柱表示不同组数据大小或频数分布的图形，一般用横轴表示数据分组，纵轴表示数据大小或频数。柱形图应用于三种情形，一是展示和分析分组数据的分布情况，用以初步考察数据的分布区间、集中趋势、离散趋势以及偏态和峰度等分布特征，如图 2-19 中是一个考试成绩分布的柱形图展示；二是用于进行不同空间（组）数据之间的对比，如图 2-20 中某总公司全国 4 个分公司销售比较；三是可用于反映时间序列数据的变化趋势，如图 2-21 展示的是我国 2000~2022 年研究生招生人数持续增长的变化趋势。

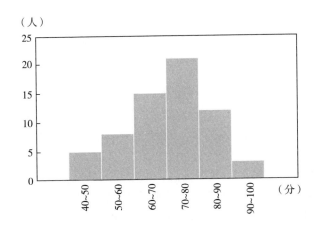

图 2-19　学生考试分数分布图

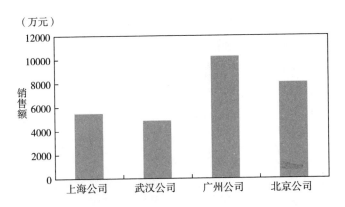

图 2-20　各分公司销售额对比图

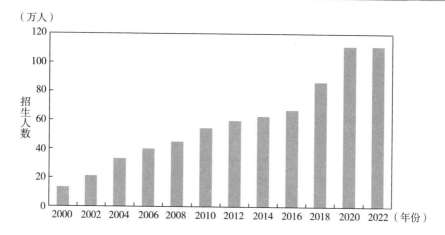

图 2-21 2000~2022 年我国历年研究生招生人数

值得注意的是，如果分组是连续的，各立柱之间不应该设置间隔（见图 2-19）。

（四）条形图

条形图与柱形图不同，是用一系列长短不一的长条形表示不同组数据大小的图形。条形图中，纵轴表示分组，横轴表示各组的值。条形图的用途不如柱形图广泛，一般用于不同空间的数据排名对比。图 2-22 是某总公司下属四个分公司人均销售额的对比。

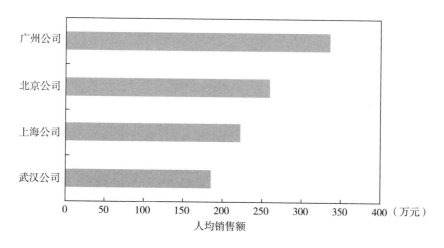

图 2-22 各分公司人均销售额条形对比图

（五）饼图

饼图是用圆形及圆内扇形分块表示各组数值大小的图形，一般用于反映总体内部的结构和比例。图 2-23 是一个饼图，展示的是 2021 年我国国民经济三次产业增加值构成。

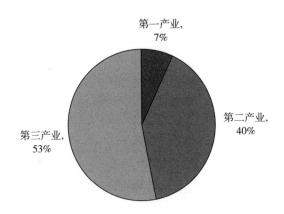

图 2-23　2021 年我国国民经济三次产业构成图

（六）线图

线图是在坐标中先将各个数据描成点，然后用折线连接起来，用于表现数据变化特征的图形，一般用于展示现象随时间变化而表现出的趋势、规律和运动轨迹。线图的横轴通常表示时间，纵轴表示数值。图 2-24 是我国 2007～2021 年城乡居民人均收入变化趋势图，图中不仅体现了城乡居民收入不断增长的变化趋势，还形象地反映了城乡居民收入差距不断扩大的趋势。

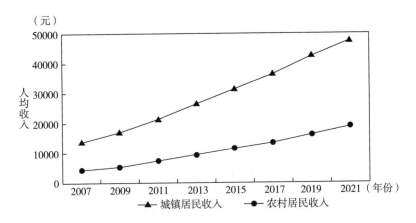

图 2-24　我国 2007～2021 年城乡居民人均收入变化趋势图

线图在体现股票价格走势、产品生产过程中的质量控制等时间序列数据方面有较普遍的运用。

（七）雷达图

雷达图，又称蛛网图，是将两个或两个以上样本的多个指标数据在坐标中进行展示对比的图形，因其类似于雷达的网状结构而得名。雷达图中坐标个数代表指标维数，各坐标以相同的原点将整个平面均分，每一个指标对应一个坐标。雷达图中要展示的指标应具有相同符号（数据均为正或负），通常以比率、速度居多。比如比较城镇和农村居民多个方面的消费支出构成，不同城市分不同类别的消费价格指数等。

图 2-25 为北京、上海和天津在 2021 年八类消费价格分类指数雷达图，从图中可以看出，各类价格指数中三个城市中交通和通信价格指数最高，医疗保健价格指数相对较低。

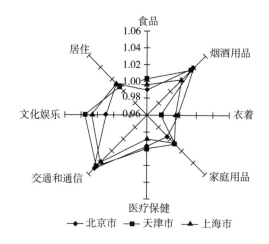

图 2-25   2021 年北京上海天津消费价格分类指数对比

（八）箱线图

箱线图是描述数据分布特征的图形，其形状由箱体和上下影线组成，又名蜡烛图，其中，箱体部分由下四分位（Q_1）、上四分位（Q_3）和中位数刻画，箱体长度表明中间 50% 数据的分布宽度；上下影线长度分别表示特定范围内的最大值和最小值。箱线图中，中位数线在箱体中的相对位置反映了数据的偏态程度。

图 2-26 为某高校 6 个管理类本科专业"统计学"课程考试成绩分布对比，从图中可以看出，会计专业考试成绩的中位数最大，而工商和人力两专业中位数相对较低；财管和营销两专业分数分布范围相对更窄，工程和工商两专业分数变动范围相对更宽。

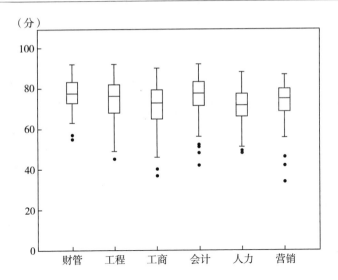

图 2-26　各专业统计学考试分数分布对比图

箱线图中的上下影线表示特定范围内的最大值和最小值，其中，上影线最远点为超过上四分位 1.5 倍内距（IQR）范围内的最大值，即数据中比 $Q_3+1.5*$ IQR 小的最大值，下影线最远点为超过下四分位 1.5 倍内距（IQR）范围内的最小值，即数据中比 $Q_3-1.5*$ IQR 大的最小值，上下影线之外的数据为异常数据。

箱线图被用于反映数据分布特征以及刻画异常数据，当异常数据集中在下边界之外时，表明数据呈现左偏分布，当异常数据集中在上边界之外时，表明数据呈现右偏分布。图 2-26 中，会计和营销专业考试成绩在下边界之外出现次数较多，呈现出明显的左偏分布特征。

二、Excel 图表向导与图形制作

Excel 除了提供和 Word、PowerPoint 等组件一样的手工绘图工具外，还提供了其他组件不具备的图表制作向导，用于数据图的制作。Word、Excel 中的绘图功能绘制图形并不依赖数据，由手工完成，而图表制作向导在制图时依据 Excel 中的数据自动完成，可以准确地将数据的特点和规律表现出来。

利用图表制作向导制图的优势在于，图形与数据值之间完全精准匹配，并且可以灵活地根据需要设置图形的色彩及格式，当数据修改后，图形会相应地根据数据修改结果自动修正。

Excel 的图表向导提供了 14 类标准图形，此外还提供了多种自定义类型的图形，以表 2-8 中的数据为例，说明图表向导的制图过程。

表2-8　按工资分组的员工人数及比率分布表

工资分组（百元）	人数（人）	累计比率（％）
40～50	5	7.8
50～60	8	20.3
60～70	15	43.8
70～80	21	76.6
80～90	12	95.3
90以上	3	100.0
合计	64	—

　　表2-8中的数据共有人数和累计比率两个系列，并且性质和量纲不同，在同一个图中展示需要设置两个纵坐标，适合用两轴图展示。制作过程为：

　　首先选取表中数据（注意合计行不用选取），调用菜单功能"插入—图表—所有图表"，选择"组合图"，将累计比率作为次坐标，如图2-27所示。

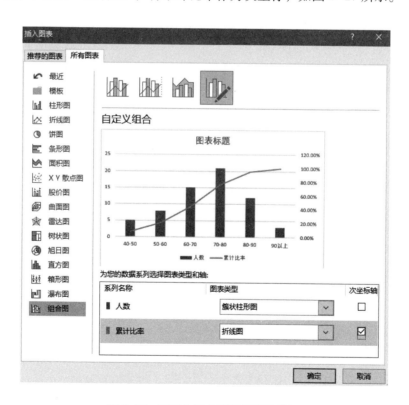

图2-27　图表向导中制图类型的选择

单击"确定"生成图 2-27 中所示的预览图,然后单击图右边的"+"图标,展开图表元素,可对图标题、坐标标题、坐标刻度、分组间距及数据系列格式等元素进行修改,如图 2-28 所示。对图中各元素修改后最终形成结果如图 2-29 所示。

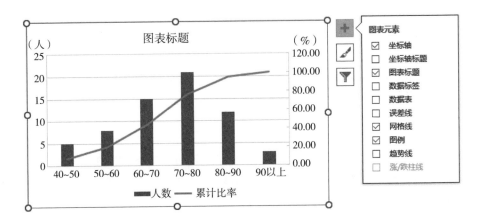

图 2-28　图表向导中制图数据的选择

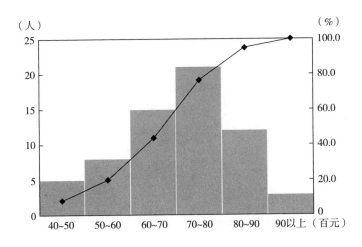

图 2-29　工资、人数分布及累计比率两轴图

□□■ 小知识：大数据可视化技术与工具

数据可视化是一个跨学科的领域，它结合了计算机科学、统计学、图形设计、心理学等多个学科的知识，旨在将复杂的数据以直观、易懂的视觉形式展现出来，以理解数据、识别模式、发现趋势和从数据中提取洞察力。在大数据领域，数据可视化技术变得尤为重要，因为大数据集通常非常庞大和复杂，难以仅通过表格或数字来理解。

以下是一些常见的大数据可视化技术和工具：

散点图和折线图：用于显示数据点之间的关系和趋势。折线图通常用于时间序列数据，而散点图用于显示两个变量之间的关系。

柱状图和条形图：用于比较不同类别或组之间的数据。它们可以垂直或水平显示。

饼图和环形图：用于显示数据的相对比例，适用于表示总体的组成部分。

热图：用于可视化矩阵数据，其中颜色表示数值大小。热图通常用于显示相关性或模式。

地图可视化：将数据分布在地图上，可以帮助显示地理数据和地理趋势。这包括散点地图、热力图和区域地图等。

网络图：用于可视化网络结构和关系，如社交网络分析和网络拓扑。

3D 可视化：在三维空间中呈现数据，通常用于探索复杂的数据结构和模式。

交互式可视化：通过交互式工具和仪表板，用户可以自定义数据可视化以进行探索和分析。

大数据可视化工具：有许多专门用于大数据可视化的工具，如 Tableau、Power BI、D3. js、Plotly、Matplotlib（Python 库）等。这些工具提供了丰富的可视化选项和交互性。

在大数据环境中，数据可视化还可能涉及数据预处理和聚合，以便将大数据集转化为可视化友好的格式。此外，大数据可视化通常需要高度优化的技术，以处理和呈现庞大的数据集，例如通过数据缩减、采样和分布式计算。

数据可视化是数据分析和决策制定过程中的重要一环，能够帮助用户更好地理解数据，发现关键见解，并支持更明智的决策。

思考与练习

1. 问卷调查的调查对象与问卷的填报者有何不同？

2. 问卷设计中，开放式题项与封闭式题项的应用场景有什么不同？

3. 问卷的信度就是调查结果的真实性吗？两者有何区别？

4. 对数据标准化的处理方式有哪些？

5. 对数值型数据进行分组时，确定组数应考虑哪些原则？

6. Excel 中按多重条件对数据进行计数或求和的途径有哪几种？

7. 在已取得公司员工性别、年龄、文化程度等数据的基础上，对员工人数按以上三个标志进行交叉复合分组。

8. 对股民按投资股票的金额进行分组时，能采用等距分组吗？表示组限时首尾两组适合开口吗？为什么？

9. 常见的数据展示图有哪些？分别用于表现数据的什么特征？

10. 酒店对入住顾客关于酒店服务质量进行评价，评价结果分五个等级，分别是非常好（A）、较好（B）、一般（C）、差（D）和非常差（E），以下是 36 位被访顾客的回答结果：

A B B A C C B D B C B A D B A B C D
B B C B B C C B E C B B A B C C D B

（1）在 Excel 中录入上述数据。

（2）利用计数函数对以上结果进行汇总，编制频数分布和比率分布。

（3）建立累积频数和累计比率分布。

（4）绘制柱形图，展示上述频数分布结果。

11. 某大型连锁超市全年共 52 周的周销售额（万元）数据如下：

352 386 266 337 456 241 414 273 312 443
427 463 349 378 383 447 210 382 385 383
342 368 279 331 357 272 457 488 310 398
328 227 398 353 330 407 198 428 329 345
338 345 284 375 458 297 365 423 439 285
475 446

（1）在 Excel 中录入上述数据。

（2）根据以上原始数据，选择恰当的组数和组距对销售额进行分组。

（3）利用条件计数函数汇总各组频数，并计算累积频率。

（4）利用以上汇总数据在 Excel 中绘制频数分布直方图和累积频率图。

（5）利用 Excel 的数据排序功能对原始数据进行排序。

12. 以下是 2005~2022 年上海证券交易所股票价格指数中商业、地产和金融类指数分季度收盘价格，选择最合适的统计图展示三种指数的走势，并对其趋势作对比分析。

年份	季度	上证商业	上证地产	上证金融	年份	季度	上证商业	上证地产	上证金融
2005	一	835.4	936.9	734.4	2012	一	2552.2	2999.0	2744.3
	二	794.7	790.9	741.2		二	2590.4	3328.4	2785.1
	三	901.7	949.6	818.1		三	2320.4	2985.1	2586.2
	四	879.8	995.3	868.6		四	2405.1	3795.3	3131.0
2006	一	1052.9	1265.9	1093.8	2013	一	2356.8	3374.8	3103.1
	二	1539.9	1258.6	1295.6		二	2021.0	3146.6	2733.3
	三	1603.4	1661.9	1520.7		三	2554.7	3829.2	2934.4
	四	1801.8	2574.2	2533.6		四	2518.3	3349.5	2820.5
2007	一	2607.6	3451.8	3251.9	2014	一	2474.3	3158.5	2630.1
	二	3539.4	5280.3	4158.0		二	2456.3	3150.7	2688.5
	三	4518.3	7382.5	6361.3		三	3025.6	3589.3	2869.8
	四	4346.0	6399.7	6123.0		四	3751.7	6234.6	5132.5
2008	一	3374.6	5708.1	4171.3	2015	一	5074.4	6677.2	5171.5
	二	2652.3	2918.8	3254.1		二	6198.2	7719.7	5260.5
	三	2087.0	2461.9	2503.4		三	4169.6	5559.9	3945.1
	四	1776.8	2266.2	2050.5		四	5649.9	6567.5	4634.8
2009	一	2499.4	3857.4	2821.1	2016	一	4529.3	5489.1	4162.0
	二	3141.5	5372.7	3836.1		二	4343.0	5285.4	4125.8
	三	3053.6	4413.2	3539.3		三	4119.5	5907.1	4246.7
	四	3940.0	4610.2	4107.5		四	4126.3	6564.4	4273.2
2010	一	4088.9	4361.2	3845.2	2017	一	4149.2	6781.6	4344.8
	二	3154.3	3121.3	2928.3		二	3733.9	6989.7	4753.5
	三	3963.5	3363.8	2940.3		三	3707.7	6865.9	5014.8
	四	3936.0	3337.7	3007.1		四	3200.7	7257.9	5274.1
2011	一	3879.3	3595.2	3145.9	2018	一	3061.7	7061.4	5051.7
	二	3555.6	3642.7	2982.7		二	2736.3	6228.1	4469.1
	三	3091.1	2965.0	2563.3		三	2398.2	5981.5	4837.8
	四	2557.8	2749.3	2590.3		四	2188.0	5836.0	4356.9

年份	季度	上证商业	上证地产	上证金融	年份	季度	上证商业	上证地产	上证金融
2019	一	3032.7	7317.1	5418.1	2021	一	3172.7	6383.8	5548.2
	二	2736.7	6832.8	5525.2		二	3113.0	5840.5	5200.7
	三	2702.7	6396.4	5297.5		三	2860.7	6014.0	4770.6
	四	2883.2	7024.4	5646.2		四	2913.5	6259.6	4780.4
2020	一	2708.4	6350.0	4790.8	2022	一	2689.0	6833.4	4633.6
	二	3015.7	6215.6	4908.3		二	2758.9	6438.2	4545.8
	三	3305.8	6515.4	5176.3		三	2379.0	6140.0	3995.6
	四	3086.7	6322.3	5476.0		四	2539.1	5995.7	4242.8

13. 某手机厂商欲推出一款新手机与市场同类产品竞争，需要了解消费者对该手机的接受程度，包括颜色、样式、价格和功能等一系列相关信息。以该主题设计调查问卷，要求主题突出、调查对象明确、调查项目具体简明；限定题项不超过 20 个。

14. 世界银行按收入水平将全部经济体分为四种类型：低收入、中等偏下收入、中等偏上收入和高收入，其中，中、低收入国家通常被称为发展中国家，高收入国家被称为发达国家。按世界银行 2019 年的划分标准，人均国民收入低于 1035 美元为低收入经济体，1036～4045 美元为中等偏下经济体，4046～12535 美元为中等偏上经济体，高于 12536 美元为高收入经济体。根据国家统计局数据，2019 年、2022 年中国国民总收入（GNI）分别为 98.4 万亿元和 119.7 万亿元，年末总人口分别为 14.10 亿人和 14.12 亿人，国家外汇管理局公布的全年人民币平均汇率分别为 1 美元兑换 6.899 元和 6.726 元，估算 2019 年和 2022 年中国收入水平分别属于哪种类型。

第三章　数据的描述性分析

实践中的数据分析 3：拿什么反映代表性水平合适？

描述性分析属于数据分析的基本方法，通过对数据的集中趋势、离散程度、分布特征以及变化趋势等系列指标进行计算分析，刻画出现象的基本特征和发展变化的规律，合理使用分析指标是数据描述性分析的关键。

《中央广播电视总台主持人大赛》是央视举办的一档竞演类综艺节目，参赛选手的成绩由现场专业评委和场外大众评委的评分加权计算，其中，现场专业评委的评分计算办法，是将所有评委的评分去掉一个最高分和一个最低分后进行平均，以体现竞赛的公平性。

瑞士信贷集团发布的《2022全球财富报告》（Global Wealth Report 2022）显示，截至2021年底，全球家庭财富总量463.6万亿美元，比上年增长9.8%，成年人口人均财富8.75万美元，比上年增长8.4%。全球超高净值（5千万美元以上）的人口数量为26.42万人，前十位的国家分别是美国（14.11万人）、中国（3.27万人）、德国（0.97万人）、加拿大（0.55万人）、印度（0.50万人）、日本（0.49万人）、法国（0.46万人）、澳大利亚（0.46万人）、英国（0.42万人）、意大利（0.39万人）。报告显示，全球财富分布极不均衡，贫富差距进一步拉大，财富1百万美元以上的成年人占成年人口的1.2%，但他们的财富占总财富的47.8%；1万美元以下的成年人占成年人口的53.2%，但其财富总量仅占1.1%。报告中，人均财富8.75万美元能反映全球财富的一般性水平吗？如果不恰当，什么指标更合适？

第一节 集中趋势分析

数据的集中趋势测度是对数值型数据的一般水平、代表水平或数据分布中心值的测度。数据集中趋势的测度值有很多，比较常见的有算术平均数、调和平均数、几何平均数、众数、中位数和分位数，它们的计算方法、特点、适用条件各不相同，实际使用时必须结合数据的具体情况进行选择，其中，算术平均数、调和平均数和几何平均数是将全部数据值加以平均计算得到的，统称为数值平均数；众数、中位数和分位数则是根据数据的特定位置确定，统称为位置平均数。

一、算术平均数

算术平均数（Mean）通常又称均值，是将全部数值相加后的总和除以数据个数得到的结果，是反映数据集中趋势最重要的指标。一组数据由许多个体数据组成，个体之间是存在差异的，均值是综合了全部个体的差异得到的结果。

（一）算术平均数的计算

根据数据是否分组，算术平均数的计算分为简单算术平均数和加权算术平均数。

1. 简单算术平均数

$\bar{x}$ 根据未分组的个体数据计算的算术平均数为简单算术平均数，用 n 表示数据个数，x_i 表示第 i 个个体的数值，表示算术平均数，其计算公式为：

$$\bar{x} = \frac{x_1 + x_2 + \cdots + x_i + \cdots + x_n}{n} = \frac{\sum x}{n}$$

例 3-1：某分公司销售部 8 名销售员年度销售额分别为：129 万元、136 万元、138 万元、142 万元、148 万元、148 万元、149 万元、154 万元，求销售部 8 位销售员年平均销售额。

解：销售部 8 位销售员年平均销售额为：

$$\bar{x} = \frac{129+136+138+142+148+148+149+154}{8} = \frac{1144}{8} = 143 \text{（万元）}$$

计算结果表明，8 位员工的年度销售总额为 1144 万元，平均销售额为 143 万元，平均数 143 万元代表了 8 名销售员年销售额的一般水平，是将各销售员之间销售水平的差异抽取后得到的结果，143 万元是销售额的一个集中趋势点或者均衡点，各销售员的销售额分布在其两侧。

算术平均数是将数据间的差异综合后得到的结果，是所有数据的重心点，例

3-1 中，如果第 1 位销售员的业绩是 121 而非 129，均值变为 142，导致重心左移至 142，即减少的 8 万元将由所有 8 位员工分摊。这一变化如图 3-1 所示。

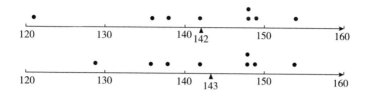

图 3-1 个值变化与均衡点（均值）的改变

2. 加权算术平均数

根据分组资料计算算术平均数，必须根据各组权数（频数）大小进行加权处理，方法是首先找出各组的代表值 x_i，将代表值与该组对应权数 f_i 相乘得到该组的总值，然后将各组总值加总除以权数和即得到算术平均数，具体公式为：

$$\bar{x} = \frac{x_1 f_1 + x_2 f_2 + \cdots + x_i f_i + \cdots + x_n f_n}{f_1 + f_2 + \cdots + f_i + \cdots + f_n} = \frac{\sum xf}{\sum f}$$

各组代表值使用组中值，组中值的计算方法如下：

闭合组组中值=（下限+上限）/2；

缺下限组组中值=上限−邻近组组距/2；

缺上限组组中值=下限+邻近组组距/2。

例 3-2：某公司分布在全国各销售点的全部销售人员的销售业绩资料经分组后如表 3-1 所示，试计算该公司销售人员的平均销售业绩。

表 3-1 某公司销售额分组表

销售额（万元）	员工人数（f_i）	组中值（x_i）	各组总值（$x_i f_i$）
20 以下	16	17.5	280.0
20~25	58	22.5	1305.0
25~30	104	27.5	2860.0
30~35	178	32.5	5785.0
35~40	122	37.5	4575.0
40~45	69	42.5	2932.5
45 以上	23	47.5	1092.5
合计	570	—	18830.0

解：该公司销售人员的平均销售额为：

$$\bar{x} = \frac{17.5 \times 16 + 22.5 \times 58 + 27.5 \times 104 + 32.5 \times 178 + 37.5 \times 122 + 42.5 \times 69 + 47.5 \times 23}{16 + 58 + 104 + 178 + 122 + 69 + 23}$$

$$=\frac{18830.0}{570}=33.04\ (万元)$$

结果表明，公司全部 570 名员工的销售总额为 18830.0 万元，人均销售业绩为 33.04 万元。

在加权算术平均数的计算中，各组的权数大小体现了本组代表值在平均数中的地位，权数越大，则本组代表值对平均数的影响越大，平均数会向其靠近。

利用分组数据计算均值，实际上是假定以各组组中值代表本组全部单位的值，而实际情况与这一假定有出入，这与原始数据计算的结果相比存在一定程度的误差，当分组科学、合理时，这一假定带来的误差很小，几乎可以忽略。

（二）算术平均数的数学性质

（1）变量 x 的算术平均数等于变量 x 加（减）常数 a 后的算术平均数再减（加）常数 a。

$$\bar{x}=\overline{(x\pm a)}\mp a$$

（2）变量 x 的算术平均数等于变量 x 除以常数 b（$b\neq0$）后的算术平均数再乘以常数 b。

$$\bar{x}=\overline{(x/b)}\times b$$

（3）变量 x 与其算术平均数的离差和为零。

$$\sum(x-\bar{x})=0$$

$$\sum(x-\bar{x})f=0$$

（4）变量 x 与其算术平均数的离差的平方和最小（x_0 为任意常数）。

$$\sum(x-x_0)^2\geqslant\sum(x-\bar{x})^2$$

$$\sum(x-x_0)^2 f\geqslant\sum(x-\bar{x})^2 f$$

对于运算量较大的分组数据，利用算术平均数的上述性质，有时可以使计算量变小。对例 3-2 中的数据，结合性质（1）和性质（2），均值的计算过程如表 3-2 所示，计算结果与例 3-2 中相同。

表 3-2　某公司员工平均销售额简捷计算表

销售额（万元）	员工人数（f_i）	组中值（x_i）	$y_i(x_i-32.5)$	$z_i(y_i/5)$	各组总值（$z_i f_i$）
20 以下	16	17.5	−15	−3	−48
20~25	58	22.5	−10	−2	−116
25~30	104	27.5	−5	−1	−104
30~35	178	32.5	0	0	0

续表

销售额(万元)	员工人数(f_i)	组中值(x_i)	$y_i(x_i-32.5)$	$z_i(y_i/5)$	各组总值($z_i f_i$)
35~40	122	37.5	5	1	122
40~45	69	42.5	10	2	138
45 以上	23	47.5	15	3	69
合计	570	—	—	—	61.0

$$\bar{x} = \bar{y} + 32.5 = \overline{(z)} \times 5 + 32.5$$
$$= (61/570) \times 5 + 32.5$$
$$= 0.11 \times 5 + 32.5$$
$$= 33.0$$

（三）加权算术平均数的变形公式

根据分组数据计算算术平均数时要依据各组的权数（频数）f 进行加权，但也可以将权数换算成权重比（频率）$f/\sum f$，用各组代表值与对应权重比相乘得到该组在平均数中的份额，将各组份额直接相加得到算术平均数，其计算公式为：

$$\bar{x} = \sum x \frac{f}{\sum f}$$

依据上述变形公式，例 3-2 中，算术平均数的计算结果为：

$$\bar{x} = 17.5 \times \frac{16}{570} + 22.5 \times \frac{58}{570} + 27.5 \times \frac{104}{570} + 32.5 \times \frac{178}{570} + 37.5 \times \frac{122}{570} + 42.5 \times \frac{69}{570} +$$

$$47.5 \times \frac{23}{570} = 33.0$$

（四）计算和使用算术平均数需要注意的问题

算术平均数易受极端值影响，当数据中存在极端值时，使用算术平均数作为代表水平可能不合适，此时需要采取措施消除极端值的影响。比如，在竞赛中计算选手的最后得分时，去掉一个最高分和一个最低分后，计算平均分作为选手的最后得分，实际上是使用切尾均值消除极端值的影响。

在 Excel 中计算一组数据算术平均数的函数为：AVERAGE（ ）。

二、调和平均数

计算算术平均数时，需要知道各组变量值以及对应的频数或频率，当频数没有直接给出，而是直接给出各组的总值时，此时计算算术平均数的形式转换为调和平均数（Harmonic Average），调和平均数是各变量值的倒数的算术平均数的倒数。调和平均数分为简单调和平均数和加权调和平均数。

（一）简单调和平均数

简单调和平均数的计算公式为：

$$H = \frac{1 + 1 + 1 + \cdots + 1}{1/x_1 + 1/x_2 + \cdots + 1/x_n} = \frac{n}{\sum \dfrac{1}{x}}$$

例3-3：某种蔬菜分三种不同的档次，批发价格（万元/吨）分别为0.15、0.20和0.25，一分销商购买每种档次的蔬菜各1万元，求该分销商购买这种蔬菜的平均价格。

解：该分销商购买这种蔬菜的平均价格为：

$$H = \frac{1+1+1}{1/0.15+1/0.20+1/0.25} = \frac{3}{15.67} = 0.1915（万元/吨）$$

在本例中，如果以三种价格相加除以3的结果0.20万元/吨作为平均价格，这种按简单算术平均数求平均价格的方法是错误的，原因是各种档次蔬菜的购买量（权重）不同，因此应按加权算术平均法计算。从加权算术平均的角度理解，价格变量x共有三个值，每个值对应的权数f是购买数量m/x（购买金额除以价格），则平均价格为：

$$\bar{x} = \frac{\sum xf}{\sum f} = \frac{x_1 f_1 + x_2 f_2 + \cdots + x_i f_i + \cdots + x_n f_n}{f_1 + f_2 + \cdots + f_i + \cdots + f_n}$$

$$= \frac{0.15 \times (1/0.15) + 0.20 \times (1/0.20) + 0.25 \times (1/0.25)}{1/0.15 + 1/0.20 + 1/0.25}$$

$$= \frac{3}{15.67} = 0.1915（万元/吨）$$

无论是直接按调和平均数还是按加权算术平均数计算，两者结果相同，这说明，调和平均数实质上是算术平均数的变形。

（二）加权调和平均数

在例3-3中，每种档次的蔬菜购买金额相同，如果不同则属于加权调和平均数，其计算公式为：

$$H = \frac{m_1 + m_2 + \cdots + m_n}{\dfrac{m_1}{x_1} + \dfrac{m_2}{x_2} + \cdots + \dfrac{m_n}{x_n}} = \frac{\sum m}{\sum \dfrac{m}{x}}$$

例3-4：公司下属四个分公司第一季度的计划销售额完成情况如表3-3所示，求四个分公司销售计划平均完成程度。

表 3-3 各分公司实际销售额及计划完成情况表

分公司	计划完成程度(%)(x)	实际销售额(万元)(m)	计划销售额(万元)(m/x)
一分公司	88.4	3182	3600
二分公司	130.6	3265	2500
三分公司	96.5	3764	3900
四分公司	93.1	4376	4700
合计	—	14587	14700

$$H = \frac{\sum m}{\sum \dfrac{m}{x}} = \frac{3182 + 3265 + 3764 + 4376}{\dfrac{3182}{88.4\%} + \dfrac{3265}{130.6\%} + \dfrac{3764}{96.5\%} + \dfrac{4376}{93.1\%}}$$

$$= \frac{14587}{14700} = 99.2\%$$

计算结果表明，公司销售计划平均完成程度为 99.2%，接近完成销售计划。在本例中，如果将四个分公司计划完成程度直接简单平均的结果 102.2% 作为平均计划完成程度是错误的，因为每个分公司计划任务不同，各分公司的计划完成程度在平均计划完成程度中的地位应该由计划任务这一权数决定，而实际完成数等于计划任务数乘以计划完成程度。从加权算术平均数的角度理解：

$$\bar{x} = \frac{\sum xf}{\sum f} = \frac{x_1 f_1 + x_2 f_2 + x_3 f_3 + \cdots + x_n f_n}{f_1 + f_2 + \cdots + f_i + \cdots + f_n}$$

$$\bar{x} = \frac{88.4\% \times 3600 + 130.6\% \times 2500 + 96.5\% \times 3900 + 93.1\% \times 4700}{3600 + 2500 + 3900 + 4700}$$

$$= \frac{14587}{14700} = 99.2\%$$

计算结果与加权调和平均数相同。

（三）计算调和平均数应注意的问题

从计算过程可以看出，调和平均数的实质仍然是算术平均数，计算算术平均数需要已知各组变量值以及对应的权数，当各组权数未直接给出时需要变通，此时算术平均数的计算转换为调和平均数形式。

由于每一个数据都参与平均，因而调和平均数容易受极端值影响。此外，如果变量值中出现了 0，则不能计算调和平均数。

在 Excel 中计算一组数据调和平均数的函数为：HARMEAN（ ）。

三、几何平均数

几何平均数（Geometric Mean）是若干个变量值连乘积的 n 次方根。几何平均数适用于计算一个连续发展过程中有速度或相对比率累积关系的各阶段的平均。根据掌握的资料的不同，分为简单几何平均数和加权几何平均数。

（一）简单几何平均数

当资料未经分组时，计算几何平均数的形式为简单几何平均数，其计算公式如下：

$$G = \sqrt[n]{x_1 \cdot x_2 \cdots x_n} = \sqrt[n]{\prod \cdot x}$$

式中，G 为几何平均数，$\prod$ 表示连乘符号，x_n 表示各阶段的发展速度或比率。

例 3-5：某产品的生产过程需要经过连续四道工序，每道工序单独的合格率依次分别为 95%、94%、93% 和 99%，求平均合格率。

解：该产品四道工序平均合格率为：

$$G = \sqrt[n]{x_1 \cdot x_2 \cdots x_n} = \sqrt[4]{95\% \times 94\% \times 93\% \times 99\%} = 95.22\%$$

本例中，不能直接对 4 个合格率简单相加平均作为平均合格率，因为 4 个合格率的基数不再相同，平均合格率是对全过程的考察，由于生产的连续性，每道工序合格率的基础不再相同，而是以前面各环节累积的结果为基础，因而必须使用几何平均数度量。

（二）加权几何平均数

根据分组资料计算几何平均数的形式为加权几何平均数，其计算公式为：

$$G = \sqrt[\Sigma f]{x_1^{f_1} \cdot x_2^{f_2} \cdots x_n^{f_n}} = \sqrt[\Sigma f]{\prod \cdot x^f}$$

例 3-6：公司以资产抵押形式向银行贷款为某长期项目融资，合同约定贷款期限为 7 年，按复利计算利息，项目建成后一次还本付息。前三年利率为 7%，接下来的两年利率为 8%，最后两年利率为 10%，求该笔贷款的平均年利率。

解：该笔贷款的平均年本息率为：

$$G = \sqrt[\Sigma f]{x_1^{f_1} \cdot x_2^{f_2} \cdots x_n^{f_n}} = \sqrt[7]{1.07^3 \times 1.08^2 \times 1.10^2} = 1.0814$$

平均年本息率为 108.14%，平均年利率为 108.14% - 1 = 8.14%。

本例中，由于每一年利率都是以前面各年本息累积为基础，因而不能将 7 年的利率简单相加平均作为平均年利率。先采用加权几何平均计算出平均年本息率（发展速度）108.14%，然后减去 1 得到 8.14% 作为平均年利率。

（三）计算和运用几何平均数应注意的问题

几何平均数适用的条件是：当最终结果是由全过程各阶段依次累积得到的总速度或总比率时，求各阶段的平均速率或平均比率采用几何平均。几何平均通常用于平均发展速度、连续多工序生产过程中平均合格率、考虑复利的平均利率等方面的计算。

由于每个变量值都参与计算，因此几何平均数易受极端值影响，此外，当变量值一旦出现 0 和负值，几何平均的结果可能失去意义。

在 Excel 中计算一组数据几何平均数的函数为：GEOMEAN（）。

四、众数

众数（Mode）是出现次数最多的变量值，从分布图形上看也就是最高点对应的值。众数是众多个体中最普遍出现的值，因而可以作为平均水平。在所有变量值中，众数作为其中的一个特定值，不受其他变量值的影响，这一点与算术平均数、调和平均数和几何平均数完全不同。

（一）众数的计算

对于未经分组的数据，需要先将数据按大小顺序排序，然后统计各个变量值出现的次数，次数最大的变量值即确定为众数。

对于经分组形成的单项式分组数据，次数最大的组为众数组，该组对应的变量值为众数；对于经分组形成的组距式分组数据，必须先确定众数所在组，然后用如下公式近似估计众数，上限公式和下限公式计算结果相同。

$$M_o = U - \frac{\Delta_2}{\Delta_1 + \Delta_2} \times d \quad （上限公式）$$

$$M_o = L + \frac{\Delta_1}{\Delta_1 + \Delta_2} \times d \quad （下限公式）$$

式中，L 表示众数组下限；U 表示众数组上限；d 表示众数组组距；Δ_1 表示众数组与靠近下限组次数之差；Δ_2 表示众数组与靠近上限组次数之差。

例 3-7：根据例 3-2 中的销售额分组数据，计算销售额的众数值。

解：由于是等距分组，可以确定人数 178 为最大次数，众数位于 30 万~35 万元组，运用下限公式计算如下：

$$M_o = L + \frac{\Delta_1}{\Delta_1 + \Delta_2} \times d = 30 + \frac{178 - 104}{(178 - 104) + (178 - 122)} \times 5 = 32.85$$

结果表明，销售额的众数值为 32.85 万元，这一结果代表了销售员比较普遍完成的业绩水平。

利用组距分组数据计算众数时，众数偏离组中值的方向及程度由靠近下限组次数和靠近上限组次数多少决定，哪边次数多，众数就偏向哪一边。本例中，众数位于 30 万~35 万元组，组中值为 32.5，靠近下限组为 25~30 组，人数为 104人，靠近上限组为 35~40 组，人数为 122 人，所以众数应大于组中值 32.5，计算结果表明众数偏离组中值向上限方向偏移。

（二）计算和使用众数应注意的问题

当总体的单位数较多并且集中趋势明显时，计算和使用众数才有意义，否则即使数据存在众数值，但并不适用于作为代表性水平或一般水平。在图 3-2 中，（a）和（b）明显存在众数，可以用众数反映数据的集中趋势，（c）和（d）则不适合使用众数反映集中趋势。

在 Excel 中计算一组数据众数的函数为：MODE（）。

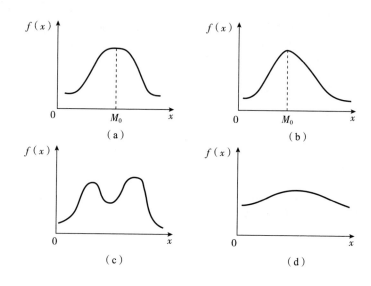

图 3-2　数据分布的众数示意图

五、中位数

中位数（Median）是变量值经过排序后居于中间位置的值。中位数由位置决定，与其他变量值大小无关，是典型的位置平均数。

（一）中位数的计算

对于未经分组的数据，需要先将数据按大小顺序排序，依据数据的个数 n 确定中间位置，如果 n 为奇数，中间位置为 $(n+1)/2$，其对应的值即为中位数；如果 n 为偶数，中间位置有两个，分别为 $n/2$ 和 $(n/2+1)$，中位数为两个位置对应值的平均值。对于经分组形成的单项式分组数据，需要求出累计次数，之后再找出中位数。对于经分组形成的组距式分组数据，必须先求出累计次数，确定中位数所在组，然后用如下公式近似估计，上限公式和下限公式计算结果相同。

$$M_e = U - \frac{\dfrac{\sum f}{2} - S_{m+1}}{f_m} \times d$$

$$M_e = L + \frac{\dfrac{\sum f}{2} - S_{m-1}}{f_m} \times d$$

式中，L 表示中位数组下限；U 表示中位数组上限；f_m 表示中位数组次数；d 表示中位数组组距；$\sum f$ 表示总次数；S_{m-1} 表示下限以下各组次数之和（小于 L 的次数）；S_{m+1} 表示上限以上各组次数之和（大于 U 的次数）。

例 3-8：根据例 3-2 中的销售额分组数据，计算销售额的中位数。

表 3-4　某公司员工销售额中位数计算表

销售额（万元）	员工人数（f_i）	组中值（x_i）	以上累计（S_{m+1}）	以下累计（S_{m-1}）
20 以下	16	17.5	570	16
20~25	58	22.5	554	74
25~30	104	27.5	496	178
30~35	178	32.5	392	356
35~40	122	37.5	214	478
40~45	69	42.5	92	547
45 以上	23	47.5	23	570
合计	570	—	—	—

解：由累计次数判断，中间位置为 285 位（570/2），中位数位于 30~35 组，销售额 35 万元以上的人数是 214 人，采用上限公式计算：

$$M_e = U - \frac{\dfrac{\sum f}{2} - S_{m+1}}{f_m} \times d = 35 - \frac{\dfrac{570}{2} - 214}{178} \times 5 = 33.01（万元）$$

计算结果表明，全部员工销售额的中位数值为 33.01 万元。

利用组距分组数据计算中位数的值时，中位数偏离组中值的方向及程度由下限以下的累计次数（S_{m-1}）和上限以上的累计次数（S_{m+1}）决定，哪边次数多，中位数就偏向哪一边。本例中，中位数位于 30 万~35 万元组，组中值为 32.5，30 以下的人数 S_{m-1}=178 人，35 万元以上的人数 S_{m+1}=214 人，所以中位数应大于组中值 32.5，计算结果也表明中位数向上限方向偏移。

（二）使用中位数应注意的问题

中位数由位置决定，与其他数据值没有关系，因而与众数一样不受极端值的影响。中位数的特殊性还在于，各数据值与中位数的绝对离差的总和最小。或者说，对于任意一个数据点，当该数据点取中位值时，各数据值与该数据点的距离和最小。

中位数常用于判断一国或地区人口年龄类型、反映一国或地区居民收入的一般水平等方面。

在 Excel 中计算一组数据中位数的函数为：MEDIAN（）。

六、分位数

分位数（Quantile），也称分位点，指将一组数据按大小顺序排列后分为几个等份的数值点，常见的分位数有四分位数（Quartile）、十分位数（Decile）和百分位数（Percentile）等。显然，中位数是特殊的分位数，是将数据分为两等份的数值点；将数据分为四等份的点称为四分位数，共有三个；将数据分为十等份的点称为十分位数，共有 9 个；将数据分为百等份的点称为百分位数，共有 99 个。与中位数不同，中位数反映所有数据的集中趋势，而分位数反映的是某部分数据的集中趋势，比如下四分位数反映的是比中位数小的所有数据的集中趋势，而上四分位数反映的是比中位数大的所有数据的集中趋势。

各种分位数的计算与中位数类似，以四分位数为例，四分位数有三个，分别是第一四分位数（下四分位数 Q_1）、第二四分位数（中位数）和第三四分位数（上四分位数 Q_3）。下四分位数的计算方法是，先依据 $\sum f/4$ 确定下四分位数所在的组，然后利用公式计算，下四分位数和上四分位数的下限公式分别为：

$$Q_1 = L + \frac{\dfrac{\sum f}{4} - S_{q1-1}}{f_{q1}} \times d$$

$$Q_3 = L + \frac{\dfrac{3\sum f}{4} - S_{q3-1}}{f_{q3}} \times d$$

下四分位数公式中，L、f_{q1} 和 d 分别代表下四分位数所在组的下限、次数和组距，S_{q1-1} 代表下四分位数组下限以下的累计次数。

上四分位数公式中，L、f_{q3} 和 d 分别代表上四分位数所在组的下限、次数和组距，S_{q3-1} 代表上四分位数组下限以下的累计次数。

在例 3-2 的销售额分组数据中，根据 $\sum f/4 = 142.5$ 确定下四分位在 25~30 万元组，销售额 25 万元以下的人数为 74 人；根据 $3\sum f/4 = 427.5$ 确定上四分位在 35~40 万元组，销售额 35 万元以下的人数为 356 人，则：

$$Q_1 = L + \frac{\dfrac{\sum f}{4} - S_{q1-1}}{f_{q1}} \times d = 25 + \frac{\dfrac{570}{4} - 74}{104} \times 5 = 28.3（万元）$$

$$Q_3 = L + \frac{\frac{3}{4}\sum f - S_{q3-1}}{f_{q3}} \times d = 35 + \frac{\frac{3}{4} \times 570 - 356}{122} \times 5 = 37.9（万元）$$

计算结果表明，销售额的下四分位数是 28.3 万元，表示 1/4 的员工销售业绩在 28.3 万元以下；上四分位数是 37.9 万元，表示 3/4 的员工销售业绩在 37.9 万元以下或 1/4 的员工销售业绩在 37.9 万元之上。

七、几种集中趋势指标的比较

（一）算术平均数、调和平均数和几何平均数之间的比较

算术平均数、调和平均数和几何平均数都属于数值平均数，所有变量值都要参与计算，当变量存在极端值时，三者都会受到影响而使代表性降低，因而三者的共同特点是稳定性较差。单纯从数学角度比较，三者的大小关系是：$\bar{x} \geqslant G \geqslant H$，当所有变量值相同时，三者相等。由于三者计算的条件不同，在实际工作中通常不对三者进行单纯的大小比较。

（二）算术平均数、众数和中位数之间的比较

众数和中位数是由位置决定的，与其他数据值无关，因而具有较好的稳定性，而算术平均数则由所有数据值共同参与计算，受其他数据值的影响。三者中算术平均数和中位数是唯一的，而众数可能不止一个。

算术平均数、众数和中位数之间的大小关系与数据的分布形态有关，当数据呈对称分布时，三者相等；当数据为左偏分布时，算术平均数最小，中位数次之，众数最大；当数据为右偏分布时，众数最小，中位数次之，算术平均数最大。因而利用三者的数量关系可以初步判断数据的分布形态。如图 3-3（a）为对称分布，（b）为右偏或正偏分布，（c）为左偏或负偏分布。

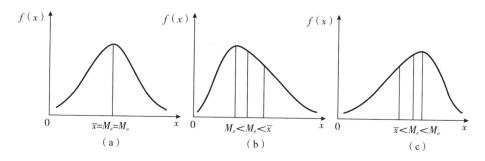

图 3-3 算术平均数、众数和中位数数量关系与分布偏态

第二节 离散程度分析

数据的集中趋势分析是将数据之间的差异进行综合，以得出反映数据一般水平或代表性水平的值，数据的离散程度分析则与之相反，是对数据间的差异状况进行描述分析，以反映数据间的差异程度。反映数据离散程度的度量指标有极差、平均差、方差和标准差、离散系数等，离散程度指标越大，说明数据间的差异程度越大，同时表明数据均值的代表性越差。

一、极差

（一）极差的计算

极差（Range）又称全距，是一组数据中最大值与最小值之差。计算公式为：

$R = x_{max} - x_{min}$

例3-9：甲乙两个班组各有9名工人，年龄分别如下，分别计算两组工人年龄的极差值。

甲组工人年龄分别为：20、24、28、32、36、42、44、48、50；

乙组工人年龄分别为：20、35、35、35、36、37、38、38、50。

解：甲乙两个班组工人年龄的极差值分别为：

$R_{甲} = x_{max} - x_{min} = 50 - 20 = 30$

$R_{乙} = x_{max} - x_{min} = 50 - 20 = 30$

结果表明，两组工人年龄的极差均为30岁，说明两组工人年龄的变动范围相同，虽然两组工人年龄的最大值和最小值均相同，但中间7个工人的年龄差别甲乙两组明显不同。

（二）使用极差需要注意的问题

极差反映了数据的最大变动范围，它计算简便，只由最大和最小两个数据值决定，与其他数据值无关，因而只能粗略反映数据的离散程度，一般较少使用。

二、内距

（一）内距的计算

内距（Inter-quartile Range，IQR）是上四分位数与下四分位数之差，其计算公式为：

$IQR = Q_3 - Q_1$

（二）计算和使用内距需要注意的问题

内距反映了中间 50% 的数据的变动范围，相对极差而言，内距不受极端值影响，因而提供了比极差更多的数据差异信息。由于内距没有考虑全部数据的差异，因而也较少使用。

三、平均差

（一）平均差的计算

平均差（Average Deriation）是变量值与其算术平均数的离差的绝对值的算术平均数。每一个变量值与算术平均数之间均存在一个绝对距离，平均差表明了这种距离的均值。根据数据是否分组，平均差的计算分为简单和加权两种，公式分别为：

$$AD = \frac{\sum |x - \bar{x}|}{n}$$

$$AD = \frac{\sum |x - \bar{x}| f}{\sum f}$$

在例 3-9 中，计算甲乙两组工人的平均年龄均为 36 岁，年龄的平均差分别为：

$$AD_{甲} = \frac{|20-36| + |24-36| + \cdots + |48-36| + |50-36|}{9} = \frac{80}{9} = 8.9$$

$$AD_{乙} = \frac{|20-36| + |35-36| + \cdots + |38-36| + |50-36|}{9} = \frac{38}{9} = 4.2$$

两组工人年龄的平均差计算结果分别为 8.9 岁和 4.2 岁，说明甲组工人年龄的差异程度大于乙组。

（二）计算和使用平均差需要注意的问题

平均差包含了所有数据的差异信息，能够准确反映数据间的差异程度，但由于平均差带有绝对值符号，给进一步的数学演变和推理带来不便，因而较少使用。

在 Excel 中计算一组数据平均差的函数为：AVEDEV（）。

四、方差和标准差

方差（Variance）就是变量与其算术平均数的离差的绝对值的平方的算术平均数，标准差（Standader Dev）是方差的算术平方根。方差通过平方改变了变量原有的量纲属性，标准差则还原了变量的量纲，表明每个变量值与算术平均数之间的平均差别。方差和标准差因其良好的数学特性在统计推断中有广泛的应用，是使用最多的离散程度指标。

（一）方差和标准差的计算

方差和标准差有总体和样本之分，表示符号不同，计算公式也不同，如果是根据未经分组的数据计算方差和标准差，则使用简单公式；根据分组数据计算则使用加权公式。具体公式如表3-5所示。

表3-5　方差与标准差基本公式表

		简单公式	加权公式
方差	总体	$\sigma^2=\dfrac{\sum(x-\bar{x})^2}{n}$	$\sigma^2=\dfrac{\sum(x-\bar{x})^2f}{\sum f}$
	样本	$s^2=\dfrac{\sum(x-\bar{x})^2}{n-1}$	$s^2=\dfrac{\sum(x-\bar{x})^2f}{\sum f-1}$
标准差	总体	$\sigma=\sqrt{\dfrac{\sum(x-\bar{x})^2}{n}}$	$\sigma=\sqrt{\dfrac{\sum(x-\bar{x})^2f}{\sum f}}$
	样本	$s=\sqrt{\dfrac{\sum(x-\bar{x})^2}{n-1}}$	$s=\sqrt{\dfrac{\sum(x-\bar{x})^2f}{\sum f-1}}$

计算样本方差时，是除以 $n-1$，而不是像总体方差除以 n，可以从两方面理解：

第一，样本方差的自由度为 $n-1$ 而不是 n。对于研究总体而言，其范围及特征值是确定的，但从中抽取样本时，样本的产生是随机的，一个样本包含 n 个单位，在样本均值确定的情况下，只能有 $n-1$ 个单位的值可以自由变动，剩下的一个则不能变动。

第二，样本方差是总体方差的无偏估计。只有样本方差除以 $n-1$ 时，样本方差的期望值（均值）才等于总体方差，或者说样本方差是总体方差的无偏估计。

实际工作中，如果样本容量 n 足够大，可以将样本方差近似按总体方差公式计算。

例3-10：在例3-2中计算的平均销售额为33.04万元，计算所有员工销售额的标准差。

解：员工销售额标准差的计算过程如表3-6所示。

表3-6　销售额标准差计算表

销售额（万元）	员工人数（f）	组中值（x）	$x-33.04$	$(x-33.04)^2$	$(x-33.04)^2f$
20以下	16	17.5	-15.54	241.49	3863.87
20~25	58	22.5	-10.54	111.09	6443.31

销售额（万元）	员工人数（f）	组中值（x）	$x-33.04$	$(x-33.04)^2$	$(x-33.04)^2 f$
25～30	104	27.5	-5.54	30.69	3191.93
30～35	178	32.5	-0.54	0.29	51.90
35～40	122	37.5	4.46	19.89	2426.78
40～45	69	42.5	9.46	89.49	6174.92
45 以上	23	47.5	14.46	209.09	4809.11
合计	570	—	-3.78	702.04	26961.81

$$\sigma = \sqrt{\frac{\sum (x - \bar{x})^2 f}{\sum f}} = \sqrt{\frac{26961.81}{570}} = 6.88（万元）$$

标准差计算结果为 6.88 万元，表示各员工销售额与平均销售额的平均差距为 6.88 万元。

（二）方差的数学性质

（1）变量 x 的方差等于变量 x 减去常数 a 后的方差。

$$\sigma_x^2 = \sigma_{(x-a)}^2$$

（2）变量 x 的方差等于变量 x 除以常数 b（$b \neq 0$）后的方差再乘以 b 的平方。

$$\sigma_x^2 = b^2 \cdot \sigma_{\left(\frac{x}{b}\right)}^2$$

（三）方差的简捷计算

在基本公式的基础上通过展开，总体方差的计算可以简化如下：

$$\sigma^2 = \frac{\sum x^2}{n} - \left(\frac{\sum x}{n}\right)^2$$

$$\sigma^2 = \frac{\sum x^2 f}{\sum f} - \left(\frac{\sum x f}{\sum f}\right)^2$$

上述展开公式代表的含义为，变量 x 的方差等于其平方的均值减去其均值的平方。按展开公式计算方差比基本公式的计算过程要简捷，而且当求出的均值带更多位的小数时，基本公式的计算量将呈几何级数增加，因此利用简捷公式计算方差更方便。实际手工计算方差时，可以将简捷公式与方差的数学性质结合起来达到简化计算的目的。

例 3-11：以例 3-2 中的销售额分组数据，运用简化方法计算销售额的标准差。

解：计算过程如表 3-7 所示。

表 3-7　员工销售额标准差简捷计算表

销售额(万元)	员工人数(f)	组中值(x)	$y(x-32.5)$	$z(y/5)$	zf	z^2f
20 以下	16	17.5	−15	−3	−48	144
20~25	58	22.5	−10	−2	−116	232
25~30	104	27.5	−5	−1	−104	104
30~35	178	32.5	0	0	0	0
35~40	122	37.5	5	1	122	122
40~45	69	42.5	10	2	138	276
45 以上	23	47.5	15	3	69	207
合计	570	—	0	0	61	1085

$$\sigma_z^2 = \frac{\sum z^2 f}{\sum f} - \left(\frac{\sum zf}{\sum f} \right)^2 = \frac{1085}{570} - \left(\frac{61}{570} \right)^2 = 1.892$$

$$\sigma_x = \sigma_y = 5\sigma_z = 5 \times \sqrt{1.892} = 6.88$$

按简化方法的计算结果与基本公式计算结果相同，但表 3-7 中的计算量明显比表 3-6 中基本公式计算量要小很多。

（四）计算运用方差和标准差应注意的问题

与平均差一样，方差和标准差包含了每一个数据的信息，存在极端值时都会受到影响，但方差和标准差因其具有良好的数学特性被广泛使用，常用于度量事物的稳定性、均衡性等。

利用分组数据计算方差和标准差时，如果给出的数据中不是各组的频数，而是频率，此时方差和标准差的计算可以直接用频率加权求和得出。公式如下：

$$\sigma^2 = \sum (x - \bar{x})^2 \times \frac{f}{\sum f}$$

$$\sigma^2 = \sum x^2 \frac{f}{\sum f} - \left(\sum x \frac{f}{\sum f} \right)^2$$

在 Excel 中计算一组数据的总体方差和样本方差的函数分别为 VARP（）和 VARS（），总体标准差和样本标准差的函数分别为 STDEVP（）和 STDEVS（）。

（五）是非标志的方差和标准差

上面介绍的方差和标准差是针对数值型变量。在统计研究中经常会碰到一类特殊的变量，其表现值只有两个：具有某种属性和不具有某种属性，非此即彼。

比如性别（男和女）、产品质量（合格和不合格）、投票结果（通过和未通过）等，有时为了特定的研究需要将其量化，具有某种属性用 1 表示，不具有这种属性用 0 表示，这类变量称为是非标志变量或 01 标志变量。

统计中把具有某种属性的单位占全部单位的比重称为比率或成数，用符号 p 表示。比率实质上属于一种特殊的算术平均数，在统计推断中与均值一样经常出现。01 标志的方差的计算如表 3-8 所示。

表 3-8　是非标志方差计算表

	变量值 x	单位数 f	xf	x^2	$x^2 f$
具有某种属性	1	n_1	n_1	1	n_1
不具有某种属性	0	n_2	0	0	0
合计	—	n	n_1	—	n_1

$$\bar{x} = \frac{\sum xf}{\sum f} = \frac{n_1}{n} = p$$

$$\sigma_x^2 = \frac{\sum x^2 f}{\sum f} - \left(\frac{\sum xf}{f} \right)^2 = \frac{n_1}{n} - \left(\frac{n_1}{n} \right)^2 = p(1-p)$$

$$\sigma_x = \sqrt{p(1-p)}$$

可见，01 标志的均值等于具有某种属性的单位所占比率，01 标志的方差等于具有某种属性的单位所占比率与不具有该种属性的单位所占比率的乘积。

五、离散系数

前面介绍的极差、内距、平均差、方差和标准差都是从绝对值反映数据的差异水平，因此容易受到数据本身大小的影响，一组数据值越大，计算出来的上述离散程度指标通常越大。此外，上述指标与原始数据一样都带有计量单位，无法比较不同计量单位的数据的差异程度。离散系数（Coefficient of Variation）则消除了上述两方面的影响，能够用来对比不同组数据的离散程度。

（一）离散系数的计算

离散系数又称变异系数，是变量的标准差与其算术平均数的比值。计算公式为：

$$v = \frac{\sigma}{\bar{x}}$$

离散系数是一个相对比值，既消除了数据本身大小对绝对差异值的影响，同时也不存在量纲，常被用来比较不同性质数据的差异程度。离散系数的值越大，表明数据的差异程度越大，值越小则表明数据的差异程度越小。

实际应用过程中，离散系数也可用平均差除以均值计算。

例 3-12：有成人组和幼儿组两组身高数据（厘米）如下，比较其中哪一组的身高差异更大。

成人组：166、169、172、177、180、170、172、174、168、173；

幼儿组：68、69、68、70、71、73、72、73、74、75。

解：两组身高值的离散系数计算如表 3-9 所示。

表 3-9　成人组与幼儿组身高离散系数比较

	成人组	幼儿组
均值	172.10	71.30
方差	15.89	5.61
标准差	3.99	2.37
离散系数	0.0232	0.0332

计算结果如表 3-9 所示，结果表明，虽然幼儿组身高的标准差比成人组小，但幼儿组身高的离散系数更大，说明幼儿组的身高差别比成人组更大，同时也说明幼儿组平均身高比成人组平均身高的代表性差。

（二）离散系数的适用范围

标准差、平均差反映的是一个数据集合中各个体之间差异的平均值，这种差异是一种绝对差异，不宜用来对不同性质数据的差异大小进行直接对比，只有在不同属性的数据经过标准化处理以后，才可以用其进行差异程度的比较。

离散系数是从相对差异的角度反映数据的离散程度，相对于平均差、标准差等绝对差异度量指标而言，不受数据集合中数据本身大小影响，并且消除了数据的量纲，因而特别适合用于比较不同数据差异程度的大小，广泛用于比较不同对象平均数的代表性、稳定性、均衡性等方面。

第三节　数据分布的偏态与峰度

偏态（Skewness）是数据分布的不对称性，峰度（Kurtosis）是数据分布的扁平程度。偏态和峰度是数据分布形态的两个重要特征，通过直方图和茎叶图等描述数据分布的图形可以大致进行观察，但要从数量上加以测度则必须计算偏态系数和峰度系数指标。

一、数据分布偏态的测度

偏态的描述包括数据分布的偏斜方向和程度，偏斜方向分为左偏和右偏两种，又称为负偏和正偏，从分布图形上可以初步考察，在图 3-3 中，形态（a）为对称分布，形态（b）为右偏分布，形态（c）为左偏分布。偏斜方向和程度可以通过计算偏态系数进行准确判别，偏态系数通常采用三阶中心矩计算。

对于未分组数据偏态系数的计算公式为：

$$SK = \frac{n}{(n-1)(n-2)} \sum \left(\frac{x-\bar{x}}{s}\right)^3 \approx \frac{1}{n} \sum \left(\frac{x-\bar{x}}{s}\right)^3$$

对于分组数据偏态系数的计算公式为：

$$SK = \frac{\sum (x-\bar{x})^3 f}{\sum f s^3}$$

式中，SK 表示偏态系数，s 表示样本标准差（也可使用总体标准差）。从公式可以看出，偏态系数是一个标准化后的系数，因而不同数据的偏态系数可以加以比较。SK 等于 0 表示对称分布；大于 0 表示右偏分布或正偏分布；小于 0 表示左偏分布或负偏分布。当 SK 大于 1 或小于 -1 时，数据为高度偏态分布；当 SK 在 0.5~1 或 -0.5~-1 时，通常认为数据为中等偏态分布。

例 3-13：表 3-10 为某公司员工工资分组数据，利用均值、众数和中位数的关系初步判断数据的分布形态，并进一步计算偏态系数判断分布的偏斜方向和程度。

表 3-10　员工工资数据及偏态系数计算表

工资（千元）	员工人数（f_i）	组中值（x_i）	累计人数（S_{m-1}）	xf	x^2f	$(x-\bar{x})^3$	$(x-\bar{x})^3f$
2 以下	21	1.5	21	31.5	47.25	−20.93	−439.60
2~3	67	2.5	88	167.5	418.75	−5.41	−362.78
3~4	169	3.5	257	591.5	2070.25	−0.43	−73.02
4~5	304	4.5	561	1368.0	6156.00	0.01	4.40
5~6	111	5.5	672	610.5	3357.75	1.93	213.69
6~7	32	6.5	704	208.0	1352.00	11.30	361.59
7 以上	6	7.5	710	45.0	337.50	34.14	204.83
合计	710	—	—	3022.0	13739.50	20.60	−90.88

解：员工工资的均值、众数、中位数和标准差分别为：

$$\bar{x} = \frac{\sum xf}{\sum f} = \frac{3022}{710} = 4.256$$

$$M_e = L + \frac{\sum f/2 - S_{m-1}}{f_m} \times d = 4 + \frac{710/2 - 257}{304} \times 1 = 4.322$$

$$M_o = L + \frac{\Delta_1}{\Delta_1 + \Delta_2} \times d = 4 + \frac{304 - 169}{(304 - 169) + (304 - 111)} \times 1 = 4.412$$

$$S \approx \sqrt{\frac{\sum x^2 f}{\sum f} - \left(\frac{\sum xf}{f}\right)^2} = \sqrt{\frac{13739.5}{710} - \left(\frac{3022}{710}\right)^2} = 1.111$$

$$SK = \frac{\sum (x - \bar{x})^3 f}{\sum fs^3} = \frac{-91.77}{570 \times 1.111^3} = -0.117$$

计算表明，算术平均数<中位数<众数，呈现出左偏或负偏分布特征，进一步计算偏态系数，过程如上所示，结果为-0.1176，说明数据分布为轻微的左偏分布。

Excel 中计算一组未经分组数据分布的偏态系数的函数为 SKEW（）。

二、数据分布峰度的测度

峰度是对数据分布平峰或尖峰程度的测度。以标准正态分布为比较基准（图 3-4 中的实线），如果数据分布形态比标准正态分布更平，则称为平峰分布（见图 3-4(a)），如果比标准正态分布更尖，则称为尖峰分布（见图 3-4(b)）。峰度的测度使用峰度系数，峰度系数用 K 表示，通常使用四阶中心矩形式。

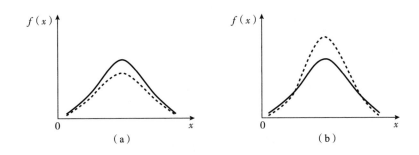

图 3-4　数据分布的峰度对比图

对于未经分组的数据，峰度系数的计算公式为：

$$K = \frac{n(n+1)}{(n-1)(n-2)(n-3)} \sum \left(\frac{x-\bar{x}}{s}\right)^4 - \frac{3(n-1)^2}{(n-2)(n-3)} \approx \frac{1}{n} \sum \left(\frac{x-\bar{x}}{s}\right)^4 - 3$$

对于分组数据，峰度系数的计算公式为：

$$K = \frac{\sum (x-\bar{x})^4 f}{\sum f s^4} - 3$$

上述峰度系数计算公式为标准化的结果，不同数据分布的峰度可以通过峰度系数 K 进行比较。标准正态分布的 K 值为 0，K 值大于 0 时，为尖峰分布，说明数据分布更集中；K 值小于 0 时，为平峰分布，说明数据分布更分散。上述公式中也可以取消减号后面的部分，此时，K 值大于 3 为尖峰分布，K 值小于 3 为平峰分布。

例 3-14：对例 3-13 中员工工资分布的峰度进行判断。

解：峰度系数的计算如表 3-11 所示。

表 3-11　员工工资分布峰度系数计算表

工资（千元）	员工人数（f_i）	组中值（x_i）	$(x-\bar{x})^4$	$(x-\bar{x})^4 f$
2 以下	21	1.5	57.69	1212.56
2~3	67	2.5	9.51	637.05
3~4	169	3.5	0.33	55.20
4~5	304	4.5	0.00	1.08
5~6	111	5.5	2.39	265.83
6~7	32	6.5	25.36	810.41
7 以上	6	7.5	110.74	664.47
合计	710	—	206.03	3646.58

$$K = \frac{\sum (x-\bar{x})^4 f}{\sum f s^4} - 3 = \frac{3646.58}{710 \times 1.111^4} - 3 = 0.37$$

峰度系数的计算过程如表 3-11 所示，K 值为 0.37，说明数据分布呈现出轻微的尖峰分布特征。

Excel 中计算一组数据分布的偏态系数的函数为 KURT（）。

□□■ 小知识：大数据与描述性分析

大数据和描述性分析是相辅相成的。大数据是数据量巨大、数据类型复杂、处理速度快、价值密度低的数据集合。它具有五个特征：数据量大（Volume）、处理速度快（Velocity）、数据种类多（Variety）、价值密度低（Value）、数据真实性高（Veracity）。描述性分析是一种数据分析方法，可以简化和汇总复杂数据，使得数据更易于理解，有助于更好地了解数据的分布和特征。

在大数据分析中，描述性分析是非常重要的分析方法之一。通过对大数据进行描述性分析，度量集中趋势和离散趋势、描述数据分布、分析相关性，可以对数据进行清洗和预处理，将复杂的数据转化为简单的、易于理解的形式，从而更好地了解数据的特征和分布情况，为后续的数据挖掘和预测分析等工作提供支持。例如，通过描述性分析可以统计出数据的平均值、标准差、众数等信息，从而更好地理解数据的中心趋势和离散程度，为后续的分析决策提供支持。

□□■ 思考与练习

1. 常见的数值平均数和位置平均数各有哪几种？两类平均数分别有什么特点？

2. 对一组数据求均值，依据什么确定是算术平均、调和平均还是几何平均？

3. 度量数据的代表性水平或一般性水平时使用哪一类指标？度量数据的差异性、均衡性、稳定性呢？

4. 数据分布的左偏和右偏是相对于哪一种分布而言？数据分布的尖峰与平峰又是相对于哪种形式的分布？

5. 变量 x 的方差为 25，变量 $x/2$ 的标准差是多少？变量 $(x-3)/2$ 的标准差又是多少？

6. 某大型连锁超市全年共 52 周的周销售额（万元）数据如下：

352　386　266　337　456　241　414　273　312　443
427　463　349　378　383　447　210　382　385　383
342　368　279　331　357　272　457　488　310　398
328　227　398　353　330　407　198　428　329　345
338　345　284　375　458　297　365　423　439　285
475　446

（1）根据以上原始数据，计算该超市周平均销售额和标准差。

（2）对销售数据进行恰当分组（可以利用第二章中习题 11 的分组结果），利用分组结果计算周平均销售额和标准差，并与依据原始数据计算的结果进行比较，观察其相对误差大小。

7. 某分公司各季度的利润完成情况的数据如下表所示，计算分析该公司各季度利润的平均计划完成程度。

季度	实际完成利润（万元）	计划完成程度（%）
一	476	95.2
二	336	112.0
三	197	98.5
四	438	87.6

8. 甲产品的生产需要经过连续三道工序，三道工序各自的废品率分别为 2.0%、5.0% 和 6.0%；乙产品的生产有三条流水线，每条流水线均可独立完成产品生产的全过程，且产量相同，三条流水线的废品率分别为 2.0%、5.0% 和

6.0%，比较甲乙产品生产的平均废品率。

9. 下表是甲乙两个公司员工工资分组数据，依据数据计算分析：

（1）计算两个公司员工工资的均值、众数和中位数，通过三者的关系判断两者的分布形态。

（2）应用标准差的简捷计算公式计算标准差，并比较两组均值的代表性。

（3）计算偏态系数，对第（1）问的结论进行验证。

工资（元）	员工人数	
	甲公司	乙公司
3000 以下	4	6
3000~4000	17	12
4000~5000	52	34
5000~6000	37	45
6000~7000	21	73
7000~8000	14	40
8000~9000	7	27
9000~10000	3	10
10000 以上	1	2
合计	156	249

10. 在证券市场上，某类投资的所有投资品种的平均收益率代表了该类投资的收益水平，而收益率的稳定性意味着投资的风险，这种风险可以用离散程度指标衡量。一般而言，不同类型上市公司收益率存在差别，商业类上市公司其经营较为成熟稳定，收益率适中且比较均衡，而高科技类上市公司收益率相对较高但差别较大，以下是有关两类公司的收益率分组数据：

收益率（%）	公司数（家）	
	商业类	高科技类
−30 以下	0	1
−30~−20	1	2
−20~−10	0	2
−10~0	3	5
0~10	28	9
10~20	6	15

续表

收益率（%）	公司数（家）	
	商业类	高科技类
20~30	3	10
30~40	1	6
40 以上	0	2
合计	42	52

（1）分别计算两类公司的平均收益率及收益率标准差。

（2）对投资两类公司的收益率及风险进行比较。

11. 标准普尔 500 股票价格指数 1998~2021 年各年度收盘价格如下，计算 23 年间的年平均涨幅。

年度	1998	1999	2000	2001	2002	2003	2004	2005
收盘指数	1229	1469	1320	1148	880	1112	1212	1248
年度	2006	2007	2008	2009	2010	2011	2012	2013
收盘指数	1418	1468	903	1115	1258	1256	1426	1848
年度	2014	2015	2016	2017	2018	2019	2020	2021
收盘指数	2084	2044	2239	2674	2507	3231	3750	4766

12. 两种不同的玉米新品种分别在五块面积相等的试验田中试种得到如下资料，假定生产条件相同，分别计算两品种的平均亩产，确定哪个品种较稳定，具有较大的推广价值。

田块编号	甲品种亩产量	乙品种亩产量
1	540	580
2	520	510
3	480	460
4	550	520
5	530	540

第四章　抽样与抽样分布

实践中的数据分析4：人事主管应如何确定入围标准？

数据在满足已知分布的前提下，可以利用分布定理对总体未知的数量特征进行估计，抽样推断即借助随机抽样，由样本信息推断总体特征的数据分析方法。

远大智能装备公司招聘车间操作工，在技能测试环节，要求应试者在规定时间内多次完成同一动作，过去测试的结果表明，参加测试者平均完成52.6次，标准差4.2次。本测试环节计划淘汰20%的应聘者，如果你是负责招聘的人事主管，事先应确定多少次为通过标准？

很多情况下，数据分布服从或近似服从正态分布，依据正态分布定理，可以进行各种推断，上述实际问题可以依靠抽样数据的分布加以推断解决。

第一节　随机抽样方法

在研究实际问题时，需要掌握研究对象也就是研究总体的全部数据，以对研究对象进行准确的描述分析。某些研究有时候不可能得到总体的全部数据，比如海洋的渔类资源总量、大气中某种有害气体的含量等；有时候限于时间、成本等原因获得全部数据没有必要，比如了解某一电视节目的收视率、居民消费支出情况等；有时候数据的获得需要进行破坏性试验，比如生产的一批灯管的使用寿命、一批武器的杀伤力；等等。此时可以采用随机抽样方法，从总体中抽取部分单位组成样本，通过对样本的调查，利用样本的数据来推断总体的数量特征。

一、抽样推断的基本概念

（一）抽样推断

抽样推断又称随机抽样，是按照随机原则，从总体中抽出部分单位组成样本进行调查，利用样本的数量特征估计和推断总体数量特征的统计方法。抽样推断不仅灵活省时，节省人力、物力和财力，还能对抽样误差进行计算和有效控制，被广泛应用于产品质量检验、生产过程的控制、社会经济领域的各种调查、总体假设的检验、全面调查的辅助修正等各个领域。

抽样推断的基本原则是随机性原则，也称等可能性原则，即抽取样本时，总体中每一个单位都有相同的概率被抽中。在完全遵循随机原则的情况下，能够保证样本可以很好地代表总体，进而有效地控制推断误差、保证推断的准确性。

（二）总体与样本

总体（Population）又称全及总体或母体，是研究对象包含的所有基本单位的总和，其中的每一个基本单位称为总体单位。比如某公司的所有客户为总体，每个客户为总体单位；某市年末拥有的全部机动车为总体，每辆机动车为总体单位。总体是唯一的，总体的范围由研究目的决定。

样本（Sample）又称子样或样本总体，是从总体中按照随机原则抽取的部分单位组成的整体。对于一个确定的总体而言，抽取一定数目的单位组成样本，可能的样本数有很多，抽取的是哪一个样本完全随机，每个样本都有相同的机会被抽出。

总体按照包含的单位数的多少分为有限总体和无限总体。有限总体包含的单位数是有限的，比如公司元月份生产的所有产品、北京的所有居民等；无限总体包含的单位数无限多或无法计数清楚，如饮料中的细菌个数、森林中树木的棵数等，有时也将无时间限制、连续生产的产品等看作无限总体。无限总体只能通过抽样推断进行研究。

（三）样本容量与样本个数

样本容量（Sample Size）指一个样本中包含的单位数的个数。总体包含的单位总数用 N 表示，样本容量用 n 表示，则 n/N 为抽样比。相对总体单位数 N 而言，样本容量 n 通常很小。对于样本容量小于 30 的样本通常称为小样本，样本容量达到或超过 30 的样本称为大样本。在实际的抽样推断中，小样本和大样本所依据的分布定理有一定的差异，因而在推断方法上会存在不同。

样本个数就是样本可能的数目。一个包含 N 个单位的总体，从中抽取容量为 n 的样本，可能的样本个数因抽样方法而不同。实际抽样推断时，大多只抽出一个样本进行观测。

(四）参数与统计量

参数（Parameter）是针对总体而言的，反映的是总体的数量特征，比如全部学生总体中学生的平均身高、身高的标准差、体重的中位数、所有学生中女生所占比率等，都是参数。对于一个确定的总体，总体参数是不变的量，不因抽样方法、抽取单位数的不同而改变。统计量（Statistic）是针对样本而言的，反映样本的数量特征，如样本均值、样本方差、样本比率等。由于样本是随机抽取的，因而样本统计量是随机变量，但对于抽取的一个具体样本，可以计算出样本统计量的具体值，这与样本统计量本身存在区别。

抽样推断中经常用到的总体参数及对应的样本统计量类型有均值、方差和标准差、比率等，其符号及计算公式如表 4-1 所示。

表 4-1　抽样推断中常用的参数与统计量

	总体参数	样本统计量
均值	μ	$\bar{x}$
比率	π	p
方差	$\sigma^2 = \dfrac{\sum (X-\mu)^2}{N}$	$s^2 = \dfrac{\sum (x-\bar{x})^2}{n-1}$
标准差	$\sigma = \sqrt{\dfrac{\sum (X-\mu)^2}{N}}$	$s = \sqrt{\dfrac{\sum (x-\bar{x})^2}{n-1}}$
01 标志方差	$\sigma^2 = \pi(1-\pi)$	$s^2 = p(1-p)$
01 标志标准差	$\sigma = \sqrt{\pi(1-\pi)}$	$s = \sqrt{p(1-p)}$

二、常见的随机抽样方法

从总体中随机抽取样本时，样本的抽取方法有很多种，常见的有简单随机抽样、类型抽样、机械抽样和整群抽样，其中简单随机抽样是最基本的抽样方法，本章抽样分布定理及推断只对简单随机抽样进行介绍。

（一）简单随机抽样

总体有 N 个单位，样本容量为 n，每次从总体中抽取一个单位，每个单位都有相同的概率被抽中，依次抽取，直到抽出 n 个单位为止，这种抽样方式称为简单随机抽样（Simple Random Sampling），又称纯随机抽样。依据抽取每一个单位观测登记后是否放回，简单随机抽样又可分为重复和不重复两种。

如果抽出一个单位观测登记后重新放回总体，再从总体中抽取下一个单位观测登记，依次进行，则称为重复随机抽样（Sampling With Replacement）；如果抽出一个单位观测登记后不放回总体，再从剩下的单位中抽取下一个单位观测登记，依次进行，则称为不重复随机抽样（Sampling Without Replacement）。

简单随机抽样常用的具体方法有以下几种：

第一种是直接抽取法。也就是直接从总体中随机抽取样本单位，每次抽取一个单位，直到抽出需要的数量为止。比如从生产流水线上任意抽取若干产品进行质量检验、从学生登记表中随意抽取一定数量的学生等。

第二种是抽签摸球抓阄。具体做法是将每个总体单位用一个标签代表，然后将所有标签均匀混合，从中随机抽取，抽出的标签代表对应的单位被抽中。

第三种是利用随机数字表。随机数字表的结构为行列式，每个位置上的数字为0、1、2、…、9中的任意一个，10个数字出现概率相同。随机数字表样式见书后附表。

利用随机数字表抽样时，需要先将每个总体单位编号，编号的位数依据总体单位个数，比如总体有320个单位，则编号为三位数，依次为000、001、…、319，随机选出表中某行和某列作为起始位（比如第2行第3列），依据编号位数取相应的列数（第3、4、5列），则第2行第3、4、5列上的三个数字作为第1个被抽出的编号，当此编号在320以内时，则编号对应的单位被抽出，不在320以内则列不变往下移动一行，继续考察抽取，直到抽出所需的单位数。

（二）类型抽样

类型抽样（Stratified Sampling）是在抽样之前先将总体单位划分为若干类，然后从各类中分别抽取一定数量的单位组成样本，也称分类抽样、分层抽样。

与简单随机抽样相比，类型抽样的样本分布更接近总体分布，因而样本代表性更好、抽样误差更小。此外，类型抽样除可以对总体进行推断估计外，还可以对各类子总体进行推断估计。

类型抽样具体又分为等比例抽样和不等比例抽样两种，如果抽取样本时，每一类都按与总体中相同的比例抽取（$n_i/n = N_i/N$），则属于等比例抽样，否则为不等比例抽样。例如调查某高校毕业生就业情况，该高校共100个专业，各专业人数不等，从每个专业各抽取3人，共抽300人组成样本，为不等比例类型抽样；如果该高校3000毕业生中男女生分别占1800人和1200人，男生抽180人、女生抽120人，共300人组成样本，为等比例类型抽样。

（三）机械抽样

机械抽样（Systematic Sampling）又称等距抽样或系统抽样，是在抽样前先将总体各单位按某种顺序排列，按一定的规则随机确定抽样起点，然后按相同的间隔抽取单位组成样本的抽样方法。机械抽样属于不重复抽样，其抽样间距K约

等于 N/n，显然，只要确定了抽样的起点和间距，样本单位随之确定。

在机械抽样中，根据总体单位排队时采用的标志与所研究的问题是否有关联分为按无关标志排队和按有关标志排队。例如调查了解某高中学生课外学习情况，如果按某次考试的分数排队抽取学生属于按有关标志排队的机械抽样；如果按学生学号排队抽取则属于按无关标志排队的机械抽样。

与简单随机抽样相比，机械抽样的样本分布更接近总体分布，抽样误差相对更小，如果掌握了总体的有关信息，按有关标志排队抽取样本，可以更好地提高估计的精度。

（四）整群抽样

整群抽样（Cluster Sampling）是先将总体划分为若干群，每一群由若干单位组成，从所有群中随机抽取部分群，对抽出的各群中所有单位进行调查的抽样方法。

整群抽样中群的划分可以是自然划分的群，也可以是按行政区域划分的群。比如研究农户收入情况，以村为群随机抽取若干村的农户进行调查；了解顾客对某项服务的评价，以 1 小时到访的顾客为群随机取若干小时的顾客进行调查。

与简单随机抽样相比，整群抽样不需要总体单位的名单，而只要有群的名单即可，其组织实施更为方便、快捷，由于群内单位比较集中，对样本的调查相对更快更省。与其他抽样方式相比，整群抽样的误差通常更大，尤其当群间差异较大时，抽样的误差会很大。

三、抽样平均误差

（一）抽样误差的含义

在抽样调查过程中，即使严格遵循随机性原则，但利用调查得到的样本数据推断总体数量特征仍然会产生误差，因为样本分布和结构不可能与总体完全一致，样本指标与相应的总体指标之间必然会存在误差，这种用样本代表总体引起的代表性误差称为抽样误差（Sampling Error）。

不同样本会有不同的代表性误差，由于样本是随机产生的，因而抽样误差属于随机误差。抽样误差不能消除，但可以计算和控制。抽样误差分为抽样实际误差和抽样平均误差两种，由于实际的抽样推断中研究者只关注误差的大小，误差的方向（正或负）并不具有太多的实际意义，因而抽样误差通常用绝对误差表示。

（二）抽样实际误差

抽样实际误差是指实际抽出的一个样本中样本指标与总体指标之间的数量差异，用 R 表示。

比如公司全部 150 名员工平均年龄为 34.2 岁，现随机抽取 5 名员工作样本，年龄（岁）分别为 48、31、26、29、35，样本的平均年龄为 33.8（岁），则平均年龄的抽样实际误差为：

$$R = |\bar{x} - \mu| = |33.8 - 34.2| = 0.4 (岁)$$

由于总体指标通常未知，抽样实际误差往往无法计算，即使总体指标已知，实际误差也会因样本不同而不同，因而抽样实际误差在统计推断中并无多大意义。

（三）抽样平均误差

抽样平均误差是指随机抽样时，所有可能样本的某一指标的标准差。抽样推断中常见的抽样平均误差有样本均值的抽样平均误差和样本比率的抽样平均误差。如果可能的样本数为 M，用 $\mu_{\bar{x}}$ 和 μ_p 分别表示样本均值和样本比率的抽样平均误差，则样本均值和样本比率抽样平均误差的基本公式为：

$$\mu_{\bar{x}} = \sqrt{\frac{1}{M} \sum \left[\bar{x} - E(\bar{x}) \right]^2}$$

$$\mu_p = \sqrt{\frac{1}{M} \sum \left[p - E(p) \right]^2}$$

抽样平均误差表示每个样本的均值或比率与总体均值或比率之间绝对误差的平均值。在样本统计量的抽样分布中，将会进一步从以上基本公式出发推导出抽样平均误差的具体表达式。

第二节　一个总体参数推断时样本统计量的抽样分布

按照抽样推断是单一总体参数还是多个总体参数比较，需要构造不同的样本统计量，本章仅介绍常见的一个样本统计量的抽样分布和两个样本统计量的抽样分布。其中，对一个总体参数的抽样推断主要涉及均值、比率和方差，需要使用单一样本的均值、比率和方差构造对应的统计量。

一、样本均值的抽样分布

根据前面的分析，样本统计量是随机变量，对于一个样本统计量，比如均值，每抽取一个样本都会有样本均值的一个取值，所有可能样本均值取值的概率分布称为抽样分布。

（一）样本均值的分布形态

例 4-1：假设有一个由 4 位同学构成的总体，4 人的年龄（岁）分别为 18、

19、20、21，如果分别采用重复和不重复抽样方法抽取 2 人作为样本，观察样本平均年龄的分布情况。如表 4-2 所示。

表 4-2　各样本的均值与方差

样本编号	重复抽样			不重复抽样		
	各单位的值	样本均值	样本方差	各单位的值	样本均值	样本方差
1	18, 18	18.0	0.0	18, 19	18.5	0.5
2	18, 19	18.5	0.5	18, 20	19.0	2.0
3	18, 20	19.0	2.0	18, 21	19.5	4.5
4	18, 21	19.5	4.5	19, 18	18.5	0.5
5	19, 18	18.5	0.5	19, 20	19.5	0.5
6	19, 19	19.0	0.0	19, 21	20.0	2.0
7	19, 20	19.5	0.5	20, 18	19.0	2.0
8	19, 21	20.0	2.0	20, 19	19.5	0.5
9	20, 18	19.0	2.0	20, 21	20.5	0.5
10	20, 19	19.5	0.5	21, 18	19.5	4.5
11	20, 20	20.0	0.0	21, 19	20.0	2.0
12	20, 21	20.5	0.5	21, 20	20.5	0.5
13	21, 18	19.5	4.5			
14	21, 19	20.0	2.0			
15	21, 20	20.5	0.5			
16	21, 21	21.0	0.0			

解：显然，总体共有 4 个取值，每一取值的概率均为 1/4，总体为均匀分布。可以计算出总体均值和总体方差如下：

$$\mu = \frac{\sum X}{N} = \frac{18 + 19 + 20 + 21}{4} = 19.5$$

$$\sigma^2 = \frac{\sum (X - \mu)^2}{N} = \frac{(-1.5)^2 + (-0.5)^2 + 0.5^2 + 1.5^2}{4} = 1.25$$

采取重复抽样抽取容量 $n=2$ 的样本，可能的样本数为 16 个（4×4）；采用不重复抽样，则样本数为 12 个（4×3），样本的各种情况如表 4-2 所示。

重复抽样下，每个样本出现的概率为 1/16，不重复抽样为 1/12。根据表 4-2 中每一个样本均值的取值整理得到样本均值的概率分布如表 4-3 所示。

表4-3 样本均值的概率分布

重复抽样			不重复抽样		
样本均值	取值个数	出现概率	样本均值	取值个数	出现概率
18.0	1	1/16	18.5	2	2/12
18.5	2	2/16	19.0	2	2/12
19.0	3	3/16	19.5	4	4/12
19.5	4	4/16	20.0	2	2/12
20.0	3	3/16	20.5	2	2/12
20.5	2	2/16			
21.0	1	1/16			
合计	—	1	合计	—	1

通过例4-1中可以看出，从一个均匀分布的总体中抽取容量为2的样本，样本均值为对称分布。上例中为了说明问题，假定总体只包含4个单位，对于一个单位数足够多的总体，随着样本容量的增大，样本均值的分布越来越趋近正态分布，当 n 接近30时，与正态分布已基本没有差异。对于不同分布类型的总体及不同样本容量，在总体参数已知的前提下，样本均值的抽样分布与总体分布的关系可用图4-1表示。

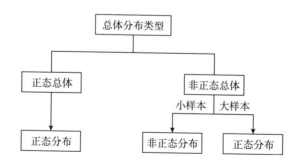

图4-1 样本均值的抽样分布形态与总体分布形态的关系

例4-1讨论了均匀分布的总体样本均值的分布形态，对于其他任意形式的总体，当样本容量 n 越来越大时，样本均值分布形态的变化与均匀总体一样。由于比率属于二项分布的均值，随着样本容量的增大，样本比率分布形态越来越趋近正态分布。

（二）样本均值的抽样分布特征

设总体 N 个单位的取值分别为：X_1、X_2、$\cdots$、X_N，总体均值为 μ，方差为 σ^2，从中抽取容量为 n 的样本：x_1、x_2、$\cdots$、x_n，可以证明，重复和不重复抽样条件下，样本均值的期望和方差分别如表 4-4 中所示。

根据前面抽样平均误差的定义，样本均值的标准差也就是抽样平均误差（见表 4-4）。对于特定的总体，抽样平均误差受样本容量和抽样方式的影响，可以看出，增大样本容量，抽样误差会减小；此外，不重复抽样比重复抽样多出了一个小于 1 的修正系数，这表明同样条件下采用不重复抽样比重复抽样的误差要小。当 N 很大时，系数近似为（$1-n/N$），如果抽样比例 n/N 小于 0.05，该系数可近似为 1，即不重复抽样可近似为重复抽样。

表 4-4　样本均值的期望、方差和抽样平均误差

	重复抽样	不重复抽样
均值	$E(\bar{x})=\mu$	$E(\bar{x})=\mu$
方差	$\sigma_{\bar{x}}^2=\dfrac{\sigma^2}{n}$	$\sigma_{\bar{x}}^2=\dfrac{\sigma^2}{n}\left(\dfrac{N-n}{N-1}\right)$
抽样平均误差	$\mu_{\bar{x}}=\sigma_{\bar{x}}=\dfrac{\sigma}{\sqrt{n}}$	$\mu_{\bar{x}}=\sigma_{\bar{x}}=\dfrac{\sigma}{\sqrt{n}}\sqrt{\dfrac{N-n}{N-1}}$

在实际计算样本均值的抽样平均误差时，公式中的总体方差往往未知，通常采用如下几种处理办法：一是用样本方差代替；二是用总体过去的方差；三是使用经验值。

（三）样本均值的期望（均值）的证明

按照均值的基本公式，样本均值的期望可表达如下：

$$E(\bar{x})=E\left(\frac{x_1+x_2+\cdots+x_n}{n}\right)=\frac{1}{n}\left[E(x_1)+E(x_2)+\cdots+E(x_n)\right]$$

1. 重复抽样情况下

对于重复抽样，x_1、x_2、$\cdots$、x_n 的抽取相互独立，x_i 是从总体 X_1、X_2、$\cdots$、X_N 中抽取的，每个单位被抽出的概率均为 $1/N$，有：

$$E(x_1)=E(x_2)=\cdots=E(x_n)=\sum_{i=1}^{N}X_iP_i=\frac{X_1+X_2+\cdots+X_N}{N}=\mu$$

所以有：

$$E(\bar{x})=\frac{1}{n}\left[E(x_1)+E(x_2)+\cdots+E(x_n)\right]=\mu$$

2. 不重复抽样情况下

对于不重复抽样，x_1、x_2、$\cdots$、x_n 的抽取不再相互独立，x_1 从总体 X_1、X_2、$\cdots$、X_N 中抽取，每个单位被抽出的概率均为 $1/N$，有：

$$E(x_1) = \sum_{i=1}^{N} X_i P_i = \frac{X_1 + X_2 + \cdots + X_N}{N} = \mu$$

由于是不重复抽样，抽出 x_1 后再抽 x_2 时，则只能从剩下的 $(N-1)$ 个单位中抽取，此时每个单位被抽中的概率为：

$$P_2 = \frac{N-1}{N} \cdot \frac{1}{N-1} = \frac{1}{N}$$

$$E(x_2) = \sum_{i=1}^{N} X_i P_i = \sum_{i=1}^{N} X_i \frac{N-1}{N} \cdot \frac{1}{N-1} = \mu$$

依次类推，有：

$$E(x_n) = \sum_{i=1}^{N} X_i P_i = \sum_{i=1}^{N} X_i \frac{N-1}{N} \cdot \frac{1}{N-1} \cdot \cdots \cdot \frac{N-n+1}{N-n+2} \cdot \frac{1}{N-n+1} = \mu$$

故有：

$$E(\bar{x}) = \frac{1}{n} \left[E(x_1) + E(x_2) + \cdots + E(x_n) \right] = \mu$$

（四）样本均值的方差的证明

按照方差的基本公式，样本均值的方差可表达如下：

$$\sigma_{\bar{x}}^2 = E\left[\bar{x} - E(\bar{x}) \right]^2 = E\left(\frac{x_1 + x_2 + \cdots + x_n}{n} - \frac{n\mu}{n} \right)^2$$

$$= \frac{1}{n^2} E\left[(x_1 - \mu)^2 + (x_2 - \mu)^2 + \cdots + (x_n - \mu)^2 + \sum_{i \neq j} (x_i - \mu)(x_j - \mu) \right]$$

1. 重复抽样情况下

重复抽样下，样本变量 x 与总体变量 X 同分布，且 x_i 与 x_j 相互独立，则：

$$E(x_1 - \mu)^2 = E(x_2 - \mu)^2 = \cdots = E(x_n - \mu)^2 = E(x - \mu)^2 = \sigma^2$$

$$E(x_i - \mu)(x_j - \mu) = 0 \quad (i \neq j)$$

则样本均值的方差为：

$$\sigma_{\bar{x}}^2 = \frac{1}{n^2} E\left[(x_1 - \mu)^2 + (x_2 - \mu)^2 + \cdots + (x_n - \mu)^2 + \sum_{i \neq j} (x_i - \mu)(x_j - \mu) \right]$$

$$= \frac{\sigma^2}{n}$$

2. 不重复抽样情况下

不重复抽样条件下：

$$\sigma_{\bar{x}}^2 = \frac{1}{n^2}\left[E(x_1-\mu)^2 + E(x_2-\mu)^2 + \cdots + E(x_n-\mu)^2 + \underbrace{\sum_{i\neq j}E(x_i-\mu)(x_j-\mu)}_{\text{共}n\times(n-1)\text{个}}\right]$$

$$E(x_1-\mu)^2 = \sum_{i=1}^{N}(X_i-\mu)^2\frac{1}{N} = \sigma^2$$

$$E(x_2-\mu)^2 = \sum_{i=1}^{N}(X_i-\mu)^2\frac{N-1}{N}\frac{1}{N-1} = \sigma^2$$

依次类推：

$$E(x_n-\mu)^2 = \sum_{i=1}^{N}(X_i-\mu)^2\frac{N-1}{N}\frac{1}{N-1}\cdot\cdots\cdot\frac{N-n+1}{N-n+2}\frac{1}{N-n+1} = \sigma^2$$

又：

$$\begin{aligned}
E(x_i-\mu)(x_j-\mu) &= \sum_{K\neq L}P_{KL}(X_K-\mu)(X_L-\mu)\\
&= \frac{1}{N(N-1)}\sum_{K\neq L}(X_K-\mu)(X_L-\mu)\\
&= \frac{1}{N(N-1)}\left\{\left[\sum_{j=1}^{N}(X_j-\mu)\right]^2 - \sum_{j=1}^{N}(X_j-\mu)^2\right\}\\
&= \frac{1}{N(N-1)}(0-N\sigma^2)\\
&= -\frac{\sigma^2}{N-1}
\end{aligned}$$

故有：

$$\begin{aligned}
\sigma_{\bar{x}}^2 &= \frac{1}{n^2}\left[n\sigma^2 + n(n-1)\left(-\frac{\sigma^2}{N-1}\right)\right]\\
&= \frac{\sigma^2}{n}\left(\frac{N-n}{N-1}\right)
\end{aligned}$$

例 4-2：利用例 4-1 中的数据，分别根据定义及抽样平均误差的计算公式，计算重复和不重复抽样条件下样本平均年龄的抽样平均误差（样本均值的均方差）。

解：根据例 4-1 的计算结果，总体均值和方差分别为 $\mu = 19.5$ 和 $\sigma^2 = 1.25$，则：

（1）重复抽样条件下共 16 个样本，各样本均值如表 4-3 所示。

依据抽样平均误差的定义：

$$\mu_{\bar{x}} = \sqrt{\frac{1}{M}\sum[\bar{x} - E(\bar{x})]^2}$$

$$= \sqrt{\frac{(18 - 19.5)^2 \times 1 + (18.5 - 19.5)^2 \times 2 + \cdots + (21 - 19.5)^2 \times 1}{16}}$$

$$= \sqrt{\frac{2.25 + 2 + \cdots + 2.25}{16}} = \sqrt{\frac{10}{16}} \approx 0.79$$

依据公式：

$$\mu_x = \sqrt{\sigma_{\bar{x}}^2} = \sqrt{\frac{\sigma^2}{n}} = \sqrt{\frac{1.25}{2}} \approx 0.79$$

两者计算结果相同。

（2）不重复抽样下，共 12 个样本，各样本均值如表 4-3 所示。

依据抽样平均误差的定义：

$$\mu_{\bar{x}} = \sqrt{\frac{1}{M} \sum \left[\bar{x} - E(\bar{x}) \right]^2}$$

$$= \sqrt{\frac{(18.5 - 19.5)^2 \times 2 + (19 - 19.5)^2 \times 2 + \cdots + (20.5 - 19.5)^2 \times 2}{12}}$$

$$= \sqrt{\frac{2 + 0.5 + \cdots + 2}{12}} = \sqrt{\frac{5}{12}} = 0.6455$$

依据公式：

$$\mu_x = \sqrt{\sigma_{\bar{x}}^2} = \sqrt{\frac{\sigma^2}{n} \left(\frac{N-n}{N-1} \right)} = \sqrt{\frac{1.25}{2} \left(\frac{4-2}{4-1} \right)} = \sqrt{\frac{5}{12}} = 0.6455$$

两者计算结果相同。

（五）样本均值的抽样分布定理

定理 1：对于一个均值 μ 和方差 σ^2 均已知的正态总体，从中按重复抽样抽取容量为 n 的样本，样本均值服从均值为 μ、方差为 σ^2/n 的正态分布：

$$\bar{x} \sim N(\mu, \ \sigma^2/n)$$

定理 1 称为正态分布的再生定理，在大样本下，若总体方差 σ^2 未知，可用样本方差 S^2 代替。

定理 2：对于一个均值 μ 和方差 σ^2 均已知的任意总体，从中按重复抽样抽取容量为 n 的样本，当 n 足够大时（$n \geqslant 30$），样本均值服从均值为 μ、方差为 σ^2/n 的正态分布：

$$\bar{x} \sim N(\mu, \ \sigma^2/n)$$

定理 2 称为中心极限定理，当总体方差 σ^2 未知时，在大样本（$n \geqslant 30$）下可用样本方差 S^2 近似代替。

定理 3：对于一个均值为 μ、方差为 σ^2 的正态总体，若 σ^2 未知，从中按重

复抽样抽取容量为 n 的样本，样本均值方差为 S^2，则样本均值经标准化后服从自由度为（$n-1$）的 t 分布：

$$t = \frac{\bar{x} - \mu}{S/\sqrt{n}} \sim t(n-1)$$

此定理适用于小样本（$n<30$）情形，称为小样本分布定理。t 分布的概率密度函数与标准正态分布的形态非常相似，其峰值相对要小，随着自由度增大，t 分布向标准正态分布逼近（见图 4-2），当 $n \geq 30$ 时，两者非常接近，可以近似为标准正态分布。

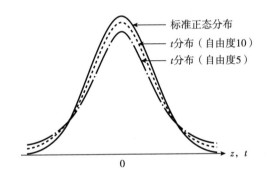

图 4-2　t 分布与标准正态分布比较

以上定理中统计量经过标准化处理后分布情况如表 4-5 所示。

表 4-5　重复抽样下样本均值的抽样分布

	正态总体		非正态总体
	大样本	小样本	大样本
均值的分布（总体方差已知）	$\dfrac{\bar{x}-\mu}{\sigma/\sqrt{n}} \sim N(0,1)$	$\dfrac{\bar{x}-\mu}{\sigma/\sqrt{n}} \sim N(0,1)$	$\dfrac{\bar{x}-\mu}{\sigma/\sqrt{n}} \sim N(0,1)$
均值的分布（总体方差未知）	$\dfrac{\bar{x}-\mu}{S/\sqrt{n}} \sim N(0,1)$	$\dfrac{\bar{x}-\mu}{S/\sqrt{n}} \sim t(n-1)$	$\dfrac{\bar{x}-\mu}{S/\sqrt{n}} \sim N(0,1)$

二、样本比率的抽样分布

（一）样本比率抽样分布的特征

与样本均值一样，样本比率的期望、方差和抽样平均误差分别如表 4-6 所示。

表4-6　样本比率的期望、方差和抽样平均误差

	重复抽样	不重复抽样
期望	$E(p)=\pi$	$E(p)=\pi$
方差	$\sigma_p^2=\dfrac{\sigma^2}{n}=\dfrac{\pi(1-\pi)}{n}$	$\sigma_p^2=\dfrac{\sigma^2}{n}\left(\dfrac{N-n}{N-1}\right)=\dfrac{\pi(1-\pi)}{n}\left(\dfrac{N-n}{N-1}\right)$
抽样平均误差	$\mu_p=\sigma_p=\dfrac{\sigma}{\sqrt{n}}=\sqrt{\dfrac{\pi(1-\pi)}{n}}$	$\mu_p=\sigma_p=\dfrac{\sigma}{\sqrt{n}}\sqrt{\dfrac{N-n}{N-1}}=\sqrt{\dfrac{\pi(1-\pi)}{n}\left(\dfrac{N-n}{N-1}\right)}$

其中，p 为样本比率，π 为总体比率，σ^2 为总体方差（01标志的总体方差）。样本比率的标准差也就是样本比率的抽样平均误差，用 μ_p 表示。其他条件相同时，重复抽样比不重复抽样样本比率的抽样误差更大。同样，当 N 很大时，系数近似为（$1-n/N$），如果抽样比例 n/N 小于 0.05，该系数可近似为1，即不重复抽样可近似为重复抽样。

根据比率的抽样平均误差的定义，样本比率的标准差也就是样本比率的抽样平均误差。在实际计算样本比率的抽样平均误差时，公式中的总体方差往往未知，通常采用如下几种处理办法：一是用样本方差代替；二是用总体过去的方差；三是使用经验值。在以上三种方法都受到制约的情况下，本着最大误差原则，可以用方差的最大值 0.25 代替。

例4-3：在一次产品用户体验的抽样调查中，调查者随机采访了 400 名用户，结果有 320 名表示满意，试估算该产品用户满意率的抽样平均误差。

解：总体单位数 N 未知，本次抽样按重复抽样处理，由于总体方差未知，使用样本方差代替，样本满意率为 $p=320/400=0.8$，$n=400$，则用户满意率的抽样平均误差为：

$$\mu_p=\sqrt{\frac{\pi(1-\pi)}{n}}$$

$$\approx\sqrt{\frac{p(1-p)}{n}}=\sqrt{\frac{0.8(1-0.8)}{400}}=2\%$$

结果表明，本次抽样用户满意率为80%，用户满意率的抽样平均误差为2%。

（二）样本比率的抽样分布定理

定理4：对于一个数学期望为 π、方差为 $\pi(1-\pi)$ 的二项分布总体，从中按重复抽样抽取容量为 n 的样本，当 n 足够大时（$n\pi\geqslant5$，$n(1-\pi)\geqslant5$），样本比率 p 趋于服从期望为 π，方差为 $\pi(1-\pi)/n$ 的正态分布。

$$p\sim N\left(\pi,\ \frac{\pi(1-\pi)}{n}\right)$$

定理4为中心极限定理的推论。对于比率分布只讨论大样本情形，当总体比率方差未知时，可用样本比率方差近似代替。

以上定理中统计量经过标准化处理后分布情况如表4-7所示。

表4-7　重复抽样下样本比率的抽样分布

	样本比率分布
比率的分布（总体方差已知）	$\dfrac{p-\pi}{\sqrt{\pi(1-\pi)/n}} \sim N(0,\ 1)$
比率的分布（总体方差未知）	$\dfrac{p-\pi}{\sqrt{p(1-p)/n}} \sim N(0,\ 1)$

以上分布定理讨论的都是重复抽样的情形，均值或比率方差都按重复抽样公式；对于不重复抽样，均值或比率方差只需对应按不重复抽样公式即可。

例4-4：某公司共1500名员工，其中男性和女性员工分别为900人和600人，采用重复抽样随机抽取30名员工，试推测30名员工中男性人数小于女性的概率，如果抽取100人的概率呢？

解：已知 $N=1500$，总体中男性员工所占比率 $\pi=900/1500$，总体为二项总体，样本中男性比率为 p，即求 $p<0.5$ 的概率，抽取30人时（$n=30$）：

$$Z=\frac{p-\pi}{\sqrt{\pi(1-\pi)/n}} \sim N(0,\ 1)$$

总体方差 σ^2 为：

$$\sigma^2=\pi(1-\pi)=\frac{900}{1500}\times\frac{600}{1500}=\frac{6}{25}=0.24$$

$$P(p<0.5)=P\left(Z<\frac{0.5-\pi}{\sqrt{\pi(1-\pi)/n}}\right)$$

$$=P\left(Z<\frac{0.5-0.6}{\sqrt{0.24/30}}\right)=P(Z<-1.118)$$

查标准正态分布表可得：

$P(Z<-1.118)=0.1318=13.18\%$

抽取100人时：

$$P(p<0.5)=P\left(Z<\frac{0.5-\pi}{\sqrt{\pi(1-\pi)/n}}\right)$$

$$=P\left(Z<\frac{0.5-0.6}{\sqrt{0.24/100}}\right)=P(Z<-2.041)=2.06\%$$

总体中男性比率为 0.6，抽取 30 人时，样本中男性员工比率小于 0.5 的概率为 13.18%；抽取 100 人时，男性员工比率小于 0.5 的概率为 2.06%。

例 4-5：某厂生产的节能灯寿命服从正态分布，标示的平均寿命为 2400 小时，标准差为 150 小时，现从一批 1000 只节能灯中随机抽取 60 只检测，推测 60 只节能灯平均寿命不低于 2350 小时的概率。

解：已知 $n=60$，总体均值 $\mu=2400$，标准差 $\sigma=150$，样本均值为 2350，按不重复抽样：

$$\bar{x} \sim N\left(\mu, \ \frac{\sigma^2}{n}\frac{N-n}{N-1}\right)$$

$$P(\bar{x}>2350)=P\left(\frac{\bar{x}-\mu}{\frac{\sigma}{\sqrt{n}}\sqrt{1-\frac{n}{N}}}>\frac{2350-2400}{\frac{150}{60}\sqrt{1-\frac{60}{1000}}}\right)=P(Z>-2.063)=0.9804$$

计算表明，随机抽取的 60 只节能灯平均寿命不低于 2350 小时的概率为 98.04%。

例 4-6：有一种有助于改善睡眠的药物，现挑选 10 名存在睡眠障碍的志愿者按标明的服用方法试验，得出 10 名志愿者平均增加睡眠时间 1.24 小时，标准差 $S=1.4$ 小时，假设增加睡眠时间服从正态分布，试估计这种药物平均增加睡眠时间不低于 1 小时的概率？

解：已知 $n=10$，$\bar{x}=1.24$，$S=1.4$，由于为正态总体、小样本且总体方差未知，故样本均值服从 t 分布，求 $P(\mu>1)$ 等价于：

$$P\left(\frac{\bar{x}-\mu}{S/\sqrt{n}}<\frac{\bar{x}-1}{s/\sqrt{n}}\right)$$

$$=P\left(t<\frac{\bar{x}-1}{S/\sqrt{n}}\right)=P\left(t<\frac{1.24-1}{1.4/\sqrt{10}}=0.542\right)$$

查表得：$P(t(9)<0.542)=0.700$

结果表明，该药物平均增加睡眠时间不低于 1 小时的概率为 70%。

三、样本方差的抽样分布

依据样本方差可以对总体方差进行推断，为此需要知道样本方差的抽样分布。

定理 5：从正态总体 X 中按重复抽样抽出容量为 n 的样本，总体方差为 σ^2，样本方差为 S^2，则比值 $(n-1)S^2/\sigma^2$ 服从自由度为 $(n-1)$ 的 χ^2 分布：

$$\chi^2=\frac{(n-1)S^2}{\sigma^2}\sim\chi^2(n-1)$$

χ^2 分布中变量值非负，为右偏分布，随着自由度的增大逐渐趋于对称，如图 4-3 所示。

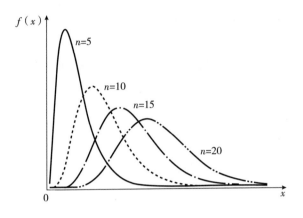

图 4-3 χ^2 分布的形态

例 4-7：根据过去的数据，某产品的寿命指标服从正态分布，要求寿命指标的标准差不超过 15 小时，现从这种产品中随机抽取 25 只，测得寿命指标的标准差 $S=12$ 小时，推测该产品寿命标准差大于 15 小时的概率。

解：已知 $n=25$，$S=12$，根据题意，所求概率为：

$P(\sigma>15)=P(\sigma^2>15^2)$，等价于：

$$P\left(\frac{(n-1)S^2}{\sigma^2}<\frac{(n-1)S^2}{15^2}\right)$$

也就是 $P\left(\chi^2<\frac{(25-1)12^2}{15^2}=15.36\right)$

查卡方分布表得：$P(\chi^2(24)<15.36)=0.09$

计算结果表明，该产品寿命标准差大于 15 小时的概率为 9%。

第三节 两个总体参数推断时样本统计量的抽样分布

两个总体参数的抽样推断主要涉及两个总体均值、比率和方差的比较，需要分别从两个总体中抽取样本，使用两个样本的均值、比率和方差构造对应的统计量。

一、两个独立样本均值差的抽样分布

两个独立样本均值差的抽样分布与一个总体类似，但可能的情形更多，各种情形下的统计量经标准化后抽样分布如表4-8所示。

表4-8 两个样本均值差和比率差的抽样分布

情形	假定条件	分布情形
情形1	①两个独立大样本 ②两总体方差已知	$\dfrac{(\bar{x}_1-\bar{x}_2)-(\mu_1-\mu_2)}{\sqrt{\sigma_1^2/n_1+\sigma_2^2/n_2}} \sim N(0,\ 1)$
情形2	①两个独立大样本 ②两总体方差未知	$\dfrac{(\bar{x}_1-\bar{x}_2)-(\mu_1-\mu_2)}{\sqrt{S_1^2/n_1+S_2^2/n_2}} \sim N(0,\ 1)$
情形3 （合并方差）	①两个正态总体 ②两个独立小样本 ③两总体方差未知但相等	$\dfrac{(\bar{x}_1-\bar{x}_2)-(\mu_1-\mu_2)}{\sqrt{S_p^2(1/n_1+1/n_2)}} \sim t(n_1+n_2-2)$ 其中： $S_p^2=\dfrac{(n_1-1)S_1^2+(n_2-1)S_2^2}{n_1+n_2-2}$
情形4 （修正自由度）	①两个正态总体 ②两个独立小样本 ③两总体方差未知且不相等	$\dfrac{(\bar{x}_1-\bar{x}_2)-(\mu_1-\mu_2)}{\sqrt{S_1^2/n_1+S_2^2/n_2}} \sim t(v)$ 其中： $v=\dfrac{(S_1^2/n_1+S_2^2/n_2)^2}{(S_1^2/n_1)^2/(n_1-1)+(S_2^2/n_2)^2/(n_2-1)}$

表4-8中讨论的是重复抽样情形，对于不重复抽样，需要使用不重复抽样的方差公式。

例4-8：一家旅行社接待的旅客按旅客意愿被安排在三星以下（含三星）和三星以上两类酒店入住，随机选取部分旅客对入住酒店的服务进行评价，结果表明，三星以下组60位旅客评分平均为82.3分，标准差为8.8；三星以上组52位旅客给出的评分平均为83.8分，标准差为6.4。试问：三星以上组旅客评分高于三星以下组的概率有多大。

解：根据题中所给条件，属于两个独立样本均值差的概率分布问题，对应表4-8中的分布情形2，设三星以上和三星以下组旅客分别为1组和2组，$n_1=52$，$\bar{x}_1=83.8$，$S_1=6.4$；$n_2=60$，$\bar{x}_2=82.3$，$S_2=8.8$。求$P(\mu_1-\mu_2>0)$。

$$z=\frac{(\bar{x}_1-\bar{x}_2)-(\mu_1-\mu_2)}{\sqrt{S_1^2/n_1+S_2^2/n_2}} \sim N(0,\ 1)$$

所求概率等价于：

$$p\left(z<\frac{(\bar{x}_1-\bar{x}_2)-0}{\sqrt{S_1^2/n_1+S_2^2/n_2}}\right)$$

或者：

$$p\left(z<\frac{83.8-82.3}{\sqrt{6.4^2/52+8.8^2/60}}=1.042\right)$$

查表得：$P(z<1.042)=0.851$

结果表明，有 85.1% 的把握认为，三星组以上旅客评分高于三星以下组。

二、两个独立样本比率差的抽样分布

两个独立样本比率差的抽样分布仅讨论两个大样本情况，各种情形下的统计量经标准化后的抽样分布如表 4-9 所示。

表 4-9　两个样本比率差的抽样分布

情形	假定条件	分布情形
情形 1	①两个二项总体 ②两个独立大样本 ③两总体比率方差已知	$\dfrac{(p_1-p_2)-(\pi_1-\pi_2)}{\sqrt{\pi_1(1-\pi_1)/n_1+\pi_2(1-\pi_2)/n_2}}\sim N(0,\ 1)$
情形 2	①两个二项总体 ②两个独立大样本 ③两总体比率方差未知	$\dfrac{(p_1-p_2)-(\pi_1-\pi_2)}{\sqrt{p_1(1-p_1)/n_1+p_2(1-p_2)/n_2}}\sim N(0,\ 1)$

例 4-9：公司欲将某项业务外包，现有 A、B 两家中介代理可供选择，两家机构服务价格相同，各抽取 40 家客户调查发现，A 中介客户满意度 87%，B 中介客户满意度 85%，估计 A 中介客户满意度高出 B 中介 5% 的概率。

解：本题属于两个独立样本比率差的概率分布问题，对应表 4-9 中的情形 2。由题中给出条件，$n_A=n_B=40$，$p_A=87\%$，$p_B=85\%$。求 $P(\pi_A-\pi_B>5\%)$ 等价于：

$$P(\pi_A-\pi_B>5\%)=P\left(\frac{(p_A-p_B)-(\pi_A-\pi_B)}{\sqrt{\dfrac{p_A(1-p_A)}{n_A}+\dfrac{p_B(1-p_B)}{n_B}}}<\frac{(p_A-p_B)-5\%}{\sqrt{\dfrac{p_A(1-p_A)}{n_A}+\dfrac{p_B(1-p_B)}{n_B}}}\right)$$

由于：

$$Z=\frac{(p_1-p_2)-(\pi_1-\pi_2)}{\sqrt{p_1(1-p_1)/n_1+p_2(1-p_2)/n_2}}\sim N(0,\ 1)$$

$$P(\pi_A - \pi_B > 5\%) = P\left(z < \frac{(87\% - 85\%) - 5\%}{\sqrt{\dfrac{87\%(1-87\%)}{40} + \dfrac{85\%(1-85\%)}{40}}}\right)$$

$$= P(z < -0.387)$$

查表得：$P(z < -0.387) = 0.349$

结果表明，A 中介客户满意度高出 B 中介 5% 的概率仅有 34.9%。

三、两个匹配样本均值差的抽样分布

所谓匹配样本是指同一样本单位每次采用匹配方式分别试验得到一组配对数据，n 个样本单位得到 n 组配对数据，这可看作两个样本，但此时两个样本不再是独立样本。两个匹配样本的数据结构如表 4-10 所示。

表 4-10 匹配样本数据结构

单位编号	试验组（A）	配对组（B）	差值（d）
1	x_{A1}	x_{B1}	$d_1 = x_{A1} - x_{B1}$
2	x_{A2}	x_{B2}	$d_2 = x_{A2} - x_{B2}$
…	…	…	…
i	x_{Ai}	x_{Bi}	$d_i = x_{Ai} - x_{Bi}$
…	…	…	…
n	x_{An}	x_{Bn}	$d_n = x_{An} - x_{Bn}$

可以证明，两个匹配样本均值差等同于配对数据差值的均值，即：

$$\bar{x}_A - \bar{x}_B = \bar{d}$$

由上述等价关系，两个匹配样本均值差的分布转化为配对差值 d 的均值分布。在匹配大样本下，两个配对样本对应数据的差值服从正态分布，在匹配小样本下，两个配对样本对应数据的差值服从自由度为（$n-1$）的 t 分布，用 $\bar{D}$ 表示总体差值的均值，s_d 表示样本差值的标准差，差值 d 的均值分布如表 4-11 所示。

表 4-11 两个匹配均值差的分布

情形	条件	样本均值差的分布
情形 1	匹配大样本，总体各差值的标准差 σ_d 未知	$\dfrac{\bar{d} - \bar{D}}{s_d/\sqrt{n}} \sim N(0,\ 1)$

情形	条件	样本均值差的分布
情形 2	匹配小样本，差值服从正态分布，总体各差值的标准差 σ_d 未知	$\dfrac{\bar{d}-D}{s_d/\sqrt{n}} \sim t\ (n-1)$

四、两个样本方差比的抽样分布

定理 6：两个独立正态总体 X_1 和 X_2 的均值分别为 μ_1 和 μ_2、方差分别为 σ_1^2 和 σ_2^2，采用重复抽样从两个总体中分别独立抽取容量为 n_1 和 n_2 的两个样本，两个样本的方差比服从 F 分布：

$$\frac{s_1^2/\sigma_1^2}{s_2^2/\sigma_2^2} \sim F(n_1-1,\ n_2-1)$$

F 分布为右偏分布，其变量值为非负，随着自由度的增大，其右偏形态逐渐改善（见图 4-4）。F 分布除了可用于两个总体方差比的抽样估计外，还广泛用于方差分析及回归分析等分析方法的各种统计检验。

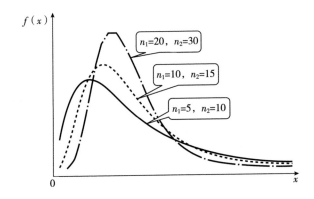

图 4-4　F 分布的形态

□□■ 小知识：赌徒输光定理

概率论是研究随机现象规律的科学，概率论的产生最初与赌博问题有关，16世纪，意大利学者吉罗拉莫·卡尔达诺（Girolamo Cardano）开始研究掷骰子等赌博中的一些简单问题，18、19世纪概率论得到迅速发展，最终成为数学的一个分支。在概率论的发展过程中，瑞士数学家伯努利提出了概率论中第一个极限定理：伯努利大数定律，阐述了事件的频率稳定于它的概率，之后棣莫弗和拉普拉斯又导出了中心极限定理的初始形式。19世纪末，数学家切比雪夫、马尔可夫、李亚普诺夫等用分析方法建立了大数定律及中心极限定理的一般形式，科学地解释了现实中遇到的许多随机现象近似服从正态分布。

生活中，"久赌必输"可以用概率论加以解释。假定赌徒手中有 m 个筹码，在两人对赌中每次胜率为 q，每次输或赢 f 个，用 n 表示对赌轮数，$P(m, n)$ 表示第 n 轮后输光的概率，则：$P(m, n) = q * P(m+1, n-1) + (1-q) * P(m-1, n-1)$。当 $m=1$、$q=0.5$ 时：

第1轮后：$P(1, 1) = 0.5$

第2轮后：$P(1, 2) = 0.625$

第20轮后：$P(1, 20) = 0.823$

……

可以看到，尽管边际速度变慢，但玩的轮数越多，输光的概率越大，当 n 无限大时，$P(1, n) = 1$。在赌徒手中筹码有限的情况下，只要其一直赌下去，结局一定是输光。所以，博彩业中有一句经典语录："不怕你赢，就怕你不来。"

□□■ 思考与练习

1. 由 7 位大学生构成的总体，年龄分别为 17 岁、18 岁、19 岁、20 岁、21 岁、22 岁和 23 岁，按重复随机抽样从中抽取 2 人组成样本。

（1）可能的样本数有多少个？

（2）样本年龄均值的取值有哪几种？

（3）列出样本均值的分布。

（4）计算总体的年龄均值和方差。

（5）根据样本均值的分布计算样本均值的期望值，并利用（4）得到的结果验证样本均值的期望等于总体均值。

（6）根据样本均值的分布计算样本均值的方差。

（7）按重复抽样下样本均值的方差计算公式计算样本均值的方差，并利用（6）的结果验证。

（8）所有样本的平均抽样误差有多少岁？

2. 总体均值为 180，标准差为 12。从中取容量为 144 的样本，利用样本均值进行统计推断。问：样本均值的数学期望是多少？标准差是多少？服从何种分布？

3. 总体 X 的标准差为 14，分别计算抽取容量为 36、100、400 的样本时，样本均值的标准差出现何种变化？

4. 2021 年全国城镇私营单位就业人员年平均工资为 62884 元，假定标准差为 6400 元。随机抽取 50 名和 100 名私营单位从业人员组成样本，估计样本均值在总体均值附近 ±500 元以内的概率，哪种情况下的概率更大？为什么？分别计算两种情况下的概率进行验证。

5. 由学校 2022 级 6000 名新生组成的总体，随机抽取 60 人估计全体新生的平均身高，60 名新生身高的标准差为 8.2 厘米，估算 60 名新生平均身高的标准差，本题中使用重复和不重复方式计算的结果差别大吗？为什么？

6. 据《中国国民心理健康发展报告（2019~2020）》所载，一项针对 8446 名大学生的调查表明，43.8% 的大学生在调查期内存在睡眠不足问题。如果将上述结果看作总体的数据，现随机抽取某高校 60 名学生进行问卷调查，估计 60 名学生中睡眠不足者占比在 40%~50% 的概率。

7. 采购商对于采购部件的使用寿命和稳定性均有一定要求。某供应商提供的一批部件技术参数标称：平均寿命为 4800 小时，标准差为 84 小时，现从该供应商生产的一批部件中随机抽取 20 件，求 20 件部件标准差超过 100 小时的概率。

8. 一种组件有两种装配方法，选取 10 位工人分别用两种装配方法实验，以下是观测到的装配所花时间数据（分钟）。

工人编号	A 方法所花时间	B 方法所花时间	工人编号	A 方法所花时间	B 方法所花时间
01	11	12	06	9	8
02	8	7	07	14	13
03	12	10	08	10	10
04	15	14	09	8	7
05	13	9	10	11	9

（1）计算每一匹配数据的差值。

（2）计算 $\bar{d}$ 和 s_d。

第五章 总体参数的抽样估计

实践中的数据分析 5：估计新绩效方案的支持率

总体范围一旦确定，总体的均值、方差等参数值也就是一个固定的常量，但绝大多数情况下，总体参数特征无法知晓，只能通过抽样推断进行估计。总体参数估计是通过抽取随机样本，在附加推断可靠程度的条件下，运用样本统计量估计总体参数的范围。

天马汽车服务公司是一家全国性的汽车销售服务商，与其他同类公司相比，其销售业绩一直不太理想，管理层经过调研后认为，公司销售绩效考核方案需要改进，为此打算使用新方案替代原有的方案。为了解推行新方案的支持率，计划在全国 1260 名销售员中随机访问 5% 的员工进行初步调查，如果管理层希望推断的可靠程度能达到 95%，如何估计新方案的支持率？

第一节 参数估计的基本原理

在一般情况下，总体的参数特征是未知的，比如总体均值、总体比率、总体方差等，需要对其进行估计，参数估计就是依据总体参数对应估计量的抽样分布，利用所抽取样本的信息对总体参数进行推断估计的方法。

一、估计量与估计值

用于估计总体参数的统计量的名称，称为估计量。样本均值、样本比率、样本方差等都可以是一个估计量。依据样本数据计算出的估计量的具体数值，称为估计值。

比如估计全校新生的平均身高（总体参数），从全部新生中随机抽取容量为50人的样本，样本的平均身高就是一个估计量，如果抽取一个新生样本后计算出其平均身高172厘米，172厘米这一数值就是全部新生身高的一个估计值。

二、点估计

对总体参数进行估计的方法有点估计和区间估计两种。

点估计就是用样本估计量的一个取值直接作为总体参数的估计值。比如，抽取一个50人的新生样本，计算出样本平均身高为172厘米，将172厘米直接作为全部新生平均身高的估计值，这就是点估计；再如，一种袋装食品的抽样合格率为96%，则96%是这批袋装食品合格率的一个点估计。

当样本代表性较高时，点估计与总体参数的真实值才会比较接近。由于样本是随机的，采用点估计得出总体参数值的结论会因样本不同而不同，并且无法知道一个点估计值与总体真实值的接近程度，因而需要围绕点估计值对总体参数所在区间进行估计。

三、区间估计

（一）区间估计的基本原理

区间估计是在一定的概率保证下，由样本统计量推断出总体参数值所在区间的方法。

区间估计依据的基本原理是抽样分布定理，依据样本统计量的抽样分布，给定一个可信概率即可推测出总体参数所在的区间，以总体均值的区间估计为例，其原理可用图5-1表示。

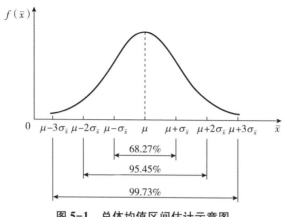

图5-1 总体均值区间估计示意图

依据样本均值的抽样分布定理，样本均值服从正态分布，即

$$\bar{x} \sim N(\mu,\ \sigma_{\bar{x}}^2)$$

这意味着，随机抽取一个样本，样本均值落在总体均值 μ 两侧各 1 倍标准差范围内的可能性为 68.27%；落在总体均值 μ 两侧各 2 倍标准差范围内的可能性为 95.45%；落在总体均值 μ 两侧各 3 倍标准差范围内的可能性为 99.73%。这相当于，以样本均值为中心点构造区间，μ 被包含在以样本均值为中心两侧各 1 个标准差范围内的概率为 68.27%，2 个和 3 个标准差范围内的概率分别为 95.45% 和 99.73%。任意 Z 倍标准差范围内的概率为：

$$P\left\{\bar{x} - z\sigma_{\bar{x}} \leqslant \mu \leqslant \bar{x} + z\sigma_{\bar{x}}\right\} = P\left\{\left|\frac{\bar{x} - \mu}{\sigma_{\bar{x}}}\right| \leqslant z\right\}$$

查正态分布累积概率表，可以得到上述概率值。

由于样本均值的抽样平均误差通常用样本均值的标准差表示，对总体均值 μ 进行抽样估计的基本原理也可以理解为：样本均值落在总体均值 μ 两侧各 Z 倍抽样平均误差范围内的可能性为 P，以此为基础，可以对总体均值进行估计。

（二）置信区间与置信水平

在总体参数的区间估计中，由样本统计量构造的总体参数的估计区间一定对应一个可信程度，比如，构造以样本均值为中心两侧各 2 倍标准差的区间，这一区间有 95.45% 的可能性包含了总体均值，或者说抽取许多个样本构造以样本均值为中心两侧各 2 倍标准差的区间，其中有 95.45% 的样本构造的区间包含了总体参数的真值，通常将这一区间称为置信区间，区间的下限称为置信下限，区间的上限称为置信上限，可信概率称为置信水平，也叫置信系数，置信水平通常用 $1-\alpha$ 表示，其中 α 表示不包含总体参数真值的概率，区间估计中置信水平与置信区间的对应关系如图 5-2 所示。

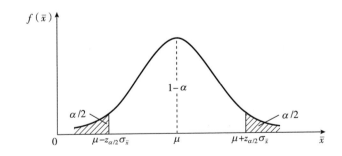

图 5-2 置信区间与置信水平关系图

显然，构造的置信区间越宽，则区间包含总体参数真值的可能性越大，也就是说随着置信区间的宽度增加，置信水平会越高。

四、抽样估计中评价估计量的优劣标准

采用估计量对总体参数进行估计时，可以构造的统计量并不是唯一的，但不同的统计量，估计的结果不同，比如对总体均值进行估计，可以使用的统计量有样本均值、样本中位数、样本众数等，使用哪一个估计量更好，通常采用三个标准进行衡量。

（一）无偏性

无偏性指估计量的期望等于总体参数。如果总体参数用符号 θ 表示，对应的估计量用符号 $\hat{\theta}$ 表示，如果估计量满足：$E(\hat{\theta}) = \theta$，称估计量 $\hat{\theta}$ 是总体参数 θ 的无偏估计。

容易证明，样本均值、样本比率、样本方差都是总体相应参数的无偏估计量。比较以下总体均值的两个估计量：

$$Z_1 = \frac{\sum x}{n};\ Z_2 = \frac{\sum x}{n-1}$$

显然，Z_1 是总体均值的无偏估计量，Z_2 则是有偏估计量。

（二）有效性

在总体参数 θ 的所有无偏估计量中，满足最小方差的估计量称为最有效的估计量。如果：

$$D(\hat{\theta}_1) < D(\hat{\theta}_2)$$

则估计量 $\hat{\theta}_1$ 比 $\hat{\theta}_2$ 更有效。显然，样本容量越大的样本，其样本均值是总体均值更有效的估计量。

（三）一致性

对于总体参数的一个估计量，如果随着样本容量的无限增大，样本估计量会无限接近总体参数，或者说估计量的值与总体参数之差的绝对值小于任意正数的可能性趋于必然，则称这样的估计量为总体参数的一个一致估计量。若是样本容量为 n 时 θ 的估计量：

$$\lim_{n \to \infty} P\{|\hat{\theta}-\theta|>\eta\} = 0(\eta \text{ 为任意正数})$$

则称 $\hat{\theta}$ 为总体参数 θ 的一致估计量。显然，样本均值、样本方差都是满足一致性的估计量。

第二节　一个总体参数的区间估计

一、总体均值和比率的区间估计

依据样本均值和比率的抽样分布，不同情形下，与置信水平 $1-\alpha$ 对应的总体均值和比率的置信区间如表 5-1 和表 5-2 所示。

表 5-1　重复抽样下总体均值和比率的区间估计

参数类型	点估计量	假定条件	适用分布	$(1-\alpha)$ 的置信区间
总体均值 μ	$\bar{x}$	任意总体、大样本、总体方差已知	正态分布	$\bar{x}\pm z_{\alpha/2}\dfrac{\sigma}{\sqrt{n}}$
		正态总体、小样本、总体方差已知		
		任意总体、大样本、总体方差未知	正态分布	$\bar{x}\pm z_{\alpha/2}\dfrac{s}{\sqrt{n}}$
		正态总体、小样本、总体方差未知	t 分布	$\bar{x}\pm t_{\alpha/2}\dfrac{s}{\sqrt{n}}$
总体比率 π	p	二项总体、大样本、总体方差已知	正态分布	$p\pm z_{\alpha/2}\sqrt{\dfrac{\pi(1-\pi)}{n}}$
		二项总体、大样本、总体方差未知	正态分布	$p\pm z_{\alpha/2}\sqrt{\dfrac{p(1-p)}{n}}$

表 5-2　不重复抽样下总体均值和比率的区间估计

参数类型	点估计量	假定条件	适用分布	$(1-\alpha)$ 的置信区间
总体均值 μ	样本均值 $\bar{x}$	任意总体、大样本、总体方差已知	正态分布	$\bar{x}\pm z_{\alpha/2}\dfrac{\sigma}{\sqrt{n}}\sqrt{\dfrac{N-n}{N-1}}$
		正态总体、小样本、总体方差已知		
		任意总体、大样本、总体方差未知	正态分布	$\bar{x}\pm z_{\alpha/2}\dfrac{s}{\sqrt{n}}\sqrt{\dfrac{N-n}{N-1}}$
		正态总体、小样本、总体方差未知	t 分布	$\bar{x}\pm t_{\alpha/2}\dfrac{s}{\sqrt{n}}\sqrt{\dfrac{N-n}{N-1}}$
总体比率 π	样本比率 p	二项总体、独立大样本、总体方差已知	正态分布	$p\pm z_{\alpha/2}\sqrt{\dfrac{\pi(1-\pi)}{n}\dfrac{N-n}{N-1}}$
		二项总体、独立大样本、总体方差未知	正态分布	$p\pm z_{\alpha/2}\sqrt{\dfrac{p(1-p)}{n}\dfrac{N-n}{N-1}}$

例 5-1：某商业银行随机抽取了 40 位办理存款业务的客户，调查了解客户的存款情况，得到 40 位客户单次平均存款额为 12480 元，标准差为 3460 元，试在 95% 的置信水平下对该银行全体客户单次存款额作出区间估计。

解：已知 $n=40$，样本均值为 12480，标准差 $S=3460$，置信水平 $1-\alpha=95\%$

这是一个任意总体、大样本、总体方差未知的总体均值的区间估计，根据已知条件，该次抽样为重复抽样，样本均值服从正态分布，查标准正态分布表得 $z_{0.025}=1.96$，则总体均值的估计区间为：

$$\bar{x} \pm Z_{\alpha/2} \frac{S}{\sqrt{n}} = 12480 \pm 1.96 \frac{3460}{\sqrt{40}} = 12480 \pm 1072.27$$

估计结果表明，该商业银行全部客户单次存款额 95% 的置信区间为（11407.73，13552.27）元。

例 5-2：某高校共有新生 4500 人，为了解该校新生的身高状况，采用不重复抽样随机抽取了 25 名新生，测得 25 名新生的平均身高为 171.5 厘米，标准差为 3.5 厘米，试以 95% 的置信水平对该校全部新生的平均身高进行区间估计。

解：已知 $n=25$，样本均值为 171.5，标准差 $S=3.5$，置信水平 $1-\alpha=95\%$

由于学生身高服从正态分布，这是一个正态总体、小样本、总体方差未知的总体均值的区间估计，根据已知条件，该次抽样为不重复抽样，样本均值服从 t 分布，查 t 分布表得 $t_{0.025}(24)=2.0639$，则总体均值的估计区间为：

$$\bar{x} \pm t_{\alpha/2} \frac{s}{\sqrt{n}} \sqrt{\frac{N-n}{N-1}} = 171.5 \pm 2.0639 \frac{3.5}{\sqrt{25}} \sqrt{\frac{4500-25}{4500-1}} = 171.5 \pm 1.44$$

估计结果表明，该校全体新生身高的 95% 的置信区间为（170.06，172.94）厘米。由于该例中抽样比小于 1%，按重复抽样计算的差别可以忽略。

例 5-3：在一次选举中，对某候选人的支持率进行民意调查，在随机采访的 100 位选民中有 58 人支持该候选人，试以 90% 的置信水平对该候选人的支持率进行区间估计。

解：已知 $n=100$，样本比率为 58%，标准差 $S=0.58(1-0.58)=0.2436$，置信水平 $1-\alpha=90\%$

这是一个大样本、总体方差未知的总体比率的区间估计，根据已知条件，该次抽样为重复抽样，样本均值服从正态分布，查正态分布表得 $z_{0.05}=1.65$，则总体均值的估计区间为：

$$p \pm z_{\alpha/2} \sqrt{\frac{p(1-p)}{n}} = 58\% \pm 1.65 \sqrt{\frac{0.58(1-0.58)}{100}} = 58\% \pm 8.1\%$$

估计结果表明，该候选人支持率的 90% 的置信区间为（49.9%，66.1%）。

二、总体方差的区间估计

依据样本方差的抽样分布，从正态总体 X 中按重复抽样抽出容量为 n 的样本，总体方差为 σ^2，样本方差为 S^2，则比值 $(n-1)S^2/\sigma^2$ 服从自由度为 $(n-1)$ 的 χ^2 分布，由此可构造总体方差的置信区间。

由比值 $\chi^2 = \dfrac{(n-1)S^2}{\sigma^2}$

$$\chi^2_{1-\alpha/2} \leqslant \chi^2 \leqslant \chi^2_{\alpha/2}$$

将比值代入不等式，得到总体方差的置信区间：

$$\frac{(n-1)S^2}{\chi^2_{\alpha/2}} \leqslant \sigma^2 \leqslant \frac{(n-1)S^2}{\chi^2_{1-\alpha/2}}$$

需要注意的是，χ^2 分布为不对称分布（见图 5-3），对于给定的置信水平得到的 $\chi^2_{\alpha/2}$ 和 $\chi^2_{1-\alpha/2}$ 需要分别查表得到。

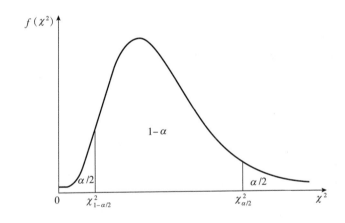

图 5-3　总体方差区间估计示意图

例 5-4：假定客户存款额服从正态分布，对例 5-1 中银行全部客户单次存款额的标准差进行区间估计，置信水平为 95%。

解：已知 $n=40$，样本方差 $S^2 = 3460^2$，置信水平 $1-\alpha=95\%$

查表得：$\chi^2_{0.025}(39) = 58.120$，$\chi^2_{0.975}(39) = 23.654$

$$\frac{(40-1)3460^2}{58.120} \leqslant \sigma^2 \leqslant \frac{(40-1)3460^2}{23.654}$$

得到总体方差的置信区间为（8033248，19738412），全部客户单次存款额标准差 σ 的置信区间为（2834，4443）元。

第三节　两个总体参数的区间估计

一、两个总体均值差和比率差的区间估计

依据两个样本均值差和比率差的抽样分布，不同情形下，与置信水平 $1-\alpha$ 对应的两个总体均值差或比率差的置信区间如表5-3所示。

表5-3　重复抽样下两个总体均值差和比率差的区间估计

参数类型	估计量	假定条件	适用分布	$(1-\alpha)$ 的置信区间
均值差 $\mu_1-\mu_2$	$\bar{x}_1-\bar{x}_2$	两任意总体，独立大样本，σ_1^2、σ_2^2 已知	正态分布	$(\bar{x}_1-\bar{x}_2)\pm z_{\alpha/2}\sqrt{\dfrac{\sigma_1^2}{n_1}+\dfrac{\sigma_2^2}{n_2}}$
		两任意总体，独立大样本，σ_1^2、σ_2^2 未知	正态分布	$(\bar{x}_1-\bar{x}_2)\pm z_{\alpha/2}\sqrt{\dfrac{S_1^2}{n_1}+\dfrac{S_2^2}{n_2}}$
		两正态总体，独立小样本，σ_1^2、σ_2^2 未知但相等	t 分布	$(\bar{x}_1-\bar{x}_2)\pm t_{\alpha/2}(n_1+n_2-2)\sqrt{S_p^2\left(\dfrac{1}{n_1}+\dfrac{1}{n_2}\right)}$ 其中： $S_p^2=\dfrac{(n_1-1)s_1^2+(n_2-1)s_2^2}{(n_1+n_2-2)}$
		两正态总体，独立小样本，σ_1^2、σ_2^2 未知且不相等	t 分布	$(\bar{x}_1-\bar{x}_2)\pm t_{\alpha/2}(v)\sqrt{\dfrac{S_1^2}{n_1}+\dfrac{S_2^2}{n_2}}$ 其中： $v=\dfrac{(s_1^2/n_1+s_2^2/n_2)^2}{(S_1^2/n_1)^2/(n_1-1)+(S_2^2/n_2)^2/(n_2-1)}$
比率差 $\pi_1-\pi_2$	p_1-p_2	二项总体、独立大样本、总体方差已知	正态分布	$(p_1-p_2)\pm z_{\alpha/2}\sqrt{\dfrac{\pi_1(1-\pi_1)}{n_1}+\dfrac{\pi_2(1-\pi_2)}{n_2}}$
		二项总体、独立大样本、总体方差未知	正态分布	$(p_1-p_2)\pm z_{\alpha/2}\sqrt{\dfrac{p_1(1-p_1)}{n_1}+\dfrac{p_2(1-p_2)}{n_2}}$

例5-5：为了解某初中全校一、二年级学生的身高差别，从两个年级中各随机抽取50人，测得两个年级50人的平均身高分别为157.5厘米和162.5厘米，标准差分别为3.2厘米和4.6厘米，试在95%的置信水平下对两个年级学生的平均身高差作区间估计。

解：已知 $n_1 = n_2 = 50$，$\bar{x}_1 = 162.5$，$\bar{x}_2 = 157.5$，$S_1 = 4.6$，$S_2 = 3.2$，置信水平 $1-\alpha = 95\%$，这是一个两任意总体、独立大样本、总体方差未知的总体均值差的区间估计，根据已知条件，该次抽样为重复抽样，查标准正态分布表得 $z_{0.025} = 1.96$，则二年级与一年级学生平均身高差的估计区间为：

$$(\bar{x}_1 - \bar{x}_2) \pm z_{\alpha/2} \sqrt{\frac{S_1^2}{n_1} + \frac{S_2^2}{n_2}} = (162.5 - 157.5) \pm 1.96 \sqrt{\frac{4.6^2}{50} + \frac{3.2^2}{50}} = 5.0 \pm 1.55 \text{(厘米)}$$

估计结果表明，两个年级学生平均身高差的 95% 的置信区间为（3.45，6.55）厘米。

例 5-6：已知某产品由工人手工装配完成，有两种装配流程，采用两种方法装配所用时间均服从正态分布，现两种方法各挑选 15 名工人作比较，方法一所用平均时间为 12.4 分，标准差为 0.8 分；方法二所用平均时间为 11.9 分，标准差为 0.6 分，试在 95% 的置信水平下对方法一与方法二所用平均时间差作区间估计。

解：已知 $n_1 = n_2 = 15$，$\bar{x}_1 = 12.4$，$\bar{x}_2 = 11.9$，$S_1 = 0.8$，$S_2 = 0.6$，置信水平 $1-\alpha = 95\%$，这是一个两正态总体，独立小样本，σ_1^2、σ_2^2 未知且不相等的重复抽样，两样本均值差近似服从 t 分布，自由度 v 为：

$$v = \frac{(S_1^2/n_1 + S_2^2/n_2)^2}{(S_1^2/n_1)^2/(n_1-1) + (S_2^2/n_2)^2/(n_2-1)}$$

$$= \frac{(0.8^2/15 + 0.6^2/15)^2}{(0.8^2/15)^2/14 + (0.6^2/15)^2/14} = 25.96 \approx 26$$

查 t 分布表得 $t_{0.025}(26) = 2.0556$，两种装配方法所用平均时间差的估计区间为：

$$(\bar{x}_1 - \bar{x}_2) \pm t_{\alpha/2}(v) \sqrt{\frac{S_1^2}{n_1} + \frac{S_2^2}{n_2}} = (12.4 - 11.9) \pm 2.0556 \sqrt{\frac{0.8^2}{15} + \frac{0.6^2}{15}} = 0.5 \pm 0.53$$

估计结果表明，两种装配方法所用平均时间差 95% 的置信区间为（-0.07，1.03）分。

二、匹配样本下两个总体均值差的区间估计

在例 5-6 中对两种装配方法所用平均时间差作区间估计时，要求两个样本为独立样本，即对两种方法各随机抽选 15 名工人，这一做法可能存在两个样本中的 15 名工人技术水平上整体有差异，进而导致两种方法所需时间的差异。为解决这类问题，可使用匹配样本，即每次由同一名工人采用两种方法分别实验，进而消除样本不公平引起的数据差异。

所谓匹配样本是指对同一样本单位每次采用匹配方式分别试验得到一组配对

数据，n 个样本单位得到 n 组配对数据，这可看作两个样本，但此时两个样本不再是独立样本。在匹配大样本下，两个配对样本对应数据的差值近似服从正态分布，在匹配小样本下，两个配对样本对应数据的差值服从自由度为 $(n-1)$ 的 t 分布，两个总体均值差的置信区间如表 5-4 所示。

表 5-4　匹配样本下两总体均值差的区间估计

参数类型	估计量	条件	$(1-\alpha)$ 的置信区间
均值差 $\mu_1-\mu_2$	$\overline{d}$	匹配大样本，总体各差值的标准差 σ_d 未知	$\overline{d}\pm z_{\alpha/2}\dfrac{s_d}{\sqrt{n}}$
		匹配小样本，总体各差值的标准差 σ_d 未知	$\overline{d}\pm t_{\alpha/2}(n-1)\dfrac{s_d}{\sqrt{n}}$

例 5-7：为了比较两种汉字输入法的时间差异，抽取 8 人分别用两种输入法输入相同的文字，测试结果如表 5-5 所示，试以 95% 的置信水平对两种输入法平均时间之差作区间估计。

表 5-5　两种输入法配对样本实验　　　　　　　　单位：秒

人员编号	输入法 A 用时	输入法 B 用时	时间差 d
1	56	57	−1
2	72	78	−6
3	68	64	4
4	65	69	−4
5	77	84	−7
6	58	61	−3
7	60	60	0
8	64	69	−5

解：由表中数据计算出配对数据差的均值和标准差为：

$$\overline{d} = \frac{\sum d}{n} = \frac{-22}{8} = -2.75$$

$$s_d = \sqrt{\frac{\sum (d_i - \overline{d})^2}{n-1}} = 3.62$$

查 t 分布表得，$t_{0.025}(7) = 2.3646$，两种输入法平均用时之差的 95% 的置信区间为：

$$\overline{d}\pm t_{\alpha/2}(n-1)\frac{s_d}{\sqrt{n}}=-2.75\pm2.3646\frac{3.62}{\sqrt{8}}=-2.75\pm3.03$$

结果表明，输入法 A 与输入法 B 相比平均用时之差的 95% 的置信区间为（-5.78，0.28）秒。

三、两个总体方差比的区间估计

方差反映了总体各单位某一数量特征上的差异性，作为被广泛使用的离散程度指标，方差可以用来度量现实中现象的稳定性、均衡性等方面的问题，如果涉及两个总体这方面的比较，就需要对总体的方差比进行推测估计。

在抽样分布中，已经介绍了两个样本的方差比服从 F 分布，因而利用样本方差比的抽样分布可以对两个总体的方差比作出区间估计。

对于两个独立的正态总体，方差分别为 $\sigma_1{}^2$ 和 $\sigma_2{}^2$，采用重复抽样从两个总体中分别独立抽取容量为 n_1 和 n_2 的两个样本，两个样本的方差分别为 S_1^2 和 S_2^2，则由两个样本方差比构造的 F 统计量服从 F 分布，即：

$$F=\frac{S_1^2/\sigma_1^2}{S_2^2/\sigma_2^2}\sim F(n_1-1,\ n_2-1)$$

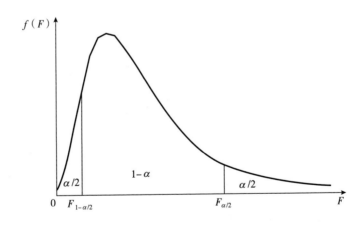

图 5-4　两个总体方差比区间估计示意图

根据区间估计的原理，给定一个置信水平 $1-\alpha$，可以构造 F 值的置信区间（见图 5-4）：

$$F_{1-\alpha/2}\leqslant F\leqslant F_{\alpha/2}$$

将 F 代入上述区间不等式，可以得到两个总体方差比的置信区间：

$$\frac{S_1^2/S_2^2}{F_{\alpha/2}} \leqslant \frac{\sigma_1^2}{\sigma_2^2} \leqslant \frac{S_1^2/S_2^2}{F_{1-\alpha/2}}$$

例 5-8：利用例 5-6 中的数据，以 95% 的置信水平估计两种装配方法用时方差比的置信区间。

解：已知 $n_1 = n_2 = 15$，$S_1 = 0.8$，$S_2 = 0.6$，置信水平 $1-\alpha = 95\%$，两个样本的自由度均为 14，利用 Excel 的 FINV（）函数可以求得 $F_{1-0.05/2}(14, 14) = 0.3357$，$F_{0.05/2}(14, 14) = 2.9786$，根据两个总体方差比的区间公式可得：

$$\frac{0.8^2/0.6^2}{2.9786} \leqslant \frac{\sigma_1^2}{\sigma_2^2} \leqslant \frac{0.8^2/0.6^2}{0.3357}$$

$$0.6 \leqslant \frac{\sigma_1^2}{\sigma_2^2} \leqslant 5.3$$

结果表明，两种装配方法用时方差比的 95% 的置信区间为（0.6，5.3）。

第四节 样本容量的确定

在开始抽取样本之前，需要确定抽取多少个单位，也就是样本容量。抽取单位数越多，抽样误差越小，在同样的置信水平下抽样估计的精度会越高，或者在同样的精度要求下推断的可靠性越高，但抽取的单位数多同时也意味着抽样的成本更高、所花时间更长，因此，确定一个合适的抽样单位数是有必要的。

一、决定必要抽样单位数的因素

对于一个特定的总体抽取样本进行抽样推断，影响样本容量的因素主要有：

第一，抽样极限误差的大小。抽样极限误差又称允许误差，用 Δ 表示，是一次抽样中所设定的与总体真值之间的最大偏离值，允许误差越小，需要抽取单位数就越多。

第二，置信水平的高低。在一定的允许误差要求下，置信水平越高，意味着推断的可靠性越高，需要抽取的单位数就越多。

第三，抽样方法和抽样组织形式。简单抽样中，由于重复抽样比不重复抽样的误差更大，意味着同样的误差要求下不重复抽样比重复抽样抽取的单位数少；在类型抽样、机械抽样和整群抽样三种形式中，一般情况下，类型抽样的抽样误差相对较小，而整群抽样的误差相对较大，意味着相同的误差要求下，采用类型抽样方式可以少抽一些单位，采用整群抽样需要多抽一些单位。

以上因素是在总体确定的情况下，如果总体未确定，则还要考虑总体方差的影响，在抽样的其他控制条件相同时，总体方差越大，表明各标志值的离散程度越大，此时进行抽样推断需要抽取更多的单位。

二、推断总体均值和比率时必要单位数的确定

以总体均值的抽样推断为例，由极限误差的含义可得：

$$|\bar{x}-\mu| \leqslant \Delta$$

上式两边同除以样本均值的均方差（样本均值的抽样平均误差）可以得到：

$$\left|\frac{\bar{x}-\mu}{\mu_{\bar{x}}}\right| \leqslant \frac{\Delta}{\mu_{\bar{x}}}$$

在样本均值服从正态分布的条件下，上式左边部分所代表的统计量服从标准正态分布，给定抽样的置信水平 $1-\alpha$，可以得到对应的临界值 $z_{\alpha/2}$，由此得到：

$$\Delta = z_{\alpha/2} \mu_{\bar{x}}$$

这相当于抽样极限误差可以表示为抽样平均误差的倍数，因此，抽样之前，如果确定了抽样极限误差和抽样的置信水平，即可确定抽样的平均误差，根据不同的抽样方法（重复与不重复），即可确定相应的样本容量，即满足设定条件要求的必要抽样单位数，具体公式如表5-6所示。对于总体比率的抽样估计所需的必要抽样单位数的确定方法与均值相同。

表5-6 不同估计类型和抽样方法下必要抽样单位数的确定

估计类型	重复	不重复
总体均值	$n = \dfrac{z^2 \sigma^2}{\Delta^2}$	$n = \dfrac{Nz^2 \sigma^2}{N\Delta^2 + z^2 \sigma^2}$
总体比率	$n = \dfrac{z^2 \pi(1-\pi)}{\Delta^2}$	$n = \dfrac{Nz^2 \pi(1-\pi)}{N\Delta^2 + z^2 \pi(1-\pi)}$

需要注意的是，由给定的抽样极限误差和置信水平确定的必要抽样单位数，仅仅只是满足抽样条件应该抽取的最小样本容量，或者说至少应抽取的单位数，当计算结果出现小数时，应向上取整作为最终结果。

在依据公式计算必要抽样单位数时，需要知道总体方差，在总体方差未知的情况下，依据以下原则处理：第一，用总体过去的方差或经验值代替；第二，如果有多个可供选择的方差，应使用最大方差；第三，在进行总体比率的抽样推断时，如果没有任何可供替代的方差，可选择比率的最大方差 0.25 代替；第四，

实际抽样推断时，可以先进行一次小型抽样计算出样本方差替代总体方差。

例5-9：企业生产的某种产品连续三年的合格率分别为97.5%、97.2%、97.4%，现对一批近期生产的待售产品进行合格率抽检，要求允许误差不超过2.0%，问在95%的置信水平下，至少应抽多少件产品进行检验?

解：由题意知，$\Delta = 2.0\%$，查标准正态分布表得 $z_{0.05/2} = 1.96$，取最大方差97.2%（1-97.2%），由于总体单位数未知，按重复抽样处理，则：

$$n = \frac{z^2 \pi (1-\pi)}{\Delta^2} = \frac{1.96^2 \times 97.2\%(1-97.2\%)}{2.0\%^2} = 261.38 \approx 262$$

计算结果表明，至少应抽262件产品检验。

本例中，如果取总体方差97.5%（1-97.5%）或97.4%（1-97.4%），计算得到的抽样单位数都比262小，可能不满足合格率为97.2%的情形，所以取最大方差（合格率最接近50%）能满足所有情形。

例5-10：一家会计师事务所拟调查本市所有食品生产企业上一年度平均上缴税收额，往年的数据表明，该市食品生产企业年度上缴税收额的标准差为268万元，如果要求本年度平均上缴税额估计的最大误差不超过80万元，在95%的置信水平下问应选取多少家企业进行调查?

解：由题意知，$\Delta = 80$，查标准正态分布表得 $z_{0.05/2} = 1.96$，取 $\sigma = 268$，由于总体单位数未知，按重复抽样处理，则：

$$n = \frac{z^2 \sigma^2}{\Delta^2} = \frac{1.96^2 \times 268^2}{80^2} = 43.11 \approx 44$$

计算结果表明，至少应抽44家企业进行调查才能满足条件。

小知识：大数据时代还需要抽样推断吗？

尽管大数据时代提供了更大规模和多样性的数据，但抽样推断仍然在某些情况下非常重要，尤其是在以下情况下：

（1）资源受限：在某些情况下，收集、存储和处理所有可用数据仍然可能是昂贵或不切实际的。在这种情况下，抽样可以帮助降低成本，同时仍然提供足够的信息来进行分析和决策。

（2）数据质量问题：即使是大规模的数据集，也可能存在数据质量问题，包括缺失值、异常值和错误数据。在进行分析前，需要对数据进行清洗和处理，抽样可以用于筛选出需要的数据子集，以便进行有效的清洗和修复。

（3）速度要求：在某些实时分析或决策支持应用中，处理整个大数据集可能需要太多时间。在这种情况下，抽样可以帮助快速获取部分数据，以满足即时需求。

（4）模型适用性：在某些数据科学和机器学习任务中，使用整个大数据集进行模型训练可能会导致过拟合问题。抽样可以帮助减小训练数据的规模，从而提高模型的泛化性能。

（5）推断目标：如果分析的目标是针对整个总体进行推断，而不仅仅是描述和理解数据，那么抽样仍然是一种有用的方法。通过代表性的样本，可以从样本推断到整体总体的特征。

在大数据时代，抽样仍然可以是一种有效的数据分析方法，但需要根据具体情况和分析目标来决定是否使用抽样。有时候，抽样可以帮助简化分析流程，提高效率，同时仍然能够提供具有代表性的结果。然而，在一些情况下，如果计算资源充足，也可以考虑对整个大数据集进行分析，以获取更全面的见解。因此，抽样和全数据分析都有其适用的场景，需要根据具体情况选择。

思考与练习

1. 某工厂共有一线操作工 408 人，需要对一项操作工序培训，为了解本次培训效果，培训结束后不重复随机抽取 25 名工人测试，操作时间（秒）分别为 20、21、21、22、22、23、24、24、25、25、27、27、28、28、28、28、28、30、30、30、30、31、31、32、34，要求：

（1）将 25 名工作视作样本，计算样本完成工序所花费的平均时间、标准差和抽样平均误差。

（2）工人操作时间服从正态分布，试以 95% 的置信度估计全体操作工完成工序所花平均时间的置信区间。如果以 90% 的置信度估计，区间会有什么变化？为什么？

2. 实验学校为了解高三女生的健康发育状况，随机抽取了 80 位女生，测得其平均身高为 162 厘米，标准差为 4.5 厘米，试以 95% 的置信度估计高三全部女生的平均身高。如果高三共有 300 名女生，采用重复抽样和不重复抽样的差别可以忽略吗？为什么？

3. 众泰保险公司的业务人员想了解业务区域内居民购买商业人寿保险的比率，业务员随机走访了辖区内的 100 位居民，其中 18 位购买了商业人寿保险，试用 95% 的置信度估计区域内居民购买商业人寿保险的比率。

4. 一种产品有两种组装方法，为了对两种方法进行比较，企业组织了两批工人进行实验，方法 A 和方法 B 分别有 30 名和 40 名工人，两种方法所花时间（单位：秒）实验结果如下：

组装时间	50	51	52	53	54	55	56	57	58	59	60	合计
方法 A 人数	1	3	5	4	7	5	3	1	1	0	0	30
方法 B 人数	0	1	2	5	8	9	6	3	3	1	2	40

试在 95% 的置信度下，对两种组装方法所花平均时间之差进行区间估计。

5. 管理人员想知道技术工人的熟练程度与在岗时间长短是否有关，在装配线上对工人进行了测试，分别考察了工龄 5 年以上和 5 年以下的工人各 12 人，5 年以上工人完成一道工序平均花费 172 秒，标准差 12 秒，5 年以下工人完成工序平均花费 158 秒，标准差 8 秒。已知工人装配时间服从正态分布，假定不同工龄工人装配时间方差相等，在 95% 的概率保证下，对 5 年以上与 5 年以下工龄工人平均装配时间差进行区间估计。

6. 第 5 题中，如果不同工龄组工人装配时间方差不等，其他条件不变，试对 5 年以上与 5 年以下工龄工人平均装配时间差进行区间估计，并比较两种情况下的估计区间宽度。

7. 第 6 题中，如果各抽取 40 位工人进行观测，其他条件不变，对 5 年以上与 5 年以下工龄工人平均装配时间差进行区间估计，并比较两种情况下的估计区间宽度。

8. 新世界购物广场管理层认为，提高购物返还优惠活动力度可以大幅提高商场销售额，现有方案 A 和方案 B 可供选择。管理人员认为方案 A 可以大幅提高顾客进店消费比率，但对人均消费额的提高可能不如方案 B。针对两套方案分别随机抽取 50 位进店顾客调查，方案 A 的调查显示有 42 位顾客愿意参与，方案 B 的调查显示有 31 位顾客愿意参与，以 95% 的置信概率对两套方案顾客参与率之差进行区间估计。

9. 调查人员打算估计开发区企业技术人员的平均年龄，要求以 95% 的置信度保证估计的误差不超过 1.2 岁，从少数几个企业得到的数据表明，这些企业技术人员年龄的标准差为 4.2 岁，问需要抽取容量为多大的样本才能满足要求？

10. 企业生产的某种产品连续三年的合格率分别为 97.5%、97.2%、97.4%，现对一批近期生产的待售产品进行合格率抽检，要求允许误差不超过 2.0%，问在 95% 的置信水平下，至少应抽多少件产品进行检验？

第六章　总体参数的假设检验

实践中的数据分析6：新供应商管理体系提升了产品质量吗？

参数假设检验是在对总体参数提出假设的基础上，通过构建统计量，利用样本信息推断假设是否成立的统计分析方法。参数假设可以针对一个总体，也可以针对两个总体参数的比较。其分析过程是：提出假设，构造统计量，抽取样本，计算样本统计量的值，与临界值比较，最后判断假设是否成立。

大华公司生产的一款电子产品有良好的市场需求，但经常接到客户投诉，反映产品质量方面的问题，售后人员发现，这些问题与产品中使用的多款配件有关，公司高层决定加强供应链管理，制定实施新的供应商管理体系，从准入、核查、风险、绩效、筛选等全过程加以控制。新的供应商管理体系实施后，如何从统计上判断客户对产品质量方面的投诉是否有显著降低？

第一节　假设检验的基本原理

假设检验（Hypothesis Tests）又叫显著性检验（Test of Significance），是推断统计的重要内容之一。常见的推断统计方法包括参数估计和假设检验，参数估计是在总体参数完全未知的情况下，利用样本估计值推断总体参数值和构造总体参数的置信区间；而假设检验从另一个角度利用样本信息对总体特征进行推断，通过事先对总体参数的取值进行假设，再利用抽样获得的样本统计值和总体参数值的一致性，推断对总体参数的假设是否成立。

假设检验分为参数假设检验与非参数假设检验，参数假设检验是对总体分布类型加以限制的情况下所进行的检验，而非参数假设检验是未对总体分布的形态和参数加以限制情况下所进行的检验。本章内容只涉及参数假设检验。

一、假设的陈述

（一）原假设与备择假设

在参数假设检验中，总体的分布类型已知，假设检验的目的是对总体参数进行检验，为此，研究者需要事先提出某个假设，才能根据样本统计量判断假设是否真实。在参数假设检验中，"假设"是对总体参数的具体数值所作的陈述。为了使作为证据的样本统计量必然支持且仅支持一个假设，要建立对于总体参数在逻辑上完备互斥的一对假设，即原假设（Null Hypothesis，简记为 H_0）和备择假设（Alternative Hypothesis，简记为 H_1）。

原假设（又称零假设）假定总体参数未发生变化，备择假设（又称对立假设）假定总体参数发生变化。实际建立假设时，原假设和备择假设方向不同，会导致不同的结论，为此，在选择原假设和备择假设时，我们通常根据研究者是希望收集证据予以支持还是拒绝的判断作为选择依据。实际操作时，通常将研究者希望通过收集证据予以拒绝的假设作为原假设，而将研究者希望通过收集证据予以支持的假设作为备择假设。比如，质量标准规定产品平均重量达到 500 克为合格品，市场质量监督部门通常希望找出不合格产品，则研究者希望通过收集证据予以支持的是该批产品不合格，也就是该批产品平均重量不足 500 克。

假设检验时，由于涉及方向选择，而方向由备择假设决定，所以通常先建立备择假设，备择假设一旦做出，由于完备与互斥性，则原假设也就确定了。

（二）假设检验的方向

由于研究者感兴趣的是备择假设的内容，所以假设检验的方向指备择假设 H_1 的方向。用 θ 表示总体参数，因为原假设假定总体参数未发生变化，而备择假设假定总体参数发生了变化，所以，"="总是在原假设上。

如果备择假设为总体参数发生了没有特定方向的变化，则备择假设取"≠"，为双侧方向，假设检验为双侧检验（又称双尾检验）；如果备择假设为总体参数沿某一特定方向发生了变化，则备择假设含有">"或"<"符号，备择假设为单向，假设检验为单侧检验（又称单尾检验），单侧检验又可进一步分为左侧检验和右侧检验。根据备择假设的表述，假设检验的方向可以区分为：

（1）备择假设 H_1：$\theta \neq \theta_0$，为双向假设，相应的假设检验称为双侧检验。

（2）备择假设 H_1：$\theta > \theta_0$，为右向假设，相应的假设检验称为右侧检验。

（3）备择假设 H_1：$\theta<\theta_0$，为左向假设，相应的假设检验称为左侧检验。如表 6-1 所示。

表 6-1　假设检验的方向与基本形式

假设	检验方向		
	双侧检验	左侧检验	右侧检验
原假设 H_0	$\theta=\theta_0$	$\theta\geqslant\theta_0$	$\theta\leqslant\theta_0$
备择假设 H_1	$\theta\neq\theta_0$	$\theta<\theta_0$	$\theta>\theta_0$

例 6-1：一汽车配件生产企业生产的某种汽车零件长度标准为 70 毫米，为对零件质量进行控制，质量监测人员需要对生产线上的一台加工机床进行检查，以确定这台机床生产的零件是否符合标准要求。如果零件的平均长度大于或小于 70 毫米，则表明该零件质量不正常，必须对机床进行检查。试陈述用来检验生产过程是否正常的原假设和备择假设。

分析：设该零件平均长度 μ，如果 $\mu=70$ 毫米，说明质量合格，作为质量检验人员希望收集证据予以证明的是生产过程出现问题导致"质量不合格"，因此应建立如下假设：

H_0：$\mu=70$　　H_1：$\mu\neq70$

例 6-2：一采购商需要采购一批构件，某供应商声称其提供的构件合格率超过 95%，为了检验其可信度，采购商随机抽取了一批样本进行检验。试陈述用于检验的原假设与备择假设。

分析：设构件合格率为 π，检验者为采购商，其立场是对供应商提供的产品合格率数据持怀疑态度，即合格率未达到 95%，故原假设与备择假设分别为：

H_0：$\pi\geqslant95\%$　　H_1：$\pi<95\%$

（三）假设的特点

（1）原假设和备择假设是一对完备互斥事件，一项检验中，原假设和备择假设有且仅有一项成立。

（2）因为原假设假定总体参数未发生变化，所以"＝"总是在原假设上。尽管原假设也可能存在方向，但实际检验时只需要针对取"＝"时的情形。

（3）由于备择假设是研究者希望通过收集证据予以支持的假设，一般情况下，建立假设时，先建立备择假设再确定原假设。

（4）由于假设的做出是基于研究者的角度和立场，同样的问题因立场不同会有完全不同方向甚至是反向的假设。

例 6-3：一乳制品生产商生产的罐装奶粉标称重量为 800 克。市场质量监督部门从保护消费者权益角度出发对罐装奶粉重量进行抽检，请对检验做出假设。如果生产商内部质检部门从生产过程控制角度出发进行抽检，请对这一检验做出假设。

分析：设罐装奶粉的重量为 μ。

对于市场质量监督部门而言，其目的是保护消费者权益，检验的出发点是认定罐装奶粉的重量存在短斤少两，不符合质量标准，因此由其进行检测做出的假设应为：

$$H_0: \mu \geqslant 800 \quad H_1: \mu < 800$$

对于生产商而言，其目的是对生产过程是否正常进行控制，检验的出发点是认定罐装奶粉的重量存在问题（不足和超重），因此假设应为：

$$H_0: \pi = 800 \quad H_1: \pi \neq 800$$

同样一个问题，立场和角度不同，会给出不同的假设，从而导致截然不同的结论。因此，对于一个假设检验问题，我们建立假设时首先需要分清楚研究者及其立场。

二、假设检验的基本思想及几个相关概念

（一）小概率原理

假设检验是依据小概率原理，所谓小概率原理，就是概率很小（比如5%）的事件在一次试验中通常是不可能发生的，如果在一个观测样本中小概率事件发生了，则有理由怀疑原假设的正确性而接受备择假设；反之，如果小概率事件没有发生，则不能拒绝原假设，这相当于逻辑上运用了反证法。

比如，在生产设备正常的情况下，产品的合格率为95%，也就是说100件中平均有5件不合格，如果从一批产品中随机抽取5件有3件不合格，这种事件发生的概率极小，但现在恰好发生了，因此有理由怀疑合格率95%的假设，也就是说生产设备出现了问题。

（二）假设检验的两类错误与显著性水平

假设检验是建立在样本信息的基础上，由于样本不等于总体，依据样本信息进行决策可能出现错误。在假设检验中有可能犯两类错误：在原假设为真时拒绝了原假设，所犯错误称为第Ⅰ类错误，也称弃真错误，犯第Ⅰ类错误的概率记为 α；在原假设为假时没有拒绝原假设，所犯错误称为第Ⅱ类错误，也称取伪错误，犯第Ⅱ类错误的概率记为 β，两类错误的概率可表示为：

$$P\{拒绝 H_0 / H_0 为真\} = \alpha$$

$$P\{接受 H_0 / H_0 为假\} = \beta$$

比如100件产品，其中只有5件不合格，总体合格率 $\pi = 95\%$，随机抽出10

件有 4 件不合格（样本合格率 60%），如果原假设是 H_0：$\pi \geqslant 80\%$（原假设为真），依据此样本作检验则可能拒绝原假设，此时就犯了第Ⅰ类错误；如果 100 件产品，其中只有 40 件合格，总体合格率 $\pi = 40\%$，随机抽出 5 件有 4 件合格（样本合格率 80%），原假设为 H_0：$\pi \geqslant 60\%$（原假设为假），依据此样本作检验则可能接受原假设，此时可能犯第Ⅱ类错误。

人们总希望犯两类错误的概率都尽可能小，但实际上不能同时控制两种错误。如图 6-1 所示，如果总体均值为 μ_0，将犯第Ⅰ类错误的概率定为 α，假定样本是来自均值为 μ_1 的总体，则犯第Ⅱ类错误的概率为 β，可以看到，减小 α 则 β 会增大，减小 β 则 α 会增大。在假设检验中，通常将犯第Ⅰ类错误的概率控制在一个合适的水平，并将其作为度量检验结论可靠性的依据，这一依据是判断接受还是拒绝原假设的界限，被称为显著性水平，记为 α。实际进行假设检验时，α 的确定取决于实际问题及检验要求的严格程度，如果要求更严格，则 α 取值应更小，常见取值有 0.1、0.05、0.01 等。

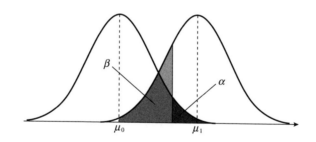

图 6-1　假设检验中的两类错误

从小概率原理角度，显著性水平 α 是事先给定一个小概率，是用以判断是否拒绝原假设的最小界限，当原假设为真的情况下，抽样过程中测得检验统计量的概率大于事先给定的 α，说明总体参数假设值与样本统计量的观测值接近，不能拒绝原假设，如果小于 α，说明总体参数假设值与样本统计量的观测值的不一致程度较高，类似于反证法，因此可以认为对于总体参数的假设不可能为真，拒绝原假设。

（三）检验统计量

提出假设之后，接下来需要构建统计量并依据样本观测信息进行判断，检验统计量是在假定原假设为真的情况下将总体参数的点估计量标准化后得到的结果。比如，对总体均值和比率的假设检验，标准化后的检验统计量为：

$$检验统计量 = \frac{总体均值（或比率）的点估计量 - 总体均值（或比率）的假设值}{点估计量的抽样标准差}$$

再如，对总体方差进行假设检验，如果样本方差为 S^2、总体方差的假设值为 σ^2，标准化后的检验统计量为卡方统计量：

$$\chi^2 = \frac{(n-1)S^2}{\sigma^2}$$

不同类型的参数检验需要构建不同的检验统计量，检验统计量为随机变量，其分布取决于点估计量的分布，各种点估计量的抽样分布在第四章中已有专门介绍。样本确定后，检验统计量的值也就确定了，将其与事先确定的临界值比较，即可作出拒绝还是不能拒绝原假设的判断。

（四）接受域与拒绝域

在原假设为真时，由观测样本可计算出标准统计量的值，该值对应的概率只要不超过设定的显著性水平 α，则拒绝原假设，这样的取值范围就是拒绝域；而拒绝域外的区域则意味着必须接受原假设，称为接受域。拒绝域和接受域的边界称为临界值。以对称分布为例，双侧和单侧检验情况下的接受域与拒绝域如图6-2 所示。在非对称分布的情况下，双侧检验左右两个临界值的绝对值不等。

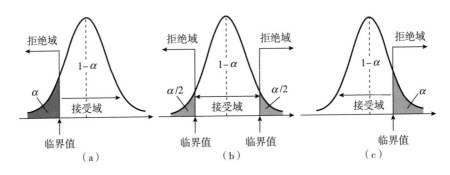

图6-2　假设检验中的拒绝域与显著性水平

在左侧检验中(见图6-2(a))，拒绝域为$-\infty$到临界值，大于临界值的区域为接受域；在右侧检验中(见图6-2(c))，拒绝域为临界值到∞，小于临界值的区域为接受域；在双侧检验中(见图6-2(b))，拒绝域在两侧，为临界值∞ 和$-\infty$到临界值两个对称区间，接受域为两个临界值之间的区域。显然，拒绝域与接受域的区间大小与设定的显著性水平 α 有关，α 越大则拒绝域的区间越宽。

在原假设为真时，如果由样本计算出的标准统计量的值落在拒绝域，检验的结果是拒绝原假设；如果由样本计算出的标准统计量的值落在接受域，检验的结果是接受原假设。

需要注意的是，如果由样本计算出的标准统计量的值落在接受域，只能说明由样本提供的证据还不足以推翻原假设，严格的说法应该是不能拒绝原假设，这比表述为接受原假设更合理。

（五）P值决策

在假设检验的判断决策中，常规决策方法是，将设定的显著性水平 α 通过查概率分布表转换为临界值，然后用计算出的统计量的值与临界值对比，进而作出拒绝还是不能拒绝原假设的结论。在假设检验中也可采用概率 P 值进行决策，与常规决策方法得到的结论是一致的。

P值决策方法是，将计算出的统计量的值通过查表转换为一个尾部概率值 P，将 P 值与设定的显著性水平 α 比较，如果小于 α，相当于落在拒绝域，则拒绝原假设；如果大于 α，相当于落在接受域，则不能拒绝原假设。

在双侧检验（见图 6-3）中，由计算的统计量的值查表找出对应的单尾 P 值，将其与设定的显著性水平的一半 α/2 比较，图（a）中，P 值大于 α/2，不能拒绝原假设；图（b）中，P 值小于 α/2，拒绝原假设。对称分布中，左右两个临界值的绝对值相等，非对称分布中则不相等。

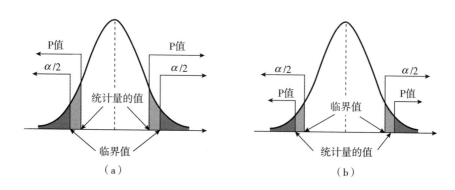

图6-3　双侧检验中的P值决策示意图

在左侧检验中（见图 6-4），由计算的统计量的值通过查表找出对应的单尾 P 值，将其与设定的显著性水平的 α 比较，图（a）中，P 值大于 α，不能拒绝原假设；图（b）中，P 值小于 α，拒绝原假设。右侧检验的 P 值决策与左侧检验相同。

由于很多分布的 P 值无法通过查表获得，所以实际的假设检验中，P 值决策相对使用较少。

三、假设检验的步骤

（1）提出原假设和备择假设。

（2）根据待检验的参数构建标准化的检验统计量，并确定检验统计量的分布。对于检验统计量的分布。在第四章中已有详细介绍。

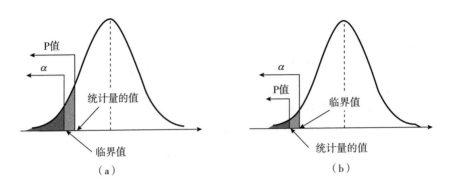

图6-4 单侧检验中的 P 值决策示意图

（3）根据设定的显著性水平 α 以及检验的方向确定临界值。如果利用 P 值决策，则不需要转换为临界值。

（4）计算检验统计量的值，并与临界值比较，作出决策。如果利用 P 值决策，则需要将计算出的检验统计量的值转换为 P 值，与设定的显著性水平 α 比较，作出决策。

第二节 一个总体参数的假设检验

常见的对一个总体参数的假设检验分总体均值、总体比率、总体方差的检验三种，各种检验的步骤相同。需要注意的是，对不同类型参数检验时必须构建相应的统计量并根据各种条件确定所适用的抽样分布定理。

一、一个总体均值的假设检验

对于总体均值进行假设检验时，必须根据样本均值的抽样分布构建统计量，不同情形下样本均值的抽样分布以及标准化后统计量的分布如表4-5所示。

根据总体分布、样本容量以及总体方差是否已知等因素，样本均值经标准化后的统计量有标准正态分布和 t 分布两种类型，分别对应于 Z 检验和 t 检验。

（一）一个总体均值的 Z 检验

在大样本情形下，无论总体为正态还是非正态分布，样本均值服从正态分布，可构建标准正态分布统计量，使用 Z 检验，检验的统计量为：

$$z = \frac{\bar{x} - \mu_0}{\sigma / \sqrt{n}} \quad 或 \quad z = \frac{\bar{x} - \mu_0}{s / \sqrt{n}}$$

在小样本、总体为正态总体情形下，如果总体方差已知，可对样本均值构建标准正态分布，使用 Z 检验，检验的统计量为：

$$z = \frac{\bar{x} - \mu_0}{\sigma / \sqrt{n}}$$

例 6-4：一种袋装洗衣粉由包装机灌装，额定标准重量为 500 克，根据以往经验，包装机的实际装袋重量服从正态分布，标准差 $\sigma = 15$ 克，为检验包装机工作是否正常，随机抽取 9 袋，称得洗衣粉净重数据如下（单位：克）：

497　506　518　524　488　517　510　515　516

试问：在 $\alpha = 0.01$ 的显著性水平下，包装机工作是否正常？

解：所谓包装机工作正常，即包装机灌装洗衣粉的重量的均值应为额定标准 500 克，超量则厂家成本增加，量不足不符合质量标准。因此要检验包装机工作是否正常，就是检验总体均值 $\mu = 500$ 是否成立。因此，这是一个双侧检验。另外，本例中总体服从正态分布，且总体方差已知，由于是对总体均值的检验，样本均值服从正态分布，利用样本均值构造标准正态分布的检验统计量，因此使用 Z 检验法。检验步骤如下：

（1）本检验的假设为：

$H_0: \mu = 500 \quad H_0: \mu \neq 500$

（2）在原假设为真时，构造的 Z 统计量服从标准正态分布：

$$z = \frac{\bar{x} - \mu_0}{\sigma / \sqrt{n}} = \frac{\bar{x} - 500}{15 / \sqrt{9}} \sim N(0, 1)$$

（3）由样本观测值计算统计量的值：

$$\bar{x} = \frac{497 + 506 + 518 + 524 + 488 + 517 + 510 + 515 + 516}{9} = 510.1$$

$$z = \frac{510.1 - 500}{15 / \sqrt{9}} = 2.02$$

（4）根据显著水平确定临界值及拒绝域：

由于是双侧检验，由 $\alpha = 0.01$，查表得临界值 $Z_{0.01/2} = 2.58$，拒绝域为：$|Z| > 2.58$。

（5）作出决策：

$2.02 < Z_{0.01/2} = 2.58$，Z 值落在接受域，故不能拒绝 H_0，即认为包装机工作正常。

本例中，如果使用 P 值决策，应查表将统计量的值转换为：$P\{Z > 2.02\} =$

0.022，由于 0.022>$\alpha/2$=0.005，故不能拒绝 H_0，结论与上述决策结果一致。

对于原始样本数据，Excel 提供了 ZTEST（）函数，用于一个总体均值的检验，该函数返回对应统计量的双尾概率，据此可进行 P 值决策。

例 6-5：一种机床加工的零件尺寸绝对平均误差为 1.35mm。生产厂家现采用一种新的机床进行加工以期进一步降低误差。为检验新机床加工的零件平均误差与旧机床相比是否有显著降低，从某天生产的零件中随机抽取 50 个进行检验（见表 6-2）。试利用这些样本数据，检验新机床加工的零件尺寸的平均误差与旧机床相比是否有显著降低（α=0.01）？

表 6-2　新机床加工零件尺寸的绝对误差

1.26	1.19	1.31	0.97	1.81	0.99	1.45	1.24	1.01	2.03
1.13	0.96	1.06	1.00	0.94	1.98	1.97	0.91	1.22	1.06
0.98	1.10	1.12	1.03	1.16	1.11	1.54	1.08	1.10	1.64
1.12	1.12	0.95	1.02	1.13	1.70	2.37	1.38	1.60	1.26
1.23	0.74	1.50	0.50	0.59	1.17	1.12	1.23	0.82	0.86

解：设新机床加工零件尺寸的平均误差为 μ，旧机床加工的零件尺寸的平均误差 μ_0=1.35，研究者的意愿是希望新机床加工的零件尺寸的平均误差与旧机床相比是否有显著降低（单向变化）。这是关于总体均值的检验，总体方差未知，但为大样本，可由样本均值构造标准正态分布，因此使用 Z 检验。

（1）本检验的假设为：

H_0：$\mu \geq 1.35$　　H_1：$\mu < 1.35$

（2）在原假设为真时，构造的 Z 统计量为：

$$z=\frac{\overline{x}-\mu_0}{s/\sqrt{n}} \sim N(0, 1)$$

（3）由样本观测值计算统计量的值：

$\overline{x}=1.215$　　$s=0.366$

$$z=\frac{1.215-1.35}{0.366/\sqrt{50}}=-2.608$$

（4）根据显著水平确定临界值及拒绝域：

由 α=0.01，查表得临界值 $Z_{0.01}$=2.33，由于是左侧检验，拒绝域为：$Z<-2.33$。

（5）作出决策：

$-2.608<-Z_{0.01}=-2.33$，Z 值落在拒绝域，故拒绝 H_0，即认为新机床加工的

零件尺寸平均误差有显著降低。

本例中，如果使用 P 值决策，应查表将统计量的值转换为：$P\{Z<-2.608\}=0.0046$，由于 $0.0046<\alpha=0.01$，故拒绝 H_0，结论与上述决策结果一致。

（二）一个总体均值的 t 检验

在小样本、总体为正态总体情形下，如果总体方差未知，可对样本均值构建 t 分布，使用 t 检验。检验统计量为：

$$t=\frac{\overline{x}-\mu_0}{s/\sqrt{n}}\sim t(n-1)$$

例 6-6：质量监督部门抽取了某地区粮食样品 9 个，测得其中农药的平均值为 0.325 毫克/千克，标准差为 0.068 毫克/千克，国家卫生标准规定，粮食中农药残留量不超过 0.3 毫克/千克。假定粮食中农药残留量服从正态分布，若取显著性水平 $\alpha=0.05$，问该地区粮食中农药残留量是否超标？

解：这是小样本、正态总体且总体方差未知条件下的总体均值检验，应使用 t 检验。研究者的出发点保证食品质量安全，及时发现不符合质量要求的食品，故：

（1）本检验的假设为：

$H_0:\mu\leqslant0.3$ $H_1:\mu>0.3$

（2）在原假设为真时，构造的 t 统计量为：

$$t=\frac{\overline{x}-\mu_0}{s/\sqrt{n}}\sim t(n-1)$$

（3）由样本观测值计算统计量的值：

$\overline{x}=0.325$ $s=0.068$

$$t=\frac{0.325-0.3}{0.068/\sqrt{9}}=1.103$$

（4）根据显著性水平确定临界值及拒绝域：

由 $\alpha=0.05$，查表得临界值 $t(8)_{0.05}=1.860$，由于是右侧检验，拒绝域为：$t>1.860$。

（5）作出决策：

$1.103<t(8)_{0.05}=1.860$，t 值落在接受域，故不能拒绝 H_0，即没有足够证据表明该地区粮食中农药残留量超标。

本例中，如果使用 P 值决策，应查表将统计量的值转换为：$P\{t(8)>1.103\}=0.151$，由于 $0.151>\alpha=0.05$，故不能拒绝 H_0，结论与上述决策结果一致。

二、一个总体比率的检验

比率是指具有某种特征的单位数所占比例，如一个班级的英语四级通过率是通过人数占总人数的比例；一批产品的一等品率是一等产品占所有产品的比例等，这样的总体服从二项分布。总体比率用参数 π 表示，从总体中抽取容量为 n 的样本，样本比例用 p 表示，仅考虑大样本情况，即 $np>5$、$n(1-p)>5$，根据中心极限定理，p 近似服从均值为 π、方差为 $\pi(1-\pi)/n$ 的正态分布，采用 Z 检验，检验统计量为：

$$Z=\frac{p-\pi_0}{\sqrt{\dfrac{\pi_0(1-\pi_0)}{n}}}$$

例 6-7：A 公司经理发现开出去的发票有大量笔误，而且断定这些发票中，错误的发票占 20% 以上。随机检查 400 张，发现错误的发票占 25%。这是否可以证明经理的判断正确（显著性水平为 0.05）？

解：检验总体是所有开出去的发票，分为错误和非错误发票，故总体服从二项分布。样本容量 $n=400$，样本比例 $p=25\%$，满足 $np=400\times25\%=100>5$，$n(1-p)=400\times75\%=300>5$，样本容量充分大，故样本比例标准化后近似服从标准正态分布，采用 Z 检验。研究者希望通过收集证据予以支持的是：这些发票中，存在错误的发票占 20% 以上，这是构造备择假设的依据。故：

（1）本检验的假设为：

H_0：$\pi\le0.2$ H_1：$\pi>0.2$

（2）在原假设为真时，构造的 Z 统计量为：

$$Z=\frac{p-\pi_0}{\sqrt{\dfrac{\pi_0(1-\pi_0)}{n}}}$$

（3）由样本观测值计算统计量的值：

$$Z=\frac{p-\pi_0}{\sqrt{\dfrac{\pi_0(1-\pi_0)}{n}}}=\frac{0.25-0.2}{\sqrt{\dfrac{0.2(1-0.2)}{400}}}=2.5$$

（4）根据显著水平确定临界值及拒绝域：

由 $\alpha=0.05$，查表得临界值 $Z_{0.05}=1.65$，由于是右侧检验，拒绝域为：$Z>1.65$。

（5）作出决策：

$2.5>Z_{0.05}=1.65$，t 值落在拒绝域，故拒绝 H_0，即经理的判断是正确的。

本例中，如果使用 P 值决策，应查表将统计量的值转换为：$P\{Z>2.5\}=0.0062$，由于 $0.0062<\alpha=0.05$，故拒绝 H_0，结论与上述决策结果一致。

三、总体方差的假设检验

对总体的研究除了反映集中趋势的均值外，还包括反映离散趋势的总体方差，在研究总体离散程度时，如质量控制等问题中，常需要对总体方差进行检验。对总体方差的检验只考虑总体为正态分布的情况。在假定总体方差 $\sigma^2=\sigma_0^2$ 的情况下，依据样本方差 S^2 构建的标准检验统计量为：

$$\chi^2=\frac{(n-1)s^2}{\sigma_0^2}\sim\chi^2(n-1)$$

给定显著性水平 α，不同方向假设检验的假设及拒绝域如表6-3所示。

表6-3　总体方差假设检验中的假设及拒绝域

	双侧检验	左侧检验	右侧检验
假设	$H_0:\sigma^2=\sigma_0^2$ $H_1:\sigma^2\neq\sigma_0^2$	$H_0:\sigma^2\geqslant\sigma_0^2$ $H_1:\sigma^2<\sigma_0^2$	$H_0:\sigma^2\leqslant\sigma_0^2$ $H_1:\sigma^2>\sigma_0^2$
拒绝域	$\chi^2>\chi_{\alpha/2}^2(n-1)$ 或 $\chi^2<\chi_{1-\alpha/2}^2(n-1)$	$\chi^2<\chi_{1-\alpha}^2(n-1)$	$\chi^2>\chi_{\alpha}^2(n-1)$

例6-8：根据设计要求，某汽车配件的内径标准差不得超过 0.30 毫米，现从该产品中随意抽验了 25 件，测得样本标准差为 0.36，问检验结果是否说明该产品的标准差明显偏大（$\alpha=0.05$）？

解：检验的出发点是试图证明该产品的标准差明显偏大，即 $\sigma^2>0.3^2$，以此作为备择假设，汽车配件的内径通常服从正态分布，样本方差 $S^2=0.36^2$，故：

（1）本检验的假设为：

$H_0:\sigma^2\leqslant0.3^2$；$H_1:\sigma^2>0.3^2$

（2）在原假设为真时，构造的如下统计量为：

$$\chi^2=\frac{(n-1)s^2}{\sigma_0^2}$$

（3）由样本观测值计算统计量的值：

$$\chi^2=\frac{(n-1)S^2}{\sigma_0^2}=\frac{(25-1)\times0.36^2}{0.30^2}=34.56$$

（4）根据显著水平确定临界值及拒绝域：

该检验为右侧检验，临界值 $\chi_{0.05}^2(24)=36.4$，拒绝域为 $\chi^2>36.4$。

（5）作出决策：

由于 34.56<$\chi^2_{0.05}$（24）= 36.4，因此，不拒绝原假设，即没有理由认为该产品的标准差超过了 0.30 毫米。如果使用 P 值决策，则与卡方值 34.56、自由度 24 对应的右尾概率为 0.075，大于 0.05，故不拒绝原假设，与常规决策结果一致。

第三节　两个总体参数的假设检验

两个总体参数假设检验分为两个总体均值之差、两个总体比例之差、两个总体方差比的检验，两个总体参数的假设检验原理和步骤与一个总体参数的假设检验相同，同样是依据检验参数确定相应的检验统计量，决定统计量分布的因素有总体分布、样本容量大小、总体方差是否已知以及是否相等等因素。

一、两个总体均值之差的检验

在现实中，人们常常遇到推断两个样本均值差异是否显著的问题，以了解两样本所属总体的均值是否相同或水平的高低，如比较两个班级统计学平均分是否相等、两批产品平均使用寿命是否相等。对于两个总体均值差异的显著性检验，需要依据两个样本均值差构建检验统计量，因试验设计不同，一般可分为两种情况：一是两个独立样本（Independent Samples）均值差的假设检验；二是配对样本（Paired Samples）均值差的假设检验。

对于原始样本数据，Excel 的数据分析功能提供了上述多种情形下两个总体均值之差的 Z 检验和 t 检验方法。

（一）两独立样本均值之差的假设检验

对两个总体均值差是否大于、小于或等于某个值（很多情况下，这一值取 0）进行检验，需要以两个样本均值差构建检验统计量，不同情形下，两个独立样本均值差的抽样分布如表 4-8 所示。两个样本均值差在两种情况下符合正态分布，采用 Z 检验；在另外两种情形下符合 t 分布，采用 t 检验，具体情况如表 6-4 所示。

表 6-4　独立样本下两总体均值差的检验

	双侧检验	左侧检验	右侧检验
假设	$H_0: \mu_1-\mu_2 = 0$ $H_1: \mu_1-\mu_2 \neq 0$	$H_0: \mu_1-\mu_2 \geq 0$ $H_1: \mu_1-\mu_2 < 0$	$H_0: \mu_1-\mu_2 \leq 0$ $H_1: \mu_1-\mu_2 > 0$

续表

		双侧检验	左侧检验	右侧检验
Z 检验	条件	两个正态总体、总体方差均已知，无论容量大小；或者：两任意总体，两个大样本		
	统计量	$z=\dfrac{(\overline{x}_1-\overline{x}_2)-(\mu_1-\mu_2)}{\sqrt{\sigma_1^2/n_1+\sigma_2^2/n_2}}$ 或 $z=\dfrac{(\overline{x}_1-\overline{x}_2)-(\mu_1-\mu_2)}{\sqrt{S_1^2/n_1+S_2^2/n_2}}$（总体方差未知）		
	拒绝域	$\lvert z\rvert>z_{\alpha/2}$	$z<-z_\alpha$	$z<-z_\alpha$
t 检验	条件 1	两正态总体、小样本、总体方差未知但相等		
	统计量	$t=\dfrac{(\overline{x}_1-\overline{x}_2)-(\mu_1-\mu_2)}{s_p\sqrt{\dfrac{1}{n_1}+\dfrac{1}{n_2}}}\sim t\,(n_1+n_2-2)$，其中：$S_p^2=\dfrac{(n_1-1)\,S_1^2+(n_2-1)\,S_2^2}{(n_1-1)+(n_2-1)}$		
	条件 2	两正态总体、小样本、总体方差未知且不等		
	统计量	$t=\dfrac{(\overline{x}_1-\overline{x}_2)-(\mu_1-\mu_2)}{\sqrt{\dfrac{S_1^2}{n_1}+\dfrac{S_2^2}{n_2}}}\sim t\,(v)$，其中：$v=\dfrac{(S_1^2/n_1+S_2^2/n_2)^2}{(S_1^2/n_1)^2/(n_1-1)+(S_2^2/n_2)^2/(n_2-1)}$		
	拒绝域	$\lvert t\rvert>t_{\alpha/2}$	$t<-t_\alpha$	$t>t_\alpha$

例 6-9：假设某种羊毛的含脂率服从正态分布，现采用一种工艺对其进行处理。处理前采集 10 个批次，测得平均含脂率为 27.3，处理后采集 8 个批次，测得平均含脂率为 13.75，且处理前后的含脂率方差均为 36，问采用该工艺处理前后羊毛含脂率有无显著变化（$\alpha=0.05$）？

解：处理前后含脂率分别用 μ_1 和 μ_2 表示，研究者的意图是检验处理前后羊毛含脂率有无显著变化，不具有特定方向，以此建立备择假设。由于羊毛的含脂率服从正态分布，且处理前后的方差已知均为 36，故采用 Z 检验：

（1）本检验的假设为：

$H_0:\mu_1-\mu_2=0$ $H_1:\mu_1-\mu_2\neq0$

（2）在原假设为真时，构造的 Z 统计量为：

$$z=\frac{(\overline{x}_1-\overline{x}_2)-(\mu_1-\mu_2)}{\sqrt{\sigma_1^2/n_1+\sigma_2^2/n_2}}$$

（3）由样本观测值计算统计量的值：

$$z=\frac{(\overline{x}_1-\overline{x}_2)-(\mu_1-\mu_2)}{\sqrt{\sigma_1^2/n_1+\sigma_2^2/n_2}}=\frac{27.3-13.75}{\sqrt{36/10+36/8}}=4.76$$

（4）根据显著水平确定临界值及拒绝域：

由 $\alpha=0.05$ 查表得临界值 $Z_{0.05/2}=1.96$，由于是双侧检验，拒绝域为：$|Z|>1.96$。

（5）作出决策：

$4.76>Z_{0.05/2}=1.96$，Z 值落在拒绝域，故拒绝 H_0，即认为采用该工艺处理羊毛后含脂率有显著变化。

本例中，如果使用 P 值决策，应查表将统计量的值转换为：$P\{Z>4.76\}=0.0001$，由于 $0.0001<\alpha/2=0.0025$，故拒绝 H_0，结论与上述决策结果一致。

例 6-10：从某校参加英语考试的学生中抽取部分同学调查，成绩如表 6-5 所示，问男女生英语成绩有无显著性差异（$\alpha=5\%$）？

表 6-5　××学校男女生英语考试结果

性别	人数	均值	样本标准差
男	157	78.73	12.14
女	135	79.14	11.02

解：男女生成绩分别用 μ_1 和 μ_2 表示，检验无特定方向，所以为双侧检验。尽管男女学生英语分数分布未知，但样本容量充分大，均值差近似正态分布，采用 Z 检验。故：

（1）本检验的假设为：

$H_0: \mu_1-\mu_2=0$　　$H_1: \mu_1-\mu_2\neq 0$

（2）在原假设为真时，构造的 Z 统计量为：

$$Z=\frac{(\bar{x}_1-\bar{x}_2)-(\mu_1-\mu_2)}{\sqrt{s_1^2/n_1+s_2^2/n_2}}$$

（3）由样本观测值计算统计量的值：

$$Z=\frac{(\bar{x}_1-\bar{x}_2)-(\mu_1-\mu_2)}{\sqrt{S_1^2/n_1+S_2^2/n_2}}$$

$$=\frac{78.73-79.14}{\sqrt{\frac{(12.14)^2}{157}+\frac{(11.02)^2}{135}}}=\frac{-0.41}{\sqrt{\frac{147.38}{157}+\frac{121.44}{135}}}=\frac{-0.41}{\sqrt{1.84}}=-0.30$$

（4）根据显著水平确定临界值及拒绝域：

由 $\alpha=0.05$，查表得临界值 $Z_{0.05/2}=1.96$，由于是双侧检验，拒绝域为：$|Z|>1.96$。

（5）作出决策：

$|-0.30|<Z_{0.05/2}=1.96$，Z 值落在接受域，故不能拒绝 H_0，即认为男女生成绩无显著差异。

例 6-11：某家禽研究所各选 8 只粤黄鸡进行两种饲料饲养对比试验，试验时间为 60 天，增重结果如下，假设鸡的增重服从正态分布且两种饲料喂养的鸡增重方差相等，问两种饲料对粤黄鸡的增重效果有无显著差异（$\alpha=0.05$）？

饲料 A：720、710、735、680、690、705、700、705；

饲料 B：680、695、700、715、708、685、698、688。

解：饲料 A 和饲料 B 饲养的粤黄鸡平均增重分别用 μ_1 和 μ_2 表示，检验无特定方向，所以为双侧检验。这是两个正态总体、小样本抽样且总体方差未知的情形，采用合并方差的 t 检验。故：

（1）本检验的假设为：

H_0：$\mu_1-\mu_2=0$　　H_1：$\mu_1-\mu_2\neq0$

（2）在原假设为真时，构造的统计量为：

$$t=\frac{(\bar{x}_1-\bar{x}_2)-(\mu_1-\mu_2)}{S_p\sqrt{\dfrac{1}{n_1}+\dfrac{1}{n_2}}}\sim t(n_1+n_2-2)$$

其中：$S_p^2=\dfrac{(n_1-1)S_1^2+(n_2-1)S_2^2}{(n_1-1)+(n_2-1)}$

（3）由样本观测值计算统计量的值：

$\bar{x}_1=705.63$、$S_1^2=288.84$，$\bar{x}_2=696.13$、$S_2^2=138.13$

$$S_p^2=\frac{(n_1-1)S_1^2+(n_2-1)S_2^2}{(n_1-1)+(n_2-1)}=\frac{7\times288.84+7\times138.13}{7+7}=213.48$$

$$t=\frac{(\bar{x}_1-\bar{x}_2)-(\mu_1-\mu_2)}{S_p\sqrt{\dfrac{1}{n_1}+\dfrac{1}{n_2}}}=\frac{705.63-696.13}{\sqrt{213.48}\sqrt{1/8+1/8}}=1.30$$

（4）根据显著水平确定临界值及拒绝域：

由 $\alpha=0.05$，临界值 $t_{0.05/2}$（14）= 2.14，由于是双侧检验，拒绝域为：$|t|>2.14$。

（5）作出决策：

$1.30<t_{0.05/2}$（14）= 2.14，t 值落在接受域，故不能拒绝 H_0，即认为两种饲料的增重效果没有显著差异。

本例如采用 Excel 操作，其过程为："工具" → "数据分析" → "t 检验：双样本等方差假设"，确定后进入如图 6-5 所示的设置界面。

	A	B	C	D	E	F	G	H
1	x₁	x₂						
2	720	680						
3	710	695						
4	735	700						
5	680	715						
6	690	708						
7	705	685						
8	700	698						
9	705	688						
10								
11								
12								
13								

对话框内容：

t-检验：双样本等方差假设

输入
变量 1 的区域(1)： $A$1:$A$9
变量 2 的区域(2)： $B$1:$B$9
假设平均差(E)： 0
☑ 标志(L)
α(A)： 0.05

输出选项
◉ 输出区域(O)： $D$1:$J$20
○ 新工作表组(P)：
○ 新工作簿(W)

确定　取消　帮助(H)

图6-5　两个总体均值 t 检验（双样本等方差）的对话输入

填写各项对话框，其中，假设平均差为 0，确定后输出结果如图6-6所示。

	A	B	C	D	E	F
1	x₁	x₂		t-检验：双样本等方差假设		
2	720	680				
3	710	695			x1	x2
4	735	700		平均	705.625	696.125
5	680	715		方差	288.83929	138.125
6	690	708		观测值	8	8
7	705	685		合并方差	213.48214	
8	700	698		假设平均差	0	
9	705	688		df	14	
10				t Stat	1.3003876	
11				P(T<=t) 单尾	0.1072342	
12				t 单尾临界	1.7613101	
13				P(T<=t) 双尾	0.2144684	
14				t 双尾临界	2.1447867	

图6-6　两个总体均值 t 检验（双样本等方差）Excel 输出结果

图6-6的输出结果中，本例选双尾临界值，结果与手工计算结果相同。

例6-12：已知某产品由工人手工装配完成，装配所花时间服从正态分布。现有一种新的装配方法被认为能有效提高装配效率，现用两种方法各挑选 15 名工人作比较，原方法所用平均时间为 12.4 分，标准差为 0.8 分；新方法所用平均时间为 11.9 分，标准差为 0.6 分，判断新方法是否比原方法更有效（$\alpha=5\%$）。

解：设原方法和新方法平均所花时间分别为 μ_1 和 μ_2，这是一个两正态总体、独立小样本、$\sigma_1{}^2$ 和 $\sigma_2{}^2$ 未知且不相等的总体均值差检验，依据条件，采用修正自由度的 t 检验。检验者的意图是验证新方法更有效（所用时间更少），故：

（1）本检验的假设为：

H_0：$\mu_1-\mu_2\leqslant0$　　H_1：$\mu_1-\mu_2>0$

（2）在原假设为真时，构造的统计量为：

$$t=\frac{(\bar{x}_1-\bar{x}_2)-(\mu_1-\mu_2)}{\sqrt{\dfrac{S_1^2}{n_1}+\dfrac{S_2^2}{n_2}}}\sim t(v)$$

其中：$v=\dfrac{(S_1^2/n_1+S_2^2/n_2)^2}{(S_1^2/n_1)^2/(n_1-1)+(S_2^2/n_2)^2/(n_2-1)}$

（3）由样本观测值计算统计量的值：

$n_1=n_2=15$，$\bar{x}_1=12.4$，$\bar{x}_2=11.9$，$S_1=0.8$，$S_2=0.6$

$$v=\frac{(S_1^2/n_1+S_2^2/n_2)^2}{(S_1^2/n_1)^2/(n_1-1)+(S_2^2/n_2)^2/(n_2-1)}=\frac{(0.8^2/15+0.6^2/15)^2}{(0.8^2/15)^2/14+(0.6^2/15)^2/14}$$

$$=29.96\approx30$$

$$t=\frac{(\bar{x}_1-\bar{x}_2)-(\mu_1-\mu_2)}{\sqrt{\dfrac{S_1^2}{n_1}+\dfrac{S_2^2}{n_2}}}=\frac{(12.4-11.9)-0}{\sqrt{\dfrac{0.8^2}{15}+\dfrac{0.6^2}{15}}}=1.936$$

（4）根据显著水平确定临界值及拒绝域：

由 $\alpha=0.05$，临界值 $t_{0.05}(30)=1.70$，由于是右侧检验，拒绝域为：$t>1.70$。

（5）作出决策：

$1.936>t_{0.05}(30)=1.70$，t 值落在拒绝域，故拒绝 H_0，即认为原方法所用时间显著高于新方法，或者说新方法比原方法更有效。

（二）两个配对样本均值差的检验

两独立样本均值之差的假设检验要求两个总体尽可能一致。而从两个总体中产生的样本可能存在较大差异，如两种组装方法中，两组工人操作的熟练程度可能差异较大，若采用上述方法检验会降低试验与检验的准确性。为了消除试验单位不一致对试验结果的影响，提高试验的准确性，可以采用配对设计。常见的配对方法有，同一试验单位在两个不同时间分别随机地接受前后两次处理，用其前后两次的观测值进行自身对照比较；或同一试验单位采用不同方法观测后进行自身对照比较。如同一组学生分别用两套试卷考试以比较两套试卷的难度；同一台机器分别用两种工艺方法加工产品以比较两个工艺的优劣；等等。

两配对样本平均数的差异假设检验的假设为：

（1）双侧检验：H_0：$\mu_d=0$　　H_1：$\mu_d\neq0$。

（等价于 H_0：$\mu_1-\mu_2=0$　　H_1：$\mu_1-\mu_2\neq0$）

（2）左侧检验：H_0：$\mu_d\geqslant0$　　H_1：$\mu_d<0$。

（等价于 $H_0: \mu_1-\mu_2 \geqslant 0$　　$H_1: \mu_1-\mu_2 < 0$）

（3）右侧检验：$H_0: \mu_d \leqslant 0$　　$H_1: \mu_d > 0$。

（等价于 $H_0: \mu_1-\mu_2 \leqslant 0$　　$H_1: \mu_1-\mu_2 > 0$）

其中，μ_d 为两配对样本数据差值 d 的总体均值，它等于两样本所属总体均值 μ_1 与 μ_2 之差，即 $\mu_d = \mu_1 - \mu_2$，$\bar{d}$ 为两配对样本数据差值的均值。在大样本情况下，当原假设成立时，两配对样本数据差值 d 的均值服从正态分布，此时使用 Z 检验对上述假设进行检验；在小样本情况下，两配对样本数据差值 d 的均值服从 t 分布，此时使用 t 检验方法。两种检验的统计量如下：

$$Z = \frac{\bar{d}-(\mu_1-\mu_2)}{S_d/\sqrt{n}} \sim N(0,\ 1)$$

$$t = \frac{\bar{d}-(\mu_1-\mu_2)}{S_d/\sqrt{n}} \sim t(n-1)$$

其中：$S_d = \sqrt{\dfrac{\sum (d-\bar{d})^2}{n-1}}$

例 6-13：为检验某退烧药对体温的影响，选择了 10 位实验者，测定其注射前后的体温如表 6-6 所示，设体温服从正态分布，问在 $\alpha = 0.01$ 的显著性水平下，注射退烧药后体温有无显著降低？

表 6-6　注射退烧药前后试验者体温差异

试验者编号	1	2	3	4	5	6	7	8	9	10	合计
注射前体温 x_1	37.9	39.0	38.9	38.4	37.9	39.0	39.5	38.6	38.8	39.0	—
注射后体温 x_2	37.8	38.2	38.0	37.6	37.9	38.1	38.2	37.5	38.5	37.9	—
$d = x_1 - x_2$	0.1	0.8	0.9	0.8	0.0	0.9	1.3	1.1	0.3	1.1	7.3

解：试验目的是验证此药有降低体温效果，此为配对试验、小样本单侧检验，设 x_1、x_2 分别为注射前和注射后体温，两配对样本数据差值 $d = x_1 - x_2$，故：

（1）本检验的假设为：

$H_0: \mu_d \leqslant 0$（等同于 $\mu_1-\mu_2 \leqslant 0$）；$H_1: \mu_d > 0$（等同于 $\mu_1-\mu_2 > 0$）

（2）在原假设为真时，构造的统计量为：

$$t = \frac{\bar{d}-\mu_d}{S_d/\sqrt{n}}$$

（3）由样本观测值计算统计量的值：

$$\overline{d} = \frac{7.3}{10} = 0.73 \quad S_d = \sqrt{\frac{\sum (d - \overline{d})^2}{n-1}} = 0.445$$

$$t = \frac{\overline{d} - \mu_d}{S_d / \sqrt{n}} = \frac{0.73 - 0}{0.445 / \sqrt{10}} = 5.188$$

（4）根据显著水平确定临界值及拒绝域：

由 $\alpha = 0.01$，临界值 $t_{0.01}(9) = 2.82$，由于是右侧检验，拒绝域为：$t > 2.82$。

（5）作出决策：

$5.188 > t_{0.01}(9) = 2.82$，$t$ 值落在拒绝域，故拒绝 H_0，表明实验者注射该退烧药后体温显著降低。

对于原始样本数据，Excel 中提供了配对样本的 t 检验，操作过程为："工具"→"数据分析"→"t 检验：平均值的成对二样本分析"，确定后进入设置界面，填写各项对话框，确定后即可输出结果。

二、两个二项总体比率之差的假设检验

在实际工作中，有时需要检验服从二项分布的两个总体比率之差是否显著。如比较两批产品的合格率的高低，两个学校四级通过率的比较，等等。设两个总体中抽取的样本的容量分别为 n_1、n_2，比率分别为 p_1、p_2，当 $n_1 p_1$、$n_1(1-p_1)$、$n_2 p_2$、$n_2(1-p_2)$ 均大于 5 时，两个二项分布总体中抽取的样本比例近似服从正态分布。根据正态分布的性质，两个正态分布的和或差仍然服从正态分布。因此，可以近似地采用 Z 检验法进行检验，假设为：

双侧检验：H_0：$\pi_1 - \pi_2 = 0$ H_1：$\pi_1 - \pi_2 \neq 0$。

左侧检验：H_0：$\pi_1 - \pi_2 \geq 0$ H_1：$\pi_1 - \pi_2 < 0$。

右侧检验：H_0：$\pi_1 - \pi_2 \leq 0$ H_1：$\pi_1 - \pi_2 > 0$。

由于两总体比率未知，需要利用样本比率进行估计。当原假设成立时，两个总体的比率相等，可认为是同一个总体，即 $\pi_1 = \pi_2 = \pi$，此时可用两个样本的合并比率 p 作为总体比率的估计，两个样本比率之差的方差为：

$$p = \frac{p_1 n_1 + p_2 n_2}{n_1 + n_2}$$

$$\sigma^2_{p_1 - p_2} = \frac{\pi_1(1-\pi_1)}{n_1} + \frac{\pi_2(1-\pi_2)}{n_2} = \frac{p(1-p)}{n_1} + \frac{p(1-p)}{n_2}$$

$$= p(1-p)\left(\frac{1}{n_1} + \frac{1}{n_2}\right)$$

检验统计量为：

$$Z = \frac{(p_1 - p_2) - (\pi_1 - \pi_2)}{\sqrt{p(1-p)\left(\frac{1}{n_1} + \frac{1}{n_2}\right)}}$$

例 6-14：某企业在采用新工艺前抽查产品 9800 件，其中 980 件不合格；第二年采用新工艺后抽查产品 10000 件，其中 950 件不合格，试检验采用新工艺后不合格率是否有显著下降（$\alpha = 0.01$）？

解：检验意图是确认采用新工艺后不合格率有显著下降，设新工艺前后的不合格率分别为 π_1 和 π_2，新工艺前后样本不合格率分别为 p_1 和 p_2，$n_1 p_1$、$n_1 (1-p_1)$、$n_2 p_2$、$n_2 (1-p_2)$ 均大于 5，为大样本，故：

（1）本检验的假设为：

H_0：$\pi_1 - \pi_2 \leq 0$　　H_1：$\pi_1 - \pi_2 > 0$

（2）在原假设为真时，构造的统计量为：

$$Z = \frac{(p_1 - p_2) - 0}{\sqrt{p(1-p)\left(\frac{1}{n_1} + \frac{1}{n_2}\right)}}$$

（3）由样本观测值计算统计量的值：

$$p_1 = \frac{x_1}{n_1} = \frac{980}{9800} = 10\% \qquad p_2 = \frac{x_2}{n_2} = \frac{950}{10000} = 9.5\%$$

$$p = \frac{p_1 n_1 + p_2 n_2}{n_1 + n_2} = \frac{980 + 950}{9800 + 10000} = 9.77\%$$

$$Z = \frac{(p_1 - p_2) - 0}{\sqrt{p(1-p)\left(\frac{1}{n_1} + \frac{1}{n_2}\right)}} = \frac{10\% - 9.5\%}{\sqrt{9.77\%(1 - 9.77\%)\left(\frac{1}{9800} + \frac{1}{10000}\right)}} = 1.189$$

（4）根据显著水平确定临界值及拒绝域：

由 $\alpha = 0.01$，临界值 $Z_{0.01} = 2.326$，由于是右侧检验，拒绝域为：$Z > 2.326$。

（5）作出决策：

$1.189 < Z_{0.01} = 2.326$，Z 值落在接受域，故不能拒绝 H_0，表明采用新工艺后不合格率没有显著降低。

三、两个正态总体方差比的检验

两个独立总体均服从正态分布，方差分别为 σ_1^2 和 σ_2^2，从两个总体中抽取容量分别为 n_1 和 n_2 的两个样本，两样本方差分别为 S_1^2 和 S_2^2，为了检验两个总体的方差是否相等，需要作出如表 6-7 所示的假设。

表 6-7　总体方差比假设检验中的假设及拒绝域

	双侧检验	左侧检验	右侧检验
假设	$H_0: \sigma_1^2/\sigma_2^2 = 1$ $H_1: \sigma_1^2/\sigma_2^2 \neq 1$	$H_0: \sigma_1^2/\sigma_2^2 \geq 1$ $H_1: \sigma_1^2/\sigma_2^2 < 1$	$H_0: \sigma_1^2/\sigma_2^2 \leq 1$ $H_1: \sigma_1^2/\sigma_2^2 > 1$
拒绝域	$F \geq F_{\alpha/2}(n_1-1,\ n_2-1)$ 或 $F \leq F_{1-\alpha/2}(n_1-1,\ n_2-1)$	$F \leq F_{1-\alpha}(n_1-1,\ n_2-1)$	$F \geq F_{\alpha}(n_1-1,\ n_2-1)$

根据本书第四章中两个样本方差比的抽样分布定理，两个方差比经过标准化后服从 F 分布，构造统计量为：

$$F = \frac{S_1^2/\sigma_1^2}{S_2^2/\sigma_2^2} \sim F(n_1-1,\ n_2-1)$$

在原假设为真的前提下有：

$$F = \frac{S_1^2}{S_2^2} \sim F(n_1-1,\ n_2-1)$$

为了便于查表，通常将大的样本方差作为分子，这样可以从右侧确定临界值。

例 6-15：甲、乙两台机床加工产品的直径服从正态分布，从两台机床加工的零件中抽取两个样本，测得样本数据如下：$n_甲 = 9$，$S_甲^2 = 0.17$；$n_乙 = 6$，$S_乙^2 = 0.14$。问甲乙两台机床加工的零件尺寸的方差是否相同（$\alpha = 0.1$）？

解：由于甲样本方差比乙样本大，将甲的方差做分子，则：

（1）本检验的假设为：

$H_0: \sigma_甲^2/\sigma_乙^2 = 1$　　$H_1: \sigma_甲^2/\sigma_乙^2 \neq 1$

（2）在原假设为真时，构造的统计量为：

$$F = \frac{S_甲^2}{S_乙^2} \sim F(n_1-1,\ n_2-1)$$

（3）由样本观测值计算统计量的值：

$$F = \frac{S_甲^2}{S_乙^2} = \frac{0.17}{0.14} = 1.214$$

（4）根据显著水平确定临界值及拒绝域：

由 $\alpha = 0.1$，临界值 $F_{0.1/2}(8,\ 5) = 4.82$，$F_{1-0.1/2}(8,\ 5) = 0.27$，拒绝域为：$F > 4.82$ 和 $F < 0.27$。

（5）作出决策：

$0.27 < 1.214 < 4.82$，Z 值落在接受域，故不能拒绝 H_0，表明两台机床加工的零件尺寸方差没有显著差异。

□□■ 小知识：大数据与假设检验

大数据与假设检验之间存在一些关联和区别。假设检验是统计学中的一种方法，用于检验关于总体参数的统计假设，而大数据通常涉及大规模和高维度的数据集。以下是它们之间的一些关键点：

数据规模：大数据通常指数据规模非常庞大，以至于传统的统计方法可能难以应用。这些数据集可能包含数百万或数十亿条记录。传统假设检验通常在较小规模的数据集上使用，其中样本数量相对较少。但在大数据分析中，由于数据量庞大，甚至微小的效应也可以显现出统计显著性。

目标：大数据分析的主要目标通常是发现数据中的模式、趋势和关联，而不仅仅是检验特定的统计假设。这可以包括机器学习、数据挖掘和数据探索。假设检验是用来验证关于总体参数（如均值、方差等）的具体假设，以确定样本数据是否提供足够的证据来支持或拒绝这些假设。

复杂性：大数据分析可能涉及更复杂的模型和算法，因为它们需要处理高维度数据和庞大的特征集。假设检验通常涉及更传统的统计方法，例如 t 检验、ANOVA、卡方检验等，这些方法相对较简单。

假设的性质：大数据分析通常不涉及明确的假设，试图从数据中提取信息，而不仅仅是测试特定的假设。假设检验明确地提出一个或多个假设，并试图根据样本数据来证实或否定这些假设。

虽然大数据分析通常不以传统的假设检验为主要方法，但它们仍然可以在大数据环境中使用，以测试某些假设或验证数据中的特定关系。此外，对于大数据，由于样本量巨大，即使微小的效应也可以在统计上变得显著，因此需要特别小心地处理统计显著性。在大数据分析中，经验判断和实际意义变得更为重要，不仅仅是统计显著性的考虑。

□□■ **思考与练习**

1. 如何决定什么样的陈述应作为原假设，什么样的陈述应作为备择假设？

2. 假设检验中的两类错误分别指什么？存在何种关系？在什么情况下可以同时减少两类误差？

3. 假设检验中 P 值决策与统计量值决策有何不同？针对同一检验的决策结果相同吗？

4. 显著性水平增大或减小对于决策结果会产生何种影响？

5. 教学和科研作为高校教师的两项基本业务，对两者关系的认识存在完全不同的两种观点。有人认为两者能相互促进，即教师科研水平提高有利于本科教学水平提升；也有人持相反观点，认为将过多时间和精力用于科研会减少教学时间。如果对这一问题进行研究，针对两种不同观点，请提出相应假设。如何理解立场和观点不同，研究同一问题所作出的假设会不同？

6. 某种部件的装配时间服从正态分布，一般情况下，该部件装配时间的均值为 10.0，现对装配工艺进行优化，并随机观测了 20 只部件的装配时间数据如下（单位：分），问：优化后装配时间是否显著减少？试对这一问题提出假设并进行检验（显著性水平 0.05）。

9.4　10.0　10.2　9.2　9.3　9.5　10.5　10.7　9.2　9.8
9.9　9.2　9.5　10.8　10.2　9.4　10.1　9.7　10.1　9.3

7. 质监部门需要检验某原件使用寿命是否低于 1000 小时，现在从一批原件中随机抽取 25 件，测得其寿命的平均值为 950 小时。这种原件的寿命服从正态分布，标准差为 100 小时。试求在显著性水平为 0.05 下，原件使用寿命是否低于 1000 小时？

8. 某市全部职工中，平常订阅某种报纸的占 40%，最近从订阅率来看似乎出现减少的现象，随机抽取 200 户职工家庭进行调查，有 76 户职工订阅该报纸，问报纸的订阅率是否显著降低（$\alpha = 0.05$）？

9. 测得两批电子器件的样品的电阻（Ω）如下表：已知两批器材电阻总体均服从分布，但总体参数均未知，且两样本独立，问在 0.05 的显著性水平下：

（1）可否认为两批电子器件的电阻的方差相等？

（2）可否认为两批电子器件的电阻相等？

A 批（x）	14.0	13.8	14.3	14.2	14.4	13.7
B 批（y）	13.5	14.0	14.2	13.6	13.8	14.0

10. 某城市连锁便民超市管理者认为，开设在小区内的连锁门点比沿街门点粮油类商品的销售更高，为验证这一推测，各随机抽取了营业面积相近的门点 9 家，得到如下表所示的销售数据（万元）：

（1）针对管理层的推测作出相应假设。

（2）假定两类连锁门点销售额服从正态分布且方差相等，问管理层的推测是否成立（显著性水平 0.05）？

门点编号	1	2	3	4	5	6	7	8	9
沿街门点	104	120	178	125	189	141	154	127	138
小区门点	99	157	202	183	137	231	105	144	197

第七章　方差分析

实践中的数据分析7：消费者对饮料口味有偏好吗？

方差分析是分析定性分组变量是否对某个数值型变量产生影响，其原理是组间数据差异比较，属于利用统计分布进行数据差异推断的一种数据分析方法。

光明食品公司开发了一款甜品饮料，为满足不同消费者偏好，其口味有蔗糖、蜂蜜和木糖醇三种甜味剂类型，公司想知道消费者对三种不同甜味剂饮料是否有消费偏好，以便合理组织原料进货和安排生产。公司在大规模生产销售前进行了小批量试生产，计划选择若干网点进行免费品尝和宣传调查，以弄清消费者对不同口味饮料喜爱程度的差异。该案例中，不同甜味剂（分组）属于定性影响变量，三种饮料受欢迎的得票数（代表未来可能的销量结构）为被影响的数值变量，甜味剂类型会影响销量吗？光明公司的问题如何通过方差分析方法解决？

第一节　方差分析概述

在实际应用中，我们常常会遇到需要对两个以上总体均值是否相等进行检验，从而判断某一种因素对我们所研究的对象是否产生了显著的影响。

例如，某饮料生产企业研制出一种新型饮料。饮料的颜色共有四种，分别为橘黄色、粉色、绿色和无色透明。这四种饮料的营养含量、味道、价格、包装等可能影响销售量的因素全部相同。现从地理位置相似、经营规模相仿的五家超级市场上收集了一段时间内该饮料的销售情况，如表7-1所示，现在要分析饮料的颜色是否对销售量产生影响。

表7-1　不同颜色饮料的销售量

超市编号 \ 颜色	无色	粉色	橘黄色	绿色
1	26.5	31.2	27.9	30.8
2	28.7	28.3	25.1	29.6
3	25.1	30.8	28.5	32.4
4	29.1	27.9	24.2	31.7
5	27.2	29.6	26.5	32.8

如果按照一般假设检验方法，如 t 检验，一次只能研究两组样本，要检验四种颜色的饮料的销售量是否有显著差异，需要做6次假设检验：

检验1：H_0：$\mu_1 = \mu_2$，检验2：H_0：$\mu_1 = \mu_3$，检验3：H_0：$\mu_1 = \mu_4$，

检验4：H_0：$\mu_2 = \mu_3$，检验5：H_0：$\mu_2 = \mu_4$，检验6：H_0：$\mu_3 = \mu_4$。

如果饮料颜色多于四种，这样的两两比较还会远远多于6次。显然，这种做法不仅增加工作量，而且会加大由于假设检验累计产生的出错概率，而本章介绍的方差分析则可以解决上述问题。

方差分析（ANOVA）又称"F 检验"，20 世纪 20 年代由英国统计学家 R. A. Fister 提出，该统计分析方法能一次性地检验多个总体均值是否存在显著差异。从形式上看，方差分析是检验多组样本均值间的差异是否具有统计意义的一种方法。但本质上，方差分析研究的是分类型自变量对数值型因变量的影响，特别是，研究一个或多个分类型自变量与一个数值型因变量之间的关系。例如，检验上述四种颜色饮料销量的均值是否相等，实际上就是判断"颜色"对"销售量"是否有显著影响。如果它们的均值全相等，意味着"颜色"对"销售量"没有显著影响；如果它们的均值不全相等，意味着"颜色"对"销售量"有影响。需要指出的是，方差分析得到的是分类型自变量（如颜色）对数值型因变量（如销售量）是否具有显著影响的整体判断，而自变量与因变量到底是什么样的关系类型，则需应用回归分析等其他方法作出进一步的判断。

一、方差分析中的几个基本概念

（1）因素，也称因子，指所要检验的对象，通常用 A、B、C……表示。例如引例中分析饮料的颜色对销售量是否有影响，颜色是要检验的因素或因子。

（2）单因素方差分析：在实验中变化的因素只有一个。如上例仅考察颜色是否影响销售量，就是一个典型的单因素方差分析问题。

（3）多因素方差分析：在实验中变化的因素有两个或两个以上。

（4）水平：因子在实验中的不同状态或因素的具体表现称为水平。上例中橘黄色、粉色、绿色和无色透明四种颜色就是因素的水平。

（5）交互影响：如果因子间存在相互作用，称之为"交互影响"；如果因子间是相互独立的，则称为无交互影响。

（6）观察值：在每个因素水平下得到的样本值。上例中每种颜色饮料的销售量就是观察值。

（7）总体：因素的每一个水平可以看作一个总体。上例中橘黄色、粉色、绿色和无色透明四种颜色可以看作四个总体。

（8）样本数据：上面的数据可以看作从这四个总体中抽取的样本数据。

二、方差分析的基本假定

考察饮料的颜色是否影响其销售量，即考察颜色与销售量间是否有显著关系。为此，我们先给出三个基本假定：

第一，每个总体都应服从正态分布。即对于因素的每一个水平，其观察值是来自服从正态分布总体的简单随机样本。比如，每种颜色饮料的销售量必须服从正态分布。

第二，各个总体的方差必须相同。对于各组观察数据，是从具有相同方差的总体中抽取的。比如，四种颜色饮料的销售量的方差都相同。

第三，各观察值是独立的。比如，每个超市的销售量都与其他超市的销售量独立。

在上述假定条件下，判断颜色对销售量是否有显著影响，实际上是检验具有同方差的四个正态总体的均值是否相等的问题，即 H_0：$\mu_1 = \mu_2 = \mu_3 = \mu_4$。如果四个总体的均值相等，可以期望四个样本的均值会很接近，四个样本的均值越接近，我们推断四个总体均值相等的证据越充分，样本均值越不同，我们推断总体均值不同的证据越充分。

三、方差分析中不同水平下数据差异的来源

结合表7-1，我们可以看到，对于同一种颜色，即同一个总体，样本的各个观测值是不同的。比如，无色所对应的5家超市的销售量不同。这种差异可以看作是抽样的随机性造成的，或者说该差异是随机性因素的影响，称为随机误差。

进一步可以看到，对于不同颜色，即不同的总体，样本的观测值也不相同。

这种差异，可能是抽样的随机性造成的，也可能是颜色本身所引起的，而由于颜色的不同而导致销售量之间的差异则是由系统性因素造成的，称为系统误差。

由上所述，样本数据的差异有两个来源：一是随机性因素，二是系统性因素。而样本数据的差异，可通过离差平方和反映，这个离差平方和可分解为组间方差与组内方差两部分。组间方差反映出因素的不同水平对样本数据波动的影响，比如不同颜色间的样本数据的误差；组内方差则是不考虑组间方差的纯随机影响误差，比如同一颜色所对应的样本数据的误差。

由此，离差平方和的分解是我们进入方差分析的"切入点"，这种方差的构成形式为我们分析现象变化提供了重要的信息。如果组间方差明显高于组内方差，说明样本数据差异的主要来源是组间方差，因素不同水平是引起数据波动的主要原因，可以认为因素对实验的结果存在显著的影响；反之，如果数据波动的主要部分来自组内方差，则因素的影响不明显，没有充足理由认为因素对实验或抽样结果有显著的影响作用。

四、方差分析中 F 统计量的构造

如果原假设成立，即 H_0：$\mu_1 = \mu_2 = \mu_3 = \mu_4$，则四种颜色饮料销售量的均值都相等，即不存在系统误差，这意味着每个样本都来自均值为 μ、方差为 σ^2 的同一正态总体，如图 7-1 所示。

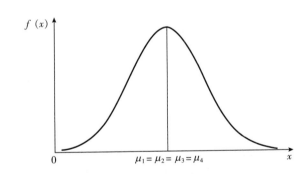

图 7-1 各水平来自同一总体的情形

如果备择假设成立，即 H_1：μ_i（$i = 1, 2, 3, 4$）不全相等，则至少有一个总体的均值是不同的，即系统误差存在。这意味着四个样本分别来自均值不全相等的四个正态总体（见图 7-2）或者不是来自均值相同的总体。

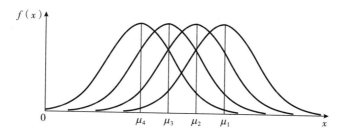

图 7-2 各水平来自不同总体的情形

经以上分析可知,方差分析的实质在于比较两类误差从而检验多个总体均值是否相等,而比较的基础是方差比:

$$F = \frac{组间方差}{组内方差}$$

如果不同颜色(水平)对销售量没有影响,那么在组间方差中只包含随机误差,而没有系统误差。这时,组间方差与组内方差就应该很接近,两个方差的比值就会接近 1。

如果不同的水平对结果有影响,在组间方差中除包含随机误差外,还包含有系统误差,这时,组间方差会大于组内方差,组间方差与组内方差的比值会大于 1。

当这个比值大到某种程度时,可以说不同水平间确实存在着显著差异。

第二节 单因素方差分析

对于单因素方差分析,只分析一个因素对因变量的影响,假设因素有 k 个水平,各个水平下对应观察值有 r 个(各水平对应的观察值也可以不相等),数据结构如表 7-2 所示。如果表中各水平下的数据个数全相同,称为等重复试验;如果各样本数据个数不完全相同,称为不等重复试验。

表 7-2 单因素方差分析的数据结构

观察值 i ＼ 水平 j	水平 1	水平 2	…	水平 k
1	x_{11}	x_{12}		x_{1k}

续表

观察值 i ＼ 水平 j	水平 1	水平 2	···	水平 k
2	x_{21}	x_{22}	···	x_{2k}
⋮	⋮	⋮	⋮	⋮
r	x_{r1}	x_{r2}	···	x_{rk}

如果各样本容量相同，观察值总数 $n = rk$ 个；若各水平中的样本容量不同，设第 j 个样本的容量是 n_j，则观察值的总数为：

$$n = \sum_{j=1}^{k} n_j$$

一、单因素方差分析的步骤

第一步，提出假设。

对于单因素方差分析，由于只涉及一个因素，假设因素有 k 个水平，各个水平的均值分别记作 μ_1，μ_2，$\cdots$，μ_k，要检查 k 个水平（总体）的均值是否相等，即作如下假设检验：

H_0：$\mu_1 = \mu_2 = \cdots = \mu_k$（自变量对因变量没有显著影响）

H_1：μ_1，μ_2，$\cdots$，μ_k 不全相等（自变量对因变量有显著影响）

注意：拒绝原假设，只表明至少有两个总体的均值不相等，并不意味着所有的均值都不相等。

第二步，构造检验统计量。

（1）计算水平均值。

令 $\overline{x}_j$ 表示第 j 种水平的样本均值，则：

$$\overline{x}_j = \sum_{i=1}^{n_j} x_{ij} / n_j$$

式中，x_{ij} 为第 j 种水平下的第 i 个观察值；n_j 为第 j 种水平的观察值个数。

总均值是所有观察值的总和除以观察值的总数，若观察值的总数为 n，则计算总均值的一般表达式为：

$$\overline{\overline{X}} = \frac{\sum_{j=1}^{k} \sum_{i=1}^{n_j} x_{ij}}{n}$$

（2）计算离差平方和。

总离差平方和 SST（Sum of Squares for Total）：

$$SST = \sum_{j=1}^{k} \sum_{i=1}^{n_j} (x_{ij} - \overline{\overline{x}})^2$$

误差项离差平方和（组内平方和）SSE（Sum of Squares for Error）：

$$SSE = \sum_{j=1}^{k} \sum_{i=1}^{n_j} (x_{ij} - \overline{x}_j)^2$$

水平项离差平方和（组间平方和）SSA（Sum of Squares for factor A）：

$$SSA = \sum_{j=1}^{k} \sum_{i=1}^{n_j} (\overline{x}_j - \overline{\overline{x}})^2 = \sum_{j=1}^{k} n_j (\overline{x}_j - \overline{\overline{x}})^2$$

可以证明，总离差平方和（SST）、误差项离差平方和（SSE）、水平项离差平方和（SSA）之间的关系为：

$$SST = SSE + SSA$$

式中，SST 反映全部数据总的误差程度；SSE 反映随机误差的大小；SSA 反映随机误差和系统误差的大小。

如果原假设成立，则表明没有系统误差，组间平方和 SSA 除以自由度后的均方与组内平方和 SSE 除以自由度后的均方差异不会太大；如果组间均方显著地大于组内均方，说明各水平（总体）之间的差异不仅有随机误差，还有系统误差。

（3）确定自由度。

SST 是由总的数据波动引起的方差，总的样本观察值个数为 n，但是，这 n 个变量并不独立，它们满足一个约束条件，真正独立的变量只有 $n-1$ 个，故自由度是 $n-1$。SSA 是因素在不同水平上的均值变化而产生的方差，但是，k 个均值并不是独立的，它们满足一个约束条件，因此也丢失一个自由度，它的自由度是 $k-1$。SSE 是由所有的在各因素水平上的围绕均值波动产生，它们满足的约束条件一共有 k 个，失去了 k 个自由度，所以 SSE 的自由度是 $n-k$。可见，SST、SSA 和 SSE 的自由度也满足如下关系：

$$n-1 = (k-1) + (n-k)$$

（4）计算均方差。

组间方差：

$$MSA = \frac{SSA}{k-1}$$

组内方差：

$$MSE = \frac{SSE}{n-k}$$

（5）计算检验统计量。

$$F = \frac{MSA}{MSE} \sim F(k-1, n-k)$$

第三步，作出统计决策。

将检验统计量的值 F 与给定的显著性水平 α 的临界值 F_α 进行比较，作出接受或拒绝原假设 H_0 的决策。

如图 7-3 所示，若 $F > F_\alpha$，则拒绝原假设 H_0，表明均值之间的差异是显著的，所检验的因素（A）对观察值有显著影响；若 $F \leqslant F_\alpha$，则不能拒绝原假设 H_0，表明所检验的因素（A）对观察值没有显著影响。

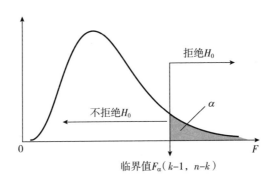

图 7-3　F 分布与拒绝域

上述过程也可以利用 P 值进行决策，即由计算出的 F 值查出对应的右尾概率，将其与 α 比较，如果小于 α，则拒绝原假设 H_0，如果大于 α，则不能拒绝原假设 H_0。

将以上计算过程进行整理得到单因素方差分析表（见表 7-3）。

表 7-3　单因素方差分析表

方差来源	离差平方和	自由度	均方差	F 值	F 临界值	P 值
组间	SSA	$k-1$	$MSA = \dfrac{SSA}{k-1}$	MSA/MSE	F_α	$P\{F > MSA/MSE\}$
组内	SSE	$n-k$	$MSE = \dfrac{SSE}{n-k}$			
总和	SST	$n-1$	—	—	—	—

例 7-1：一家管理咨询公司为不同的客户进行人力资源管理讲座。每次讲座的内容基本上相同，但讲座的听课者有时是高层管理者，有时是中层管理者，有时是底层管理者。该咨询公司认为，不同层次的管理者对讲座的满意度是不同的。听完讲座后随机抽取不同层次管理者的满意度评分如表 7-4 所示（评分标

准从 1~10，10 代表非常满意）。取显著性水平 $\alpha = 0.05$，检验管理者的层次不同是否会导致评分的显著性差异？

表 7-4 管理者的评分

观测序号	高层管理者	中层管理者	底层管理者
1	7	8	5
2	7	9	6
3	8	8	5
4	7	10	7
5	9	9	4
6		10	8
7		8	

解：设 μ_1、μ_2、μ_3 分别代表高、中和底层管理者的评分均值。

（1）提出假设。

H_0：$\mu_1 = \mu_2 = \mu_3$（管理者的层次对评分没有显著影响）

H_1：μ_1，μ_2，μ_3 不全相等（管理者的层次对评分有显著影响）

（2）计算检验的统计量。

该问题水平均值的计算结果如表 7-5 所示。

表 7-5 不同管理者评分的均值及总均值

序号	高层管理者	中层管理者	底层管理者
1	7	8	5
2	7	9	6
3	8	8	5
4	7	10	7
5	9	9	4
6		10	8
7		8	
样本容量	5	7	6
水平均值	$\overline{x}_1 = 7.60$	$\overline{x}_2 = 8.86$	$\overline{x}_3 = 5.83$
总均值	$\overline{\overline{x}} = 7.5$		

水平项离差平方和：

$$SSA = \sum_{j=1}^{k} \sum_{i=1}^{n_j} (\bar{x}_j - \bar{\bar{x}})^2 = \sum_{j=1}^{k} n_j (\bar{x}_j - \bar{\bar{x}})^2$$

$$= 5(7.6-7.5)^2 + 7(8.86-7.5)^2 + 6(5.83-7.5)^2 = 29.61$$

误差项离差平方和：

$$SSE = \sum_{j=1}^{k} \sum_{i=1}^{n_j} (x_{ij} - \bar{x}_j)^2$$

$$= (7-7.6)^2 + \cdots (9-7.6)^2 + \cdots + (5-5.83)^2 + \cdots + (8-5.83)^2 = 18.89$$

总离差平法和：

$$SST = \sum_{j=1}^{k} \sum_{i=1}^{n_j} (x_{ij} - \bar{\bar{x}})^2$$

$$= (7-7.5)^2 + \cdots + (9-7.5)^2 + \cdots + (5-7.5)^2 + \cdots + (8-7.5)^2 = 48.5$$

组间均方差为：

$$MSA = \frac{SSA}{k-1} = \frac{29.61}{3-1} = 14.80$$

组内均方差为：

$$MSE = \frac{SSE}{n-k} = \frac{18.89}{18-3} = 1.26$$

检验统计量为：

$$F = \frac{MSA}{MSE} = 11.76$$

α 取 0.05，则查表临界值 $F_{0.05}(2, 15) = 3.682$。

将以上计算结果进行整理得到的分析结果如表 7-6 所示。

表 7-6　单因素方差分析表

方差来源	离差平方和	自由度	均方差	F 值	F 临界值
组间	29.61	2	14.80	11.76	3.682
组内	18.89	15	1.26	—	—
总和	48.5	17	—	—	—

（3）统计决策。

由于 $F > F_\alpha$，则拒绝原假设 H_0，表明 μ_1、μ_2、μ_3 不全相等，管理者的层次对评分有显著影响。

二、Excel 中单因素方差分析的操作

Excel 的数据分析中提供了方差分析功能，可以进行方差分析。操作步骤如下：

（1）输入数据，如图 7-4 所示。

	A	B	C	D
1	高层管理者	中层管理者	底层管理者	
2	7	8	5	
3	7	9	6	
4	8	8	5	
5	7	10	7	
6	9	9	4	
7		10	8	
8		8		
9				

图 7-4　管理者的评分数据录入

（2）在菜单中，选取"工具"→"数据分析"，选定"方差分析：单因素方差分析"，点击"确定"，显示"单因素方差分析"对话框，如图 7-5 所示。

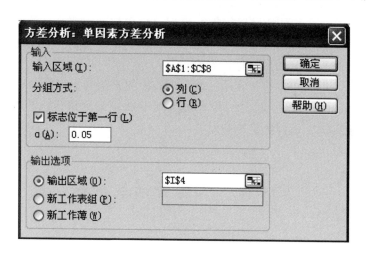

图 7-5　单因素方差分析对话框

（3）在"输入区域"框输入数据矩阵（首坐标：尾坐标），可选为"A1：C8"，点选"标志位于第一行"，在"分组方式"框选定"列"，指定显著性水平 $\alpha = 0.05$，输出选项的输出区域可为工作表的任何位置，本例选择在 I4 处。

（4）点击"确定"，则得出输出结果，如图 7-6 所示。

方差分析：单因素方差分析					
SUMMARY					
组	观测数	求和	平均	方差	
高层管理者	5	38	7.6	0.8	
中层管理者	7	62	8.857143	0.809524	
底层管理者	6	35	5.833333	2.166667	
方差分析					
差异源	SS	df	MS	F	P-value	F crit
组间	29.60952	2	14.80476	11.75573	0.000849	3.68232
组内	18.89048	15	1.259365			
总计	48.5	17				

图 7-6　单因素方差分析输出结果

图 7-6 是一个单因素方差分析结果的报告。第一个表（上半部分）是有关各样本的一些描述统计量，它可以作为方差分析的参考信息。第二个表（下半部分）是方差分析结果。其中 SS 表示平方和，df 为自由度，MS 表示均方，F 为检验的统计量，P-value 为用于检验的 P 值，F crit 为给定 α 水平下的临界值。

从方差分析表可以看到，由于 $F=11.75573>F_{\alpha}=3.68232$，所以拒绝原假设，即管理者的层次对评分的影响是显著的。

在进行决策时，可以直接利用方差分析表中的 P 值与显著性水平 α 的值进行比较，若 $P<\alpha$，则拒绝原假设；若 $P>\alpha$，则不能拒绝原假设。在本例中，$P=0.000849<\alpha=0.05$，所以拒绝原假设。

第三节　双因素方差分析

单因素方差分析研究的是总体的均值受一个因素不同水平的影响。但在一些实际问题中，影响总体均值的因素不止一个，这些因素间还可能存在交互作用，这要考虑两个或多个因素的问题。为简单起见，仅考虑两个因素的情况，即双因素方差分析。

双因素方差分析有两种类型：一种是无交互作用的双因素方差分析，即假定因素 A 和因素 B 的影响是相互独立的，不存在相互关系；另一种是有交互作用的方差分析，它假定 A、B 两个因素的影响不是独立的，而是相互起作用的，两个因素同时起作用的结果不是两个因素分别作用的简单相加，两者的结合会产生一个新的效应。这种效应的最典型的例子是，耕地深度和施肥量都会影响产量，但同时深耕和适当的施肥可能使产量成倍增加，这时，耕地深度和施肥量就存在交互作用。两个因素结合后就会产生出一个新的效应，属于有交互作用的方差分析问题。

一、无交互作用的双因素方差分析及 Excel 操作

1. 数据结构与假设

设两个因素分别是 A 和 B。因素 A 共有 r 个水平，因素 B 共有 s 个水平，无交互作用的双因素方差分析要求两个因素各个水平下互相交错地进行一次全面试验，其数据结构如表 7-7 所示。

表 7-7　无交互作用双因素方差分析的数据结构

i ＼ j		因素 B				
		B_1	B_2	$\cdots$	B_s	均值
	A_1	x_{11}	x_{12}	$\cdots$	x_{1s}	$\overline{x}_1.$
	A_2	x_{21}	x_{22}	$\cdots$	x_{2s}	$\overline{x}_2.$
因素 A	$\vdots$	$\vdots$	$\vdots$	$\vdots$	$\vdots$	$\vdots$
	A_r	x_{r1}	x_{r2}	$\cdots$	x_{rs}	$\overline{x}_r.$
	均值	$\overline{x}._1$	$\overline{x}._2$	$\cdots$	$\overline{x}._s$	$\overline{\overline{x}}$

对行因素提出假设：

H_{01}：$\mu_1 = \mu_2 = \mu_i \cdots = \mu_r$（行因素对观测值没有显著影响）；

H_{11}：μ_i（$i = 1, 2, \cdots, r$）不全相等（行因素对观测值有显著影响）。

对列因素提出假设：

H_{02}：$\mu_1 = \mu_2 = \cdots = \mu_s$（列因素对观测值没有显著影响）；

H_{12}：μ_j（$j = 1, 2, \cdots, s$）不全相等（列因素对观测值有显著影响）。

2. 构造检验统计量

（1）水平均值和列均值：

$$\overline{x}_i. = \frac{1}{s} \sum_{j=1}^{s} x_{ij}$$

$$\overline{x}._j = \frac{1}{r} \sum_{i=1}^{r} x_{ij}$$

（2）总均值：

$$\overline{\overline{x}} = \frac{1}{rs} \sum_{i=1}^{r} \sum_{j=1}^{s} x_{ij} = \frac{1}{r} \sum_{i=1}^{r} \overline{x}_{i.} = \frac{1}{s} \sum_{j=1}^{s} \overline{x}_{.j}$$

（3）离差平方和的分解：

双因素方差分析同样要对总离差平方和 SST 进行分解，SST 分解为三部分：SSA、SSB 和 SSE，以分别反映因素 A 的组间差异、因素 B 的组间差异和随机误差（即组内差异）的离散状况。它们的计算公式分别为：

$$SST = \sum_{i=1}^{r} \sum_{j=1}^{s} (x_{ij} - \overline{\overline{x}})^2$$

$$SSA = \sum_{i=1}^{r} s(\overline{x}_{i.} - \overline{\overline{x}})^2$$

$$SSB = \sum_{j=1}^{s} r(\overline{x}_{.j} - \overline{\overline{x}})^2$$

$$SSE = \sum_{i=1}^{r} \sum_{j=1}^{s} (x_{ij} - \overline{x}_{i.} - \overline{x}_{.j} + \overline{\overline{x}})^2$$

（4）可以证明：

$$SSE + SSA + SSB = SST$$

（5）构造检验统计量：

由离差平方和与自由度可以计算出均方差，从而计算出 F 检验值，如表 7-8 所示。

表 7-8　无交互作用的双因素方差分析表

方差来源	离差平方和 SS	df	均方差 MS	F
因素 A	SSA	$r-1$	$MSA = SSA/(r-1)$	MSA/MSE
因素 B	SSB	$s-1$	$MSB = SSB/(s-1)$	MSB/MSE
误差	SSE	$(r-1)(s-1)$	$MSE = SSE/(r-1)(s-1)$	
总方差	SST	$rs-1$	—	—

为检验因素 A 的影响是否显著，采用下面的统计量：

$$F_A = \frac{MSA}{MSE} \sim F(r-1, (r-1)(s-1))$$

为检验因素 B 的影响是否显著，采用下面的统计量：

$$F_B = \frac{MSB}{MSE} \sim F(s-1, (r-1)(s-1))$$

3. 判断与结论

根据给定的显著性水平 α 在 F 分布表中查找相应的临界值 F_α，将统计量 F 与 F_α 进行比较，作出拒绝或不能拒绝原假设 H_0 的决策。

若 $F_A > F_\alpha(r-1, (r-1)(s-1))$，则拒绝原假设 H_{01}，表明均值之间有显著差异，即因素 A 对观察值有显著影响；若 $F_A \leqslant F_\alpha(r-1, (r-1)(s-1))$，则不能拒绝原假设 H_{01}，表明均值之间的差异不显著，即因素 A 对观察值没有显著影响。

若 $F_B > F_\alpha(s-1, (r-1)(s-1))$，则拒绝原假设 H_{02}，表明均值之间有显著差异，即因素 B 对观察值有显著影响。

若 $F_B \leqslant F_\alpha(s-1, (r-1)(s-1))$，则不能拒绝原假设 H_{02}，表明均值之间的差异不显著，即因素 B 对观察值没有显著影响。

例 7-2：有 4 个品牌的空调在 5 个地区销售，为分析空调的品牌和销售地区对销售量的影响，取得每个品牌在各地区的销售量数据如表 7-9 所示。试分析品牌和销售地区对空调的销售量是否有显著影响（$\alpha = 0.05$）？

表 7-9　不同品牌空调在不同地区销售量　　　　　单位：台

	地区 1	地区 2	地区 3	地区 4	地区 5
品牌 1	365	350	343	340	323
品牌 2	345	368	363	330	333
品牌 3	358	332	353	343	308
品牌 4	288	280	298	260	298

解：如果按上述的步骤完成检验，计算工作量较大。这里我们利用 Excel 提供的方差分析工具。

首先对行因素和列因素分别提出假设：

H_{01}：品牌因素对空调销售量没有显著影响；H_{11}：品牌因素对空调销售量有显著影响。

H_{02}：地区因素对空调销售量没有显著影响；H_{12}：地区因素对空调销售量有显著影响。

操作步骤：

（1）在 Excel 中输入数据。

（2）在菜单中选取"工具"→"数据分析"，选定"方差分析：无重复双因素分析"选项，点击"确定"，显示"方差分析：无重复双因素分析"对话框。

（3）在"输入区域"框输入 A1：F5，选择"标志"，指定显著水平 $\alpha = 0.05$，选择输出区域。如图 7-7 所示。

（4）点击"确定"，得到如图 7-8 所示的输出结果。

	A	B	C	D	E	F
1		地区1	地区2	地区3	地区4	地区5
2	品牌1	365	350	343	340	323
3	品牌2	345	368	363	330	333
4	品牌3	358	332	353	343	308
5	品牌4	288	280	298	260	298

方差分析：无重复双因素分析

输入
输入区域 (I)：　$A$1:$F$5
☑ 标志 (L)
α (A)： 0.05

输出选项
○ 输出区域 (O)：
● 新工作表组 (P)：
○ 新工作薄 (W)：

确定　取消　帮助 (H)

图 7-7　无重复双因素方差分析对话框

方差分析：无重复双因素分析

SUMMARY	观测数	求和	平均	方差		
品牌1	5	1721	344.2	233.7		
品牌2	5	1739	347.8	295.7		
品牌3	5	1685	337	442.5		
品牌4	5	1424	284.8	249.2		
地区1	4	1356	339	1224.667		
地区2	4	1321	330.25	1464.25		
地区3	4	1357	339.25	822.9167		
地区4	4	1273	318.25	1538.917		
地区5	4	1262	315.5	241.6667		

方差分析

差异源	SS	df	MS	F	P-value	F crit
行	13004.55	3	4334.85	18.10777	9.46E-05	3.490295
列	2011.7	4	502.925	2.100846	0.143665	3.259167
误差	2872.7	12	239.3917			
总计	17888.95	19				

图 7-8　无重复双因素方差分析输出结果

图 7-8 中的"行"指行因素，即品牌因素；"列"指列因素，即地区因素。根据方差分析表的计算结果得出以下结论：

由于 $F_R = 18.10777 > F_\alpha = 3.490295$，所以拒绝原假设 H_{01}，表明四种品牌空调

的销售量的平均值之间的差异是显著的，这说明品牌对销售量有显著影响。

由于 $F_C = 2.100846 < F_\alpha = 3.259167$，所以不能拒绝原假设 H_{02}，表明五个地区空调的销售量平均值之间的差异不显著，不能认为地区对销售量有显著影响。

直接用 P 值进行分析，结论也是一样。用于检验行因素的 $P = 9.46E-05 < \alpha = 0.05$，所以拒绝假设 H_{01}（品牌对销售量没有显著影响），即认为品牌对销售量有显著影响；用于检验列因素的 $P = 0.143665 > \alpha = 0.05$，所以不能拒绝原假设 H_{02}（地区对销售量没有显著影响），即认为地区对销售量没有显著影响。

二、有交互作用的双因素方差分析及 Excel 操作

1. 数据结构与假设

设两个因素分别是 A 和 B，因素 A 共有 r 个水平，因素 B 共有 s 个水平，在水平组合（A_i，B_j）下的试验结果 $x_{ij} \sim N(\mu_{ij}, \sigma^2)$，$i = 1, 2, \cdots, r$，$j = 1, 2, \cdots, s$，假设这些试验结果相互独立。对两个因素的交互作用进行分析，每个水平组合下至少要进行两次试验，为便于说明问题，不妨假设在每个水平组合（A_i，B_j）下均重复 t 次试验，每次试验的观测值用 x_{ijk}（$k = 1, 2, \cdots, t$），表示，那么有交互作用的双因素方差分析的数据结构如表 7-10 所示。

表 7-10 有交互作用双因素方差分析的数据结构

i \ j		因素 B				
		B_1	B_2	$\cdots$	B_s	均值
因素 A	A_1	$x_{111}, x_{112}, \cdots, x_{11t}$	$x_{121}, x_{122}, \cdots, x_{12t}$	$\cdots$	$x_{1s1}, x_{1s2}, \cdots, x_{1st}$	$\bar{x}_1.$
	A_2	$x_{211}, x_{212}, \cdots, x_{21t}$	$x_{221}, x_{222}, \cdots, x_{22t}$	$\cdots$	$x_{2s1}, x_{2s2}, \cdots, x_{2st}$	$\bar{x}_2.$
	$\vdots$	$\vdots$	$\vdots$		$\vdots$	$\vdots$
	A_r	$x_{r11}, x_{r12}, \cdots, x_{r1t}$	$X_{r21}, x_{r22}, \cdots, x_{r2t}$	$\cdots$	$x_{rs1}, x_{rs2}, \cdots, x_{rst}$	$\bar{x}_r.$
	均值	$\bar{x}._1$	$\bar{x}._2$		$\bar{x}._s$	

对行因素 A 提出假设：

H_{01}：$\mu_1 = \mu_2 = \mu_i = \cdots = \mu_r$（行因素对观测值没有显著影响）；

H_{11}：μ_i（$i = 1, 2, \cdots, r$）不全相等（行因素对观测值有显著影响）。

对列因素 B 提出假设：

H_{02}：$\mu_1 = \mu_2 = \mu_j = \cdots = \mu_s$（列因素对观测值没有显著影响）；

H_{12}：μ_j（$j = 1, 2, \cdots, s$）不全相等（列因素对观测值有显著影响）。

对 A、B 两因素是否存在交互作用提出假设：

H_{03}：$2\mu_{ij} - \mu_i - \mu_j$ 全相等（AB 不存在交互作用）；

H_{13}：$2\mu_{ij} - \mu_i - \mu_j$ 不全相等（AB 存在交互作用）。

$(i=1, 2, \cdots, r; j=1, 2, \cdots, s)$

注意：研究 AB 因素交互作用对观测值的影响，可以将 AB 视为一个用 A×B 表示的特殊因素。交互因素的假设表示：从行和列因素各水平组合的理论均值 μ_{ij} 中去除对应的行因素水平均值 μ_i 和列因素水平均值 μ_j 后是否全部相同。

2. 构造检验统计量

（1）水平均值：

$$\overline{x}_{ij.} = \frac{1}{t} \sum_{k=1}^{t} x_{ijk}$$

$$\overline{x}_{i..} = \frac{1}{st} \sum_{j=1}^{s} \sum_{k=1}^{t} x_{ijk}$$

$$\overline{x}_{.j.} = \frac{1}{rt} \sum_{i=1}^{r} \sum_{k=1}^{t} x_{ijk}$$

（2）总均值：

$$\overline{\overline{x}} = \frac{1}{rst} \sum_{i=1}^{r} \sum_{j=1}^{s} \sum_{k=1}^{t} x_{ijk} = \frac{1}{r} \sum_{i=1}^{r} \overline{x}_{i..} = \frac{1}{s} \sum_{j=1}^{s} \overline{x}_{.j.}$$

（3）离差平方和的分解：

与无交互作用的双因素方差分析不同，总离差平方和 SST 将被分解为四个部分：SSA、SSB、SSAB 和 SSE，以分别反映因素 A 的组间差异、因素 B 的组间差异、因素 AB 的交互效应和随机误差的离散状况。

它们的计算公式分别为：

$$SST = \sum_{i=1}^{r} \sum_{j=1}^{s} \sum_{k=1}^{t} (x_{ijk} - \overline{\overline{x}})^2$$

$$SSA = \sum_{i=1}^{r} st(\overline{x}_{i..} - \overline{\overline{x}})^2$$

$$SSB = \sum_{j=1}^{s} rt(\overline{x}_{.j.} - \overline{\overline{x}})^2$$

$$SSAB = \sum_{i=1}^{r} \sum_{j=1}^{s} t(\overline{x}_{ij.} - \overline{x}_{i..} - \overline{x}_{.j.} + \overline{\overline{x}})^2$$

$$SSE = \sum_{i=1}^{r} \sum_{j=1}^{s} \sum_{k=1}^{t} (x_{ijk} - \overline{x}_{ij.})^2$$

（4）同样可证明：

$$SSA + SSB + SSAB + SSE = SST$$

（5）构造检验统计量：

由离差平方和与自由度可以计算出均方和，从而计算出 F 检验值，如表 7-11 所示。

表 7-11 有交互作用的双因素方差分析表

方差来源	离差平方和	df	均方和(MS)	F
因素 A	SSA	$r-1$	$MSA=SSA/(r-1)$	MSA/MSE
因素 B	SSB	$s-1$	$MSB=SSB/(s-1)$	MSB/MSE
因素 $A \times B$	$SSAB$	$(r-1)(s-1)$	$MSAB=SSAB/(r-1)(s-1)$	$MSAB/MSE$
误差	SSE	$rs(t-1)$	$MSE=SSE/rs(t-1)$	
总方差	SST	$rst-1$		

为检验因素 A 的影响是否显著，采用下面的统计量：

$$F_A = \frac{MSA}{MSE} \sim F(r-1, \ rs(t-1))$$

为检验因素 B 的影响是否显著，采用下面的统计量：

$$F_B = \frac{MSB}{MSE} \sim F(s-1, \ rs(t-1))$$

为检验因素 A、B 交互效应的影响是否显著，采用下面的统计量：

$$F_{AB} = \frac{MSAB}{MSE} \sim F((r-1)(s-1), \ rs(t-1))$$

3. 判断与结论

根据给定的显著性水平 α 在 F 分布表中查找相应的临界值 F_α，将统计量 F 与 F_α 进行比较，作出拒绝或不能拒绝原假设 H_0 的决策。

若 $F_A > F_\alpha(r-1, \ rs(t-1))$，则拒绝原假设 H_{01}，表明因素 A 对观察值有显著影响，否则，不能拒绝原假设 H_{01}；

若 $F_A > F_\alpha(s-1, \ rs(t-1))$，则拒绝原假设 H_{02}，表明因素 B 对观察值有显著影响，否则，不能拒绝原假设 H_{02}；

若 $F_{AB} > F_\alpha((r-1)(s-1), \ rs(t-1))$，则拒绝原假设 H_{03}，表明因素 A、B 的交互效应对观察值有显著影响，否则，不能拒绝原假设 H_{03}。

例 7-3：一家超市连锁店进行一周研究，确定超市所在的位置和竞争者的数量对销售额是否有显著影响。表 7-12 是获得的月销售额数据。

表 7-12 超市的月销售额数据

单位：万元

超市位置	竞争者数量			
	0	1	2	3 个以上
位于市内居民小区	41	38	59	47
	30	31	48	40
	45	39	51	39

续表

超市位置	竞争者数量			
	0	1	2	3个以上
位于写字楼	25	29	44	43
	31	35	48	42
	22	30	50	53
位于郊区	18	22	29	24
	29	17	28	27
	33	25	26	32

取显著性水平 $\alpha = 0.01$，检验：

（1）竞争者的数量对销售额是否有显著影响？

（2）超市的位置对销售额是否有显著影响？

（3）竞争者的数量和超市的位置对销售额是否有交互影响？

解：首先对行因素、列因素和两者的交互作用分别提出假设：

H_{01}：超市位置对试验结果无显著影响；

H_{02}：竞争者数量对试验结果无显著影响；

H_{03}：超市位置和竞争者数量的交互作用对试验结果无显著影响。

操作步骤：

（1）在 Excel 中输入数据。

（2）在菜单中选取"工具"→"数据分析"，选定"方差分析：可重复双因素分析"选项，点击"确定"，显示"方差分析：可重复双因素分析"对话框。

（3）在"输入区域"框输入 A1：E10，在"每一样本的行数"框输入"3"，代表数据重复 3 次，指定显著水平 $\alpha = 0.01$，选择输出区域。如图 7-9 所示。

图 7-9　可重复双因素方差分析对话框

（4）点击"确定"，得到如图 7-10 所示结果。

SUMMARY	0	1	2	3个以上	总计
位于市内居民小区					
观测数	3	3	3	3	12
求和	116	108	158	126	508
平均	38.66667	36	52.66667	42	42.33333
方差	60.33333	19	32.33333	19	67.51515
位于写字楼					
观测数	3	3	3	3	12
求和	78	94	142	138	452
平均	26	31.33333	47.33333	46	37.66667
方差	21	10.33333	9.333333	37	106.6061
位于郊区					
观测数	3	3	3	3	12
求和	80	64	83	83	310
平均	26.66667	21.33333	27.66667	27.66667	25.83333
方差	60.33333	16.33333	2.333333	16.33333	24.87879
总计					
观测数	9	9	9	9	
求和	274	266	383	347	
平均	30.44444	29.55556	42.55556	38.55556	
方差	73.52778	53.52778	141.0278	87.77778	

方差分析						
差异源	SS	df	MS	F	P-value	F crit
样本	1736.222	2	868.1111	34.30516	9.18E-08	5.613591
列	1078.333	3	359.4444	14.20417	1.57E-05	4.718051
交互	503.3333	6	83.88889	3.315038	0.01605	3.666717
内部	607.3333	24	25.30556			
总计	3925.222	35				

图 7-10 可重复双因素方差分析输出结果

由图 7-10 的输出结果可知，用于检验"超市位置"（行因素，输出为"样本"）的 F 值 $F = 34.30516 > F_\alpha = 5.613591$，拒绝原假设，表明不同位置的超市的销售额之间有显著差异，即超市位置对销售额有显著影响；用于检验"竞争者数量"的 F 值 $F = 14.20417 > F_\alpha = 4.718051$，拒绝原假设，表明超市面对的竞争者数量对销售额有显著影响；交互作用反映的是位置因素和竞争者数量因素联合产生的对销售额的附加效应，用于检验的 F 值 $F = 3.315038 < F_\alpha = 3.666717$，因此不能拒绝原假设，没有证据表明位置和竞争者数量的交互作用对销售额有显著影响。

□□■ 小知识：方差分析的应用场景

方差分析是一种常用的统计分析方法，在许多领域都有广泛的应用场景。以下是一些常见的应用场景：

实验设计：方差分析可以用于比较多个处理或条件对实验结果的影响，以确定哪些条件或处理对结果有显著影响。它可以帮助研究人员进行实验设计和优化，以提高实验的可靠性和效果。

质量控制：方差分析可以用来比较不同生产批次或供应商之间的质量差异。通过分析组间和组内的变异，可以判断这些差异是否显著，并采取相应的措施改善产品的质量稳定性。

教育评估：方差分析可以用来比较不同教学方法或教育干预对学生学习成绩的影响。通过分析不同组别之间的差异，可以评估各种教育策略的有效性，为教育决策提供科学依据。

医学研究：方差分析可以用于比较不同治疗方法或药物对疾病症状的影响。通过分析不同组别之间的差异，可以评估不同治疗方案的疗效和安全性，为临床决策提供支持。

农业研究：在农业领域，ANOVA 可用于确定不同肥料类型对作物产量的影响是否显著。

市场研究：市场研究中，可以使用 ANOVA 来分析不同广告或促销策略对销售数据的影响。

环境科学：在环境科学中，可以使用方差分析来分析不同环境条件对生态系统的影响。

社会科学研究：方差分析可以用于比较不同群体或不同条件下的社会行为差异。通过分析不同组别之间的差异，可以理解不同因素对社会行为的影响，为社会政策和干预提供参考。

总的来说，方差分析可以在许多领域中应用，帮助研究人员比较组别之间的差异，并判断这些差异是否显著。它是一种重要的统计工具，可以为决策提供科学依据。

□□■ 思考与练习

1. 方差分析中因素（子）、水平、交互作用分别是什么意思？总体、样本各代表什么？

2. 阐述方差分析的基本思想和步骤。

3. 方差分析中行或列因素各水平下数据差异的来源有哪些？

4. 对 4 种食品（A、B、C、D）某一质量指标进行感官试验检查，满分为 20分，评分结果列于下表，试比较其差异性（$\alpha = 0.05$）。

食品	评分										
A	14	15	11	13	11	15	11	13	16	12	14	13
B	17	14	15	17	14	17	15	16	12	17		
C	13	15	13	12	13	10	16	15	11			
D	15	13	14	15	12	17						

5. 某公司想知道产品销售量分别与销售方式及销售地点是否有关，随机抽样得到如下资料，以 0.05 的显著性水平进行检验。

	地点一	地点二	地点三	地点四	地点五
方式一	77	86	81	88	83
方式二	95	92	78	96	89
方式三	71	76	68	81	74
方式四	80	84	79	70	82

6. 电池的板极材料与使用的环境温度对电池的输出电压均有影响。现对材料类型与环境温度都取三个水平，测得输出电压数据如下所示，问不同材料、不同温度及它们的交互作用对输出电压有无显著影响（$\alpha = 0.05$）。

材料类型	环境温度		
	15℃	25℃	35℃
1	130	34	20
	155	40	70
	174	80	82
	180	75	58

材料类型	环境温度		
	15℃	25℃	35℃
2	150	136	25
	188	122	70
	159	107	58
	126	115	45
3	138	174	96
	110	120	104
	168	150	82
	160	139	60

第八章 相关与回归分析

实践中的数据分析8：广告费用与销售额间的关系

相关分析是对变量间是否存在数量关联以及关联程度和方向进行的分析，回归分析是在相关分析的基础上，使用数学模型拟合变量间的数量关系，并进行分析预测的一种统计数据分析方法。

华联商贸公司是一家全国性销售连锁企业，计划五年内将销售额由目前的12亿元提高至20亿元，而增加广告宣传投入是扩大知名度和促销的重要手段，管理层想知道实现20亿元的销售目标需要投入的广告费用是多少，为此咨询波顿商业管理公司。波顿公司研究人员从商业销售类上市公司中挑选了8家公司作为样本，得到样本公司销售额、广告费用等相关数据，通过分析，建立了广告投入与销售额之间的回归模型，在此基础上向华联公司提供了咨询结果。研究人员如何找出广告投入费用与销售额之间的数量关联模型？如何通过模型分析得出预测结果？

第一节 相关分析

无论是数据的描述性度量分析还是抽样数据的推断分析，都是针对某个单独现象数据内在规律的描述与分析，但现实中的现象并非完全独立的，现象与现象间往往在数量上存在一定的相互联系，这种相互联系表现为数量上的相互依赖、相互制约、相互影响，对这类存在相互联系的数据的分析，可以使用相关与回归分析方法。

一、相关关系

1. 相关关系的概念

现实世界中，各种现象间有时会存在某种数量上的联系，某一个（或一些）现象发生变化时，另一现象会随之发生变化，这种变化分两种情形：一种是当某一个（或一些）现象发生数量上的变化时，另一现象在数量上的变化是确定的，变化的方向及程度都可以确定，这种确定型的数量关系称为函数关系，比如圆的面积与半径之间，自由落体运动的时间与下降的高度之间，等等；另一种是当一个（或一些）现象发生一定量的变化时，另一现象也会发生相应的变化，但变化的具体数量是多少并不确定，会围绕一个值上下随机波动，这种不确定性的数量关系称为相关关系（Correlation），比如农作物的收获量与浇水量、施肥量间，居民的消费支出与收入间，某种商品的销售量与销售价格间，等等。

函数关系与相关关系的区别表现在，函数关系反映的是一种确定性关系，即自变量与因变量在数量上一一对应，比如，当正方形的边长为 1 米时，其面积为 1 平方米；而相关关系所反映的是现象之间的数量关系值不固定，自变量的一个取值因变量在数量上有若干值与之对应，比如居民消费支出与收入之间存在相关关系，当月收入为 5000 元时，调查若干位居民可能每人的消费支出值均不相同，造成不同的原因是影响支出的因素除收入外，还与个人的消费观念、扶养系数、家庭外围成员的经济状况以及许多其他偶然因素相关联。

函数关系与相关关系的联系表现在，由于观测或实验误差，函数中变量间的关系往往通过高度相关的形式表现出来，而对于存在相关关系的现象，通常采用函数关系式来近似描述现象之间的数量关系。比如，身高与体重之间存在一定的相关关系，人们常常用一个函数式近似描述两者的数量关系。

此外，要将相关关系与因果关系区别开来，因果关系通常是相关关系，相关关系并非一定是因果关系，因果关系需要区分自变量（因）与因变量（果），比如价格与销量之间存在因果关系，身高与体重之间则不存在因果关系（或无法区分谁是因谁是果），但都属于相关关系。

对于现象间是否存在相关关系、相关关系的表现形式以及相关密切程度的分析，称为相关分析。

2. 相关关系的种类

（1）按相关关系的方向不同分：正相关与负相关。一个现象数量上增加或减少时，另一个现象的数量出现同方向变化，则两者称为正相关，比如，农作的施肥量与收获量之间，利润与销售收入之间，等等。

一个现象数量上增加或减少时，另一个现象的数量出现反方向变化，则两者称为负相关，比如，价格与销售量之间，产量与单位成本之间，等等。

（2）按相关关系涉及变量（因素）的多少分：单相关与复相关。两个变量之间的相关关系称为单相关，如商品流转额与商品流通费用率之间；三个或三个以上的变量之间的相关关系称为复相关，如农作物收获量与浇水量、施肥量之间。单相关又称一元相关，复相关又称多元相关。

（3）按相关关系的形式不同分：线性相关与非线性相关。当一个变量按一定的数量递增（或递减）变化时，另一个变量呈现出近似的等差变动，在散点图中观察，散点的分布近似一条直线，则称为线性相关。线性相关中，一个变量可以近似表现为其他变量的线性组合。一元线性相关属于直线相关。当一个变量变动时，另一个变量也随之变动，但这种变动是不均等的，从散点图中观察，散点的分布近似为一条曲线，如抛物线、指数曲线等，称为非线性相关。非线性相关中，一个变量可以用其他变量的非线性组合形式描述。一元非线性相关属于曲线相关。

（4）按相关关系的密切程度分：完全相关、不完全相关与完全不相关。当现象间的相关关系的密切程度达到最高时，称为完全相关，此时相关关系即为函数关系，所以可以说函数关系是相关关系的特例；当现象间的相关密切程度低到最低，此时现象间不存在相互影响，称为完全不相关，完全不相关又称零相关，也属于相关关系的特殊情形。完全不相关的现象是相互独立的，彼此没有关联，比如个人身高与收入之间是完全不相关。介于完全相关和完全不相关之间的相关关系属于不完全相关，统计所要研究的相关基本属于此种类型，不完全相关可以按相关密切程度高低进一步划分为不同等级。

3. 相关关系的描述与直观判断

判断两个现象间有无相关关系，可以通过相关表和相关图进行直观判断。

（1）相关表。相关表是根据得到的数据，将一个变量的观测值按从小到大（或从大到小）的顺序排列在表的一栏，将另一变量的观测值对应排列在表的另一栏，由此形成的统计表，通过相关表可以判断变量之间相关的方向及大致形态。

在观察上升或下降的具体形式时，可进一步计算逐期增长量、环比增长速度等指标，以判断是直线形式，还是抛物线、指数曲线等形式。

例8-1：为研究产量规模与单位产品利润额之间有无关联，调查了8家钢厂，得到数据绘制成如表8-1所示的相关表。

从表8-1中基本可以看出，随着钢产量的上升，吨钢利润上升趋势明显，表明两者之间存在正相关关系。需要注意的是，如果观测次数较多，则不能按上述相关表将所有数据列出，此时需要将数据按其中的一个变量分组，计算另一变量的平均值，通过考察分组变量与平均值的数量变化关系进行初步判断。

表 8-1   钢产量与吨钢利润相关表

钢厂编号	钢产量（万吨）	吨钢利润（元/吨）
1	482	95
2	603	104
3	898	138
4	1057	156
5	1146	150
6	1324	172
7	1557	198
8	1730	203

（2）相关图。相关图又叫散点图，是将观测到的两个现象的成对数据，绘制在直角坐标中得到的一系列的散点，称为相关图。相关图比相关表可以更直观地描述现象间有无相关关系、相关的表现形式以及相关的近似密切程度。如图 8-1 所示，（a）和（b）中两个变量存在较明显的相关关系，（c）则不存在明显的相关关系。

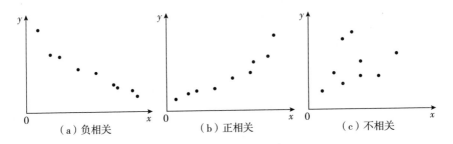

图 8-1   相关散点图

根据表 8-1 中的数据绘制的相关图，可以看出，钢产量与吨钢利润间存在明显的正相关，相关形式基本呈直线形式。

需要注意的是，无论是相关表还是相关图，只适合用来考察两个现象之间的相关关系，不能用于考察多个变量间的相关关系。

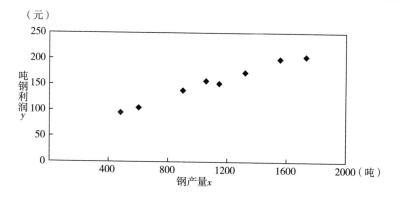

图8-2 钢产量与吨钢利润散点图

二、直线相关系数

相关图表只能直观展现变量之间的相关关系，用于初步判断是否存在相关关系，如果要进一步描述相关的密切程度，需要计算相关系数。常用的反映两个变量间相关密切程度的简单相关系数有简单线性相关系数和等级相关系数，其中，简单线性相关系数也就是直线相关系数，用来度量两个数值型变量线性相关的密切程度。

1. 直线相关系数的计算

直线相关系数是使用最广泛的相关系数，一般情况下提到的相关系数都是直线相关系数。直线相关系数通常采用积差法公式计算，由英国统计学家卡尔·皮尔逊（K. Pearson）最先提出，故又称为皮尔逊相关系数，变量 x 与 y 的直线相关系数为：

$$r = \frac{Cov(x, y)}{\sqrt{Var(x)}\sqrt{Var(y)}}$$

式中，分子为两个变量的协方差，分母分别为两个变量的标准差。对上式可进一步简化为：

$$r = \frac{\dfrac{1}{n}\sum(x-\bar{x})(y-\bar{y})}{\sqrt{\dfrac{1}{n}\sum(x-\bar{x})^2}\sqrt{\dfrac{1}{n}\sum(y-\bar{y})^2}}$$

$$= \frac{n\sum xy - \sum x \sum y}{\sqrt{n\sum x^2 - (\sum x)^2}\sqrt{n\sum y^2 - (\sum y)^2}}$$

2. 直线相关系数的取值与相关密切程度

可以证明，相关系数 $|r| \le 1$，r 大于 0 表明现象呈正相关关系，r 小于 0 表明现象呈负相关关系。r 的绝对值越大，表明现象间的直线相关程度越高，当 r 的绝对值为 1 时，两者完全相关，即为函数关系；反之，表明现象间的直线相关程度越低。当 r 的绝对值为 0 时，两者完全不存在直线相关关系。一般来说，可以将相关系数按密切程度划分为以下等级：

$|r| < 0.3$ 时，两者无相关；

$0.3 \le |r| < 0.5$，两者低度相关；

$0.5 \le |r| < 0.8$，两者显著相关；

$|r| \ge 0.8$，两者高度相关。

以上只是从经验角度进行的划分，现象间是否相关还需要对相关系数进行显著性检验。当两个变量之间直线相关程度较低时，不一定表明两者不存在相关关系，因为两者可能存在曲线相关关系。

例 8-2：计算表 8-1 中钢产量与吨钢利润之间的直线相关系数。

解：直接依据简化公式手工计算相关系数，计算过程如表 8-2 所示。

表 8-2　钢产量与吨钢利润简单线性相关系数计算表

钢厂编号	钢产量 x（吨）	吨钢利润 y（元）	xy	x^2	y^2
1	482	95	45790	232324	9025
2	603	104	62712	363609	10816
3	898	138	123924	806404	19044
4	1057	156	164892	1117249	24336
5	1146	150	171900	1313316	22500
6	1324	172	227728	1752976	29584
7	1557	198	308286	2424249	39204
8	1730	203	351190	2992900	41209
合计	8797	1216	1456422	11003027	195718

$$r = \frac{n\sum xy - \sum x \sum y}{\sqrt{n\sum x^2 - \left(\sum x\right)^2}\sqrt{n\sum y^2 - \left(\sum y\right)^2}}$$

$$= \frac{8 \times 1456422 - 8797 \times 1216}{\sqrt{8 \times 11003027 - 8798^2}\sqrt{8 \times 195718 - 1216^2}} = 0.991$$

计算结果表明，钢产量与吨钢利润之间的直线相关系数为 0.991，两者存在相当高的正相关关系。

3. Excel 中直线相关系数的计算

直接依据公式手工计算相关系数的计算量较大，Excel 中提供了两种直线相关系数的计算方法：

（1）利用 Excel 中直线相关系数计算函数 CORREL 函数。操作过程如图 8-3 所示。

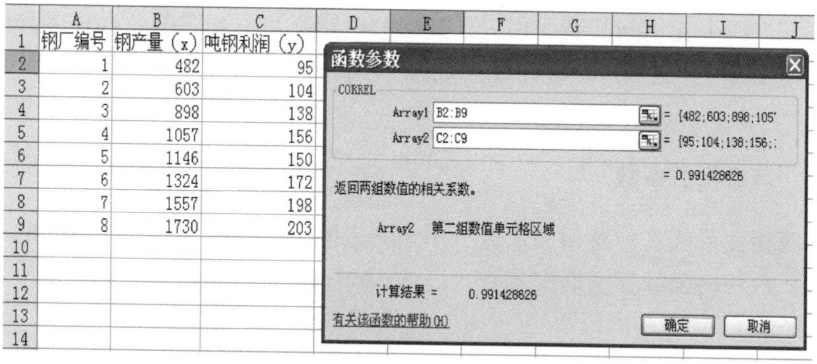

	A	B	C	D	E	F	G	H	I	J
1	钢厂编号	钢产量（x）	吨钢利润（y）							
2	1	482	95							
3	2	603	104							
4	3	898	138							
5	4	1057	156							
6	5	1146	150							
7	6	1324	172							
8	7	1557	198							
9	8	1730	203							

函数参数
CORREL
Array1　B2:B9　＝{482;603;898;105
Array2　C2:C9　＝{95;104;138;156;;
返回两组数值的相关系数。
＝ 0.991428626
Array2　第二组数值单元格区域
计算结果 ＝　0.991428626
有关该函数的帮助(H)　　确定　取消

图 8-3　利用 CORREL 函数计算相关系数

计算结果表明，钢产量与吨钢利润之间的直线相关系数为 0.991，与手工计算结果完全相同。

（2）利用 Excel 数据分析中的相关系数功能计算。步骤是："工具"→"数据分析"→"相关系数"，过程如图 8-4 所示，最后输出结果在表的 11～13 行，其计算结果与第一种方法相同。该功能可以计算多个变量间的直线相关系数矩阵。

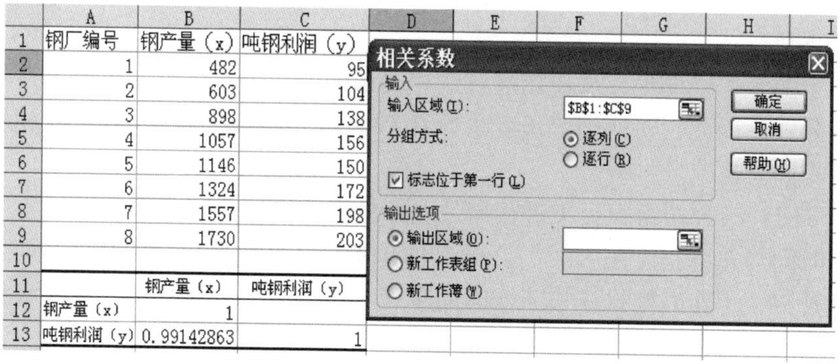

	A	B	C	D	E	F	G	H	I
1	钢厂编号	钢产量（x）	吨钢利润（y）						
2	1	482	95						
3	2	603	104						
4	3	898	138						
5	4	1057	156						
6	5	1146	150						
7	6	1324	172						
8	7	1557	198						
9	8	1730	203						
11		钢产量（x）	吨钢利润（y）						
12	钢产量（x）	1							
13	吨钢利润（y）	0.99142863	1						

相关系数
输入
输入区域(I)：　$B$1:$C$9
分组方式：　⊙逐列(C)　○逐行(R)
☑标志位于第一行(L)
输出选项
⊙输出区域(O)：
○新工作表组(P)：
○新工作簿(W)
确定　取消　帮助(H)

图 8-4　利用数据分析功能计算相关系数

4. 计算和运用直线相关系数需要注意的问题

计算和运用相关系数，对现象进行相关分析，需要注意以下几点：

第一，直线相关系数适用于两个数值型变量，要求两个变量服从或近似服从正态分布。

第二，直线相关系数表明两个现象间直线相关程度的高低，其绝对值小表示两者的直线相关关系不明显，但并不代表两者相关关系不明显，因为两者可能存在某种形式的曲线相关。

第三，两个变量间的直线相关系数绝对值较高并不表明两者存在因果关系或者影响与被影响的关系，是否存在还需要运用社会经济的基本原理作进一步分析。

三、等级相关系数

等级相关系数又称秩相关系数，用来测定两个用等级表示的变量间的相关密切程度，最初由统计学家斯皮尔曼（C. Spearman）提出，所以又称为斯皮尔曼等级相关系数。

1. 等级相关系数的计算

等级相关系数测定的是两个用等级表示的变量之间的相关密切程度，采用如下公式计算：

$$r_s = 1 - \frac{6 \sum (R_x - R_y)^2}{n(n^2 - 1)}$$

式中，r_s 表示等级相关系数，n 为观测的次数，R_x 和 R_y 分别表示变量 x 和 y 的等级，$R_x - R_y$ 表示变量 x 和 y 之间的等级差。

等级相关系数的取值范围为 $-1 \sim 1$，取值大小对相关密切程度的说明与直线相关系数相同。对于等级变量，可以证明 Pearson 直线相关系数等于 Spearman 等级相关系数。

对于两个等级变量，从皮尔逊直线相关系数公式出发可以推导出上述等级相关系数公式。因此，对两个等级变量计算 Pearson 相关系数和 Spearman 相关系数的结果相同。

例 8-3：某公司组织员工进行岗位业务技能竞赛，为了考察员工从事本岗位工作的时间与熟练程度是否相关，对参加比赛的 12 名员工的数据整理如表 8-3 所示，其中，工作时间排序按工作时间越长排序越靠前计算，试计算等级相关系数并对结果进行分析。

解：根据表 8-3 数据整理并计算等级差，结果如表 8-4 所示。

表 8-3 员工岗位工作时间与竞赛名次

员工编号	1	2	3	4	5	6	7	8	9	10	11	12
岗位工作时间排序	3	8	10	1	6	7	12	9	2	4	5	11
竞赛名次	4	9	12	3	8	5	10	11	2	1	7	6

表 8-4 员工岗位工作时间与竞赛名次等级相关系数计算表

员工编号	1	2	3	4	5	6	7	8	9	10	11	12	合计
工作时间排序 (R_x)	3	8	10	1	6	7	12	9	2	4	5	11	—
竞赛名次 (R_y)	4	9	12	3	8	5	10	11	2	1	7	6	—
($R_x - R_y$)	−1	−1	−2	−2	−2	2	2	−2	0	3	−2	5	—
($R_x - R_y$)^2	1	1	4	4	4	4	4	4	0	9	4	25	64

$$r_s = 1 - \frac{6 \sum (R_x - R_y)^2}{n(n^2 - 1)} = 1 - \frac{6 \times 64}{12 \times (12^2 - 1)} = 0.776$$

计算结果表明，员工岗位工作时间与竞赛名次等级相关系数为 0.776，说明竞赛获得的名次与岗位工作时间长短存在显著的正相关关系。

2. 计算和运用等级相关系数需要注意的问题

直线相关系数适用于两个数值型变量，要求两个变量服从或近似服从正态分布，而等级相关系数对变量的分布不作要求，属于非参数统计方法，适用范围更广。等级相关系数一般适用于以下情形：

第一，两个变量的表现值均为顺序数据。

第二，一个变量为顺序数据，另一个变量为数值数据。此时要将数值型数据转换为等级。

第三，如果两个数值型变量的分布未知，适合计算等级相关系数进行分析，此时要同时将两个数值型数据转换为等级。

第四，对于满足计算直线相关系数条件的数据也可计算等级相关系数，但统计效能要低一些。

此外，计算等级相关系数时，变量 x 和 y 之间的 n 组成对观测应分属 n 个不同等级，如果排序出现相同的情况，应取平均排位。

例 8-4：某次考试对前十名交卷的同学考试分数进行统计，结果依次为 88、92、76、81、79、92、90、74、86、85，计算交卷顺序与成绩排名的等级相关系数。

解：先将分数转换为等级，从高分往低分依次排名，十个分数值共分十个等级，但排名前两位的分数均为92分，取平均排名1.5，计算过程如表8-5所示。

表8-5 交卷顺序与成绩排名等级相关系数计算表

编号	1	2	3	4	5	6	7	8	9	10	合计
交卷顺序（R_x）	1	2	3	4	5	6	7	8	9	10	—
考试分数（y）	88	92	76	81	79	92	90	74	86	85	—
成绩排名（R_y）	4	1.5	9	7	8	1.5	3	10	5	6	—
（R_x-R_y）	-3	0.5	-6	-3	-3	4.5	4	-2	4	4	—
（R_x-R_y）^{2}	9	0.25	36	9	9	20.25	16	4	16	16	135.5

$$r_s = 1 - \frac{6\sum(R_x - R_y)^2}{n(n^2 - 1)} = 1 - \frac{6\times135.5}{10\times(10^2-1)} = 0.179$$

计算结果为0.179，说明交卷顺序与成绩排名之间相关性较低。

四、相关系数的显著性检验

在对两个现象进行相关分析时，观测得到的两个变量的 n 组值可以看作从总体中随机抽取的一个样本，计算出来的相关系数 r 是一个样本相关系数，只是总体相关系数 ρ 的一个估计，如果再次观测可以得到另一个样本。因而，样本相关系数是一个随机变量，依据样本计算的相关系数是否表明在总体范围内两者仍然存在相关关系呢？为此需要通过显著性检验加以推断。对相关系数的显著性检验分两类：一类是检验总体相关系数是否为0；另一类是检验总体相关系数是否等于某个不为0的特定值，其中以前者最为常见。

在本书的第四章介绍假设检验时提到，对研究问题作出假设时，通常以研究者想要支持的观点作为备择假设，如果拒绝了原假设，这一结果符合研究者的意愿，在相关和回归分析的各种统计检验中通常表述为通过了显著性检验，否则表述为未通过显著性检验。

1. 相关系数是否等于0的显著性检验

对于总体相关系数是否为0的检验通常采用 t 检验，适用于大样本和小样本，步骤如下：

（1）需要检验的假设为：

H_0：$\rho=0$（总体的两变量相关性不显著）

H_1：$\rho \neq 0$（总体的两变量相关性显著）

（2）需要检验的统计量为：

$$t = \frac{r - \rho}{\sqrt{\dfrac{1 - r^2}{n - 2}}}$$

当 H_0 成立时，上述与 r 有关的 t 统计量服从自由度为（$n-2$）的 t 分布。

（3）根据估计的样本相关系数 r 计算出 t 值，给定显著性水平 α，查 t 分布表得临界值 $t_{\alpha/2}(n-2)$，若 $|t| \geq t_{\alpha/2}$，表明相关系数 r 显著不为 0，应否定 $\rho = 0$ 的假设而接受 $\rho \neq 0$ 的假设，即总体的两变量显著相关；若 $|t| < t_{\alpha/2}$，应接受 $\rho = 0$ 的假设，即总体的两变量间相关性不显著。

例 8-5：对例 8-2 中钢产量与吨钢利润之间的相关系数进行检验（显著性水平 $\alpha = 0.05$）。

解：计算出的样本相关系数 $r = 0.991$，$n = 8$。作出假设如下：

H_0：$\rho = 0$（钢产量与吨钢利润之间不相关）

H_1：$\rho \neq 0$（钢产量与吨钢利润之间存在相关）

$$t = \frac{r\sqrt{n-2}}{\sqrt{1-r^2}} = \frac{0.991\sqrt{8-2}}{\sqrt{1-0.991^2}} = 18.13$$

查 t 分布表得临界值 $t_{0.025}(6) = 2.447$，$18.13 > t_{0.025}(6)$，应否定原假设，接受 H_1，即钢产量与吨钢利润之间显著相关。

2. 相关系数是否等于某个值的显著性检验

如果两个变量相关系数不为 0 的显著性检验通过，只是表明两者之间存在相关关系，至于相关关系是否达到某种程度还不能加以判断，需要对相关系数是否等于某个值进行检验。此时，上述 t 检验方法不再适用。为此，费雪（R. A. Fisher）将相关系数进一步转换为 z' 统计量构造近似正态分布加以检验。

$$z' = \frac{1}{2}\ln\frac{1+r}{1-r}$$

$$z' \sim N\left(\rho, \frac{1}{n-m-1}\right)$$

式中，ρ 为总体相关系数，n 为样本容量，m 为变量个数。需要注意的是，上述检验要求为大样本。

五、复相关与偏相关

直线相关系数和等级相关系数是对两个变量呈线性相关时紧密程度的度量，当两个变量呈非线性相关或相关关系涉及多个变量时，则不能用上述相关系数对相关的紧密程度进行度量。

1. 复相关系数

复相关系数是反映因变量与影响它的多个自变量之间相关紧密程度的指标，用 R 表示。比如浇水量（x_1）和施肥量（x_2）同时影响作物产量（y），两个自变量作为一个整体与产量之间相关的紧密程度如何，需要用复相关系数度量。

复相关系数的计算较为麻烦，通常不在相关分析中直接计算其值，而是利用回归分析中的可决系数 R^2 转换。由于各个自变量对因变量的影响方向可能不同，因而复相关系数不再区分符号，将可决系数取算术平方根即为复相关系数。复相关系数的取值为 0~1，越接近 1 表明所有自变量整体与因变量之间的相关关系越紧密。

在回归分析中，可决系数 R^2 代表了模型的拟合优度，而模型的拟合优度即表明所有自变量整体对因变量的解释程度，相关关系越紧密，解释程度越高，R^2 越接近 1。对于可决系数的计算将在回归分析中加以介绍，直线相关系数可以看作复相关系数的特例。

2. 偏相关系数

在复相关中，不仅要研究多个自变量与因变量之间的共同依存关系，还要研究每一个自变量与因变量之间的单独依存关系。偏相关系数又称为净相关系数，就是假定在其他自变量不变时，某个自变量与因变量之间相关关系的紧密程度，因变量 y 与自变量 x_i 之间的偏相关系数记为 $r_{yx \cdot i}$。偏相关系数的取值为 −1~1，其绝对值越大，表明该自变量与因变量之间的关系越紧密。显然，偏相关系数的个数等于自变量的个数，利用偏相关系数可以判别各个自变量与因变量间紧密程度的主次关系。

偏相关系数的计算较为麻烦，在相关分析中通常不直接计算其值。由于回归分析中计算与检验回归系数的意义已经涵盖了偏相关系数的意义，并且其值与回归系数有关，因而在实际研究中较少使用。此处对其计算略去。

第二节　一元线性回归分析

相关分析的主要目的是对变量间存在数量关系的密切程度进行测度，回归分析（Regression）是在相关分析的基础上，构建变量间数量关系的具体模型，并对模型进行各种检验的分析方法。

与相关分析不同，回归分析需要确定自变量（或解释变量）与因变量（或被解释变量），因变量为被影响的变量，自变量为影响变量，因变量只有一个，而自变量可以有多个。对于只有一个自变量的回归分析称为一元回归，有多个自变量的回归分析则称为多元回归；根据变量间相关的形式又可分为线性回归与非线性回归。回归分析的具体内容包括：

（1）确定模型的形式。

（2）利用样本数据对模型的参数进行估计。

（3）对模型的拟合优度及变量的显著性进行检验。

（4）利用模型进行预测。

一、一元线性回归模型

1. 一元线性回归模型的形式

回归分析中，通常用 x 表示自变量，用 y 表示因变量，回归模型（RM）是用数学模型描述自变量与因变量之间的数量关系。一元线性回归是一个自变量与因变量之间线性关系的回归，又称为直线回归，是回归分析中最基本的形式。直线回归与直线相关对应，一元线性回归模型的一般表达形式为：

$$y_i = \alpha + \beta x_i + \varepsilon_i$$

式中，x_i 为自变量，y_i 为因变量；ε_i 表示随机误差，是除自变量 x_i 以外所有其他影响因素的总和；α 和 β 为回归参数，是常数。模型表示的意义为：对于自变量 x 的一个取值 x_i，因变量 y 的值 y_i 由可确定的部分（$\alpha + \beta x_i$）和不可确定的随机因素 ε_i 共同决定，不可确定的因素 ε_i 是随机的，其影响的大小和方向均不能确定，但存在一定的分布规律。

2. 一元线性回归模型的基本假定

为保证回归分析的有效性，同时作为模型检验的前提，对于一元线性回归模型通常有以下假定：

（1）自变量 x_i 为可控的变量，即非随机变量。由于回归分析主要是考察因变量 y_i 如何受自变量 x_i 的影响，因而假定 x_i 的取值是可以确定的。由于 ε_i 为随机变量，这意味着因变量 y_i 也为随机变量。

（2）随机变量 ε 的均值为 0。对于 x 的每一个取值 x_i，随机变量 ε_i 的均值都为 0。

（3）随机变量 ε_i 具有同方差。对于 x 的每一个取值 x_i，随机变量 ε_i 的方差相同，均为某个常数 σ^2。这意味着因变量 y_i 也具有同方差。

（4）随机变量 ε_i 无自相关，即相互独立。

（5）随机变量 ε_i 与自变量 x_i 不相关。

（6）随机变量 ε_i 为服从均值为 0、方差为 σ^2 的正态分布。由假设（1），y_i

也服从正态分布。

满足以上基本假定的线性回归模型又称为经典线性回归模型。

对于一元线性回归模型，在给定 x_i 的取值时，y_i 的值虽不能确定，但其均值是确定的，等于 $\alpha+\beta x_i$，将其称为回归方程或回归函数（RF），即：

$$E(y_i/x_i) = \alpha+\beta x_i$$

3. 总体回归模型（函数）与样本回归模型（函数）

对于总体而言，x 的可能取值有很多，每一个 x 的取值 x_i 可以观测到对应的 y_i 值理论上有无穷个，但研究实际问题时，某个 x_i 的取值下对 y_i 值的观测往往只有几次甚至一次，并且不是 x 的所有可能取值都会进行观测，总体可能的取值无法穷尽，因而总体回归函数（PRF）和回归模型（PRM）是未知的。实际研究时，观测到的若干组 x 和 y 的值只是总体中的一个样本，对应于样本数据的回归函数和回归模型称为样本回归函数（SRF）和样本回归模型（SRM）。样本回归函数和回归模型分别用下式表示：

$$\hat{y}_i = \hat{\alpha}+\hat{\beta} x_i$$
$$y_i = \hat{\alpha}+\hat{\beta} x_i+e_i$$

式中，$\hat{\alpha}$ 和 $\hat{\beta}$ 分别表示样本回归模型的参数，e_i 表示随机误差。

需要注意的是，尽管总体回归函数未知，但它是确定的、唯一的，未知的原因是无法得到总体的全部数据，并不代表总体回归函数不存在。回归分析的任务是用样本回归函数估计总体回归函数，样本回归函数因样本的不同而不同，也就是说，$\hat{\alpha}$ 和 $\hat{\beta}$ 属于随机变量，但对于一个确定的样本，参数 $\hat{\alpha}$ 和 $\hat{\beta}$ 是确定的。

二、一元线性回归模型的参数估计

1. 普通最小二乘法估计参数的原理

在一元线性回归分析中，对于确定的样本，使用不同的估计方法可以得到不同的样本回归函数，在满足经典假设的情况下，使用普通最小二乘法（Ordinary Least Squares，OLS）估计的结果是最优的，其原理如下：

对于已经观测到的一组样本观测值 (x_i, y_i)（$i=1, 2, \cdots, n$），将其描绘成直角坐标中的各个散点，要求样本回归函数尽可能好地拟合这组值，也即回归直线尽可能地从这些点中间穿过，如图 8-5 所示，当 x 取 x_i 时，y 的实际观测值 y_i 与估计值之间存在偏差 e_i，偏差有正有负，每个观测点的偏差直接相加会相互抵消，因而取偏差的平方和 $\sum e_i^2$ 作为衡量所有观测点偏离程度的标准。显然，$\sum e_i^2$ 由参数 $\hat{\alpha}$ 和 $\hat{\beta}$ 的取值决定，当偏差的平方和最小时，回归直线最好地拟合了所有的观测点，根据求极值的原理，使 $\sum e_i^2$ 最小的参数应满足：

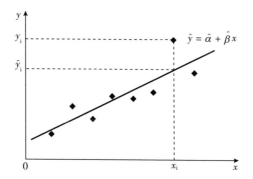

图 8-5 普通最小二乘法原理

$$\frac{\partial(\sum e_i^2)}{\partial \hat{\alpha}} = -2\sum (y_i - \hat{\alpha} - \hat{\beta}x_i) = 0$$

$$\frac{\partial(\sum e_i^2)}{\partial \hat{\beta}} = -2\sum (y_i - \hat{\alpha} - \hat{\beta}x_i)x_i = 0$$

整理得到以下方程组：

$$\begin{cases} \sum y_i = n\hat{\alpha} + \hat{\beta}\sum x_i \\ \sum x_i y_i = \hat{\alpha}\sum x_i + \hat{\beta}\sum x_i^2 \end{cases}$$

式中，n 为观测得到的数据点，即样本容量，求解上述方程组得：

$$\begin{cases} \hat{\beta} = \dfrac{n\sum x_i y_i - \sum x_i \sum y_i}{n\sum x_i^2 - (\sum x_i)^2} \\[4mm] \hat{\alpha} = \dfrac{\sum x_i^2 \sum y_i - \sum x_i \sum x_i y_i}{n\sum x_i^2 - (\sum x_i)^2} \end{cases}$$

上述求解的参数通常用下式表示：

$$\begin{cases} \hat{\beta} = \dfrac{n\sum x_i y_i - \sum x_i \sum y_i}{n\sum x_i^2 - (\sum x_i)^2} \\[4mm] \hat{\alpha} = \dfrac{\sum y_i}{n} - \hat{\beta}\dfrac{\sum x_i}{n} \end{cases}$$

例 8-6：根据表 8-1 中 8 家钢厂产量（万吨）与单位产品利润额（元/吨）数据，以钢产量为自变量、以吨钢利润额为因变量，建立两者间的直线回归模型，并用 OLS 方法估计模型参数。

解：以产量为自变量（x）、以单位产品利润额为因变量（y），建立直线回归模型，参数公式中各部分的计算过程如表 8-2 所示，将其代入公式得：

$$\begin{cases} \hat{\beta} = \dfrac{n\sum x_i y_i - \sum x_i \sum y_i}{n\sum x_i^2 - (\sum x_i)^2} = \dfrac{8 \times 1456422 - 8797 \times 1216}{8 \times 11003027 - 8797^2} = 0.0897 \\[4mm] \hat{\alpha} = \dfrac{\sum y_i}{n} - \hat{\beta}\dfrac{\sum x_i}{n} = \dfrac{1216}{8} - 0.0897 \times \dfrac{8797}{8} = 53.3549 \end{cases}$$

估计的样本回归函数为：

$\hat{y} = 53.3549 + 0.0897x$

上述回归函数表明，钢厂的产量规模每增加 1 万吨，每吨钢的利润平均增加 0.0897 元。

2. 直线回归与直线相关的关系

在例 8-6 求解回归参数的过程中，实际上是利用表 8-2 中计算直线相关系数的数据，表明相关和回归之间存在某种内在关系。而事实上，可以证明回归方程中的回归系数与直线相关系数之间存在如下关系：

$\hat{\beta} = r \cdot \dfrac{\sigma_y}{\sigma_x}$

首先，相关系数与自变量前的回归系数符号相同。在相关分析中已经了解到，如果两个变量有同方向变化关系，其相关系数大于 0，为正相关，因而回归方程中自变量前的回归系数必然大于 0，上述关系式也说明了相关与回归是统一的。

其次，从普通最小二乘法求解回归参数的原理可以看出，变量 x 和 y 间的散点分布无论呈何种情况，用普通最小二乘法都能求解出唯一的一条直线来描述两者的数量关系。当散点分布越近似直线时，相关系数的绝对值越接近 1（越大）。此时，回归直线就越好地拟合了各个点，各实际值与拟合值的离差平方和就越小，或者说拟合的精度越高。这一关系可用下式表达：

$\sigma_{ys}^2 = (1 - r^2)\sigma_y^2$

式中，σ_{ys}^2 为剩余方差，代表了拟合的精度，其计算公式如下：

$\sigma_{ys}^2 = \sum (y - \hat{y})^2 / n$

3. Excel 中一元线性回归模型参数的快速求解

按公式手工计算回归参数的计算量相当巨大，Excel 提供了三种一元线性回归模型参数的求解方式。

（1）利用函数求解回归直线的参数：回归方程中，回归直线截距 $\hat{\alpha}$ 的求解函数为 INTERCEPT 函数，斜率 $\hat{\beta}$ 的求解函数为 SLOPE，两个函数的使用非常便捷，输出结果如图 8-6 和图 8-7 所示，与前面计算结果相同。需要注意的是，上述两个函数只能用于一元线性回归。

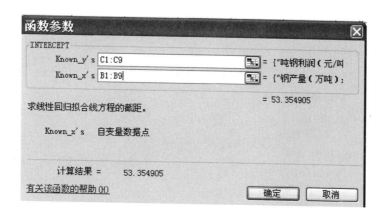

图 8-6 利用 INTERCEPT 函数求回归直线的截距

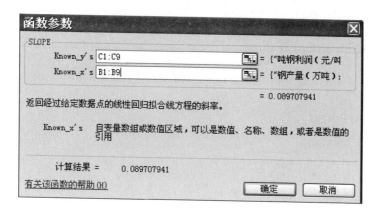

图 8-7 利用 SLOPE 函数求回归直线的斜率

（2）利用数组函数 LINEST 求解参数：Excel 中除了提供分别返回回归方程截距和斜率两个参数的函数外，还提供了返回两个参数的 LINEST 函数，可以一次返回线性回归方程的多个参数。LINEST 函数为数组函数，除了可以返回模型参数外，还可以同时返回几个主要统计量的结果。LINEST 函数可以计算出多元线性回归方程的参数。

（3）利用数据分析功能中的回归分析求解参数：Excel 提供的数据分析功能中有回归分析功能，可以进行一元和多元线性回归分析。此项功能不仅能够求解回归参数，还可以输出各项统计量及统计检验结果。以例 8-6 数据为例，其实现过程为："工具"→"数据分析"→"回归"，进入如图 8-8 所示回归界面，填写各选项后按"确定",得到如图 8-9 所示的输出结果,其中,Coefficients 表示系数,截距(Intercept)$\hat{\alpha}$ 为 53.3549,自变量 x 的系数 $\hat{\beta}$ 为 0.0897。

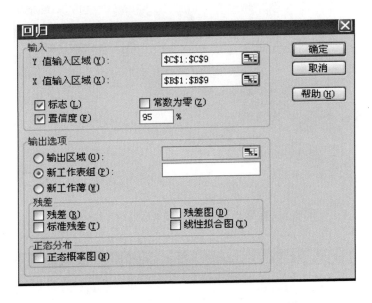

图 8-8 利用数据分析功能进行线性回归分析

SUMMARY OUTPUT

回归统计	
Multiple R	0.9914286
R Square	0.9829307
Adjusted R Square	0.9800858
标准误差	5.5650123
观测值	8

方差分析

	df	SS	MS	F	Significance F
回归分析	1	10700.184	10700.184	345.50869	1.56421E-06
残差	6	185.81617	30.969362		
总计	7	10886			

	Coefficients	标准误差	t Stat	P-value
Intercept	53.354905	5.6599487	9.4267471	8.102E-05
X	0.0897079	0.0048262	18.587864	1.564E-06

图 8-9 线性回归的输出结果

4. 一元线性回归模型参数 OLS 估计的分布特征与性质

由于总体回归模型的参数只能通过样本观测值估计，样本回归参数的估计量是随样本变动的随机变量，采用普通最小二乘估计得到的样本参数是否可靠，还需要进行假设检验，因而需要知道样本回归参数的分布特征。

（1）样本回归参数 $\hat{\alpha}$ 和 $\hat{\beta}$ 服从正态分布。根据普通最小二乘估计的结果：

$$\hat{\beta} = \frac{n \sum x_i y_i - \sum x_i \sum y_i}{n \sum x_i^2 - (\sum x_i)^2}$$

$$= \frac{\sum (x_i - \overline{x})(y_i - \overline{y})}{\sum (x_i - \overline{x})^2}$$

$$= \frac{\sum (x_i - \overline{x}) y_i - \sum (x_i - \overline{x}) \overline{y}}{\sum (x_i - \overline{x})^2}$$

$$= \frac{\sum (x_i - \overline{x}) y_i}{\sum (x_i - \overline{x})^2} = \sum \frac{(x_i - \overline{x})}{\sum (x_i - \overline{x})^2} y_i$$

$$= \sum k_i y_i$$

$$\hat{\alpha} = \frac{\sum y_i}{n} - \hat{\beta} \frac{\sum x_i}{n}$$

$$= \overline{y} - \hat{\beta} \overline{x}$$

根据模型假设，自变量 x 为可控变量，是可以事先设定的一组固定的值，因而 k_i 为一组常数，且 $\sum k_i = 0$，$\sum k_i x_i = 1$。可见，$\hat{\alpha}$ 和 $\hat{\beta}$ 具有线性性，都是 y_i 的线性组合，由于 y_i 与模型中的随机变量 ε 同分布，因而 $\hat{\alpha}$ 和 $\hat{\beta}$ 都是服从正态分布的随机变量。

（2）样本回归参数 $\hat{\alpha}$ 和 $\hat{\beta}$ 的期望分别等于总体回归参数 α 和 β。

证明过程如下：

$$\hat{\beta} = \sum k_i y_i = \sum k_i (\alpha + \beta x_i + \varepsilon_i) = \alpha \sum k_i + \beta \sum k_i x_i + \sum k_i \varepsilon_i$$

$$= \beta + \sum k_i \varepsilon_i$$

$$E(\hat{\beta}) = E(\beta + \sum k_i \varepsilon_i) = \beta + \sum k_i E(\varepsilon_i)$$

$$= \beta$$

$$E(\hat{\alpha}) = E(\overline{y} - \hat{\beta} \overline{x}) = E(\overline{y}) - \overline{x} E(\hat{\beta}) = \overline{y} - \beta \overline{x}$$

$$= \alpha$$

这表明，回归系数的最小二乘估计是无偏估计。

（3）样本回归参数 $\hat{\alpha}$ 和 $\hat{\beta}$ 的方差。

$\hat{\beta}$ 的方差和标准差分别为：

$$Var(\hat{\beta}) = \frac{\sigma^2}{\sum (x_i - \bar{x})^2}$$

$$S(\hat{\beta}) = \frac{\sigma}{\sqrt{\sum (x_i - \bar{x})^2}}$$

$\hat{\alpha}$ 的方差和标准差分别为：

$$Var(\hat{\alpha}) = \sigma^2 \frac{\sum x_i^2}{n \sum (x_i - \bar{x})^2}$$

$$S(\hat{\alpha}) = \sigma \sqrt{\frac{\sum x_i^2}{n \sum (x_i - \bar{x})^2}}$$

上述公式的推导过程略去。

可以证明，在所有的线性无偏估计中，回归系数的最小二乘估计具有最小方差。

5. 随机误差项的方差 σ^2 的估计

在回归参数的方差和标准差公式中，σ^2 为总体回归模型中随机误差项 ε_i 的方差，σ^2 是无法观测得到的，但可以由样本回归模型中随机误差项进行估计。

$$\hat{\sigma}^2 = \frac{\sum e_i^2}{n-2}$$

可以证明，上述估计量是 σ^2 的一个无偏估计，n 为观测值的个数，$(n-2)$ 为自由度。在 Excel 数据分析功能的回归分析输出结果中，方差分析表给出的残差平方和的均值即为计算的方差 σ^2 的估计值。

三、一元线性回归模型的拟合优度与标准误差

基于一个特定的观测样本数据，尽管由普通最小二乘方法估计出的样本回归直线是所有直线中最优的一条，但直线与各观测点总存在或正或负的偏离，这种偏离程度的大小说明样本回归直线对样本数据拟合的优劣程度。回归方程拟合优度的度量使用可决系数指标。

1. 可决系数

可决系数（R Square）又称为判定系数，其度量回归方程拟合优度的基本原理是：以所有 y_i 的均值 $\bar{y}$ 作为偏离的度量基准，每一个实际观测值 y_i 对均值的偏离可以分解为两部分，如图 8-10 所示。

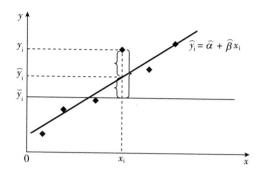

图 8-10 离差分解图

$$y_i - \overline{y} = (\hat{y}_i - \overline{y}) + (y_i - \hat{y}_i)$$

式中，前面部分为因变量的回归估计值与其均值的偏差，另一部分为因变量的实际观测值与回归估计值的偏差，将上述偏差分解式两边平方并加总得：

$$\sum (y_i - \overline{y})^2 = \sum (\hat{y}_i - \overline{y})^2 + \sum (y_i - \hat{y}_i)^2 + \sum 2(\hat{y}_i - \overline{y})(y_i - \hat{y}_i)$$

可以证明：

$$\sum 2(\hat{y}_i - \overline{y})(y_i - \hat{y}_i) = 0$$

则：

$$\sum (y_i - \overline{y})^2 = \sum (\hat{y}_i - \overline{y})^2 + \sum (y_i - \hat{y}_i)^2$$

$$\sum (y_i - \overline{y})^2 \cdots SST; \quad \sum (\hat{y}_i - \overline{y})^2 \cdots SSR; \quad \sum (y_i - \hat{y}_i)^2 \cdots SSE$$

上述离差平方和分解式中，左边部分称为总离差平方和（SST），可以分解为由回归直线解释的部分——回归平方和（SSR），与回归直线不能解释的部分——残差平方和（SSE）。

对于一个观测样本，总离差平方和是既定的，对其拟合不同的直线会有不同的回归平方和与残差平方和，直线拟合越好，各观测点与直线越靠近，此时残差平方和部分就越小、回归平方和越大；反之，直线拟合越不好，各观测点离直线越远，此时残差平方和部分就越大、回归平方和越小。将回归平方和与总离差平方和之比称为可决系数，用 R^2 表示，则：

$$R^2 = \frac{\sum (\hat{y}_i - \overline{y})^2}{\sum (y_i - \overline{y})^2} \quad 或 \quad R^2 = 1 - \frac{\sum (y_i - \hat{y}_i)^2}{\sum (y_i - \overline{y})^2}$$

显然，回归平方和占总离差平方和比重越大或残差平方和占总离差平方和比重越小，则 R^2 越大，回归方程拟合得越优。

例8-7：计算例8-6中拟合的直线回归模型的可决系数。

解：例 8-6 中拟合的直线回归方程的截距和斜率分别为 53.3549 和 0.0897，据此可以计算出相应的拟合值，观测到的 8 家钢厂平均吨钢利润为 152，计算可决系数过程如表 8-6 所示。

表 8-6　可决系数计算表

钢厂编号	钢产量 x	吨钢利润 y	$\hat{y}$	$(y-\hat{y})^2$	$(y-\bar{y})^2$
1	482	95	96.5903	2.5291	3249
2	603	104	107.4440	11.8611	2304
3	898	138	133.9055	16.7649	196
4	1057	156	148.1678	61.3434	16
5	1146	150	156.1511	37.8360	4
6	1324	172	172.1177	0.0139	400
7	1557	198	193.0178	24.8223	2116
8	1730	203	208.5359	30.6462	2601
合计	8797	1216	1215.9301	185.8169	10886

$$R^2 = 1 - \frac{\sum (y_i - \hat{y}_i)^2}{\sum (y_i - \bar{y})^2} = 1 - \frac{185.8169}{10886} = 0.9829$$

计算结果显示，在例 8-6 中拟合的直线回归模型的可决系数达到 0.9829，与图 8-8 中 Excel 数据分析中的回归输出结果相同。

2. 可决系数的特点及其与相关系数间的关系

（1）可决系数非负；

（2）可决系数的取值范围为 $0 \leqslant R^2 \leqslant 1$；

（3）与回归系数一样，不同的样本有不同的可决系数，因而 R^2 为随机变量；

（4）可决系数在数值上等于直线相关系数的平方，即 $R^2 = r^2$。

可决系数与相关系数间存在数量上的联系，相关系数表明了两个变量数量上联系的紧密程度，其绝对值越接近 1 表明联系越紧密，其符号表明了数量上的依存方向；可决系数反映了模型对观测值的拟合程度，两个变量无论数量联系的方向如何，相关密切程度越高，模型会拟合得越好，因而可决系数不用区分方向。可决系数与相关系数的区别还在于，相关系数针对变量而言，不用区分变量的因果关系或影响与被影响关系，可决系数针对回归模型而言，需要明确自变量与因变量。

3. 一元线性回归模型的标准误差

得出回归方程后，还要对方程的拟合精度或代表性进行度量，统计学中借助估计标准误差来说明回归方程的代表性，一元线性回归中用 S_{yx} 表示标准误差。

估计标准误差是对总体回归模型的随机误差项 ε_i 的标准差 σ 的估计，它反映了实际观测值偏离回归直线的程度，用来预测 y 值的置信区间对周围的分散状况。估计标准误差越大，说明回归方程的代表性越差，或者说回归方程的拟合精度越低。

由于总体回归模型中随机误差项 ε_i 的方差 σ^2 无法观测得到，只能用样本估计量 $\hat{\sigma}^2$ 对其进行估计，因而估计标准误差就是残差平方和的均方根，公式为：

$$S_{yx} = \sqrt{\frac{\sum e_i^2}{n-2}}$$

估计标准误差公式中，分母不是 n，而是除以 $n-2$，表示其自由度。在例 8-6 拟合的直线回归方程中，估计标准误差为 5.565，计算过程见例 8-8，代表的含义是，对于给定的一个 x_i，实际观测值 y_i 会偏离对应于回归直线上的拟合值 $\hat{y}_i$，每个观测点的偏离幅度有大有小，平均偏离幅度为 5.565 元/吨。

四、一元线性回归模型中变量的显著性检验

通过回归得到的模型，除对模型的拟合优度进行度量外，还需要对回归系数的显著性及回归方程的显著性分别进行检验。回归系数的显著性检验主要是检验每个自变量对因变量的影响是否显著，回归方程的显著性检验主要是检验所有自变量的线性组合整体上对因变量的影响是否显著。由于一元线性回归中只有一个自变量，因而变量的显著性检验和回归方程的显著性检验是等价的，即两者要么同时通过检验、要么都不能通过检验。本节中主要介绍变量的显著性检验，回归方程的显著性检验将在多元线性回归中进行介绍。

一元线性回归中，回归系数 α 和 β 的检验方法相同，但对自变量前面的系数 β 的检验更有意义，因而回归系数的显著性检验通常是指变量的显著性检验。

1. 回归系数检验的步骤

（1）提出假设。在线性回归中，人们更关心自变量对因变量是否存在显著性影响，即回归系数是否为 0，这比检验回归系数是否等于某个值更有意义，因而作出的假设一般为：

$H_0: \beta = 0$　　$H_1: \beta \neq 0$

如果不拒绝原假设，表明自变量 x 对因变量 y 不存在显著的线性影响，如果拒绝原假设，表明 x 对 y 存在显著的线性影响。

（2）检验统计量。在前面介绍回归系数的分布特征时，已经知道回归系数服从正态分布，由于总体回归模型中随机误差项 ε_i 的方差 σ^2 无法观测得到，只能用样本估计量 $\hat{\sigma}^2$ 代替，此时要检验的统计量服从 t 分布：

$$t = \frac{\hat{\beta} - \beta}{S(\hat{\beta})} \sim t(n-2)$$

（3）设定显著性水平 α，确定临界值。上述假设属于双侧检验，查表可得临界值为 $t_{\alpha/2}(n-2)$。

（4）判断并得出结论。当原假设成立时，计算的 t 统计量值如果落在接受域，则不拒绝原假设 $\beta = 0$，表明自变量对因变量无显著线性影响；如果 t 统计量的值落在拒绝域，则拒绝原假设 $\beta = 0$，表明自变量对因变量存在显著的线性影响。

例 8-8：对例 8-6 中拟合的直线回归模型进行变量的显著性检验（$\alpha = 0.05$），并对检验结果加以解释。

解：作出假设为：$H_0 : \beta = 0$　　$H_1 : \beta \neq 0$

β 的方差的计算过程如表 8-7 所示，将表中结果代入公式。

表 8-7　回归系数 β 的方差计算表

钢厂编号	钢产量 x	吨钢利润 y	$\hat{y}$	$(y-\hat{y})^2$	$(x-\bar{x})^2$
1	482	95	96.5903	2.5291	381460.6406
2	603	104	107.4440	11.8611	246636.3906
3	898	138	133.9055	16.7649	40652.6406
4	1057	156	148.1678	61.3434	1816.8906
5	1146	150	156.1511	37.8360	2150.6406
6	1324	172	172.1177	0.0139	50344.1406
7	1557	198	193.0178	24.8223	209191.8906
8	1730	203	208.5359	30.6462	397372.6406
合计	8797	1216	1215.9301	185.8169	1329625.8750

$$\hat{\sigma}^2 = \frac{\sum e_i^2}{n-2} = \frac{185.8169}{8-2} = 30.9695$$

$$S(\hat{\beta}) = \frac{\hat{\sigma}}{\sqrt{\sum(x_i - \bar{x})^2}} = \frac{\sqrt{30.9695}}{\sqrt{1329625.875}} = 0.0048$$

$$t = \frac{\hat{\beta} - \beta}{S(\hat{\beta})} = \frac{0.0897 - 0}{0.0048} = 18.59$$

查 t 分布表得 $t_{0.05/2}(6) = 2.4469$，$18.59 > t_{0.05/2}(6) = 2.4469$，落在拒绝域，拒绝原假设 $H_0 : \beta = 0$，表明钢产量对吨钢利润存在显著的线性影响。

2. 回归系数的 P 值检验

上面对回归系数的检验方法是先计算出 t 值，然后与给定的显著性水平下查表得到的临界值比较，进而对假设作出判断。对回归系数的显著性检验也可用 P 值决策判断，其结论与 t 值检验相同。

P 值检验的方法是，在计算出 t 值后，由 t 分布表可以得到大于 t 值的概率 P，将其与给定的显著性水平 α 进行比较。显然，当 P 值大于 $\alpha/2$ 时，不能拒绝原假设，表明自变量对因变量不存在显著的线性影响；当 P 值小于 $\alpha/2$ 时，拒绝原假设，表明自变量对因变量存在显著的线性影响。

在例 8-8 中，计算出 $t = 18.59$，查表得 $P(t(6) > 18.59) = 1.56E-6$，远远小于 $\alpha/2 = 0.025$，拒绝原假设 $H_0: \beta = 0$，即钢产量对吨钢利润存在显著的线性影响。

五、一元线性回归模型的预测

回归分析的最终目的是要利用得到的回归模型进行预测。当建立的回归方程通过了各种统计检验和社会经济意义上的检验，就可以利用模型对因变量进行有效预测。

1. 因变量的点值预测

点值预测就是将自变量的一个值 x_0 代入回归方程中计算出因变量 $\hat{y}_0$ 的值，作为 y_0 的一个点估计值，即：

$$\hat{y}_0 = \hat{\alpha} + \hat{\beta}x_0$$

显然，根据回归方程与回归模型的关系，$\hat{y}_0$ 只是 y_0 的均值的一个点估计。例如，在钢产量与吨钢利润的回归方程中，如果产量规模达到 2000 万吨，根据方程计算吨钢利润（元）的估计值为：

$$\hat{y}_0 = 53.3549 + 0.0897x_0 = 53.3549 + 0.0897 \times 2000 = 232.75 \text{（元）}$$

2. 因变量的区间预测

对因变量进行区间预测，给出自变量的一个值，在一定的概率保证下对因变量的可能取值范围进行预测估计。因变量的区间预测分两种，一种是对因变量个值 y_0 的区间估计，另一种是对因变量均值 $E(y_0)$ 的区间估计，通常所指的因变量的区间预测是对因变量个值的区间预测。

（1）因变量均值的区间估计。由于样本是随机选取的，样本回归方程的参数是随样本变化的随机变量，因而 $\hat{y}_0$ 也是一个随机变量，并且服从正态分布，根据回归模型的假设可以得出：

$$E(\hat{y}_0) = E(\hat{\alpha} + \hat{\beta}x_0) = \alpha + \beta x_0$$

$$Var(\hat{y}_0) = E[(\hat{\alpha} + \hat{\beta}x_0) - (\alpha + \beta x_0)]^2$$

$$= E(\hat{\alpha}-\alpha)^2 + E[x_0(\hat{\beta}-\beta)]^2 - E[2(\hat{\alpha}-\alpha)(\hat{\beta}-\beta)]$$

$$= \sigma^2 \left[\frac{1}{n} + \frac{(x_0-\overline{x})^2}{\sum(x_i-\overline{x})^2} \right]$$

在 σ^2 未知的情况下，用样本估计量 $\hat{\sigma}^2$ 代替，$\hat{y}_0$ 标准化后服从自由度为 $(n-2)$ 的 t 分布。在给定显著性水平 α 下，$\hat{y}_0$ 的区间估计为：

$$\left[\hat{y}_0 - t_{\alpha/2}\hat{\sigma}\sqrt{\frac{1}{n} + \frac{(x_0-\overline{x})^2}{\sum(x_i-\overline{x})^2}},\ \hat{y}_0 + t_{\alpha/2}\hat{\sigma}\sqrt{\frac{1}{n} + \frac{(x_0-\overline{x})^2}{\sum(x_i-\overline{x})^2}} \right]$$

（2）因变量个值的区间估计。给定自变量的一个取值 x_0 时，因变量个值 y_0 同样是属于服从正态分布的随机变量，根据模型假设容易得出：

$$y_0 \sim N(\alpha+\beta x_0,\ \sigma^2)$$

$$(\hat{y}_0-y_0) \sim N\left(0,\ \sigma^2\left(1 + \frac{1}{n} + \frac{(x_0-\overline{x})^2}{\sum(x_i-\overline{x})^2}\right)\right)$$

在 σ^2 未知的情况下，用样本估计量 $\hat{\sigma}^2$ 代替，上述统计量服从自由度为 $(n-2)$ 的 t 分布。在给定显著性水平 α 下，y_0 的个值的区间估计为：

$$\left[\hat{y}_0 - t_{\alpha/2}\hat{\sigma}\sqrt{1 + \frac{1}{n} + \frac{(x_0-\overline{x})^2}{\sum(x_i-\overline{x})^2}},\ \hat{y}_0 + t_{\alpha/2}\hat{\sigma}\sqrt{1 + \frac{1}{n} + \frac{(x_0-\overline{x})^2}{\sum(x_i-\overline{x})^2}} \right]$$

（3）因变量区间估计精度的影响因素。对比两种估计可以看出，在同样的显著性水平下，由样本估计因变量个值的区间要比因变量均值的区间宽。在给定不同的自变量取值对因变量进行区间估计时，区间宽度不同，如图8-11所示，当 $x_0=\overline{x}$ 时，估计区间最窄。也就是说，利用回归方程进行预测时，x 在其均值附近取值，对因变量的区间预测精度最高。

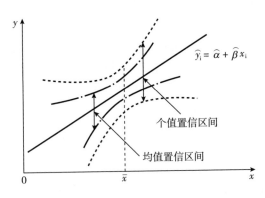

图 8-11　回归预测置信带

此外，预测区间还与样本容量有关，样本容量 n 越大，因变量个值或均值估计区间公式中根号内的部分越小，区间越窄，此时会提高预测精度。

第三节　多元线性回归分析

在一元线性回归分析中，假定因变量只受一个自变量的影响，然而研究许多现实问题时，研究对象往往受到多个自变量的影响，比如，公司股价可以由每股盈利、每股净资产等众多变量解释；作物产量受施肥量、浇水量、耕作深度等因素的影响；产品的销量不仅受销售价格的影响，还受消费者的收入水平、广告宣传费用、替代商品的价格等多个因素的影响，研究一个因变量与多个自变量之间的数量关系需要用到多元回归分析。多元线性回归分析指因变量表现为两个或两个以上自变量的线性组合关系，多元线性回归分析与一元线性回归分析的基本原理和方法类似。

一、多元线性回归模型

1. 多元线性回归的基本模型

多元线性回归模型与一元线性回归模型相似，只是自变量由一个增加到多个。设因变量 y 表现为 k 个自变量 x_1，x_2，$\cdots$，x_k 的线性组合，则多元线性回归的基本模型可以表示为：

$$y_i = \beta_0 + \beta_1 x_{1i} + \beta_2 x_{2i} + \cdots + \beta_k x_{ki} + \varepsilon_i \quad i = 1, 2, \cdots, n$$

上述模型中，k 为自变量的个数，$\beta_j (j = 0, 1, 2, \cdots, k)$ 为模型参数，ε_i 表示随机误差项，$(y_i, x_{1i}, x_{2i}, \cdots, x_{ki})$ 为对总体的第 i 次观测。

与一元线性回归类似，多元线性回归方程为：

$$E(y_i / x_{1i}, x_{2i}, \cdots, x_{ki}) = \beta_0 + \beta_1 x_{1i} + \beta_2 x_{2i} + \cdots + \beta_k x_{ki}$$

在多元线性回归模型中，系数 β_j 表示在其他自变量不变时，第 j 个自变量变化一个单位对因变量均值的影响，又称偏回归系数。与一元线性回归模型一样，由于总体回归方程未知，只能利用样本进行估计，则样本回归方程和样本回归模型分别表示为：

$$\hat{y}_i = \hat{\beta}_0 + \hat{\beta}_1 x_{1i} + \hat{\beta}_2 x_{2i} + \cdots + \hat{\beta}_k x_{ki}$$
$$y_i = \hat{\beta}_0 + \hat{\beta}_1 x_{1i} + \hat{\beta}_2 x_{2i} + \cdots + \hat{\beta}_k x_{ki} + e_i$$

上述模型和方程中，$\hat{\beta}_j (j = 0, 1, 2, \cdots, k)$ 是总体回归参数 β_j 的估计。

2. 多元线性回归模型的矩阵表示

对于总体的 n 次观测，存在 n 个相同参数的回归方程组：

$$y_1 = \beta_0 + \beta_1 x_{11} + \beta_2 x_{21} + \cdots + \beta_k x_{k1} + \varepsilon_1$$
$$y_2 = \beta_0 + \beta_1 x_{12} + \beta_2 x_{22} + \cdots + \beta_k x_{k2} + \varepsilon_2$$
$$\cdots$$
$$y_n = \beta_0 + \beta_1 x_{1n} + \beta_2 x_{2n} + \cdots + \beta_k x_{kn} + \varepsilon_n$$

将上述方程组用矩阵表达：

$$Y = X\beta + \varepsilon$$

其中：

$$Y = \begin{bmatrix} y_1 \\ y_2 \\ \vdots \\ y_n \end{bmatrix} \quad X = \begin{bmatrix} 1 & x_{11} & x_{21} & \cdots & x_{k1} \\ 1 & x_{12} & x_{22} & \cdots & x_{k2} \\ \vdots & \vdots & \vdots & \cdots & \vdots \\ 1 & x_{1n} & x_{2n} & \cdots & x_{kn} \end{bmatrix} \quad \beta = \begin{bmatrix} \beta_0 \\ \beta_1 \\ \vdots \\ \beta_n \end{bmatrix} \quad \varepsilon = \begin{bmatrix} \varepsilon_1 \\ \varepsilon_2 \\ \vdots \\ \varepsilon_n \end{bmatrix}$$

样本回归模型和回归方程的矩阵表达为：

$$Y = X\hat{\beta} + e$$
$$\hat{Y} = X\hat{\beta}$$

其中，因变量均值向量、回归系数向量和残差向量分别为：

$$\hat{Y} = \begin{bmatrix} \hat{y}_1 \\ \hat{y}_2 \\ \vdots \\ \hat{y}_n \end{bmatrix} \quad \hat{\beta} = \begin{bmatrix} \hat{\beta}_0 \\ \hat{\beta}_1 \\ \vdots \\ \hat{\beta}_n \end{bmatrix} \quad e = \begin{bmatrix} e_1 \\ e_2 \\ \vdots \\ e_n \end{bmatrix}$$

3. 多元线性回归模型的假定

与一元线性回归模型相比，多元线性回归模型除了有随机项服从正态分布、随机项零均值、随机项同方差、随机项无自相关、随机项与自变量不相关的假定外，还假定各自变量之间不存在线性相关（或者自变量之间不存在共线性）。

二、多元线性回归模型的参数估计

1. 多元线性回归参数的最小二乘估计

在一元线性回归参数的估计中，对于自变量和因变量的观测值可以借助二维平面坐标的散点表现，但在多元线性回归中这些点不在一个平面上，需要借助多维空间的"点"描述，尽管如此，多元线性回归参数的估计原理与一元线性回归相同，也是采用残差平方和最小准则即普通最小二乘法估计模型参数。

对于一个包含 n 组观测值的样本：

$$(y_i, x_{ji}), \quad i = 1, 2, 3, \cdots, n; \quad j = 0, 1, 2, \cdots, k$$

残差平方和为：

$$\sum e_i^2 = \sum (y_i - \hat{y}_i)^2 = \sum (y_i - \hat{\beta}_0 - \hat{\beta}_1 x_{1i} - \hat{\beta}_2 x_{2i} - \cdots - \hat{\beta}_k x_{ki})^2$$

使残差平方和最小的充分必要条件是：

$$\frac{\partial(\sum e_i^2)}{\partial \hat{\beta}_j} = 0 \quad (j=0, 1, 2, \cdots, k)$$

由此得到 $k+1$ 个求导方程：

$$\begin{cases} \sum 2(y_i - \hat{\beta}_0 - \hat{\beta}_1 x_{1i} - \hat{\beta}_2 x_{2i} - \cdots - \hat{\beta}_k x_{ki})(-1) = 0 \\ \sum 2(y_i - \hat{\beta}_0 - \hat{\beta}_1 x_{1i} - \hat{\beta}_2 x_{2i} - \cdots - \hat{\beta}_k x_{ki})(-x_{1i}) = 0 \\ \cdots \\ \sum 2(y_i - \hat{\beta}_0 - \hat{\beta}_1 x_{1i} - \hat{\beta}_2 x_{2i} - \cdots - \hat{\beta}_k x_{ki})(-x_{ki}) = 0 \end{cases}$$

将上述方程组简化，得到正规方程组：

$$\begin{cases} \sum y_i = n\hat{\beta}_0 + \hat{\beta}_1 \sum x_{1i} + \hat{\beta}_2 \sum x_{2i} + \cdots + \hat{\beta}_k \sum x_{ki} \\ \sum y_i x_{1i} = \hat{\beta}_0 \sum x_{1i} + \hat{\beta}_1 \sum x_{1i}^2 + \hat{\beta}_2 \sum x_{1i} x_{2i} + \cdots + \hat{\beta}_k \sum x_{1i} x_{ki} \\ \cdots \\ \sum y_i x_{ki} = \hat{\beta}_0 \sum x_{ki} + \hat{\beta}_1 \sum x_{1i} x_{ki} + \hat{\beta}_2 \sum x_{2i} x_{ki} + \cdots + \hat{\beta}_k \sum x_{ki}^2 \end{cases}$$

上述正规方程组为关于待估计参数的 $k+1$ 元一次方程组，求解可得各待估参数的值。用矩阵表示参数的估计式为：

$$\hat{\beta} = (X'X)^{-1} X'Y$$

2. 参数最小二乘估计的分布特征与性质

与一元线性回归一样，在满足经典假设的情况下，可以证明多元线性回归模型参数的最小二乘估计服从正态分布，并具有无偏性、最小方差性和线性性。

3. 随机误差项的方差 σ^2 的估计

在回归参数的方差和标准差公式中，σ^2 为总体回归模型中随机误差项 ε_i 的方差，σ^2 是无法观测得到的，但可以由样本回归模型中随机误差项进行估计，估计结果为：

$$\hat{\sigma}^2 = \frac{\sum e_i^2}{n-k-1}$$

可以证明，上述估计量是随机误差项 ε_i 的方差 σ^2 的无偏估计。$(n-k-1)$ 是其自由度。

例 8-9：上市公司股票价格受多种内在和外在因素影响，其中，每股盈利和每股净资产是对公司股票价格影响较大的两个内在因素，而流通比率往往也成为市场炒作因素。现从沪深证券交易所挂牌上市的全部商业零售类上市公司中随机抽取了 18 家公司考察，数据如表 8-8 所示，试建立以每股盈利（元/股）、每股净资产（元/股）和流通比率为解释变量、以股票价格（元）为被解释变量的线性回归模型，估计模型参数并解释其含义。

表8-8　公司股票价格及主要影响变量数据

公司编号	股票价格	每股盈利	每股净资产	流通比率	公司编号	股票价格	每股盈利	每股净资产	流通比率
1	7.81	0.36	2.51	0.853	10	8.47	0.24	3.64	0.796
2	13.99	0.40	4.03	0.661	11	11.16	0.31	3.08	0.750
3	8.07	0.28	3.71	0.749	12	13.11	0.32	4.19	0.660
4	9.24	0.22	3.17	0.610	13	7.88	0.21	2.68	0.784
5	9.52	0.35	2.79	0.948	14	12.37	0.37	2.08	0.815
6	6.54	0.15	2.19	0.641	15	17.87	0.67	4.58	0.690
7	22.98	0.89	5.71	0.363	16	5.60	0.03	2.70	0.679
8	10.08	0.30	4.55	0.810	17	13.70	0.63	3.94	0.808
9	6.64	0.33	2.34	0.521	18	24.25	0.88	5.22	0.505

解：以 P 表示股票价格、X_1 代表每股盈利、X_2 代表每股净资产、X_3 代表流通比率，建立多元线性回归模型如下：

$$P_i = \hat{\beta}_0 + \hat{\beta}_1 X_{1i} + \hat{\beta}_2 X_{2i} + \hat{\beta}_3 X_{3i} + e_i$$

利用 Excel 的数据分析功能，过程为："工具"→"数据分析"→"回归"，填写各选项，输出结果如图8-12所示。

SUMMARY OUTPUT

回归统计	
Multiple R	0.954305
R Square	0.9106981
Adjusted R Square	0.8915619
标准误差	1.7695279
观测值	18

方差分析

	df	SS	MS	F	Significance F
回归分析	3	447.05039	149.0168	47.590513	1.36638E−07
残差	14	43837207	3.1312291		
总计	17	490.8876			

	Coefficients	标准误差	t Stat	P-value
Intercept	3.1950833	3.4813509	0.9177711	0.3742795
每股盈利（X1）	16.379025	2.7952166	5.8596623	4.149E−05
每股净资产（X2）	1.2322563	0.6208398	1.9848218	0.0671174
流通比率（X3）	−3.137676	3.4794989	−0.901761	0.382436

图8-12　股票价格影响因素的回归输出结果

根据输出结果中的系数表，拟合的回归方程如下：

$$\hat{P}_i = 3.195 + 16.379x_{1i} + 1.232x_{2i} - 3.138x_{3i}$$

各参数的含义为：在每股净资产和流通比率不变的情况下，公司每股盈利提高 1 元，股票价格平均上升 16.379 元；在每股盈利和流通比率不变的情况下，公司每股净资产增加 1 元，股票价格平均上升 1.232 元；在每股盈利和每股净资产不变的情况下，公司股票流通比率提高 1 个百分点（0.01），股票价格平均下降 0.0138 元（3.138/100），但流通比率对股票价格的影响并不显著。

三、多元线性回归模型的拟合优度与统计检验

1. 多元线性回归模型的拟合优度

（1）多重可决系数 R^2。与一元线性回归类似，多元线性回归模型也需要考察模型对观测值的拟合程度，以说明模型的拟合优度。多元线性回归对模型拟合优度的考察，也是使用总离差平方和中回归平方和所占比重，即 R^2，与一元线性回归不同，多元线性回归的回归平方和是由多个自变量共同解释的部分，为了以示区别，将多元线性回归中回归平方和占总离差平方和的比重称为多重可决系数或复可决系数。R^2 的计算如下：

$$R^2 = \frac{\sum (\bar{y}_i - \bar{y})^2}{\sum (y_i - \bar{y})^2} \ \text{或} \ R^2 = 1 - \frac{\sum (y_i - \bar{y}_i)^2}{\sum (y_i - \bar{y})^2}$$

R^2 的值越接近 1，表明模型对样本数据的拟合程度越优。在实际应用中，R^2 达到多大才算模型通过了检验并没有绝对标准，应根据具体情况确定。值得注意的是，模型的拟合优度并不是判断模型质量的唯一标准，有时需要考虑模型的经济意义、回归系数的可靠性等因素。

（2）调整后的 R^2。在实际应用中发现，基于已经观测到的样本数据，如果在模型中增加自变量，此时模型的解释功能增强了，残差平方和会相应减少，R^2 会增大。这给人一种错觉：为了使模型拟合得更好，就增加自变量的个数。但在样本容量一定的前提下，增加自变量不仅会损失自由度，还会带来其他问题。为了消除自变量个数对模型拟合优度的影响，实际应用中往往对 R^2 进行调整（Adjusted R Square），其计算公式为：

$$\bar{R}^2 = 1 - \frac{\sum (y_i - \hat{y}_i)^2 / (n-k-1)}{\sum (y_i - \bar{y})^2 / (n-1)} = 1 - \frac{n-1}{n-k-1} \frac{\sum (y_i - \hat{y}_i)^2}{\sum (y_i - \bar{y})^2}$$

式中，$(n-k-1)$ 为残差平方和的自由度，$(n-1)$ 为总离差平方和的自由度。可以看出，R^2 经过调整比原来变小了。在例 8-9 的输出结果中，R^2 为 0.9107，而 Adjusted R^2 为 0.8916。

2. 回归方程的显著性检验（F 检验）

模型的拟合优度用于判断自变量对因变量的拟合程度，拟合优度越高表明线性方程对数据拟合得越好，但这只是一个模糊的判断，需要给出统计上的检验，方程的显著性检验是对模型的整体线性关系能否成立所进行的检验。方程的显著性检验使用的方法因构造的统计量不同而不同，其中以 F 检验应用最为普遍，一般的数据分析软件中都有 F 统计量的计算结果。

（1）检验的模型为：

$$y_i=\beta_0+\beta_1 x_{1i}+\beta_2 x_{2i}+\cdots+\beta_k x_{ki}+\varepsilon_i \quad i=1,2,\cdots,n$$

（2）要检验的假设为：

$$H_0: \beta_1=\beta_2=\cdots=\beta_k=0 \quad H_1: \beta_j(j=1,2,\cdots,k)\text{不全为} 0$$

如果 H_0 成立，则所有自变量系数全为 0，表明由所有自变量构成的线性部分整体上不能解释因变量，即方程不成立；如果 H_1 成立，即至少有一个自变量系数不为 0，表明线性关系成立。

（3）检验的统计量。

由于 y_i 服从正态分布，因此 y_i 的一组样本的平方和服从 χ^2 分布，因此有：

$$SSR=\sum(\hat{y}_i-\overline{y})^2 \sim \chi^2(k)$$

$$SSE=\sum(y_i-\hat{y}_i)^2 \sim \chi^2(n-k-1)$$

构造 F 统计量：

$$F=\frac{SSR/k}{SSE/(n-k-1)} \sim F(k,n-k-1)$$

给定显著性水平 α 下，如果 $F>F_\alpha(k,n-k-1)$，则拒绝 H_0，即模型的线性关系显著成立，模型通过显著性检验；如果 $F<F_\alpha(k,n-k-1)$，则不拒绝 H_0，表明回归方程中所有自变量联合起来对因变量的影响不显著，即模型的线性关系显著不成立，模型未通过显著性检验。

在例 8-9 的回归输出结果中，方差分析表结果显示，$SSE=43.837$，自由度为 $(18-3-1)=14$；$SSR=447.050$，自由度为 3，计算出的 F 值为 47.591，在 $\alpha=0.05$ 的显著性水平下，$F_{0.05}(3,14)=3.344$，F 值大于临界值，即线性回归模型显著成立。

3. 变量的显著性检验（t 检验）

在多元线性回归分析中，方程的总体线性关系成立并不能说明每个自变量对因变量的影响都是显著的，必须对每个自变量进行显著性检验。在一元线性回归分析中，由于只有一个自变量，所以方程的显著性检验等价于变量的显著性检验。多元线性回归中变量的显著性检验方法与一元线性回归相同，普遍使用 t 检验。

可以证明，回归系数的估计量服从正态分布：

$$\hat{\beta}_j \sim N(\beta_j,\ Var(\hat{\beta}_j))$$

其中，参数的协方差矩阵为：

$$Cov(\hat{\beta}) = \sigma^2(X'X)^{-1}$$

以 C_{ii} 表示矩阵 $(X''X)^{-1}$ 主对角线上的第 i 个元素，参数估计量 $\hat{\beta}_i$ 的方差 $Var(\hat{\beta}_i)$ 为 $\sigma^2 C_{ii}$。

由于随机误差项 ε_i 的方差 σ^2 未知，使用样本估计量 $\hat{\sigma}^2$ 代替，由此构造 t 统计量：

$$t = \frac{\hat{\beta}_j - \beta_j}{S(\hat{\beta}_j)} \sim t(n-k-1)$$

$$S(\hat{\beta}_j) = \sqrt{\hat{\sigma}^2 c_{jj}}$$

$$\hat{\sigma}^2 = \frac{\sum e_i^2}{n-k-1}$$

（1）构造假设。

$$H_0:\ \beta_j = 0 \quad H_1:\ \beta_j \neq 0 \quad j = 1,\ 2,\ \cdots,\ k$$

如果拒绝 H_0，则变量通过显著性检验，即自变量 x_j 对因变量 y 有显著的影响，否则自变量 x_j 对因变量 y 有不显著影响。

（2）计算 t 统计量的值。当 H_0 成立时，由样本数据计算出检验的统计量为：

$$t = \frac{\hat{\beta}_j}{S(\hat{\beta}_j)}$$

（3）依据临界值进行检验：给定显著性水平 α，得到临界值 $t_{\alpha/2}(n-k-1)$，如果 $|t| > t_{\alpha/2}(n-k-1)$，则拒绝 H_0，变量通过显著性检验，即变量 x_j 对因变量 y 有显著的影响，否则不能通过显著性检验。

例 8-10：针对例 8-9 的回归输出结果，在显著性水平 α 分别为 0.05 和 0.10 的情况下，推断每股盈利（X_1）、每股净资产（X_2）、流通比率（X_3）是否能解释股票价格（P）。

解：依据例 8-9 的回归输出结果（见图 8-12），将模型的各参数及检验结果整理如表 8-9 所示。

表 8-9　变量显著性检验表

变量名称	变量符号	参数符号	参数估计值	参数的 t 值	与 t 值对应的 P 值
—	—	$\hat{\beta}_0$	3.195	0.918	0.3743
每股盈利	X_1	$\hat{\beta}_1$	16.379	5.860	0.0000

变量名称	变量符号	参数符号	参数估计值	参数的 t 值	与 t 值对应的 P 值
每股净资产	X_2	$\hat{\beta}_2$	1.232	1.985	0.0671
流通比率	X_3	$\hat{\beta}_3$	-3.138	-0.902	0.3824

在 $\alpha = 0.05$ 的显著性水平下，根据 P 值决策（注：图 8-12 中系数表中的 P 值为双侧概率），变量 X_2 和 X_3 未能通过 t 检验，表明每股净资产和流通比率不能解释股票价格；变量 X_1 通过 t 检验，表明每股盈利对股票价格有显著影响。

在 $\alpha = 0.10$ 的显著性水平下，根据 P 值决策，变量 X_3 未能通过 t 检验，表明流通比率不能解释股票价格；变量 X_1 和 X_2 可以通过 t 检验，表明每股盈利和每股净资产能够对股票价格有显著影响。

第四节　非线性回归模型

在实际研究中，很多时候变量间的关系不一定是线性关系，而是因变量表现为自变量的非线性组合，此时研究现象间的关系需要配合非线性回归模型。由于非线性模型的估计比线性模型要复杂得多，通常尽可能将其转化为线性问题加以解决，尽管不是所有非线性模型都可以线性化，但许多非线性模型线性化后仍适用于线性回归模型的估计方法，本节将介绍此类非线性模型的线性化。

一、非线性模型的完全线性化

变量之间的非线性关系许多情况下可以通过简单变换完全转化为线性关系，其中变量非线性问题和有些参数非线性问题一般可以完全转化为线性问题。

1. 双曲线模型的线性化

双曲线模型的一般形式为：

$$\frac{1}{y_i} = \alpha + \beta \frac{1}{x_i} + \varepsilon_i \quad i = 1, 2, \cdots, n$$

模型中，x_i 为自变量，y_i 为因变量，ε_i 表示随机误差，α 和 β 为回归参数。

令：$y'_i = \frac{1}{y_i}$，$x'_i = \frac{1}{x_i}$

则有：$y'_i = \alpha + \beta x'_i + \varepsilon_i$

此时，两变量之间的非线性问题完全转化为一元线性问题。经济现象中，需求量与价格之间的关系通常表达为此类双曲线形式模型。

2. 幂函数模型的线性化

幂函数模型的一般形式为：

$$y_i = \alpha \cdot x_i^{\beta} \cdot \varepsilon_i$$

模型两边取对数有：

$$\lg y_i = \lg \alpha + \beta \lg x_i + \lg \varepsilon_i$$

令：$y'_i = \lg y_i$，$x'_i = \lg x_i$，$\alpha' = \lg \alpha$，$\varepsilon'_i = \lg \varepsilon_i$

则有：$y'_i = \alpha' + \beta x'_i + \varepsilon'_i$

此时，幂函数模型完全转化为一元线性模型。

3. 指数函数模型的线性化

指数函数模型的一般形式为：

$$y_i = \alpha \cdot e^{\beta x_i} \cdot e^{\varepsilon_i}$$

模型两边取自然对数有：

$$\ln y_i = \ln \alpha + \beta x_i + \varepsilon_i$$

令：$y'_i = \ln y_i$，$\alpha' = \ln \alpha$

则有：$y'_i = \alpha' + \beta x_i + \varepsilon_i$

此时，指数函数模型完全转化为一元线性模型。

4. S 形曲线模型的线性化

S 形曲线模型的一般形式为：

$$y_i = \frac{1}{\alpha + \beta e^{-x_i} + \varepsilon_i}$$

令：$y'_i = \dfrac{1}{y_i}$，$x'_i = e^{-x_i}$

则有：

$$y'_i = \alpha + \beta x'_i + \varepsilon_i$$

此时，S 形曲线模型完全转化为一元线性模型。

5. 多项式模型的线性化

在某些一元非线性模型中，因变量表现为自变量的多项式组合，比较典型的如抛物线模型，抛物线模型有二次、三次等不同形式，考虑二次抛物线形式：

$$y_i = \alpha + \beta x_i + \gamma x_i^2 + \varepsilon_i$$

此时，将 x_i 看作自变量 x_{1i}，将 x_i^2 看作自变量 x_{2i}，则有：

$$y_i = \alpha + \beta x_{1i} + \gamma x_{2i} + \varepsilon_i$$

二次抛物线模型完全转化为二元线性模型。同样，k 次抛物线可以完全线性化为 k 元线性模型。

需要注意的是，上述多项式模型线性化后，容易引起多重共线性问题。

6. C–D 生产函数模型的线性化

Cobb-Dauglass 生产函数用于描述产量与投入要素组合之间的数量关系，该模型由于符合许多经济学意义及假设，自提出后被应用于研究解决许多社会经济问题。由于应用的有效性，其形式也得到许多拓展。两要素 Cobb-Dauglass 生产函数模型的一般形式为：

$$Q_i = AK_i^\alpha L_i^\beta \varepsilon_i$$

上述形式的模型包含参数非线性，模型中 Q_i 代表产量，K_i 和 L_i 分别代表资本和劳动投入量，ε_i 表示随机误差；A、α 和 β 为回归参数，其中，A 代表技术水平参数。对模型两边取对数得到：

$$\ln Q_i = \ln A + \alpha \ln K_i + \beta \ln L_i + \ln \varepsilon_i$$

令 $y_i = \ln Q_i$，$x_{1i} = \ln K_i$，$x_{2i} = \ln L_i$，$\varepsilon'_i = \ln \varepsilon_i$，$A' = \ln A$

则完全线性化为二元线性回归模型：

$$y_i = A' + \alpha x_{1i} + \beta x_{2i} + \varepsilon'_i$$

需要注意的是，在原来的非线性模型中，满足线性回归模型假设条件的，转化为线性模型后假设条件不一定再满足，比如，原模型中随机误差项在满足经典假设的情况下，线性模型中新的随机误差项不一定再满足正态分布的假设；多项式非线性模型转化为线性模型后自变量之间不存在线性相关的假设不再满足；等等。

二、非线性模型的近似线性化

有些参数非线性问题虽然不能完全线性化，但经过变换后可以近似线性化，从而可以近似转化为线性模型，比如常替代弹性生产函数（CES）模型，其一般形式为：

$$Q_i = A(\delta_1 K_i^{-\rho} + \delta_2 L_i^{-\rho})^{-\frac{1}{\rho}} \varepsilon_i$$

对模型两边取对数得到：

$$\ln Q_i = \ln A - \frac{1}{\rho} \ln(\delta_1 K_i^{-\rho} + \delta_2 L_i^{-\rho}) + \ln \varepsilon_i$$

将式中的 $\ln(\delta_1 K_i^{-\rho} + \delta_2 L_i^{-\rho})$ 部分在 $\rho = 0$ 处作泰勒展开，取关于 ρ 的线性部分，可以得到：

$$\ln Q_i \approx \ln A + \delta_1 \ln K_i + \delta_2 \ln L_i - \frac{1}{2} \rho \delta_1 \delta_2 \left(\ln \left(\frac{K}{L} \right) \right)^2 + \ln \varepsilon_i$$

则原非线性模型近似化为线性模型。但需要注意的是，线性化后的模型中有些部分不再具有明确的经济意义。

三、不可化为线性的非线性问题

并非所有的非线性模型都可以转换为线性问题，对此，现代计量经济学已发展形成了一套非线性模型理论，用于解决非线性模型的参数估计等问题。

对于不可线性化的非线性模型，考虑如下一般表达式：

$y_i = f(X_i, B) + \varepsilon_i \quad i = 1, 2, \cdots, n$

上述模型中，f 是非线性函数，n 为样本容量。

$X_i = (x_{1i}, x_{2i}, \cdots, x_{ki}), \qquad B = (\beta_1, \beta_2, \cdots, \beta_k)'$

在一般性的非线性模型中，随机误差项表达为与非线性函数部分的相加关系，此时，非线性模型既不能通过简单变换完全线性化，也不能通过直接变换近似线性化。比如，生产函数模型中的随机误差项如果表达为与非线性部分的相加形式：

$Q_i = AK_i^\alpha L_i^\beta + \varepsilon_i$

则此时的模型就是典型的非线性模型，再不能通过前面的取对数方法线性化。对此，现代计量经济学发展出了依赖普通最小二乘原理的非线性最小二乘法和非线性最大或然法，可以解决此类模型的参数估计问题，有些计量分析工具已经可以实现非线性模型的参数估计。

□□■ 小知识：大数据、相关与回归分析

相关分析是通过计算相关系数来衡量两个变量之间的关系强度和方向。大数据分析中的相关分析可以帮助人们发现变量之间的关联性，从而找到其中的规律和模式。通过对大量样本数据的分析，可以得到更准确和可靠的相关系数，增加对变量关系的理解和预测的准确性。

回归分析是建立因果关系或进行预测的方法。在大数据分析中，回归分析可以通过选择合适的自变量，建立模型，对因变量进行预测或解释。大数据提供了更多的样本数据，使得回归分析可以更准确地找到自变量和因变量之间的关系，并进行可靠的预测。

大数据和相关与回归的关系：

大数据通常包含大量的数据点，这使得相关性分析和回归分析可以在大数据上进行更准确的估计和推断。

大数据的优势之一是能够探索和挖掘隐藏在数据中的复杂关系和模式，包括相关性和因果关系。相关性分析和回归分析是用于发现这些关系的常见工具。

在大数据分析中，通常需要使用高度并行化的算法和分布式计算技术来处理和分析庞大的数据集，以确保效率和可扩展性。

总的来说，大数据可以用于进行相关性分析和回归分析，但这些分析需要根据具体的问题和数据的特性进行调整和优化，以便有效地从大数据中提取信息和见解。大数据分析通常侧重于从大数据中挖掘深层次的模式和关联，以帮助组织作出更明智的决策。

□□ **思考与练习**

1. 相关关系与函数关系有什么区别与联系？

2. 影响上市公司股票价格的因素很多，一般而言，在一个成熟的股票市场，上市公司的盈利性越好则其股票价格通常越高，两者呈正相关关系，某同学为了研究沪深证券交易所上市的上市公司盈利能力与股票价格之间的关系，随机选取了 100 家公司作样本，计算出公司每股利润和股票价格之间的直线相关系数为 -0.21，你对这一结果如何解释？

3. 对于一个研究总体进行一元线性回归分析，如何理解利用普通最小二乘法得到的回归直线是最优的？如何理解样本回归方程中的系数是随机变量？对于一个观测到的样本，回归方程中的系数还是变量吗？

4. 为了研究道路交通状况，交管部门在市区某一路段设置观测点，对 1 分钟内通过观测点的交通流量进行多次观测，得到通过观测点的机动车密度与通行速度的有关数据：

观测序号	机动车流量（辆）	通行速度（千米/小时）	观测序号	机动车流量（辆）	机动车速度（千米/小时）
1	47	38	7	40	42
2	28	54	8	32	50
3	36	48	9	38	42
4	53	37	10	44	41
5	23	57	11	58	33
6	64	28	12	70	26

（1）制作散点图，观察机动车流量与通行速度之间的关系。

（2）计算机动车流量与通行速度之间的直线相关系数，并检验两者是否显著相关（显著性水平 0.05）。

（3）建立机动车流量与通行速度之间的线性回归模型，并利用计量分析工具估计模型参数。

（4）预测当机动车流量达到每分钟 80 辆时，机动车通过该路段速度的点估计值。

5. 在一级方程式比赛中，对 10 位选手的赛道排位名次和最终比赛排名进行统计，结果如下：

选手编号	A01	A08	A03	A06	A05	A02	A04	A10	A09	A07
排位名次	1	2	3	4	5	6	7	8	9	10
比赛名次	2	3	1	6	4	5	7	9	8	10

计算选手赛道排位名次和最终比赛名次之间的等级相关系数，并判断两者的相关程度如何。

6. 在一项城市居民旅游消费支出与收入之间数量关系的调查分析中，研究者以支出为因变量（Y）、收入（X）为自变量建立一元线性回归模型（收入和支出计量单位均为元），利用 Excel 中数据分析工具的回归分析得到如下输出结果，依据输出结果回答以下问题：

（1）研究者在对模型进行回归估计时，使用的样本容量为多少？

（2）建立的一元线性回归模型在 5% 的显著性水平下能否成立？在 1% 的显著性水平下呢？

（3）居民收入能否显著解释旅游消费支出（显著性水平 5%）？

（4）系数表中，自变量前的系数 0.106667 代表什么意思？

（5）解释模型的标准误差 319.3428 的含义。

回归统计	
Multiple	0.726182
R Square	0.527341
Adjusted	0.474823
标准误差	319.3428
观测值	11

方差分析

	df	SS	MS	F	Significance F
回归分析	1	1024000	1024000	10.0412	0.011388
残差	9	917818.2	101979.8		
总计	10	1941818			

	Coefficien	标准误差	t Stat	P-value	Lower 95%	Upper 95%	下限 95.0%	上限 95.0%
Intercept	−273.939	1249.199	−0.21929	0.831315	−3099.82	2551.944	−3099.82	2551.944
X	0.106667	0.033662	3.168786	0.011388	0.030519	0.182815	0.030519	0.182815

7. 精益公司是一家速溶饮品生产商，其产品在各大城市均有销售，但各城市的销售情况差异较大。为了进一步促进销售，公司收集了 2019 年公司在 13 个不同人口规模城市的销售额及相关数据，并建立以年销售额（Y）为被解释变

量、以人口数（X_1）和居民人均年收入（X_2）为解释变量的二元线性回归方程如下：

$$Y_i = \hat{\beta}_0 + \hat{\beta}_1 X_{1i} + \hat{\beta}_2 X_{2i}$$

城市编号	人口数（万人）	居民人均年收入（千元）	年销售额（万元）
1	367	32	2860
2	439	31	3168
3	471	34	3476
4	512	36	3602
5	538	37	3771
6	577	35	3968
7	610	38	4087
8	652	40	4201
9	709	40	4453
10	782	41	4730
11	840	39	4842
12	938	41	4919
13	1064	42	5634

（1）用普通最小二乘法估计上述模型的参数。

（2）在5%的显著性水平下，利用F检验对上述线性模型是否显著成立进行推断。

（3）销售部管理层认为，公司产品销售额受所在城市人口规模和居民人均收入的显著影响，依据变量的显著性检验结果，推断管理层的上述假设是否成立（显著性水平5%）。

（4）依据回归结果预测，在一个拥有1000万人口、居民人均收入达到40000元的城市，公司产品的销售额平均为多少？如果该城市人口规模不变，居民人均收入上升10%时，理论上销售额平均提高多少？

第九章　非参数方法

实践中的数据分析9：数据服从正态分布吗？

　　参数估计是以总体分布已知或总体分布服从某种假定为前提，然而，许多情况下，总体的分布往往未知，此时，必须通过非参数方法加以解决。非参数估计就是对总体分布形式的假定没有任何要求和不以估计总体参数数值为目的的统计推断方法，因此，非参数方法又称为无分布方法。非参数方法使用场合较多，常用于检验变量之间的独立性、变量是否同分布等。

　　按照回归分析的要求，因变量需要满足近似正态分布这一条件。当我们研究债务杠杆（自变量）对公司盈利能力（因变量）的影响时，如果用公司净利润表示盈利能力，则净利润通常存在右长尾分布特征，此时需要对净利润变量进行正态分布检验。如果服从正态分布，可以直接以净利润为因变量建立模型，如果不服从正态分布，则需要对净利润进行变换处理。除了净利润外，营业收入、总资产等变量也存在类似分布特征。这类数据分布的检验需要使用非参数检验方法。

第一节　列联表分析

　　个体有多种属性，不同属性之间可能存在关联，列联表分析就是建立在对个体按两种或以上属性交叉分组后形成的频数分布表进行的分析。列联表分析又称为列联表检验，主要考察属性（变量）之间是否存在关联，如果不存在关联则表明两种属性之间相互独立。与方差分析不同之处在于，方差分析主要考察一个或多个自变量（属性）对某一数值型因变量是否存在影响；列联表分析则是基于频数分布分析变量之间的关联性，变量之间并无自变量与因变量区分。列联表分析适合考察定性变量之间的关联性，尽管也可将数值型变量转换为分类定性变量，但转换之后存在信息损失，分析效度会变差。列联表分二维和多维，本节主要介绍二维列联表分析。

一、列联表的结构

（一）列联表

列联表又称为交互分类表，是将总体中的个体按两个或更多属性进行交叉分组（或分类）后得到的频数分布表。将个体按两个属性交叉分组得到的频数分布表称为二维列联表，将个体按三个或更多属性交叉分组得到的频数分布表称为高维列联表，表9-1为某购物中心随机访问顾客得到的满意度评价分布情况，为二维列联表，表9-2为加入年龄后交叉分组得到的高维列联表。值得注意的是，将总体中的个体按不同属性分组并列得到的表为并列表，不属于高维列联表，如表9-3为两个并列的二维列联表。

表9-1 按顾客性别划分的满意度评价人数分布（二维列联表）

性别 \ 评价	满意	一般	不满意	合计
男	20	30	8	58
女	11	46	5	62
合计	31	76	13	120

表9-2 按顾客年龄和性别交叉分组的满意度评价人数分布（高维列联表）

年龄	性别	满意	一般	不满意	合计
30及以下	男	7	12	3	22
	女	4	16	2	22
31~45	男	10	12	3	25
	女	5	25	2	32
46及以上	男	3	6	2	11
	女	2	5	1	8
合计		31	76	13	120

表9-3　按顾客年龄和性别并列分组的满意度评价人数分布（并列表）

分组	满意	一般	不满意	合计
按年龄分：30 及以下	11	26	5	42
31~45	15	37	5	57
46 及以上	5	11	3	19
合计	31	76	13	120
按性别分：男	20	30	8	58
女	11	46	5	62
合计	31	76	13	120

列联表中个体的属性表现通常按行列式排列，对于二维列联表，如果总体中个体的 A 属性有 r 种表现，分别用 A_1、A_2、…、A_r 表示，B 属性有 c 种表现，分别用 B_1、B_2、…、B_c 表示，可以将二维列联表记为 r×c 列联表，通用表式如表9-4所示。

表9-4　r×c 列联表结构

列属性 B / 行属性 A	列						合计
	B_1	B_2	…	B_j	…	B_c	
A_1	n_{11}	n_{12}	…	n_{1j}	…	n_{1c}	$n_{1.}$
A_2	n_{21}	n_{22}	…	n_{2j}	…	n_{2c}	$n_{2.}$
…	…	…	…	…	…	…	…
行　A_i	n_{i1}	n_{i2}	…	n_{ij}	…	n_{ic}	$n_{i.}$
…	…	…	…	…	…	…	…
A_r	n_{r1}	n_{r2}	…	n_{rj}	…	n_{rc}	$n_{r.}$
合计	$n_{.1}$	$n_{.2}$	…	$n_{.j}$	…	$n_{.c}$	n

（二）列联表分析中的假设

二维列联表分析的任务是推断两个属性间是否存在关联，即是否独立。分析过程与假设检验相同，首先需要建立假设。二维列联表分析中的原假设和备择假设如下：

H_0：属性 A 和属性 B 无关联（或相互独立）

H_1：属性 A 和属性 B 有关联

比如，表9-1的列联表分析，需要建立的原假设为"顾客满意度与性别无关"。需要注意的是，假设检验中，假设的提出可以有特定方向（单侧假设）和无方向（双侧假设），但列联表分析无法对两属性的关联是正向还是负向进行假设推断，这一方面与分类变量的表现值无大小、高低、强弱之分有关，另一方面也由检验方法所决定。

二、列联表分析的原理与方法

1. 实际频数（率）与理论数（率）

列联表反映的是不同属性交叉状态下个体出现的频数或频率，对于观察到的样本，可以统计每一交叉状态下个体实际出现的频数和原假设成立时理论上应出现的频数，如果所有状态下两者的差距不大，则说明无法拒绝原假设，或者说两属性之间是独立的，否则，说明两者存在关联。用 E_{ij} 表示行的 i 状态与列的 j 状态交叉下理论上应出现的频数，则理论频数 E_{ij} 的计算如下：

$$E_{ij} = \frac{n_{i.}}{n} \times \frac{n_{.j}}{n} \times n = \frac{n_{i.} \times n_{.j}}{n}$$

依据表9-1中的实际频数，计算出的理论频数如表9-5所示，其中括号内为保留一位小数后的理论频数。

表9-5　按顾客性别划分的满意度评价实际与理论频数

性别＼评价	满意	一般	不满意	合计
男	20（15.0）	30（36.7）	8（6.3）	58
女	11（16.0）	46（39.3）	5（6.7）	62
合计	31	76	13	120

2. 检验的统计量

当原假设成立时，意味着各种交叉情形下实际频数与理论频数接近，否则存在较大差距，为检验假设是否成立，构造如下卡方统计量：

$$\chi^2 = \sum_{i=1}^{r} \sum_{j=1}^{c} \frac{(n_{ij} - E_{ij})^2}{E_{ij}} \sim \chi^2((r-1) \times (c-1))$$

原假设成立意味着卡方值接近0，因此，拒绝原假设的区域为 $\chi^2 > \chi^2_\alpha((r-1)(c-1))$。

例9-1：对表9-1中购物中心顾客性别是否与满意度有关进行检验（$\alpha = 0.05$）。

解：根据表9-1中样本数据计算出理论频数如表9-5所示。

（1）作出假设如下：

H_0：购物中心顾客性别与满意度无关

H_1：购物中心顾客性别与满意度有关

（2）根据表9-5中的频数计算卡方统计量的值：

$$\chi^2 = \sum_{i=1}^{r} \sum_{j=1}^{c} \frac{(n_{ij}-E_{ij})^2}{E_{ij}} = \frac{(20-15)^2}{15} + \frac{(30-36.7)^2}{37} + \cdots + \frac{(5-6.7)^2}{7} = 6.5$$

（3）查表得 χ^2（2）= 6.5 的右尾概率为 0.039，0.039<α = 0.05，可以拒绝原假设，即性别与满意度有关联。

3. 列联表分析对样本容量的要求

列联表中，每种交叉可以视作一个样本，除了样本总数要求为大样本外，还要求 80% 的各类样本期望频数大于等于 5，否则检验结果准确性难以保证。表 9-5 的期望频数能够满足检验要求。

三、列联表分析的 SPSS 操作

1. 原始数据处理

SPSS 不需要直接使用汇总后的数据表格进行列联分析，而是依据原始数据自动交叉汇总制表，并计算结果。原始数据使用性别和评价结果两个变量表示，性别值分别为"男"和"女"；评价结果值分别为 1、2、3，各代表"满意"、"一般"和"不满意"，为了分析输出结果更有条理，需要在变量视图下对评价结果变量加上标签并相应赋值，将变量"评价结果"标签定义为"满意度"，赋值 1、2、3 分别对应三种评价结果，如图 9-1 所示。

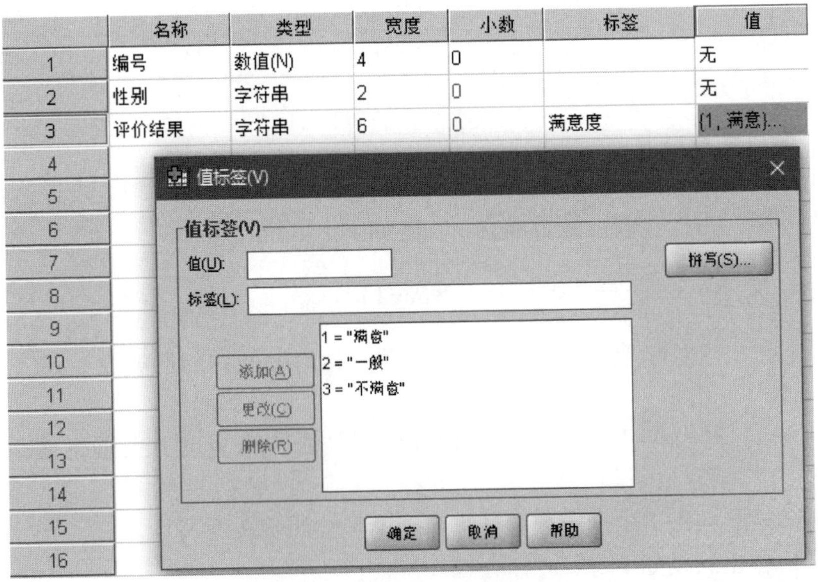

	名称	类型	宽度	小数	标签	值
1	编号	数值(N)	4	0		无
2	性别	字符串	2	0		无
3	评价结果	字符串	6	0	满意度	{1, 满意}...

图 9-1 列联表分析变量处理

2. 操作过程

选取【分析】-【描述统计】-【交叉表】，进入变量选取界面，将左侧变量框中变量分别选入行变量和列变量框，如图 9-2 所示。

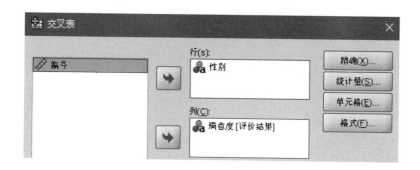

图 9-2　列联表分析变量选取

点击右侧【统计量】设置，勾选【卡方】统计量，其他可根据需要勾选，如图 9-3 所示；再点击【单元格】设置，如图 9-4 所示。

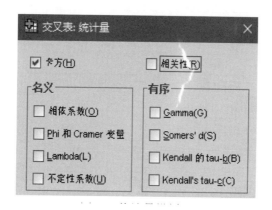

图 9-3　统计量设置

设置完成后运行结果如表 9-6 和表 9-7 所示，其中，表 9-6 为输出的列联表结果，表 9-7 为卡方检验结果。

列联表分析中，理论频数 E_{ij} 依据行列两个条件百分比 $n_{i.}/n$ 和 $n_{.j}/n$ 计算。表 9-6 中，男性不满意的期望频数 $6.3 = 120 \times 48.3\% \times 10.8\%$，其中，48.3% 为行条件比，表示男性占总人数的百分比；10.8% 为列条件比，表示"不满意"评价占所有评价的百分比。

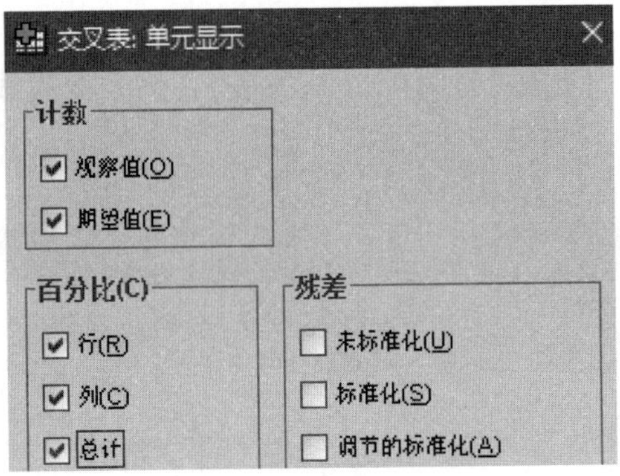

图 9-4　列联表频数及百分比设置

表 9-6　性别与满意度评价交叉制表

			满意度			合计
			不满意	满意	一般	
性别	男	计数	8	20	30	58
		期望计数	6.3	15.0	36.7	58.0
		性别中的百分比（%）	13.8	34.5	51.7	100.0
		满意度中的百分比（%）	61.5	64.5	39.5	48.3
	女	计数	5	11	46	62
		期望计数	6.7	16.0	39.3	62.0
		性别中的百分比（%）	8.1	17.7	74.2	100.0
		满意度中的百分比（%）	38.5	35.5	60.5	51.7
合计		计数	13	31	76	120
		期望计数	13.0	31.0	76.0	120.0
		性别中的百分比（%）	10.8	25.8	63.3	100.0
		满意度中的百分比（%）	100.0	100.0	100.0	100.0

表 9-7　卡方检验结果

	值	df	渐进 Sig.（双侧）
Pearson 卡方	6.548[a]	2	0.038
似然比	6.610	2	0.037
有效案例中的 N	120		

注：a. 0 单元格（.0%）的期望计数少于 5。最小期望计数为 6.28。

表 9-7 显示，卡方值为 6.5，与例 9-1 计算结果相同。

第二节　中位数检验

中位数作为总体参数，与算术平均数一样可以反映总体的一般性水平，在总体为偏态分布时，中位数甚至比算术平均数能更好地反映数据的集中趋势。本节利用符号检验方法对总体的中位数进行检验。

一、中位数检验的基本原理

1. 中位数检验的假设

一组数据中，中位数正好将所有数据分成两部分，假定没有任何一个数据等于中位数（如果有可以将其剔除），其中，50%的值大于中位数，50%的值小于中位数，假设总体中位数值为 M_e，则可作出如表 9-8 所示的假设。

表 9-8　中位数检验的假设

假设类型	双侧假设	左侧假设	右侧假设
H_0	总体中位数 $= M_e$	总体中位数 $\geq M_e$	总体中位数 $\leq M_e$
H_1	总体中位数 $\neq M_e$	总体中位数 $< M_e$	总体中位数 $> M_e$

2. 数据的符号转换及决策

以总体中位数 M_e 作为参照，如果观测数据大于假设值记为"+"，小于假设值记为"−"，则数据转换为二项分布，用 p 表示"+"出现的概率，则 $1-p$ 表示"−"出现的概率，关于中位数的直接假设相应转换为二项分布的概率假设，如表 9-9 所示。

表 9-9　中位数检验的符号假设

假设类型	双侧假设	左侧假设	右侧假设
H_0	$p = 0.5$	$p \geq 0.5$	$p \leq 0.5$
H_1	$p \neq 0.5$	$p < 0.5$	$p > 0.5$

根据样本数据符号转换结果，计算"+"出现的概率 p，与设定的显著性水

平 α 比较，进行决策判断。

例9-2：安能公司2022年销售部全体业务员月销售额中位数为23万元，销售部总经理预计2023年销售情况会有进一步好转，抽取了18位员工2023年度某一季度的销售情况，得到每位员工月均销售数据（见表9-10），检验经理的判断是否正确（$\alpha=0.05$）。

表9-10 安能公司员工月销售额 单位：万元

员工编号	销售额	员工编号	销售额	员工编号	销售额
001	28	007	31	013	28
002	31	008	15	014	15
003	19	009	35	015	31
004	22	010	20	016	30
005	26	011	22	017	23
006	29	012	49	018	25

解：经理预计销售额好转，即员工销售额中位数高于2022年度的23万元。

（1）作出假设如下：

H_0：员工月销售额中位数≤23

H_1：员工月销售额中位数>23

（2）以23万元为基准，将销售数据转换为符号，其中017号员工销售额正好等于23万元，将其剔除。结果如表9-11所示。

表9-11 安能公司员工月销售额符号转换结果

员工编号	销售额	符号	员工编号	销售额	符号	员工编号	销售额	符号
001	28	+	007	31	+	013	28	+
002	31	+	008	15	−	014	15	−
003	19	−	009	35	+	015	31	+
004	22	−	010	20	−	016	30	+
005	26	+	011	22	−	017	23	
006	29	+	012	49	+	018	25	+

（3）统计符号。共有符号 $n=17$，其中"+"11个，"−"6个。

（4）计算概率。对于 $n=17$ 且 $p=0.5$ 的二项分布概率值如表9-12所示。

表9-12 $n=17$，$p=0.5$ 的二项概率

"+"数	概率	累积概率	"+"数	概率	累积概率	"+"数	概率	累积概率
0	0.0000	0.0000	6	0.0944	0.1662	12	0.0472	0.9755
1	0.0001	0.0001	7	0.1484	0.3145	13	0.0182	0.9936
2	0.0010	0.0012	8	0.1855	0.5000	14	0.0052	0.9988
3	0.0052	0.0064	9	0.1855	0.6855	15	0.0010	0.9999
4	0.0182	0.0245	10	0.1484	0.8338	16	0.0001	1.0000
5	0.0472	0.0717	11	0.0944	0.9283	17	0.0000	1.0000

（5）判断决策。观测到的"+"个数为11，计算"+"个数大于等于11的概率，表9-12中为 $1-0.8338=0.1662$，大于设定的显著性水平 0.05，故不能拒绝原假设，即没有足够的证据表明销售额有显著提高。

3. 中位数符号检验应注意的问题

中位数检验是将原始数据转换为符号检验的非参数方法，在转换过程中存在数据信息损失，因此，效能不如总体均值的假设检验。

中位数检验中需要使用二项分布的概率，其计算较麻烦，Excel 给出了相应的计算函数 BINOM. DIST（），可以方便实现给定独立实验次数 n 和单次成功概率 p，m 次成功的概率密度函数或累积概率。

对于独立实验次数足够大的样本，加号个数的抽样分布逼近正态分布，可以转换为正态分布近似处理，具体处理方式本书不作介绍。

二、中位数检验的 SPSS 操作

SPSS 中位数检验的数据结构如下：

利用 SPSS 进行中位数检验，可以直接输入原始数据，其符号转换过程会自动完成。以例 9-2 为例，表 9-10 中的销售额数据作为检验变量。选取【分析】-【非参数检验】-【二项式】（或【单样本】），进入图 9-5 所示对话框，将销售额选入【检验变量列表】框，【定义二分法】中选择【割点】，并输入检验值 23，【检验比例】使用默认值 0.5，【精确】和【选项】子项下使用默认值。单击【确定】后输出结果如表 9-13 所示。

由于编号 017 的数据正好等于 23，在上述分析之前应将其去除。表 9-13 输出结果显示双侧概率为 0.332，与例中计算的单侧概率 0.1662 正好对应。

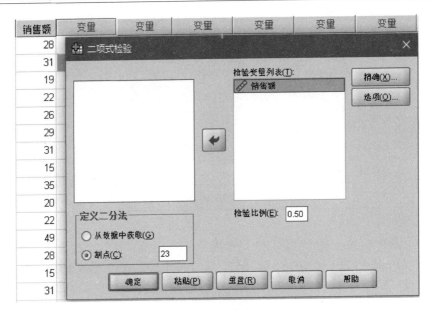

图 9-5 中位数检验设定

表 9-13 中位数符号检验输出结果

		类别	N	观察比例	检验比例	精确显著性（双侧）
销售额	组 1	≤23	7	0.39	0.50	0.332
	组 2	>23	11	0.61		
	总数		18	1.00		

第三节 正态分布检验

许多情况下，统计推断对总体的分布有特定要求。比如，利用小样本推断总体均值，当总体方差未知时，要求总体服从正态分布；对两个数值型变量的相关性进行检验时，要求变量服从正态分布；推断总体方差时，要求总体服从正态分布；等等。本节介绍如何利用非参数方法检验数据是否服从正态分布。

一、正态分布检验的方法

正态分布检验的方法大致可分三类。第一类是利用偏态与峰度系数判断，由于正态分布为对称分布，相对偏态分布而言，其偏度值为 0，相对平峰和尖峰分布而言，其峰度值为 0，因此，可使用偏态和峰度判断数据分布是否为正态分布，当两者均接近 0 时，可认为数据服从正态分布。关于数据偏态与峰度的测度，详见本书第三章相关内容。第二类是利用图形判断，通常可借助直方图、Q-Q 图（或 P-P 图）等图形工具进行辅助判断。第三类是利用非参数方法检验，使用较多的方法有拟合优度检验、Shapiro-Wilk 检验（W 检验）、Kolmogorov-Smirnov 检验（D 检验）等。

（一）图形法

1. 带正态分布的直方图

对原始数据进行科学分组后使用直方图（又称柱形图）展示频数分布，配合理论上的正态分布曲线，可以判断数据分布是否近似正态分布。SPSS 提供了带正态分布直方图的制作功能。以例 2-1 的 67 名学生考试分数原始数据为例，其带正态分布的直方图如图 9-6 所示。

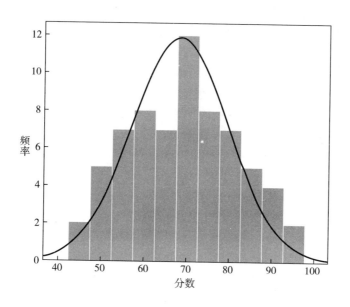

图 9-6 带正态模拟曲线的学生成绩直方图

图 9-6 显示，按分数划分为 11 组，学生成绩分布大致呈现中间高两边低的对称形态，与模拟的正态分布曲线较吻合。SPSS 中图形制作过程为：【分析】—【描述统计】—【频率】，将"分数"选入变量框，点击【图表】选项，【图表类型】下选取【直方图】并勾选【带正态曲线】即可，具体设置如图 9-7 所示。

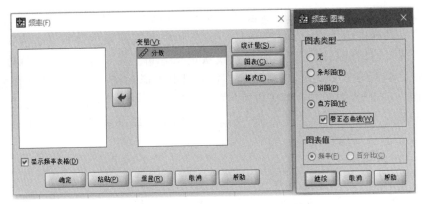

图 9-7　带正态分布直方图的 SPSS 操作

2. Q-Q 图

Q-Q 图（Quantile-Quantile Plot）是用于比较两组数据分布是否相同的概率图。图中横坐标和纵坐标分别代表两组数据在同一累积概率下对应的分位数，如果图中两组数据点近似分布在同一条直线两侧，则认为两组数据同分布。

将 Q-Q 图中的一组数据假设为标准正态分布（数据点在直线 Y=X 上），则称为正态 Q-Q 图，样本数据点分布如果近似直线 Y=X，则可判断数据呈正态分布。SPSS 提供了 Q-Q 图制作功能，操作过程为【分析】—【描述统计】—【Q-Q图】。图 9-8（a）为使用例 2-1 中 67 名学生考试分数制作的 Q-Q 图，图 9-8（b）为使用例 6-5 中 50 件零件尺寸误差制作的 Q-Q 图，从图形判断，（a）数据点基本呈直线，（b）则呈现明显偏离，由此可判断，分数大致服从正态分布，而零件误差则不符合正态分布。

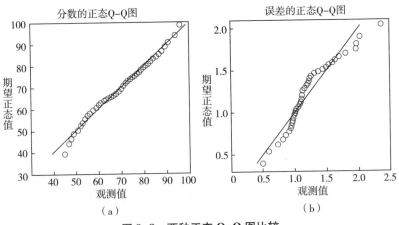

（a）　　　　　　　　　　　　（b）

图 9-8　两种正态 Q-Q 图比较

除了 Q-Q 图外，还可使用 P-P 图作为正态分布的直观判断，P-P 图与 Q-Q 图类似，不同的是，Q-Q 图中横纵坐标表示正态分布的分位数和实际数据的分位数，而 P-P 图横纵坐标代表正态分布的累积概率和实际数据的累积概率。

（二）非参数检验方法

正态分布非参数检验的方法有多种，如拟合优度检验（χ^2 检验）、Kolmogorov-Smirnov 检验（D 检验）、Shapiro-Wilk 检验（W 检验）、偏度与峰度检验等，SPSS 中提供了 D 检验和 W 检验两种非参数检验方法。

1. 拟合优度检验（χ^2 检验）

拟合优度检验可用于检验两列数据分布是否相同，或者检验样本数据是否服从理论分布（如均匀分布、二项分布、正态分布等）。用于正态分布检验的原理是：将样本数据划分为 K 组，计算各组实际频数，将各组组限值转换为 Z 值，计算对应标准正态分布的理论概率下的理论频数，用实际频数与理论频数构造 χ^2 统计量进行检验的方法。χ^2 统计量如下：

$$\chi^2 = \sum_{i=1}^{K} \frac{(f_0 - f_i)^2}{f_i} \sim \chi^2(K-r)$$

式中，K 代表组数，f_0 为各组实际频数，f_0 为各组理论频数，r 代表约束条件。一般情况下总体均值和方差未知，则 r 取 3。

例 9-3：检验第二章例 2-1 中 67 名同学的考试分数是否符合正态分布（$\alpha = 0.05$）。

解：由于成绩未进行分组，需要将其分组后与正态分布进行比较，检验分组后的数据是否与正态分布相同。

（1）计算成绩均值和标准差。

$$\overline{x} = \frac{\sum x}{n} = \frac{4626}{67} = 69.04$$

$$s = \sqrt{\frac{\sum (x - \overline{x})^2}{n-1}} = \sqrt{\frac{10486.87}{66}} = 12.61$$

（2）作出如下假设：

H_0：成绩服从均值为 69.04 标准差为 12.61 的正态分布

H_1：成绩不服从均值为 69.04 标准差为 12.61 的正态分布

（3）将正态分布划分为 10 个等概率区间，找出成绩分组的组限，结果如表 9-14 所示，其中，组限计算公式为：

组上限 = $\overline{x} + z \times s$

（4）按组限对成绩进行分组，统计各组频数 f_i，并计算期望频数 e_i，在此基础上计算 χ^2 值，如表 9-15 所示。

表 9-14　测试成绩分组组限

百分比（%）	Z 值	分组界限	百分比（%）	Z 值	分组界限
10	-1.28	52.91	60	0.25	72.20
20	-0.84	58.46	70	0.52	75.60
30	-0.52	62.49	80	0.84	79.63
40	-0.25	65.89	90	1.28	85.18
50	0.00	69.04			

表 9-15　测试成绩分组及频数计算表

区间	f_i	e_i	$(f_i-e_i)^2$	$(f_i-e_i)^2/e_i$
52.91 以下	7	6.7	0.09	0.01
52.91~58.46	9	6.7	5.29	0.79
58.46~62.49	6	6.7	0.49	0.07
62.49~65.89	4	6.7	7.29	1.09
65.89~69.04	7	6.7	0.09	0.01
69.04~72.20	8	6.7	1.69	0.25
72.20~75.60	5	6.7	2.89	0.43
75.60~79.63	7	6.7	0.09	0.01
79.63~85.18	6	6.7	0.49	0.07
85.18 以上	8	6.7	1.69	0.25
合计	67	67.0	20.10	2.98

（5）查卡方分布表，右尾概率 0.05、自由度 7 的 x^2 值为 14.07，大于 2.98，落在接受域，因此，不能拒绝 H_0，表明成绩服从正态分布。

使用 x^2 统计量进行正态分布检验时，要求理论频数之和不能小于实际频数之和；各组理论频数不能小于 5（如小于 5，可将该组与邻组合并），此外，还要求实际频数之和 n 至少大于 50。拟合优度检验并非专门针对正态分布的检验方法，检验效果并不突出。

2. Shapiro-Wilk 检验（W 检验）

使用 W 检验可以进行正态分布、均匀分布、泊松分布等多种检验。针对正态分布检验的原假设 H_0 为：总体 X 服从正态分布。其步骤如下：

第一步，将样本观测值由小到大依次排列，结果为 $x_{(1)} \leqslant x_{(2)} \leqslant \cdots \leqslant x_{(n)}$。

第二步，构建 W 统计量。

$$W = \frac{\left\{ \sum_{i=1}^{\left[\frac{n}{2}\right]} a_i(w) \left[x_{(n+1-i)} - x_{(i)} \right] \right\}^2}{\sum_{i=1}^{n} \left[x_{(i)} - \overline{x} \right]^2}$$

式中，$[n/2]$ 表示 $n/2$ 的整数部分，$a_i(w)$ 为 W 检验的系数，需要查 W 检验系数表得到。W 统计量的值位于 0 到 1 之间，值越接近 1，表明数据越接近正态分布。

第三步，根据显著性水平 α 和样本容量 n，查 W 检验表对应的 W_{α} 值，与统计量值 W 比较，如果 $W < W_{\alpha}$，或与 W 对应的 P 值小于显著性水平 α，则拒绝 H_0，即总体 X 不服从正态分布。

W 检验用于小样本正态分布检验非常有效，可适用于样本容量小于 5000 的正态分布检验，但样本量越大检验结果越敏感。

3. Kolmogorov-Smirnov 检验（D 检验）

D 检验是专门针对正态分布的检验，与 W 检验相比，要求有更大的样本容量，但不需要系数。其原假设 H_0 仍为：总体 X 服从正态分布，检验步骤如下：

第一步，将样本观测值由小到大依次排列，结果为 $x_{(1)} \leqslant x_{(2)} \leqslant \cdots \leqslant x_{(n)}$。

第二步，构建以 D 为基础的统计量。

$$Y = \frac{\sqrt{n}(D - 0.282)}{0.03}, \quad \text{其中} \ D = \frac{\sum_{i=1}^{n} \left(i - \frac{n+1}{2} \right) x_{(i)}}{(\sqrt{n})^3 \sqrt{\sum_{i=1}^{n} \left[x_{(i)} - \overline{x} \right]^2}}$$

第三步，根据显著性水平 α 和样本容量 n，查 D 检验表对应的 Y 值 $Y_{\alpha/2}$ 和 $Y_{1-\alpha/2}$，与计算出的 Y 值比较，如 $Y < Y_{\alpha/2}$ 或 $Y > Y_{1-\alpha/2}$，或与 Y 对应的 P 值小于显著性水平 $\alpha/2$，则拒绝 H_0，即总体 X 不服从正态分布。

D 检验适用于样本容量大于 5000 的样本。

二、SPSS 正态分布 W 检验和 D 检验的操作

1. SPSS 中 D 检验操作

SPSS 中提供了专门实现 D 检验的功能，无论样本容量大小，均会给出检验结果。以例 2-1 的 67 名学生考试分数原始数据为例，D 检验的操作过程为：【分析】—【非参数检验】—【单样本 K-S】，将待检验变量"分数"选入【待检验变量列表】，检验分布勾选【正态】，输出结果如表 9-16 所示。

检验结果表明，P 值为 0.959，远大于 0.05/2，故不能拒绝原假设，即数据分布服从正态分布。

表 9-16　单样本 Kolmogorov-Smirnov 检验结果

		分数
N		67
正态参数[a, b]	均值	69.04
	标准差	12.605
最极端差别	绝对值	0.062
	正	0.062
	负	-0.051
Kolmogorov-Smirnov Z		0.507
渐近显著性（双侧）		0.959

注：a. 检验分布为正态分布；b. 根据数据计算得到。

2. SPSS 中 W 检验操作

SPSS 未专门提供 W 检验功能，但在数据分析的描述统计功能下也可以实现，操作步骤为：【分析】—【描述统计】—【探索】，将变量选入"因变量列表"框，在【输出】中勾选"两者都"或"图"，在【绘制：图】选项中勾选【带检验的正态图】。以例 2-1 的 67 名学生考试分数原始数据为例，输出结果如表 9-17 所示。

表 9-17　Shapiro-Wilk 正态性检验

	Kolmogorov-Smirnov[a]			Shapiro-Wilk		
	统计量	df	Sig.	统计量	df	Sig.
分数	0.062	67	0.200[*]	0.982	67	0.462

注：a. Lilliefors 显著水平修正；*. 这是真实显著水平的下限。

此功能下，当数据容量大于 5000 时，SPSS 仅输出 D 检验结果，不会给出 W 检验结果。当数据容量小于等于 5000 时，SPSS 同时输出 D 检验和 W 检验结果。表 9-17 的 W 检验结果表明，P 值为 0.462，大于 0.05，故不能拒绝原假设，即数据服从正态分布，与 D 检验结论相同。

与单个样本 D 检验（见表 9-16）相比，表 9-17 中的 D 检验结果存在差异，由于本例中样本容量为 67，不满足 D 检验的大样本要求，导致同一检验方法下结果不同，因此，在对输出结果进行解读时，小样本应选择 W 检验；大样本选择 D 检验结果。

□□■ 小知识：大数据与非参数方法

非参数方法是一种统计学上的估计或假设检验方法，不依赖总体的分布形式，也不需要假定一个先验。非参数方法可以应用于大数据，但并不意味着它一定是大数据的必然选择。

在大数据分析中，参数方法仍然是一种常用的方法，因为它可以在数据符合某种特定分布形式的情况下进行有效的推断。然而，当数据不符合所假设的分布形式，或者数据的分布形式未知时，非参数方法就成为了一种更合适的选择。

非参数方法有很多种，例如核密度估计、分位数回归、核回归、支持向量机、随机森林等。这些方法在处理大数据时，可以避免对数据分布的强假设，同时可以更好地处理数据的复杂性和不确定性。

在大数据分析中，由于数据量庞大，传统的参数统计方法可能不够高效或不适用。非参数方法可以是一种处理大数据的替代方法，因为它们通常不需要对数据进行正态性或参数估计的假设。

非参数统计检验：非参数统计检验（如 Mann-Whitney U 检验、Kruskal-Wallis 检验）用于比较不同组之间的差异，而不依赖数据分布的假设。这些检验在大数据环境中可以用来检验差异的统计显著性。

非参数回归：非参数回归方法（如局部加权回归、核密度估计）不依赖线性关系假设，因此可以用于在大数据集上建立更灵活的模型，以探索变量之间的复杂关系。

降维和特征选择：在大数据中，降维和特征选择是关键任务之一。非参数方法如主成分分析（PCA）和基于秩次的方法可以用于降低数据维度，以便更好地可视化和理解数据。

总的来说，非参数方法在大数据分析中具有广泛的应用前景，特别是在处理不符合已知分布形式的数据以及需要估计或检验总体某些性质的情况时。然而，选择哪种方法取决于具体的问题和数据，需要根据具体情况进行选择。

□□■ 思考与练习

1. 汽车销售商为了解一款家用轿车的驾乘体验，抽取购买该款车型半年以上的 500 名用户进行了电话访谈，评价按一般、良好和优秀分类，以下是根据被调查客户的文化程度汇总后的结果：

评价结果	教育水平		
	高中及以下	大专	本科及以上
一般	35	51	58
良好	48	92	89
优秀	22	57	48

问：在 0.05 的显著性水平下，驾乘体验评价是否与受访者的受教育水平有关？

2. 公司招聘新员工，52 位应聘者的线下测试成绩如下表，利用卡方统计量检验测试成绩是否服从正态分布（$\alpha = 0.05$）。

72	67	62	66	55	95	61	88	71	71	74	74	56	64	57
63	78	55	84	81	78	69	54	59	87	82	57	62	62	65
66	63	92	70	78	81	79	55	65	75	66	66	62	57	64
82	57	72	81	86	68	70								

3. 对习题 2 中的数据，适合使用 D 检验还是 W 检验？分别使用两种检验方法对测试成绩是否符合正态分布进行检验，并分析比较检验结果。

4. 习题 2 中，该公司以往招聘结果显示，相同难度的测试内容，应聘者线上测试成绩中位数值为 75 分，问本次线下测试成绩中位数值是否低于 75 分？

第十章　时间序列分析

实践中的数据分析 10：改革开放的卓越成就

时间数列分析是对现象随时间变化所隐藏的趋势和规律进行的统计分析。现象的发展变化受内在或外在因素影响，时间数列分析则抛开一切内外因素，将影响现象发展变化的所有因素归为时间，时间成为唯一的影响变量。时间数列分析常用于反映现象发展变化的规律，分析预测现象发展的趋势。

改革开放以来，我国国民经济和社会发展取得了一系列巨大成就，经济总量（GDP）由 1978 年的 3678.7 亿元增长到 2021 年的 1143669.7 亿元，世界排名由第 10 位跃升至第 2 位，年均增长速度达到 9.2%。居民年均可支配收入由 171 元提高到 35128 元，名义收入年均增长率 13.2%。居民人均预期寿命由 61.5 岁提高到 78.2 岁，年均提高约 0.4 岁。高等学校在校生人数由 86 万增加到 4430 万，高等教育毛入学率由不足 1.6% 提高到 57.8%，接近发达国家水平。

中国改革开放取得的巨大成就为世界瞩目！

第一节　时间序列概述

一、时间序列的含义及构成要素

1. 时间序列的含义

时间序列又称动态数列，是指对某一现象的表现值按照一定时间间隔进行连续观测得到的序列值。比如过去 20 年每年参加高考的学生人数、每年的物价指数、每个月的石油平均价格、每个季度的汽车销量等都分别构成一个时间序列。图 10-1 是以折线图展示的 2003～2020 年我国人均电力消费量时间序列，可以看出人均电力消费总体呈现明显的上升趋势，表明随着我国国民经济和社会持续发展，对电力消耗的不断增长。

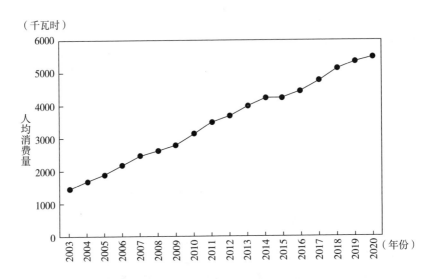

图 10-1　2003～2020 年我国人均电力消耗时间序列

资料来源：根据国家统计局网站（www.stats.gov.cn）相应数据绘制。

2. 时间序列的构成要素

时间序列由时间（t）和对应于各时间上的水平值（y）两个要素构成。一个时间序列通常表示为：

t_1，t_2，$\cdots$，t_i，$\cdots t_n$

y_1，y_2，$\cdots$，y_i，$\cdots y_n$

其中，t_1 表示期初，t_n 表示期末，y_1 和 y_n 分别表示期初水平和期末水平。在时间序列中，一般要求每个时间间隔及长度必须相同，水平指标 y 从期初到期末必须保持相同的内涵、外延及计算方法。

在对时间序列进行趋势分析与预测时，通常将时间 t 重新定义为有规律的整数值，如 1、2、3$\cdots$，或 0、1、2、3$\cdots$，或 -8、-6、-4、-2、0、2$\cdots$，无论采用哪种形式，都不影响趋势分析及预测结果。

二、时间序列的因素分解

时间序列刻画的自然、经济或社会现象受多种因素影响。通常，可以将时间序列的变化分为四种主要成分：长期趋势成分（T）、季节变动成分（S）、循环变动成分（C）和不规则变动成分（I）。

1. 长期趋势

长期趋势是指现象受某些根本因素的支配在一个较长时间内表现出来的持续性的变化趋势。从大方向上看，这种趋势可以是持续向上，也可以是持续向下或平稳的；从趋势的表现形式上看，可以是直线形式，也可以是指数曲线或其他曲线形式。比如，随着社会进步、人们的生活水平和医疗保障水平逐步得到提高，人口的平均寿命不断提高；改革开放以来，我国的国内生产总值（GDP）大致呈指数曲线形式变化。

时间序列的长期趋势不因短期因素的干扰而改变，如图 10-1 中人均电力消耗量走势，从长期来看持续上升，这是由经济和社会发展的大格局导致的需求增加所决定的，短期可能因电力生产等因素导致消耗量下跌，但这种影响只是暂时的，只要格局不发生大的改变，仍会回归到上升的趋势中。

2. 季节变动

季节变动是指现象受自然界季节更替的影响，表现出的周期性波动规律。季节变动产生的原因可能受自然季节影响，也可能受与季节有关的社会活动季节规律（如节假日、每周五天工作制、月度结算、年度结算等）的影响。例如，一天中城市公交客运量的变化，因早晚上下班出现两次高峰，这种规律每天反复出现；某种冰激凌的销售在夏季到来时会出现销售旺季，这种旺季每年反复出现；超市在每年元旦春节期间会出现销售额高峰；等等。

季节变动有两个特点：一是变化的周期固定，但长度不超过一年；二是每个周期内的波动幅度基本相同。常见的时间序列周期长度有一天、一周、一个月、一个季度、半年和一年几种，当数据为年度数据时，则不存在季节变化，比如连续每年的销售额序列中不包含季节变动因素；每年参加高考的人数序列中也不存在季节因素。

3. 循环变动

循环变动指现象以若干年为周期，呈现出扩张和收缩的交替波动。某些社会经济现象具有明显的循环变动特征，比如国内生产总值、进出口贸易、利率、价格指数、股票指数等经济指标，都有一定程度的循环波动。

与季节变动不同，循环变动的周期长短不固定，并且每个周期内波动的幅度也不同。

4. 不规则变动

不规则变动又称随机变动，它指短时间内由于各种偶然因素影响所形成的不规则波动，如股票市场受突然出现的利好或利空消息影响所产生的波动，气候异常导致农作物减产等。

不规则变动往往无法预测，也可以将其理解为时间序列中剔除长期趋势、季节变动和循环变动后剩余的部分，可用实际值与预测值之间的误差表示，等同于回归分析模型中的随机扰动项，具有某种分布特征。如果不对时间序列进行区间预测，则不用考虑不规则变动的特征。

三、时间序列的组合模型

当将时间序列分解成长期趋势、季节变动、循环变动和不规则变动四个因素后，可以认为时间序列 Y 是这四个因素的函数，即：

$$Y_t = f(T_t, S_t, C_t, I_t)$$

上式时间序列的组合模型，通常按长期趋势、季节变动、循环变动和不规则变动的次序分别进行分析，然后组合。基于组合形式的差异，时间序列组合模型有不同的形式，其中基本的模型形式分加法模型和乘法模型两种。

1. 加法模型

加法模型是将时间序列的四个要素采用相加的形式，来描述现象的数量变化，其具体形式如下：

$$Y_t = T_t + S_t + C_t + I_t$$

2. 乘法模型

乘法模型是将时间序列的四个要素采用相乘的形式，来描述现象的数量变化，其具体形式如下：

$$Y_t = T_t \times S_t \times C_t \times I_t$$

两种表述模型中，长期趋势均采用绝对量的形式，另外三个要素表述形式因模型形式不同而存在区别，加法模型中三者均采用绝对量的形式，而乘法模型中三者均采用相对指数形式。相比较而言，乘法模型比加法模型使用更为普遍。

需要说明的是，不是每个时间序列都包含全部四种成分。比如有些时间序列循环变动的因素很弱，此时组合模型就可以简化为只包含其他三种因素的模型。

第二节 时间序列的描述分析

一、时间序列的图表展示

表格是准确记录时间序列数据的最常用工具，其特点是包含的数据容量大、可以依据趋势分析的需要对表格形式进行设置，但缺陷是不能对时间序列的趋势进行直观展示。是我国 2002 年以来广义货币供应量（M2）的时间序列数据如表10-1 所示。

表 10-1 2002 年以来我国广义货币供应量（M2）年底余额 单位：亿元

年份	2002	2003	2004	2005	2006	2007	2008
M2 年底余额	183247	219227	253208	298756	345578	403401	475167
年份	2009	2010	2011	2012	2013	2014	2015
M2 年底余额	610225	725852	851591	974149	1106525	1228375	1392278
年份	2016	2017	2018	2019	2020	2021	2022
M2 年底余额	1550067	1690235	1826744	1986489	2186796	2382900	2664321

资料来源：中国人民银行调查统计司（www.pbc.gov.cn）。

通常，为了从视觉上获得时间序列变化的直接感性认识，人们更多地利用图形来描述时间序列的变化过程，可以展示时间序列变化趋势的图形主要有折线图和柱形图，两者都是以时间为横轴，其中尤其以折线图应用较为普遍。图 10-2 是将表 10-1 中的数据用折线图展示得到的结果，可以清晰地看出，货币供应量一直呈上升趋势，并且在 2008 年后上升趋势更快。

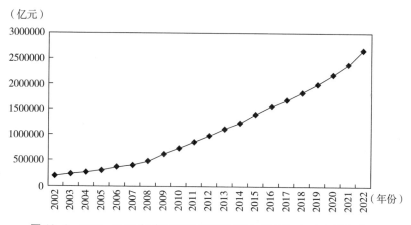

图 10-2 2002~2022 年我国广义货币供应量（M2）年底余额变化图

二、时间序列的描述分析指标

1. 平均发展水平

平均发展水平是时间序列中各期发展水平的平均值，也叫序时平均数或动态平均数，它表明现象在不同时间上的一般水平。平均发展水平的计算依时间序列的形式不同而有所差别。

时间序列按所反映的指标形式不同分为绝对数时间序列、相对数时间序列和平均数时间序列三种。绝对数时间序列反映的是某个绝对指标随时间的变化，比如国内生产总值序列、销售量序列、员工人数序列；相对数时间序列反映的是某个相对指标随时间的变化，比如计划完成程度序列、资金周转率序列；平均数时间序列反映的是某个平均指标随时间的变化，比如平均工资序列、人均加工零件数序列。三种序列计算平均发展水平时，都以绝对数序列为基础。

（1）绝对数时间序列计算平均发展水平。绝对数时间序列又分为时期序列和时点序列，所谓时期序列是指时间序列中的时间代表一个时期，序列中的指标属于时期指标，比如月度销售额序列、年产量序列等都是时期序列；时点序列是指时间序列中的时间代表一个时刻或时点，序列中的指标属于时点指标，比如月末库存额序列、年末货币发行量序列等。时期序列中各期水平可以相加，比如元月和二月的产量相加代表前两个月的产量，而时点序列中各期水平不能相加或相加无意义，因而两者计算平均发展水平的方法不同。

1）时期序列求平均。对于时期序列，求平均发展水平采用算术平均数的计算方法。

$$\bar{y} = \frac{\sum y_i}{n}$$

式中，$\bar{y}$ 表示平均发展水平，y_i 表示各期发展水平，n 表示时间序列的项数。

比如，某超市 2022 年四个季度的销售额分别为 1182 万元、804 万元、911 万元和 1395 万元，则全年季平均销售额为（1182 + 804 + 911 + 1395）/4 = 1073 万元。

通常情况下，时期序列中的时间项应保持连续，如果出现了不连续的情况，则应将所缺时间上的水平值补齐，然后再进行算术平均。比如，某超市 2022 年 1 月、3 月、4 月和 6 月销售额分别为 505 万元、347 万元、412 万元和 389 万元，则上半年月平均销售额为：

$$\bar{y} = \frac{505 + \dfrac{505+347}{2} + 347 + 412 + \dfrac{412+389}{2} + 389}{6} = 413.25$$

上面的计算中，假设 2 月的销售额为元月和 3 月的平均值，5 月的销售额为 4 月和 6 月的平均值，在此基础上对各月销售额进行算术平均。

2）时点序列求平均。时点序列又分为连续时点序列和间断时点序列，连续时点序列一般是给出连续多日的数据，计算平均发展水平也采用算术平均的方法。比如，连续观测一周上午 8 点的室外气温（℃）数据为：20.1、21.8、21.4、22.6、24.7、23.8 和 23.6，则该周上午 8 点的室外平均气温为（20.1+21.8+21.4+22.6+24.7+23.8+23.6）/7＝22.6（℃）。

间断时点序列求平均，采用分段平均并以间隔长度作为权数进行加权平均的方法。根据 n 个时点可以将序列分为 $n-1$ 个时间段，每个时间段内分别求简单算术平均，然后以间隔长度为权数对各段平均数进行加权再平均，公式为：

$$\bar{y} = \frac{\frac{y_1+y_2}{2}f_1 + \frac{y_2+y_3}{2}f_2 + \cdots + \frac{y_{n-1}+y_n}{2}f_{n-1}}{f_1+f_2+\cdots+f_{n-1}}$$

例 10-1：某商业银行一营业网点年度各月月末存款余额如表 10-2 所示，求下半年月平均存款余额。

表 10-2 某银行营业网点月末存款余额

月份	6月末	7月末	9月末	12月末
存款余额（万元）	6872	6907	6430	7005

解：下半年的时间跨度从 6 月末至 12 月末共 6 个月时间长度，4 个时点将下半年分为 3 个时间段，分别为 7 月（6 月末至 7 月末）、8~9 月（7 月末至 9 月末）和 10~12 月（9 月末至 12 月末），各段长度分别为 1 个月、2 个月和 3 个月，则下半年月平均存款余额为：

$$\bar{y} = \frac{\frac{6872+6907}{2}\times1 + \frac{6907+6430}{2}\times2 + \frac{6430+7005}{2}\times3}{1+2+3} = 6729.8$$

计算结果表明，该网点下半年月平均存款余额为 6729.8 万元。

在依据上述公式求平均发展水平时，如果各段时间长度相同，也可简化为首尾折半加中间各项除以 $n-1$。

（2）相对数或平均数时间序列计算平均发展水平。一个相对数是由两个绝对数相比得到的，依据相对数序列求平均采用分别求分子和分母的平均然后相除的办法。

例 10-2：某公司第四季度各月销售计划完成情况如表 10-3 所示，计算该公司第四季度销售额月平均计划完成程度。

解：计划完成程度（y）是由实际完成数（a）除以计划任务数（b）得到，因此分别求两者的序时平均，然后将两个序时平均数相除即得到计划完成程度的序时平均。

表 10-3　某公司第四季度各月销售额完成情况

月份	10 月	11 月	12 月
实际销售额（万元）	3963.4	4732.8	4665.6
计划完成程度（%）	104.3	98.6	97.2

分子与分母两个序时平均均为由时期数列求序时平均，采用简单算术平均：

$$\bar{y} = \frac{\bar{a}}{\bar{b}} = \frac{(3963.4+4732.8+4665.6) \div 3}{\left(\dfrac{3963.4}{104.3\%}+\dfrac{4732.8}{98.6\%}+\dfrac{4665.6}{97.2\%}\right) \div 3} = \frac{4553.9}{4466.7} = 99.71\%$$

结果表明，该公司第四季度销售额月平均计划完成程度为 99.71%，离公司销售目标稍有差距。

上例中，如果直接将 3 个计划完成程度简单平均得到的结果为：

$$\bar{y} = (104.3\%+98.6\%+97.2\%) \div 3 = 100.03\%$$

但这一结果不能准确代表公司第四季度销售额月平均计划完成情况，因为每个月的销售任务不同，所以每个月的计划完成程度在平均计划完成程度中的地位也不同，采用简单算术平均则没有体现每个月计划完成程度地位的差异。

平均数由两个绝对数相除得到，其中，分子代表标志总量，分母表示单位总量，求平均数数列的序时平均与相对数数列相同，也是分别求分子和分母的平均然后相除即得到平均数序列的平均发展水平。

2. 发展速度与增长速度

发展速度和增长速度是从相对速度角度描述现象发展变化的快慢，其中，发展速度是由两个不同时期的发展水平相比得到的结果，表明报告期是基期水平的多少倍或百分之几；增长速度是报告期增加的绝对量与基期水平的比，说明报告期比基期减少或增加了百分之几，计算公式分别为：

$$\text{发展速度} = \frac{\text{报告期水平}}{\text{基期水平}} \times 100\%$$

$$\text{增长速度} = \frac{\text{报告期水平} - \text{基期水平}}{\text{基期水平}} \times 100\% = \text{发展速度} - 1$$

发展速度小于 100%，表明报告期相对基期降低了，此时增长速度小于 0，表示降低的幅度；发展速度大于 100% 则表明报告期相对基期增长了，此时增长速度大于 0，表示增长的幅度。

根据采用基期的不同，发展速度分为定基发展速度和环比发展速度，如果采用一个固定时期作为基期，则为定基发展速度；如果采用前一期作为基期，则为环比发展速度。两者可表示如下：

定基发展速度：$\dfrac{y_2}{y_1}$, $\dfrac{y_3}{y_1}$, $\dfrac{y_4}{y_1}$, ..., $\dfrac{y_n}{y_1}$

环比发展速度：$\dfrac{y_2}{y_1}$, $\dfrac{y_3}{y_2}$, $\dfrac{y_4}{y_3}$, ..., $\dfrac{y_n}{y_{n-1}}$

显然，定基发展速度等于各期环比发展速度的连乘积：

$$\frac{y_2}{y_1} \times \frac{y_3}{y_2} \times \frac{y_4}{y_3} \times \cdots \times \frac{y_n}{y_{n-1}} = \frac{y_n}{y_1}$$

对应于发展速度，增长速度也分为定基增长速度和环比增长速度：

定基增长速度：$\dfrac{y_2-y_1}{y_1}$, $\dfrac{y_3-y_2}{y_1}$, $\dfrac{y_4-y_3}{y_1}$, ..., $\dfrac{y_n-y_{n-1}}{y_1}$

环比增长速度：$\dfrac{y_2-y_1}{y_1}$, $\dfrac{y_3-y_2}{y_2}$, $\dfrac{y_4-y_3}{y_3}$, ..., $\dfrac{y_n-y_{n-1}}{y_{n-1}}$

利用表 10-1 我国广义货币供应量（M2）时间序列数据，可计算出各年份的发展速度和增长速度如表 10-4 所示。

表 10-4　2002 年以来我国广义货币供应量（M2）年底余额年增长速度

年份	M2 年底余额（亿元）	环比发展速度（%）	环比增长速度（%）	定基发展速度（%）	定基增长速度（%）
2002	183247	—	—	—	—
2003	219227	119.63	19.63	119.63	19.63
2004	253208	115.50	15.50	138.18	38.18
2005	298756	117.99	17.99	163.03	63.03
2006	345578	115.67	15.67	188.59	88.59
2007	403401	116.73	16.73	220.14	120.14
2008	475167	117.79	17.79	259.30	159.30
2009	610225	128.42	28.42	333.01	233.01
2010	725852	118.95	18.95	396.11	296.11
2011	851591	117.32	17.32	464.72	364.72
2012	974149	114.39	14.39	531.60	431.60
2013	1106525	113.59	13.59	603.84	503.84
2014	1228375	111.01	11.01	670.34	570.34
2015	1392278	113.34	13.34	759.78	659.78

年份	M2年底余额（亿元）	环比发展速度（%）	环比增长速度（%）	定基发展速度（%）	定基增长速度（%）
2016	1550067	111.33	11.33	845.89	745.89
2017	1690235	109.04	9.04	922.38	822.38
2018	1826744	108.08	8.08	996.88	896.88
2019	1986489	108.74	8.74	1084.05	984.05
2020	2186796	110.08	10.08	1193.36	1093.36
2021	2382900	108.97	8.97	1300.38	1200.38
2022	2664321	111.81	11.81	1453.95	1353.95

3. 平均发展速度与平均增长速度

平均发展速度是表明各期发展速度的平均值，反映现象在一个较长时间内发展变化的平均速度；平均增长速度则反映现象在一个较长时间内增长速度的平均值，平均增长速度等于平均发展速度减去1。

平均发展速度的计算有几何平均法和高次方程法两种，两种方法的侧重点不同，计算结果也有差异。几何平均法侧重于反映现象发展变化的结果，而高次方程法侧重于反映现象发展变化的过程。几何平均求平均发展速度的公式如下：

$$\bar{v} = \sqrt[n-1]{v_1 \times v_2 \times v_3 \times \cdots \times v_{n-1}} = \sqrt[n-1]{\frac{y_2}{y_1} \times \frac{y_3}{y_2} \times \frac{y_4}{y_3} \times \cdots \times \frac{y_n}{y_{n-1}}} = \sqrt[n-1]{\frac{y_n}{y_1}}$$

例10-3：根据表10-1中我国广义货币供应量数据，计算2002年以来我国货币供应量的年平均增长速度。

解：2002年以来我国货币供应量的年平均发展速度为：

$$\bar{v} = \sqrt[20]{v_{2002} \times v_{2003} \times v_{2004} \times \cdots \times v_{2022}} = \sqrt[20]{\frac{y_{2022}}{y_{2002}}} = \sqrt[20]{\frac{2664321}{183247}} = 114.32\%$$

则2002年以来我国货币供应量的年平均增长速度为14.32%（114.32%-1）。

高次方程法求平均发展速度是假定现象在每个时期都以一个相同的速度发展，每期的水平值是在上期的基础上以该速度发展得到，由此得到各期水平值：

$$y_1 = y_1$$
$$y_2 = y_1 \times \bar{v}$$
$$y_3 = y_2 \times \bar{v} = y_1 \times \bar{v}^2$$
$$\vdots$$
$$y_n = y_{n-1} \times \bar{v} = \cdots = y_1 \times \bar{v}^{(n-1)}$$

将上面各式左右两边分别相加得到下式：

$$\overline{v}^0 + \overline{v}^1 + \overline{v}^2 + \overline{v}^3 + \cdots + \overline{v}^{(n-1)} = \frac{\sum_{i=1}^{n} y_i}{y_1}$$

求解上面关于平均发展速度的高次方程，即可得到结果。由于直接求解较为困难，因而高次方程法在实际应用中相对较少。

第三节　趋势变动分析

长期趋势分析是时间序列分析中最基本的内容。分析长期趋势的目的可以概括为以下几个方面：首先是认识长期趋势本身的定量规律性；其次是认识时间序列变化中非趋势的其他成分的变化规律，这里的非趋势成分指时间序列数据中提出趋势成分后剩下的数据序列；最后是可以基于趋势成分变化的规律性来预测时间序列未来的变化。

时间序列趋势分析的方法比较多，常用的有移动平均法、指数平滑法和回归模型法等。

一、移动平均法

移动平均法是一种应用广泛的简单趋势分析技术，它是从序列的第一项开始按一定的项数计算序时平均，依次往后移动得到一个新的移动平均序列，由于移动平均序列消除了偶然因素的干扰，因而依据新的序列比较容易观察现象发展变化的长期趋势。假设按 k 项移动平均，则移动平均序列为：

$$T_t = \frac{(y_t + y_{t-1} + \cdots + y_{t-k+1})}{k}$$

应用移动平均法时，确定移动的项数很关键，通常遵循如下原则：一是项数要适中，项数太多虽然较容易观察出长期趋势，但也意味着损失更多的信息，项数太少则不容易消除偶然因素的干扰；二是当数据是以时间周期形式给出时，应取周期项数或其整数倍移动，比如序列为若干年的月度数据，则应取 12 项移动平均；三是尽可能取奇数项移动，因为移动平均的结果应该与原序列的中间项对应，当选择偶数项移动平均时，需要对移动平均的结果再次进行两项移动平均才能与原序列对齐。

表 10-5 是 2019~2022 年我国社会消费品分季度零售总额序列，由于原序列

出现多处明显波动，尽管长期趋势上升但不便于直观地观察，而采用四项移动平均后，二次移动序列呈现出持续上升趋势。其中，一次移动结果不能与原序列对应，采用二次两项移动平均后刚好与原序列对应。

表 10-5　2019~2022 年我国社会消费品分季度零售总额　单位：亿元

年份	季度	社会消费品零售总额	四项移动平均	
			一次移动	二次移动
2019	1	97790		—
	2	97420		—
	3	101464	—	100511
	4	114975	102912	97642
2020	1	78580	98110 / 97174	97125
	2	93677	97075	97535
	3	101068	97996	101326
	4	118657	104656 / 107908	106282
2021	1	105221	109179	108543
	2	106684	110206	109692
	3	106153	111066 / 109838	110636
	4	122766	110768	110452
2022	1	108659	109933	110303
	2	101773	—	110351
	3	109873		—
	4	119428		—

资料来源：国家统计局（www.stats.gov.cn）。

移动平均法能够很好地消除季节因素和不规则因素的影响，不仅被用于分析时间序列的长期趋势，还经常用于对序列进行修匀。由于移动平均序列项数变少，移动平均法损失的信息较多，因此，该方法不适合直接用于外推预测。

二、指数平滑法

移动平均法中，假定过去 k 期观测值的权重相等，并且没有考虑早期的信息。但在很多情况下，最近的观测值比早期观测值包含更多对于认识现象未来变化更有用的信息，而指数平滑法较好地体现了这一原则。

指数平滑法是以平滑系数为权数，利用本期观测值和本期预测值共同构造下一期预测值的一种加权平均方法，指数平滑法有一次指数平滑、二次指数平滑、三次指数平滑等，二次指数平滑法是在一次指数平滑的基础上再进行一次指数平滑。此处仅介绍一次指数平滑法，其公式如下：

$$T_{t+1}=\alpha \times y_t+(1-\alpha) \times T_t \quad t=1,2,\cdots,n$$

式中，y_t 为 t 期的实际观测值，T_t 和 T_{t+1} 分别为 t 期和 $t+1$ 期的平滑预测值；α 为平滑系数（$0<\alpha<1$），其取值越大代表当前已观测到的信息在预测中的作用越大。实际应用中，通常可选取几个 α 进行预测，最终选取预测误差最小的 α 作为最后的平滑系数。

对上述一次指数平滑公式展开，则有：

$$T_2=\alpha \times y_1+(1-\alpha)T_1$$
$$T_3=\alpha \times y_2+(1-\alpha)T_2=\alpha \times y_2+\alpha(1-\alpha)y_1+(1-\alpha)^2 T_1$$
$$T_4=\alpha \times y_3+(1-\alpha)T_3=\alpha \times y_3+\alpha(1-\alpha)y_2+\alpha(1-\alpha)^2 y_1+(1-\alpha)^3 T_1$$
$$\vdots$$
$$T_{t+1}=\alpha \times y_t+(1-\alpha)T_t=\alpha \times y_t+\alpha(1-\alpha)y_{t-1}+\cdots+\alpha(1-\alpha)^{t-1}y_1+(1-\alpha)^t T_1$$

由上面的展开式可以看出，早期观测值的系数按照指数规律递减，越早期的观测值系数越小。当序列项数较多时，初始值对平滑预测值的影响可以忽略，因此，初始平滑值可以取初始观测值 $T_1=y_1$。

表 10-6 是采用一次指数平滑方法对表 10-5 中社会消费品零售总额的预测结果，其中，初始平滑值取第 1 期观测值。可以看出，当 $\alpha=0.5$ 时，预测平均误差最小。

表 10-6 2019~2022 年我国社会消费品零售总额一次指数平滑预测

单位：亿元

年份	季度	t	社会消费品零售总额	一次指数平滑预测值 T_{t+1}		
				$\alpha=0.1$	$\alpha=0.5$	$\alpha=0.9$
2019	一	1	97790	—	—	—
	二	2	97420	97790	97790	97790
	三	3	101464	97753	97605	97457
	四	4	114975	98124	99535	101063
2020	一	5	78580	99809	107255	113584
	二	6	93677	97686	92917	82080
	三	7	101068	97285	93297	92517
	四	8	118657	97664	97182	100213

年份	季度	t	社会消费品零售总额	一次指数平滑预测值 T_{t+1}		
				$\alpha=0.1$	$\alpha=0.5$	$\alpha=0.9$
2021	一	9	105221	99763	107919	116812
	二	10	106684	100309	106570	106380
	三	11	106153	100946	106627	106653
	四	12	122766	101467	106390	106203
2022	一	13	108659	103597	114578	121110
	二	14	101773	104103	111619	109904
	三	15	109873	103870	106696	102586
	四	16	119428	104470	108284	109144
预测绝对平均误差（MAD）				9176	8540	10600

指数平滑方法能够较好地消除不规则因素的影响，特别适合具有特殊惯性趋势形态的序列，不适合具有某种曲线趋势的序列。此外，该方法只适合外推预测下一期的趋势值，如果预测更远期的趋势值，需要在平滑模型的基础上作进一步转换。

Excel 的数据分析工具提供了一次指数平滑预测方法，其操作步骤是："工具"—"数据分析"—"指数平滑"，在对话框中输入数据区域和阻尼系数（1−α）的值即可。

三、回归模型法

当时间序列的长期趋势呈近似直线或某种曲线变化规律时，适合采用模型法对其长期趋势进行分析预测。采用模型法进行趋势预测的优点是，可以直接对未来较远时期的趋势值进行预测，而且还可对模型进行各种统计检验。

模型法是以时间 t 为自变量、以实际观测值 y 为因变量建立回归模型，利用回归分析方法估计模型参数，并在此基础上对序列的趋势进行预测的方法。根据长期趋势的形态，模型法分为直线模型和曲线模型两类。

选用何种模型分析时间序列的长期趋势，主要基于以下几点：一是要对现象发展变化的驱动力量进行定性分析，不能只注重数据和形式上的趋势变化；二是将观测值绘成折线图，从图形判断其趋势符合哪种形式；三是分别配合多种模型，选取误差最小的模型；四是对于变化复杂的时间序列，可以考虑分段配合不同的模型。

1. 直线回归模型测定长期趋势

当时间序列的长期趋势近似呈直线形式时，可配合线性回归模型对时间序列的长期趋势进行分析，配合的一般线性方程为：

$$\hat{y}_t = \hat{\beta}_0 + \hat{\beta}_1 \times t$$

式中，$\hat{y}_t$ 为趋势值或预测值，$\hat{\beta}_0$、$\hat{\beta}_1$ 为模型参数，可采用回归分析中的最小二乘方法对参数进行估计，其推导过程见回归分析相关内容，结果为：

$$
\begin{cases}
\hat{\beta}_1 = \dfrac{n \sum ty - \sum t \sum y}{n \sum t^2 - \left(\sum t\right)^2} \\[3mm]
\hat{\beta}_0 = \dfrac{\sum t^2 \sum y - \sum t \sum ty}{n \sum t^2 - \left(\sum t\right)^2}
\end{cases}
$$

例 10-4：表 10-7 是某水泥厂 2015~2022 年分季度水泥销售量，试配合直线回归模型，并对 2023 年前两个季度销售量的长期趋势值进行预测。

表 10-7　某水泥厂 2015~2022 年分季度水泥销售量　　　单位：万吨

年份/季度	时间 (t)	销售量 (y)	t^2	ty	年份/季度	时间 (t)	销售量 (y)	t^2	ty
2015/1	1	92.75	1	92.75	2019/1	17	123.92	289	2106.72
2015/2	2	125.19	4	250.38	2019/2	18	154.95	324	2789.07
2015/3	3	135.63	9	406.90	2019/3	19	166.87	361	3170.45
2015/4	4	104.06	16	416.24	2019/4	20	129.51	400	2590.15
2016/1	5	103.17	25	515.83	2020/1	21	121.15	441	2544.22
2016/2	6	138.95	36	833.67	2020/2	22	158.59	484	3489.08
2016/3	7	153.06	49	1071.40	2020/3	23	178.18	529	4098.06
2016/4	8	124.43	64	995.47	2020/4	24	145.37	576	3488.95
2017/1	9	119.72	81	1077.50	2021/1	25	136.45	625	3411.15
2017/2	10	155.33	100	1553.31	2021/2	26	180.61	676	4695.92
2017/3	11	169.70	121	1866.75	2021/3	27	194.11	729	5240.98
2017/4	12	133.36	144	1600.37	2021/4	28	150.64	784	4217.97
2018/1	13	122.62	169	1594.10	2022/1	29	132.62	841	3845.87
2018/2	14	156.38	196	2189.33	2022/2	30	171.78	900	5153.52
2018/3	15	169.61	225	2544.20	2022/3	31	188.04	961	5829.11
2018/4	16	134.81	256	2156.90	2022/4	32	141.11	1024	4515.53
合计					—	528	4612.68	11440	80351.85

解：按上述公式计算出 t^2 和 ty，过程见表 10-7，将各部分结果代入公式：

$$\begin{cases} \hat{\beta}_1 = \dfrac{n\sum ty - \sum t \sum y}{n\sum t^2 - (\sum t)^2} = \dfrac{32 \times 80351.85 - 528 \times 4612.68}{32 \times 11440 - 528^2} = 1.555 \\[3mm] \hat{\beta}_0 = \dfrac{\sum t^2 \sum y - \sum t \sum ty}{n\sum t^2 - (\sum t)^2} = \dfrac{11440 \times 4612.68 - 528 \times 80351.85}{32 \times 11440 - 528^2} = 118.49 \end{cases}$$

则直线趋势方程为：

$$\hat{y}_t = 118.49 + 1.555t$$

计算结果表明，直线斜率为正，表明有向上的长期趋势。将 2023 年前两个季度的 t 值分别为 33 和 34，代入上述方程，得到 2023 年第一、第二季度的长期趋势值分别为 171.36 万吨和 172.92 万吨。

本例如果利用 Excel 的数据分析工具进行，操作过程为："工具"—"数据分析"—"回归"，各对话框的内容与回归分析中的相同，输出结果见图 10-3。从输出结果看，各项检验指标均较理想，时间变量 t 前面的系数显著性水平较低，达到 0.0005012，表明时间序列存在显著的上升趋势。

SUMMARY OUTPUT

回归统计	
Multiple R	0.5801012
R Square	0.3365174
Adjusted R Square	0.3144014
标准误差	20.824132
观测值	32

方差分析

	df	SS	MS	F	Significance F
回归分析	1	6598.3161	6598.3161	15.215958	0.000501203
残差	30	13009.334	433.64446		
总计	31	19607.65			

	Coefficients	标准误差	t Stat	P-value
Intercept	118.48466	7.5384619	15.717352	5.033E-16
t	1.5552291	0.3986986	3.9007638	0.0005012

图 10-3　直线趋势模型回归输出结果

2. 曲线回归模型测定长期趋势

对于长期趋势呈曲线形式的时间序列，应该配合曲线模型对趋势变化进行分

析，时间序列中常见的曲线趋势模型有抛物线、指数曲线、对数曲线、Logistic
曲线等，曲线模型的参数估计可参见本书回归分析中非线性回归的相关内容，此
处仅介绍二次抛物线模型分析长期趋势。测定长期趋势的二次抛物线回归方程形
式如下：

$$\hat{y}_t = \hat{\beta}_0 + \hat{\beta}_1 \times t + \hat{\beta}_2 \times t^2$$

例 10-5：对表 10-7 中的销售量序列配合二次抛物线回归方程，分析水泥销
售量的长期趋势。

解：首先要计算出 t^2，然后利用 Excel 的数据分析工具进行线性回归分析，
操作过程为："工具"—"数据分析"—"回归"，注意在输入自变量数据区域
时，要同时选取 t 和 t^2 的数据区域。输出结果如图 10-4 所示。

SUMMARY OUTPUT

回归统计	
Multiple R	0.5987526
R Square	0.3585047
Adjusted R Square	0.3142636
标准误差	20.826223
观测值	32

方差分析

	df	SS	MS	F	Significance F
回归分析	2	7029.4346	3514.7173	8.103439065	0.001600684
残差	29	12578.215	433.73156		
总计	31	19607.65			

	Coefficients	标准误差	t Stat	P-value
Intercept	109.46971	11.772923	9.2984305	3.34725E-10
t	3.1461026	1.6447525	1.9128122	0.065693276
t^2	−0.048208	0.0483542	−0.996983	0.327019314

图 10-4 二次抛物线趋势模型回归输出结果

根据输出结果，二次抛物线趋势方程为：

$$\hat{y}_t = 109.47 + 3.1461t - 0.048t^2$$

将直线模型和二次抛物线模型输出结果对比，直线模型的平均误差（MSE）
为 20.8241，二次抛物线模型平均误差为 20.8262，两者基本接近；从统计检验
结果看，方程整体 F 检验的显著性水平都在 0.002 以下，但从变量的显著性检验
看，二次抛物线明显不如直线方程，且 t^2 前面的系数为负，不符合现实规律，因
此，对该时间序列配合直线趋势方程比二次抛物线更合适。

第四节　季节变动分析

季节变动分析，就是分析一个季节周期内，时间序列在各个时期的强弱变化规律。需要注意的是，如果时间序列给出的是年度数据，则每项数据都包含完整的季节周期，序列不再包含季节变动因素，不需要进行季节变动分析。

如果对时间序列采用乘法模型分析，其中的季节变动规律用季节指数表示，季节指数是一个相对数，季节指数大于 1 表示该季为旺季，小于 1 表示淡季，接近 1 则表示平季，各个季节指数相加应等于一个周期中的季节指数个数；如果对时间序列采用加法模型分析，其中的季节变动用季节差表示，季节差属于绝对数，季节差大于 0 表示该季为旺季，小于 0 表示淡季，接近 0 则表示平季，各个季节差相加应等于 0。

实际分析季节变动时，以季节指数使用较多，如果各期的季节指数比较接近，则说明季节变动不明显或不存在季节变动，否则，即认为存在季节变动。

分析季节变动一般需要三个以上季节周期的数据，按照是否消除长期趋势的影响，季节变动分析方法分为同期简单平均法和趋势剔除法两种。

一、同期简单平均法

同期简单平均法是对各个同期水平分别计算平均数，然后与全部数据的总平均数相比，计算季节指数。比如，根据各年度的月度数据分析季节变动，则有 1~12 月 12 个月的季节指数；根据各年度的季度数据分析季节变动，则有第一至第四季度的季节指数；根据若干周每天的数据分析季节变动，则有星期一至星期天 7 天的季节指数；等等。

同期简单平均法消除了不规则变动的影响，是分析季节变动最基本的方法。

例 10-6：利用简单同期平均法分析表 10-7 中的销售量序列的季节变动规律。

解：将表 10-7 中的销售量序列绘制成折线图如图 10-5 所示，可以看出图中有明显的季节周期规律，每个年度的四个季度都呈现出第一、第四季度低而第二、第三季度高的特点。

按简单同季平均法计算季节指数步骤为：先将表 10-7 中的销售量序列按各年同季度排列，对同季度数据加总，在此基础上求同季度平均和总平均，将各季度平均与总平均相比计算出季节指数，具体计算过程如表 10-8 所示。

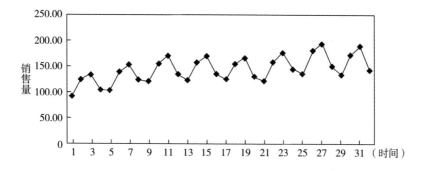

图 10-5　季节变动折线观察图

表 10-8　简单同季平均求季节指数

年份＼季度	一	二	三	四	合计
2015	92.75	125.19	135.63	104.06	457.64
2016	103.17	138.95	153.06	124.43	519.60
2017	119.72	155.33	169.70	133.36	578.12
2018	122.62	156.38	169.61	134.81	583.42
2019	123.92	154.95	166.87	129.51	575.25
2020	121.15	158.59	178.18	145.37	603.30
2021	136.45	180.61	194.11	150.64	661.81
2022	132.62	171.78	188.04	141.11	633.55
合计	952.40	1241.79	1355.20	1063.30	4612.68
同季度平均	119.05	155.22	169.40	132.91	144.15
季节指数（%）	82.59	107.68	117.52	92.21	400.00

计算结果表明，四个季度中，第二、第三季度的季节指数分别为 107.68% 和 117.52%，是水泥销售的旺季，第一、第四季度的季节指数分别为 82.59% 和 92.21%，是水泥销售的淡季，这种规律在每年会有规律地重复。

表 10-8 中，如果用各季平均减去总平均则得到四个季度的季节差分别为：-50.19 万吨、22.15 万吨、50.51 万吨和-22.47 万吨，同样表明第一、第四季度为淡季，第二、第三季度为旺季。

二、趋势剔除法

简单同期平均没有考虑长期趋势对季节变动的影响，只适用于长期趋势不明显的序列，但社会经济现象一般都有明显上升或下降的长期趋势。如果序列有明显上升的长期趋势，则会影响 4 个季度的季节指数依次上升，如果序列有明显下降的长期趋势，则会影响 4 个季度的季节指数依次下降，因此，只有消除长期趋势才能得到准确的季节变动规律。

剔除长期趋势的具体步骤是：首先对原序列（Y）按季节周期进行移动平均，得到的移动平均序列（M）消除了季节因素和不规则因素的影响，只包含长期趋势和循环变动因素；其次用原序列（Y）除以移动平均序列（M）得到一个新序列（F），此序列只包含季节变动和不规则变动；最后对包含季节变动和不规则变动的序列（F）采用简单同期平均法可计算出季节指数。上述过程如图10-6 所示。

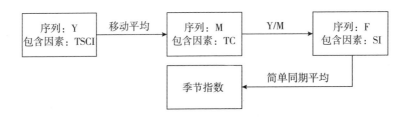

图 10-6　趋势剔除法测定季节指数流程图

例 10-7：对表 10-7 中的销售量序列按趋势剔除法测定季节指数。

解：按图 10-6 的步骤，得到包含季节因素和不规则变动的序列 F，过程如表 10-9 所示。

表 10-9　趋势剔除法求解包含季节因素和不规则变动的序列（SI）

年份/季度	销售量 y	4 项移动平均 M		$F=Y/M$	年份/季度	销售量 y	4 项移动平均 M		$F=Y/M$
		一次移动	二次移动				一次移动	二次移动	
	TSCI	TC	TC	SI		TSCI	TC	TC	SI
2015/1	92.75	—	—	—	2016/4	124.43	138.14	140.22	0.89
2015/2	125.19	114.41	—	—	2017/1	119.72	142.30	143.41	0.83
2015/3	135.63	117.01	118.73	1.14	2017/2	155.33	144.53	144.89	1.07
2015/4	104.06	120.45	122.63	0.85	2017/3	169.70	145.25	145.38	1.17
2016/1	103.17	124.81	127.36	0.81	2017/4	133.36	145.52	145.50	0.92
2016/2	138.95	129.90	131.97	1.05	2018/1	122.62	145.49	145.67	0.84
2016/3	153.06	134.04	136.09	1.12	2018/2	156.38	145.86	146.02	1.07

续表

年份/季度	销售量 y	4项移动平均 M		$F=Y/M$	年份/季度	销售量 y	4项移动平均 M		$F=Y/M$
		一次移动	二次移动				一次移动	二次移动	
	TSCI	TC	TC	SI		TSCI	TC	TC	SI
2018/3	169.61	146.18	146.00	1.16	2020/4	145.37	160.15	162.14	0.90
2018/4	134.81	145.82	145.48	0.93	2021/1	136.45	164.14	164.79	0.83
2019/1	123.92	145.14	144.48	0.86	2021/2	180.61	165.45	164.97	1.09
2019/2	154.95	143.81	143.47	1.08	2021/3	194.11	164.50	163.39	1.19
2019/3	166.87	143.12	143.58	1.16	2021/4	150.64	162.29	161.53	0.93
2019/4	129.51	144.03	145.44	0.89	2022/1	132.62	160.77	159.58	0.83
2020/1	121.15	146.86	148.84	0.81	2022/2	171.78	158.39	158.39	1.08
2020/2	158.59	150.82	152.74	1.04	2022/3	188.04	—	—	—
2020/3	178.18	154.65	157.40	1.13	2022/4	141.11	—	—	—

表10-9中，由于4项移动平均的结果不能与原序列对应，所以有二次移动，二次移动平均是对一次移动平均的结果取两项进行简单平均，二次移动结果最终比原序列首尾各少两项，最终得到的序列 F 比原序列少4个季度。

将表10-9中得到的包含季节因素和不规则变动的序列 F 转入表10-10中，利用简单同季平均法计算季节指数，过程如表10-10所示。

表10-10　剔除趋势后利用简单同季平均法求季节指数

年份＼季度	一	二	三	四	合计
2015	—	—	1.14	0.85	1.99
2016	0.81	1.05	1.12	0.89	3.88
2017	0.83	1.07	1.17	0.92	3.99
2018	0.84	1.07	1.16	0.93	4.00
2019	0.86	1.08	1.16	0.89	3.99
2020	0.81	1.04	1.13	0.90	3.88
2021	0.83	1.09	1.19	0.93	4.04
2022	0.83	1.08	—	—	1.92
合计	5.82	7.49	8.08	6.30	27.69
同季度平均	0.83	1.07	1.15	0.90	0.99
季节指数（％）	84.04	108.26	116.70	91.00	400.00

表 10-10 中，同季平均为 8 个年度的同季平均。计算结果表明，第一、第四季度的季节指数分别为 84.04% 和 91.00%，是水泥销售的淡季，第二、第三季度的季节指数分别为 108.26% 和 116.70%，是水泥销售的旺季。

由于本例中水泥销售量序列存在明显向上的长期趋势，简单同季平均法与趋势剔除法相比（见图 10-7），计算得到的第一、第二季度的季节指数比实际偏小，并且第一季度偏小更多，而第三、第四季度的季度指数则偏大，其中第四季度偏大更多。

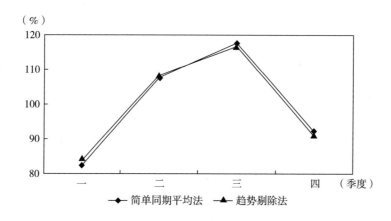

图 10-7　简单同季平均与趋势剔除平均季节指数对比

第五节　循环变动分析

与季节变动测定相比，由于循环变动的周期不严格固定，并且每个周期波动的幅度不完全相同，因此对其进行准确测定要更为困难。

在乘法模型中，循环变动用循环指数表示。循环变动分析就是测定循环变动的周期长度并且计算出一个周期内各期的循环指数，如果各期循环指数较为接近，围绕 100% 上下波动，则认为不存在循环变动；如果循环指数呈现周期性的上升、下降循环，则认为存在循环变动规律。

一、循环指数的计算

对循环变动进行分析的步骤是：测定出序列的长期趋势（T），对原序列采用移动平均得到包含长期趋势和循环变动的序列（M＝T×C），用序列 M 的值除以长期趋势值，得到循环指数 C。

例 10-8：对表 10-7 中的水泥销售量序列进行循环变动分析，计算循环指数。

解：按循环变动分析的步骤，首先求出循环变动序列 C，过程如表 10-11 所示。

表 10-11 循环变动分析

年份/季度	时间 t	长期趋势 T	M TC	M/T C	年份/季度	时间 t	长期趋势 T	M TC	M/T C
2015/1	1	120.04	—	—	2019/1	17	144.92	144.48	1.00
2015/2	2	121.60	—	—	2019/2	18	146.48	143.47	0.98
2015/3	3	123.15	118.73	0.96	2019/3	19	148.03	143.58	0.97
2015/4	4	124.71	122.63	0.98	2019/4	20	149.59	145.44	0.97
2016/1	5	126.26	127.36	1.01	2020/1	21	151.14	148.84	0.98
2016/2	6	127.82	131.97	1.03	2020/2	22	152.70	152.74	1.00
2016/3	7	129.37	136.09	1.05	2020/3	23	154.25	157.40	1.02
2016/4	8	130.93	140.22	1.07	2020/4	24	155.81	162.14	1.04
2017/1	9	132.48	143.41	1.08	2021/1	25	157.37	164.79	1.05
2017/2	10	134.04	144.89	1.08	2021/2	26	158.92	164.97	1.04
2017/3	11	135.59	145.38	1.07	2021/3	27	160.48	163.39	1.02
2017/4	12	137.15	145.50	1.06	2021/4	28	162.03	161.53	1.00
2018/1	13	138.70	145.67	1.05	2022/1	29	163.59	159.58	0.98
2018/2	14	140.26	146.02	1.04	2022/2	30	165.14	158.39	0.96
2018/3	15	141.81	146.00	1.03	2022/3	31	166.70	—	—
2018/4	16	143.37	145.48	1.01	2022/4	32	168.25	—	—

表 10-11 中，长期趋势 T 是利用例 10-4 中得到的直线方程，将 t 值代入求得的各期趋势值；序列 M 是表 10-9 中 4 项二次移动平均的结果。从各循环指数的表现值来看，各时间点存在差异，并非围绕 100% 随机波动，而是呈现明显的上升、下降反复变动的规律。

二、循环周期的测算

对循环周期的考察需要借助循环指数变化图，将循环指数 C 的值描绘成折线图，观察其周期。将得到的循环指数绘制成折线图（见图 10-8），从图中观察，两次波峰之间为一个循环周期，相隔约 16 个季度，波峰的出现时间分别对应 2017 年第一季度和 2021 年第一季度，以 2017 年第一季度的循环指数为 C_1，2017 年第二季度的循环指数为 C_2，依次下去，2020 年第四季度为循环期末，循环指数为 C_{16}（见表 10-12）；自 2021 年第一季度开始进入下一个循环周期，循环指数重新以 C_1 开始，由于周期大约为 16 个季度，以此推测，2023 年第一、第二季度的循环指数分别对应 C_9、C_{10}。

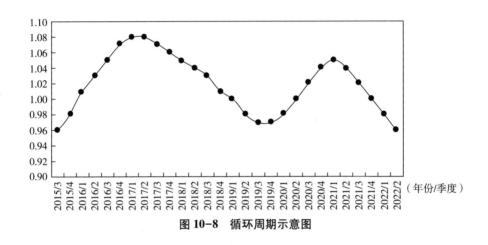

图 10-8　循环周期示意图

表 10-12　循环周期内各期循环指数

符号	C_1	C_2	C_3	C_4	C_5	C_6	C_7	C_8
循环指数	1.08	1.08	1.07	1.06	1.05	1.04	1.03	1.01
符号	C_9	C_{10}	C_{11}	C_{12}	C_{13}	C_{14}	C_{15}	C_{16}
循环指数	1.00	0.98	0.97	0.97	0.98	1.00	1.02	1.04

上述循环指数的截取只是为了说明循环分析的过程，严格来说，循环变动由于每次波动幅度不同，应该有更长期的序列数据，可以观察出至少两个完整的循环周期，然后对循环变动序列 C 进行周期项数（本例中取 16 项）的移动平均，以移动平均的结果作为最终的循环变动指数。

第六节　时间序列的预测

对时间序列进行预测一般假定时间序列在未来会按已知的规律进行变化，为此可以找出各个构成要素的变化规律，利用组合模型进行预测。由于影响现象变化因素的复杂性与多变性，使得现象未来的变化未必遵循原有的规律，因而对时间序列的未来值进行准确预测就变得较为困难。

一、时间序列的预测误差

对一个时间序列进行预测可供选择的方法较多，不同预测方法的优劣如何比较？预测的效果如何？最简单的方法是比较预测值与实际值，通过两者差值（误差）的大小来比较不同预测方法的优劣以及预测效果。

预测误差可以看作不规则变动因素的影响，等于实际观测值与预测值的差，用 e 表示。常用的预测误差测量指标有绝对平均误差（Mean Absolute Deviation，MAD）、均方误差（Mean Square Error，MSE）、平均绝对误差百分比（Mean Absolute Percentage Error，MAPE）等，各种误差的计算公式如下：

$$MAD = \frac{\sum |e_i|}{n} = \frac{\sum |y_i - Y'_i|}{n}$$

$$MSE = \sqrt{\frac{\sum e_i^2}{n}} = \sqrt{\frac{\sum (y_i - Y'_i)^2}{n}}$$

$$MAPE = \frac{\sum |(y_i - Y'_i)/y_i|}{n} \times 100\%$$

式中，n 为预测次数，y_i 为第 i 期的实际观测值，Y_i' 为第 i 期的预测值。平均绝对误差百分比可用于比较不同时间序列的预测效果，绝对平均误差和均方误差则用于比较同一序列不同预测方法的预测效果。

需要注意的是，预测误差只是衡量预测效果的一种参考，因为平均误差是过去所有时期预测误差的平均值，与之相比，最近的误差显然更有参考价值，平均误差小并不代表最近的误差也小，因而需要将两者结合起来考量。

二、时间序列的预测方法

时间序列的预测方法有很多种，既有移动平均法、简单指数平滑法、回归模型法等针对包含长期趋势和不规则因素的时间序列预测方法，也有基于要素组合的分解预测、Winters 指数平滑预测等针对复合型时间序列的预测方法，还有将时间序列看作具有内生解释能力的 ARIMA 预测方法。每种方法的适用对象存在差异，预测方法的选择需要考虑时间序列自身的特点、所包含的构成要素、历史数据的多少、预测期的长短等因素。以下主要介绍基于要素组合模型的分解预测方法。

基于要素组合模型的分解预测方法适合于包含长期趋势、季节变动和循环变动要素及不规则变动的复合型时间序列，要求至少有 4 个年度的分季或分月的数据，可以对时间序列进行短期、中期和长期预测。该方法的特点是以历史数据所包含的规律对未来进行预测，各个历史数据均同等对待，不考虑时间序列未来规律可能出现的变化，该方法对于规律性较强并且规律变化不明显的序列能够作出有效预测。

基于要素组合模型分解预测方法的基本原理是，首先根据历史数据分离出长期趋势、季节变动和循环变动等因素，然后构建时间序列的组合模型并利用模型对时间序列进行预测。假定时间序列未来是按已经观测到的长期趋势、季节变动和循环变动规律发展变化，根据时间序列的乘法模型，时间序列的预测值 Y' 为：

$$Y'_t = T_t \times S_t \times C_t \times I_t$$

通常情况下，对时间序列的预测属于均值预测，如果不考虑区间预测，则预测模型中的不规则变动可以不予考虑，因此组合模型可简化为：

$$Y'_t = T_t \times S_t \times C_t$$

如果时间序列不存在季节变动和循环变动，预测值等于长期趋势值；对于年值数据序列，不存在季节变动，预测值等于长期趋势值与循环指数的乘积。

例 10-9：假定例 10-4 中，水泥销售量未来的趋势不发生变化，试对 2023 年全年四个季度的销售量进行预测。

解：（1）在例 10-4 和例 10-5 中，分别对水泥销售量的长期趋势进行了分析，得出了直线模型和二次抛物线模型，相比之下，直线模型比抛物线模型更好，因此取长期趋势为直线模型：

$$T_t = 118.49 + 1.555t$$

式中，时间序列的初始时间为 2015 年第一季度，对应 t 值为 1，2023 年第一至第四季度时间的取值分别为 $t = 33$，34，35 和 36，代入直线方程可得到 4 个季度的长期趋势值依次为：169.81、171.36、172.92 和 174.47。

（2）在例 10-6 和例 10-7 中分别利用简单同期平均法和趋势剔除法计算了季节指数，由于例中销售量存明显的长期趋势，因而取趋势剔除法计算的季节指数，4 个季度的季节指数依次为：

$$S_1 = 84.04\% \quad S_2 = 108.26\% \quad S_3 = 116.70\% \quad S_4 = 91.00\%$$

（3）例 10-7 中对序列的循环变动分析表明，存在间隔周期约为 16 个月的循环变动，各期循环指数依次为：

$C_1 = 1.08$，$C_2 = 1.08$，$C_3 = 1.07$，$C_4 = 1.06$，$C_5 = 1.05$，$C_6 = 1.04$，$C_7 = 1.03$，$C_8 = 1.01$，$C_9 = 1.00$，$C_{10} = 0.98$，$C_{11} = 0.97$，$C_{12} = 0.97$，$C_{13} = 0.98$，$C_{14} = 1.00$，$C_{15} = 1.02$，$C_{16} = 1.04$。

其中，周期内第 1 期为 2017 年第一季度，对应时间 t 的取值为 9，2023 年第一至第四季度分别对应 C_9、C_{10}、C_{11} 和 C_{12}。

（4）将上述三个要素组合，得到预测值，如表 10-13 所示。

表 10-13 不变规律假设下时间序列的组合预测

年份/季度	t	T	S	C	Y′
2023/1	33	169.81	84.04%	1.00	142.70
2023/2	34	171.36	108.26%	0.98	181.80
2023/3	35	172.92	116.70%	0.97	195.74
2023/4	36	174.47	91.00%	0.97	154.01

预测结果表明，考虑时间序列的各影响因素，2023 年第一至第四季度水泥销售量的预测值分别为 142.70 万吨、181.80 万吨、195.74 万吨和 154.01 万吨。

上述预测方法是基于时间序列保持原有规律不变假设下的预测，而现实中，现象未来发展变化的依据可能会发生改变，此时按原有规律对未来进行预测将会发生较大偏差，特别是进行远期预测。

□□ ■ 小知识：大数据与时间序列分析

大数据与时间序列分析之间的关系密切且复杂。时间序列分析是一种统计方法，用于分析和预测按时间顺序排列的数据。这些数据来源广泛，包括财务、销售、交通、气象等。

在大数据环境下，时间序列分析的挑战和机会并存。大量的数据使时间序列分析能够更加全面、更加深入，同时能建立更为精确和复杂的模型。第一，大数据中可能包含大量的时间序列数据，例如传感器数据、日志文件等。在这种情况下，时间序列分析方法可以用于分析这些数据，以识别其中的趋势和模式，从而提供有关时间变化的重要见解。第二，在金融领域，大数据通常包括高频交易数据，这些数据要求使用时间序列分析方法来捕捉短期波动和价格模式，以支持交易决策和风险管理。第三，实时数据分析，在大数据中，时间序列数据通常以实时或接近实时的方式生成。时间序列分析可以帮助在大数据流中实时检测异常、监控趋势以及做出及时的决策。

另外，大数据也给时间序列分析带来了挑战。数据的异质性、高维性、复杂性以及数据的实时性等问题使时间序列分析预测更为复杂和困难。大数据环境下的时间序列预测可能需要更高级的算法和计算资源，以处理庞大的数据量和高维度的特征。机器学习和深度学习方法可以与时间序列分析相结合，以进行更复杂的预测任务。因此，在大数据环境下，需要运用更为复杂、强大的算法和技术来进行预测分析。

总的来说，大数据对时间序列分析有着深远的影响，提供了更多的机会和挑战。在未来，随着大数据和人工智能技术的进一步发展，时间序列分析将得到更广泛的应用和更好的发展。

□□■ 思考与练习

1. 时间序列可分解为哪几种构成要素？各要素的含义是什么？

2. 时间序列中季节变动和循环变动有什么不同？

3. 采用时间序列的乘法模型和加法模型分析时间序列时，两种模型的各构成要素表示方式有什么不同？

4. 时间序列长期趋势的不同测定方法中，回归模型法与移动平均法、指数平滑法相比存在什么优势？又有什么不足？

5. 分析季节变动的季节指数时，同期简单平均法和趋势剔除法各自适用的时间序列分别有什么不同特点？

6. 某公司 2022 年全年各月增加值如下表：

月份	1	2	3	4	5	6	7	8	9	10	11	12
增加值（万元）	136	122	158	154	167	170	172	171	180	173	169	160
逐期增长量（万元）	—	-14	36	-4	13							-9
累计增长量（万元）	—	-14										24
定基发展速度（%）	100.0	89.7										
环比发展速度（%）	100.0	89.7										

（1）填写表中空栏。

（2）2022 年第二季度和全年月平均增加值。

（3）2022 年下半年增加值的月平均增长速度。

7. 某企业全体员工人数和生产工人数数据如下：

	3 月末	4 月末	5 月末	6 月末
全体员工人数（人）	421	430	438	439
生产工人数（人）	355	351	352	348
生产工人占全部员工比重（%）	84.32	81.63	80.37	79.27

计算该企业第二季度全部员工平均人数、生产工人平均人数和生产工人占全部员工平均比重。

8. 下表是某地区工会成员人数连续 21 年的历史数据：

年份	年底工会成员人数（千人）	年份	年底工会成员人数（千人）
2001	17340	2012	16360
2002	16996	2013	16269
2003	16975	2014	16110
2004	16913	2015	16211
2005	17002	2016	16477
2006	16960	2017	16258
2007	16740	2018	16387
2008	16568	2019	16145
2009	16390	2020	15776
2010	16598	2021	15472
2011	16748		

（1）利用移动平均法修匀序列。

（2）取平滑系数 $\alpha = 0.9$，利用一次指数平滑法求序列中各年份的长期趋势值，计算绝对平均误差（MAD），并预测 2022 年底该地区工会成员人数。

（3）对序列配合直线趋势模型，利用模型求各年份年底该地区工会成员人数，计算绝对平均误差（MAD），并与（2）使用的方法进行比较，评价两种方法的预测精度。

9. 星光公司近年各季度机械设备销售额（单位：百万元）如下表所示：

年份	2016	2017	2018	2019	2020	2021	2022
第一季度	54.019	51.915	57.063	62.723	65.455	59.714	60.322
第二季度	56.495	55.101	62.488	68.380	68.011	63.590	63.989
第三季度	50.169	53.419	60.373	63.256	63.245	58.088	58.977
第四季度	52.891	57.236	63.334	66.466	66.872	61.443	62.802

（1）分别配合直线模型和二次抛物线模型求各季度长期趋势值，并比较两种预测模型的绝对平均误差（MAD）。

（2）利用趋势剔除法求各季度的季节指数，判断是否存在季节变动规律。

（3）假定不存在循环变动，利用前面计算结果，构建乘法模型预测 2024 年第四季度的销售额。

（4）利用预测结果计算预测的绝对平均误差（MAD）。

第十一章　统计指数

实践中的数据分析 11：居民实际收入水平的变化

统计指数是反映多要素构成的不能直接相加的总现象变化方向和程度的动态相对数。当某些复杂现象数量上的变动由多种因素施加时，可以利用统计指数进行因素分析，从现象的变化中消除某因素的干扰。比如，为了反映实际生活水平的变化，通常需要从货币收入中消除物价变动的影响，单纯用实际收入的变化真实反映生活水平的改变，此时，需要统计指数加以解决。

1978~2021 年，我国经济总量（GDP）由 3678.7 亿元增加到 1143669.7 亿元，GDP 名义年均增长率 14.3%，扣除价格因素实际年均增长 9.2%。居民年均可支配收入由 171 元增加到 35128 元，名义收入增长了 204.4 倍，其中，农村居民由 134 元增加到 18931 元，城镇居民由 343 元增加到 47412 元。以 1978 年为基础，居民消费价格总指数为 692.7，其中，城市居民消费价格总指数为 746.1，农村居民消费价格总指数为 576.6，剔除价格因素，城镇居民收入增长 17.5 倍，农村居民收入增长 22.5 倍。

第一节　统计指数的概念与分类

统计指数（Index Number）是用来反映现象在数量上的变动方向和幅度的相对数，与数学意义上的指数是完全不同的概念，统计指数产生于 18 世纪后半叶，最初用于反映物价的变动，现已广泛应用于各种社会经济领域，如社会商品零售价格指数、消费价格指数、股价指数等。

一、统计指数的概念

统计指数有广义与狭义之分，凡是用来反映现象数量对比关系的相对数都可称之为广义的指数，狭义的指数是反映由不能直接相加的多要素构成的总现象在数量上总变动的相对数，统计指数通常指狭义范畴的指数，具备三个方面的特点：

（1）统计指数是一种动态相对数，是现象在不同时间上数值的对比。通常将作为比较基础的时期称为基期，将要比较的时期称为报告期。如2021年我国消费者价格指数为100.9%，2020年为该指数的对比基础，为基期，要对比的时期为2021年，是报告期。

（2）统计指数是反映由多个要素构成的现象总变动的相对数，是一种总指数。如多种商品价格指数，是由多种商品组成的"商品群"，反映的是"商品群"价格的总变动。

（3）统计指数所反映的现象是不能直接相加对比的现象的变动。如多种商品价格指数，反映的是价格现象的变化，不同商品属性不同，其价格不能相加，因而属于狭义指数；多种商品销售额指数则不属于狭义指数，因为多种商品销售额可以相加。

二、统计指数的分类

对统计指数可以从不同角度进行分类，常见的分类有以下几种。

1. 按指数所反映的对象包含的范围不同分为个体指数与总指数

个体指数所反映的对象只包含单个要素，如一种产品的产量（或价格）指数属个体指数，可以由不同时期该产品的产量（或价格）直接对比得到；总指数所反映的对象则由多个要素构成，如多种商品的销售价格（或销售量、销售额）指数，包含两种以上的商品要素。个体指数不属于狭义的统计指数，也不是所有的总指数都是狭义的统计指数，如多种商品的销售额总指数虽然是总指数但不是狭义范畴的指数。

总指数按其编制方式不同又分为综合指数和平均数指数。凡采用综合加总法编制的指数称为综合指数，采用平均方法编制的指数称为平均数指数。

2. 按所对比的指标性质不同分为数量指标指数与质量指标指数

数量指标通常是反映现象具有的总量、规模属性的指标，表现为总量或绝对数形式，质量指标是反映现象结构、比例、速度、密度、强度和平均水平的指标，表现为相对数或平均数形式。数量指标指数所对比的是数量指标，如产量指数、销售量指数、销售额指数、总成本指数等，通常以物量指数代称。质量指标指数对比的是质量指标，如价格指数、单位成本指数、劳动生产率指数等，通常以物价指数代称。

3. 按指数采用的基期是否固定分为定基指数与环比指数

定基指数与环比指数是针对指数序列而言的。在一个指数序列中，如果所有指数都采用同一对比基期，则称为定基指数；如果所有指数都以上一期作为对比基期，则称为环比指数。

三、统计指数的作用

1. 指数可以反映现象变动的方向和程度

统计指数最根本的作用是反映现象变动的方向和程度。指数通常用百分数度量，大于和小于100%，分别表示现象正向和负向变动，超出或不足的部分则表示变动的程度。如 GDP 指数为 107.6%，说明 GDP 增长了 7.6%；消费价格指数（CPI）为 98.6%，说明消费价格总体下降了 1.4%。

2. 利用指数可以进行因素分析

某些复杂现象数量上的变动由多种因素施加，利用指数体系可以分析每一因素的变化对复杂现象的影响方向以及影响程度的大小。如销售额等于销售价格与销售量的乘积，销售额的变化是由价格和销售量的变化引起的，通过建立指数体系，可以分析价格和销售量两个因素的变化分别导致销售额发生多少变化。

3. 利用指数可以消除某些因素的干扰以进行总量的对比

在对某些现象进行分析时，需要剔出某些因素的干扰，比如，将名义工资的变动除以消费价格指数，以剔出价格因素的影响，能够单纯反映实际工资水平的变化；利用生产者价格指数对名义 GDP 进行缩减，以考察 GDP 序列的真实变化。

第二节 综合指数的编制

狭义的指数是反映由不能直接相加的多要素构成的现象的总变动，由于要反映的现象不能直接相加，需要寻找同度量因素转换为可以相加的现象，按此思路编制的指数称为综合指数。

例 11-1：某超市第一季度（基期）和第二季度（报告期）销售的三种商品销售价格和销售量数据如表 11-1 所示，计算：①三种商品各自的销售量和销售价格个体指数。②三种商品的销售额总指数。

表 11-1　三种商品销售价格和销售量

商品名称	计量单位	销售量		销售价格（元）		个体指数（%）	
		基期 q_0	报告期 q_1	基期 p_0	报告期 p_1	销售量 k_q	销售价格 k_p
A	台	50	62	55	50	124.0	90.9
B	千克	44	50	10.0	12.0	113.6	120.0
C	个	120	160	9.5	11.0	133.3	115.8
合计	—	—	—				

解：①要反映 A、B、C 三种商品中任意一种商品的销售量、销售价格或销售额的变动属于个体指数，可以直接用报告期的值比上基期的值。计算结果如表 11-1 的个体指数栏，三种商品销售量全部增长，但各品种增长的幅度不等，三种商品销售价格除了 A 下降外，B 和 C 都出现了上涨。

②在例 11-1 中，如果要反映三种商品销售额的总变动，虽然属于总指数，但也容易获得，可以将三种商品报告期和基期的销售额分别加总，得到销售总额，用报告期的销售总额比上基期的销售总额即可，结果如下：

$$I_Q = \frac{p_{A1} \times q_{A1} + p_{B1} \times q_{B1} + p_{C1} \times q_{C1}}{p_{A0} \times q_{A0} + p_{B0} \times q_{B0} + p_{C0} \times q_{C0}}$$

$$= \frac{50 \times 62 + 12 \times 50 + 11 \times 160}{55 \times 50 + 10 \times 44 + 9.5 \times 120}$$

$$= \frac{5460}{4330} = 126.1\%$$

结果表明，三种商品报告期销售额是基期的 126.1%，比基期增长了 26.1%，增加的销售总额为（5460−4330）= 1130 元。

在例 11-1 中，如果要反映三种商品销售价格（或销售量）的总变动，则不能像销售额总指数那样加总对比，因为不同商品的销售价格（或销售量）不能直接加总。另外，能否考虑将三种商品销售价格（或销售量）个体指数简单平均作为三种商品销售价格（或销售量）总指数，从平均数的角度出发，这种处理方法也不可行，因为三种商品的地位或重要性不同，各自的销售价格（或销售量）变动在总变动中的权重应该不同。

解决上述问题的思路有两条：一是将不能直接加总的销售价格（或销售量）转换为可以加总的东西，也就是采用综合加总的方法编制计算指数，通过此种方法编制的指数称为综合指数；二是将个体指数按各自的重要性进行加权平均作为总指数，通过此种方法编制的指数称为平均数指数。两种方法分别在本节和下节中介绍。

一、同度量因素

以例11-1中三种商品的销售量总指数为例，该指数要综合反映报告期的销售量相对基期销售量总的变动情况，需要将报告期的销售量与基期销售量进行对比，但三种商品的销售量不能加总后对比，可以考虑寻找一种中间媒介作为转换因素，将销售量转换为可以相加的量，这里很容易想到价格可以作为中间媒介与销售量相乘后变为销售额，而不同商品的销售额是可以加总的。此时，价格充当了转换媒介的作用，被称为同度量因素。同理，计算三种商品的销售价格总指数时，销售量成为同度量因素。以 I_q 和 I_p 分别表示销售量和销售价格指数，这一过程用如下公式表示。

$$I_q = \frac{p_A \times q_{A1} + p_B \times q_{B1} + p_C \times q_{C1}}{p_A \times q_{A0} + p_B \times q_{B0} + p_C \times q_{C0}}$$

$$I_p = \frac{q_A \times p_{A1} + q_B \times p_{B1} + q_C \times p_{C1}}{q_A \times p_{A0} + q_B \times p_{B0} + q_C \times p_{C0}}$$

二、综合指数的编制公式

在上述销售量指数的公式中，分子和分母中的价格同度量因素是不允许变动的，否则销售量指数所反映的就不再单纯是销售量的变动，还包含价格的变动，因此分子分母中的价格必须固定，比如都使用基期的价格，或者都使用报告期的价格，或者都使用基期与报告期的平均价格等，由此产生了不同的指数，其中以拉氏指数和帕氏指数使用最为普遍。

1. 拉氏指数

在编制综合指数的过程中，如果选择将同度量因素固定在基期，这样编制计算的指数称为拉氏指数，这一方法最先由德国统计学家拉斯贝尔（E. Laspeyres）提出。销售价格和销售量综合指数的拉氏指数公式分别为：

$$I_q = \frac{\sum p_0 q_1}{\sum p_0 q_0}$$

$$I_p = \frac{\sum p_1 q_0}{\sum p_0 q_0}$$

在拉氏指数中，销售量指数分子分母分别代表以基期价格计算的报告期的销售额和基期的销售额；销售价格指数分子分母分别代表以报告期价格计算的报告期的销售额和基期的销售额。

例11-2：依据例11-1中的销售数据，计算销售量和销售价格的拉氏指数。

解：计算过程见表11-2，销售价格和销售量的拉氏综合指数分别为：

表11-2 三种商品销售价格和销售量指数计算表

商品名称	计量单位	销售量		销售价格（元）		销售额（元）			
		基期 q_0	报告期 q_1	基期 p_0	报告期 p_1	基期 p_0q_0	报告期 p_1q_1	p_1q_0	p_0q_1
A	台	50	62	55.0	50.0	2750	3100	2500	3410
B	千克	44	50	10.0	12.0	440	600	528	500
C	个	120	160	9.5	11.0	1140	1760	1320	1520
合计	—	—	—	—	—	4330	5460	4348	5430

$$I_q = \frac{\sum p_0q_1}{\sum p_0q_0} = \frac{5430}{4330} = 125.4\%$$

$$I_p = \frac{\sum p_1q_0}{\sum p_0q_0} = \frac{4348}{4330} = 100.4\%$$

计算结果表明，三种商品销售量报告期是基期的125.4%，总体增长了25.4%；三种商品销售价格报告期是基期的100.4%，总体上涨了0.4%，报告期与基期基本持平。

2. 帕氏指数

在编制综合指数的过程中，如果选择将同度量因素固定在报告期，这样编制计算的指数称为帕氏指数，这一方法由德国统计学家帕许（H. Paasche）首先提出。销售价格和销售量综合指数的帕氏指数公式分别为：

$$I_q = \frac{\sum p_1q_1}{\sum p_1q_0}$$

$$I_p = \frac{\sum p_1q_1}{\sum p_0q_1}$$

在帕氏指数中，销售量指数分子分母分别代表报告期的销售额和以报告期价格计算的基期的销售额；销售价格指数分子分母分别代表报告期的销售额和以基期价格计算的报告期的销售额。

例11-3：依据例11-1中的销售数据，计算销售量和销售价格的帕氏指数。

解：计算过程如表11-2所示，销售价格和销售量的帕氏综合指数分别为：

$$I_q = \frac{\sum p_1 q_1}{\sum p_1 q_0} = \frac{5460}{4348} = 125.6\%$$

$$I_p = \frac{\sum p_1 q_1}{\sum p_0 q_1} = \frac{5460}{5430} = 100.6\%$$

计算结果表明，三种商品销售量报告期是基期的 125.6%，总体增长了 25.6%；三种商品销售价格报告期是基期的 100.6%，总体上涨了 0.6%。帕氏指数和拉氏指数的计算结果略有不同。

3. 实际编制综合指数采用的公式

拉氏销售价格指数是以基期销售量作同度量因素，而帕氏销售价格指数是以报告期销售量作同度量因素，报告期的销售量代表了现实的生活水平，基期的销售量代表了过去的生活水平，编制价格指数的目的是为了反映价格变动对人们现实生活的影响。相比而言，帕氏销售价格指数比拉氏价格指数更具有实际意义。

在销售量综合指数中，拉氏指数以基期价格作同度量因素，帕氏指数以报告期的价格作同度量因素。从经济学中价格影响供求关系的角度看，价格的变动会影响销售量，编制销售量指数的目的是为了反映人们生活水平的真实变动，采用基期的价格显然不会有价格变动对销售量的影响。比较而言，拉氏销售量指数比帕氏销售量指数更具有现实意义。

除了考虑现实意义外，从指数体系与因素分析的角度分析（见第四节），编制综合指数时，也必须采用拉氏指数和帕氏指数的交叉结合。因此，实际编制综合指数时，物量指数采用拉氏指数的形式，物价指数采用帕氏指数的形式，具体公式如下：

$$I_q = \frac{\sum p_0 q_1}{\sum p_0 q_0} \qquad I_p = \frac{\sum p_1 q_1}{\sum p_0 q_1}$$

例 11-4：依据例 11-1 中的销售数据，以物量和物价指数实际采用的编制公式计算分析三种商品销售量和销售价格的总体变动情况。

解：（1）三种商品的销售量综合指数为：

$$I_q = \frac{\sum p_0 q_1}{\sum p_0 q_0} = \frac{5430}{4330} = 125.4\%$$

$$I_q = \sum p_0 q_1 - \sum p_0 q_0 = 5430 - 4330 = 1100（元）$$

结果表明，三种商品销售量总体增长了 25.4%，由于分子和分母代表的都是销售额，因而这一结果还表明，由于销售量的增长，使销售额整体增长了 25.4%，增加的绝对额为分子分母的差 1100（元）。

（2）三种商品的销售价格综合指数为：

$$I_p = \frac{\sum p_1 q_1}{\sum p_0 q_1} = \frac{5460}{5430} = 100.6\%$$

$$I_p = \sum p_1 q_1 - \sum p_0 q_1 = 5460 - 5430 = 30(元)$$

结果表明，三种商品销售价格总体上涨了 0.6%，由于分子和分母代表的都是销售额，因而这一结果还表明，由于销售价格的上涨，使销售额整体增长了 0.6%，增加的绝对额为分子分母的差 30（元）。

如果直接将表 11-1 中三种商品的销售量个体指数和销售价格个体指数相加进行简单平均，可分别得到 （124.0% + 113.6% + 133.3%）/3 = 123.6% 和（90.9% + 120.0% + 115.8%）/3 = 108.9%，这与上面采用指数公式计算得到的结果不同，这种简单平均的方法没有考虑各个商品在总指数中的重要性和地位的差别，显然不符合实际。如果依然采用个体指数平均的方法计算总指数，但对各商品的重要性加以区分，则属于平均数指数计算方式。

第三节　平均数指数

如果要反映三种商品销售价格或销售量的总变动，综合指数所采用的方式是使用同度量因素将不能相加的价格或销售量转换为可以加总的销售额。除此以外，可以先计算每种商品的销售价格或销售额个体指数，对所有商品销售价格个体指数或销售额个体指数进行平均，这种指数编制方法类似于平均数的计算形式，故称为平均数指数。

一、加权算术平均数指数

在拉氏价格指数中，如果对公式作如下变换，并将每种商品基期的销售额作为权重：

$$I_p = \frac{\sum p_1 q_0}{\sum p_0 q_0} = \frac{\sum \dfrac{p_1}{p_0} p_0 q_0}{\sum p_0 q_0} = \frac{\sum k_p f}{\sum f}$$

此时，公式与加权算术平均数计算形式一样。也就是说，编制销售价格总指数时，可以根据每种商品价格个体指数及相应的权重进行加权平均。在加权算术平均数指数中，权数是基期每种商品的销售额，从现实角度理解，不同商品在生产、生活中的地位是不一样的，销售额越大的商品意味着在生产生活中的地位越重要，因而其价格变动对价格总变动的影响也就越大。

对于拉氏销售量综合指数，也可以通过同样的变换转换为加权算术平均数指数形式。实际工作中，在采用算术平均数指数编制总指数时，通常采用先确定每种商品的权重，然后采集基期和报告期的价格数据即可，这比综合指数的编制要更方便。

运用上述平均数指数公式计算例 11-4 中三种商品的销售量指数如下：

$$I_q = \frac{\sum p_0 q_1}{\sum p_0 q_0} = \frac{\sum \frac{q_1}{q_0} p_0 q_0}{\sum p_0 q_0} = \frac{\sum k_q f}{\sum f}$$

$$= \frac{124.0\% \times 2750 + 113.6\% \times 440 + 133.3\% \times 1140}{2750 + 440 + 1140} = \frac{5430}{4330} = 125.4\%$$

上述计算结果与例 11-4 中的销售量总指数一致。

二、加权调和平均数指数

在帕氏价格指数中，如果对公式作如下变换，并将报告期的销售额作为权重：

$$I_p = \frac{\sum p_1 q_1}{\sum p_0 q_1} = \frac{\sum p_1 q_1}{\sum \frac{p_0}{p_1} p_1 q_1} = \frac{\sum m}{\sum \frac{m}{k_p}}$$

此时，公式与加权调和平均数计算形式一样，也就是说，编制销售价格总指数时，可以根据每种商品价格个体指数及相应的权重进行加权调和平均，此时的权重是各商品报告期的销售额。对于帕氏销售量综合指数也可以通过同样的变化转换为加权调和平均数指数形式。

运用上述平均数指数公式计算例 11-4 中三种商品的销售价格指数如下：

$$I_p = \frac{\sum p_1 q_1}{\sum p_0 q_1} = \frac{\sum p_1 q_1}{\sum \frac{p_0}{p_1} p_1 q_1} = \frac{\sum m}{\sum \frac{m}{k_p}}$$

$$= \frac{3100 + 600 + 1760}{\frac{90.9\%}{3100} + \frac{120.0\%}{600} + \frac{115.8\%}{1760}} = \frac{5460}{5430} = 100.6\%$$

上述计算结果与例 11-4 中的销售价格总指数一致。

三、平均数指数的应用

平均数指数在现实生活中有广泛的应用，比如我国的社会商品零售物价总指数、消费者价格指数等都是采用固定权数的算术平均数指数形式编制，我国的生产者价格指数就是采用加权调和平均数指数形式编制。下面以我国居民消费价格指数（CPI）编制为例说明其编制过程。

编制消费价格指数公式如下：

$$I_p = \frac{\sum kW}{\sum W}$$

式中，k 代表类指数，W 代表固定权数。

我国消费价格指数采取分类逐层编制，具体编制步骤如下：

（1）将全部商品或服务逐层分类。将全部商品或服务分为若干大类，每一大类分为若干中类，每一中类分为若干小类，每一小类分为若干种商品，每一种商品选取一种代表规格品。现有的消费价格指数将全部商品分为八个大类，其中第一大类为食品烟酒类，该大类分为四个中类，其中第一个中类为粮食类，粮食中类下分为细粮和粗粮两个小类，细粮小类下分为大米和面粉两种商品集团。

（2）代表规格品的选取。作为分类的最底层，每一种商品集团仍然包含许多更细的品种，但再作细分已无必要。比如大米还可分为糯米、粳米、籼米等品种，并且每一品种存在不同等级，但仅选取二等粳米作为规格品代表整个大米商品集团。代表规格品通常选取在调查地区的消费量相对较大，其价格变动能反映该地区该种商品集团价格变动趋势的品种。

（3）典型地区的选取。消费价格总指数要反映全国范围内所有商品和服务的价格总变动，但由于地域范围广，所以仅从人口相对集中的所有大中城市和县城中选取若干具有代表性的城镇，并从每一代表地区中确定多个商场、超市和农贸市场作为物价调查点，收集代表商品的价格资料。

（4）商品价格的收集。价格指数按月编制公布，代表规格商品的价格在一个月中会出现不同价格，要收集该商品在该月中每一天（或某几天）的价格，然后取平均值作为代表商品的价格。

（5）权数的确定。由于价格指数是长期连续编制，每一种（类）商品的权数通常事先确定并在一定时期固定不变，各种（类）商品权数的确定基本上与该地区消费支出结构对应，消费量大的商品权数大，消费量小的商品权数小。以权数和为 100，编制小类商品指数时，该小类下各种商品集团权数和为 100，编制中类商品指数时，该中类下各小类权数和为 100，由底层依次往上层。

（6）基期的选取。物价指数按月编制，是报告期和基期价格对比，要反映报告期物价的总变动必须选定比较的基础，也就是选取基期。如果基期选取上年同月，则得到与上年同月比的物价总指数，如果选取上月为基期，则得到月环比价格指数。

例 11-5：表 11-3 说明了消费价格指数的具体编制过程，其中灰色底纹单元格中的指数的计算过程略去。

表 11-3 消费价格指数编制表

商品或服务类别	计量单位	平均价格（元）		权数	以基期价格为 100	
		基期	报告期		指数	指数×权数
总指数	—			100	105.3	
一、食品烟酒	—			45	106.8	48.06
（一）粮食	—			40	111.0	44.40
1. 细粮	—			90	111.6	106.12
大米	千克	2.10	2.40	68	114.3	77.71
面粉	千克	2.15	2.28	32	106.0	33.93
2. 粗粮	—			10	105.7	10.57
玉米	千克	2.15	2.25	85	104.7	88.95
杂豆	千克	2.83	3.15	15	111.3	16.70
（二）副食	—			45	104.5	47.03
（三）烟酒茶	—			10	102.3	10.23
（四）其他	—			5	101.9	5.10
二、衣着	—			18	101.5	18.27
三、生活用品及服务	—			8	104.4	8.35
四、教育文化和娱乐	—			6	102.9	6.17
五、居住	—			5	105.3	5.27
六、医疗保健	—			6	100.7	6.04
七、交通和通信	—			7	98.2	6.87
八、其他用品和服务	—			5	124.3	6.22

表 11-3 中各类指数计算如下：

（1）大米和面粉商品集团物价个体指数分别为：

$$k_p^{米} = \frac{p_1^{米}}{p_0^{米}} = \frac{2.40}{2.10} = 114.3\%$$

$$k_p^{面} = \frac{p_1^{面}}{p_0^{面}} = \frac{2.28}{2.15} = 106.0\%$$

（2）细粮小类物价指数为：

$$I_p^{细} = \frac{\sum kW}{\sum W} = \frac{k_p^{*} \times W_{米} + k_p^{面} \times W_{面}}{W_{米} + W_{面}} = \frac{114.3\% \times 68 + 106.0\% \times 32}{68 + 32}$$

$$= \frac{77.71 + 33.93}{100} = 111.6\%$$

（3）粮食中类物价指数为：

$$I_p^{粮} = \frac{\sum I_p^{小} W}{\sum W} = \frac{111.6\% \times 90 + 105.7\% \times 10}{90 + 10} = \frac{106.12 + 10.57}{100} = 111.0\%$$

（4）食品大类物体指数为：

$$I_p^{粮} = \frac{\sum I_p^{中} W}{\sum W} = \frac{111.0\% \times 40 + 104.5\% \times 45 + 102.3\% \times 10 + 101.9 \times 5}{40 + 45 + 10 + 5}$$

$$= \frac{44.40 + 47.03 + 10.23 + 5.10}{100} = 106.8\%$$

（5）全部商品和服务价格指数为：

$$I_p = \frac{\sum I_p^{大} W}{\sum W} = \frac{106.8\% \times 45 + 101.5\% \times 18 + \cdots + 124.3 \times 5}{45 + 18 + \cdots + 5}$$

$$= \frac{48.06 + 18.27 + \cdots + 6.22}{100} = 105.3\%$$

从上述价格指数的编制过程中可以看出，其编制是按个体→小类→中类→大类→总指数依次分层逐级编制，这样不仅可以得到总指数，还可以得到分类指数。

第四节　指数体系与因素分析

统计指数不仅被用来反映现象总的变动方向和程度，还被用来反映现象之间变动的内在关系，并据此对现象的总变动进行因素分析。

一、指数体系的概念和作用

1. 指数体系的概念
许多社会经济现象之间存在某种数量关系，比如：销售额＝销售价格×销售量，表明三者之间存在数量上的联系，销售价格和销售量是影响销售额的两个因素，存在这种类似数量关系的现象还有很多，如：

总产值＝产品价格×产量

总成本＝单位产品成本×产量

材料消耗总量＝单位产品材料消耗×产量

将上述现象之间的数量关系放到动态角度考察，如果销售额发生了变动，应该是由销售价格和销售量两个因素的变化共同作用的结果，按照综合指数实际的编制规则，会发现现象之间的这种数量关系放在指数上也同样成立，即：

销售额指数＝销售价格指数×销售量指数

$$I_Q = I_q \times I_p$$

$$\frac{\sum p_1 q_1}{\sum p_0 q_0} = \frac{\sum p_0 q_1}{\sum p_0 q_0} \times \frac{\sum p_1 q_1}{\sum p_0 q_1}$$

像这种由若干个存在数量关系的指数构成的关系式称为指数体系。除了销售额指数、销售价格指数和销售量指数体系外，上述相互关联的其他现象在指数上存在的数量关系也可相应地表示如下：

总产值指数＝产品价格指数×产量指数

总成本指数＝单位产品成本指数×产量指数

材料消耗总量指数＝单位产品材料消耗指数×产量指数

值得注意的是，在编制综合指数时，如果物量和物价指数同时采用拉氏指数或帕氏指数形式，则上述指数关系将不再成立，这也是实际编制综合指数时需要采取拉氏指数和帕氏指数交叉的原因之一，其分析过程可借助图 11-1 表示。

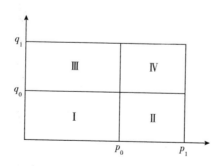

图 11-1 综合指数编制的体系分析图

图 11-1 中，面积 I 代表基期销售额 $\sum p_0 q_0$，面积 I、II、III 和 IV 之和代表报告期销售额 $\sum p_1 q_1$，报告期比基期增加的销售额为 II、III、IV 三部分面积

之和。其中，Ⅱ和Ⅲ的面积分别为：

$$\sum (p_1-p_0)q_0 = \sum p_1q_0 - \sum p_0q_0$$

$$\sum (q_1-q_0)p_0 = \sum p_0q_1 - \sum p_0q_0$$

如果物量和物价指数都采用拉氏指数，则物量指数分子与分母之差为面积Ⅲ，物价指数分子分母之差为面积Ⅱ，两者相加小于销售额增加的部分（差了面积Ⅳ）。

$$\left(\sum p_0q_1 - \sum p_0q_0\right) + \left(\sum p_1q_0 - \sum p_0q_0\right) < \sum p_1q_1 - \sum p_0q_0$$

如果物量和物价指数都采用帕氏指数，则物量指数分子与分母之差为面积Ⅲ和Ⅳ，物价指数分子与分母之差为面积Ⅱ和Ⅳ，两者相加大于销售额增加的部分（多出了面积Ⅳ）。

$$\left(\sum p_1q_1 - \sum p_1q_0\right) + \left(\sum p_1q_1 - \sum p_0q_1\right) > \sum p_1q_1 - \sum p_0q_0$$

而只有采用拉氏指数和帕氏指数交叉时，才能取得平衡，这也是实际编制综合指数时需要将拉氏指数和帕氏指数交叉的原因之一。

2. 指数体系的作用

指数体系的作用主要体现在两个方面：

第一，利用指数之间存在的数量关系，可以进行指数推算。一个指数体系中如果包含 n 个指数，已知其中的 $n-1$ 个指数就可以推算剩下的指数，比如，在销售额、销售价格和销售量指数体系中，如果已知三个中的任意两个指数，可以推算余下的指数。

第二，利用指数体系，可以进行因素分析。当一个复杂的现象包含若干个影响因素并且存在数量乘积关系时，可以分析每个因素的变动对复杂现象变动的影响，这种分析称为指数体系中的因素分析。比如，销售额受销售价格和销售量两个因素影响，可以分析销售价格和销售量两个因素变动分别对销售额变动的绝对和相对影响幅度。

二、总量变动的两因素分析

指数体系是因素分析的前提，如果一个总量指标等于两个影响因素的乘积，分析每个因素的变动对总量指标变动的绝对和相对影响，属于总量变动的两因素分析。总量指标因素分析的步骤是，首先建立指数体系，然后从相对和绝对两方面分析总量指标自身的变动，最后分别就两因素对总量指标的影响从相对和绝对两方面进行分析。

例11-6：某公司生产销售甲乙两种产品，2021 年和 2022 年销售量和单台（套）利润率数据如表 11-4 所示，对该公司利润总额的变动进行因素分析。

表11-4 某公司2021年和2022年销售情况

产品名称	计量单位	销售量		利润率（万元）	
		2021年q_0	2022年q_1	2021年p_0	2022年p_1
甲	台	450	420	6.55	6.40
乙	套	44	52	45.20	47.40
合计	—	—	—	—	—

解：用Q、q和p分别代表利润总额、销售量和利润率，建立指数体系如下：

$$I_Q = I_q \times I_p$$

$$I_Q = \frac{\sum p_1 q_1}{\sum p_0 q_0} \qquad I_q = \frac{\sum p_0 q_1}{\sum p_0 q_0} \qquad I_p = \frac{\sum p_1 q_1}{\sum p_0 q_1}$$

（1）分析公司利润总额变动：

$$I_Q = \frac{\sum p_1 q_1}{\sum p_0 q_0} = \frac{6.40 \times 420 + 47.40 \times 52}{6.55 \times 450 + 45.20 \times 44} = \frac{5152.8}{4936.3} = 104.4\%$$

$$\sum p_1 q_1 - \sum p_0 q_0 = 5152.8 - 4936.3 = 216.5(万元)$$

结果表明，公司利润总额2022年是2021年的104.4%，增长了4.4%，利润增加的绝对额为216.5（万元）。利润总额的增长是由于销售量和利润率变动共同作用的结果。

（2）分析销售量变动对公司利润总额的影响：

$$I_q = \frac{\sum p_0 q_1}{\sum p_0 q_0} = \frac{6.55 \times 420 + 45.20 \times 52}{6.55 \times 450 + 45.20 \times 44} = \frac{5101.4}{4936.3} = 103.3\%$$

$$\sum p_0 q_1 - \sum p_0 q_0 = \sum p_0(q_1 - q_0) = 5101.4 - 4936.3 = 165.1(万元)$$

结果表明，由于公司两种产品销售量总体上升（整体增长了3.3%），使公司利润总额比2021年增长了3.3%，利润增加的绝对额为165.1万元。分产品看，甲产品销售量减少使公司利润总额减少，减少的绝对额为：$6.55 \times (420 - 450) = -196.5$（万元）；乙产品销售量增加使公司利润总额增加，增加的绝对额为：$45.20 \times (52 - 44) = 361.6$（万元）。

（3）分析利润率变动对公司利润总额的影响：

$$I_p = \frac{\sum p_1 q_1}{\sum p_0 q_1} = \frac{6.40 \times 420 + 47.40 \times 52}{6.55 \times 420 + 45.20 \times 52} = \frac{5152.8}{5101.4} = 101.0\%$$

$$\sum p_1 q_1 - \sum p_0 q_1 = \sum (p_1 - p_0) q_1 = 5152.8 - 5101.4 = 51.4 (万元)$$

结果表明，由于公司产品利润率的总体上升，使公司利润总额比 2021 年增长了 1.0%，利润增加的绝对额为 51.4 万元。分产品看，甲产品利润率下降使公司利润总额减少，减少的绝对额为：（6.40−6.55）×420=−63（万元）；乙产品利润率提高使公司利润总额增加，增加的绝对额为：（47.40−45.20）×52=114.4（万元）。

三、总量变动的多因素分析

与总量变动的两因素分析一样，如果一个总量指标等于两个以上的多个影响因素的乘积，分析每个因素的变动对总量指标变动的绝对和相对影响，属于总量变动的多因素分析，其分析步骤与两因素分析相同。在多因素分析中，准确地表达每个因素的计算指数是建立正确的指数体系的关键。

例 11-7：公司的两种产品采用模具冲压生产，两产品的产量、单位产品材料消耗量及材料价格数据如表 11-5 所示，对该公司的材料总成本变动进行因素分析。

表 11-5　某公司两种产品生产情况

产品名称	产量（件）		材料单耗（吨/件）		材料价格（元/吨）	
	基期 q_0	报告期 q_1	基期 m_0	报告期 m_1	基期 p_0	报告期 p_1
甲	42	46	3.8	3.6	3650	3800
乙	130	142	1.8	1.7	10320	12580

解：用 Q、q、m 和 p 分别代表总成本、产量、材料单耗和材料价格，四者的数量关系如下：

总成本（Q）= 产量（q）×材料单耗（m）×材料价格（p）

（1）建立指数体系如下：

$$I_Q = I_q \times I_m \times I_p$$

$$I_Q = \frac{\sum q_1 m_1 p_1}{\sum q_0 m_0 p_0} \quad I_q = \frac{\sum q_1 m_0 p_0}{\sum q_0 m_0 p_0} \quad I_m = \frac{\sum q_1 m_1 p_0}{\sum q_1 m_0 p_0} \quad I_p = \frac{\sum q_1 m_1 p_1}{\sum q_1 m_1 p_0}$$

（2）分析总成本变动：

$$I_Q = \frac{\sum q_1 m_1 p_1}{\sum q_0 m_0 p_0} = \frac{46 \times 3.6 \times 3800 + 142 \times 1.7 \times 12580}{42 \times 3.8 \times 3650 + 130 \times 1.8 \times 10320}$$

$$= \frac{3666092}{2997420} = 122.3\%$$

$$\sum q_1 m_1 p_1 - \sum q_0 m_0 p_0 = 3666092 - 2997420 = 668672 (元)$$

计算结果表明，材料总成本报告期比基期上升了 22.3%，成本增加的绝对量为 668672 元。

（3）分析产量变动对总成本的影响：

$$I_q = \frac{\sum q_1 m_0 p_0}{\sum q_0 m_0 p_0} = \frac{46 \times 3.8 \times 3650 + 142 \times 1.8 \times 10320}{42 \times 3.8 \times 3650 + 130 \times 1.8 \times 10320}$$

$$= \frac{3275812}{2997420} = 109.3\%$$

$$\sum q_1 m_0 p_0 - \sum q_0 m_0 p_0 = 3275812 - 2997420 = 278392(元)$$

结果表明，产量增长使材料总成本上升了 9.3%，成本增加的绝对量为 278392 元。

（4）分析材料单耗变动对总成本的影响：

$$I_m = \frac{\sum q_1 m_1 p_0}{\sum q_1 m_0 p_0} = \frac{46 \times 3.8 \times 3650 + 142 \times 1.8 \times 10320}{46 \times 3.8 \times 3650 + 142 \times 1.8 \times 10320}$$

$$= \frac{3090688}{3275812} = 94.3\%$$

$$\sum q_1 m_1 p_0 - \sum q_1 m_0 p_0 = 3090688 - 3275812 = -185124(元)$$

结果表明，由于材料单耗下降，使材料总成本降低了 5.7%，总成本减少的绝对额为 185124 元。

（5）分析材料价格变动对总成本的影响：

$$I_p = \frac{\sum q_1 m_1 p_1}{\sum q_1 m_1 p_0} = \frac{46 \times 3.6 \times 3800 + 142 \times 1.7 \times 12580}{46 \times 3.8 \times 3650 + 142 \times 1.8 \times 10320}$$

$$= \frac{3666092}{3090688} = 118.6\%$$

$$\sum q_1 m_1 p_1 - \sum q_1 m_1 p_0 = 3666092 - 3090688 = 575404(元)$$

结果表明，由于材料价格上升，使材料总成本上升了 18.4%，总成本增加的绝对额为 570404 元。

将各因素的变化对总成本变化的影响可用表 11-6 概括。

表 11-6　某公司两种产品总成本变动的因素分析

影响因素	产量	材料单耗	材料价格	总成本变化
相对影响（%）	9.3	−5.7	18.6	22.3
绝对影响（元）	278392	−185124	575404	668672

在上述多因素分析中，准确表达各因素指数是问题的关键，这里可以采取连环替代法解决这一问题，基本原理是：首先将各因素的乘积关系正确排序，排序后任意相邻的两个因素可以合并为一个有意义的变量；然后依据两因素方法得出首尾两个因素的指数；最后利用平衡关系连环替代得出中间各因素指数。

比如，产量与材料单耗可以合并为材料总消耗量，这样就转化为两因素分析，将材料价格指数看作物价指数，按综合指数中物价指数的实际编制规则首先编制材料价格指数：

$$I_p = \frac{\sum (qm)_1 p_1}{\sum (qm)_1 p_0} = \frac{\sum q_1 m_1 p_1}{\sum q_1 m_1 p_0}$$

材料单耗与材料价格可以合并为单位产品材料消耗额，总成本由产量和单位产品材料消耗额两因素影响，将产量指数看作物量指数，按综合指数中物量指数的实际编制规则编制产量指数：

$$I_q = \frac{\sum q_1 (mp)_0}{\sum q_0 (mp)_0} = \frac{\sum q_1 m_0 p_0}{\sum q_0 m_0 p_0}$$

三个指数相乘后应该等于总成本指数，因而中间因素材料单耗指数应该为：

$$I_m = \frac{\sum q_1 m_1 p_0}{\sum q_1 m_0 p_0}$$

按照指数编制的基本思路，材料单耗指数中，只有材料单耗因素是变动的，其他因素必须固定，从最后得出的材料单耗指数的公式中可以检验出，其结果符合基本思路。

四、平均指标变动的因素分析

在加权算术平均数中，总平均由各组水平与对应的权重比的乘积加总得到，总平均的变化受各组水平（组平均）和结构（权重比）两因素变化的影响，借助指数体系，同样可以分析各组水平变动与结构变动各自对总平均变动的影响。

$$\bar{x} = \frac{\sum x \times f}{\sum f} = \sum x \times \frac{f}{\sum f}$$

在加权算术平均数的公式中，各组水平因素起决定作用，权重比因素只是起到权衡各组水平轻重的作用，无论结构如何改变，平均数都脱离不了各组水平的制约。将各组水平指数看作物价指数，将结构指数看作物量指数，按综合指数的实际编制原则，各个指数为：

$$I_{\bar{x}} = \frac{\sum x_1 \times \dfrac{f_1}{\sum f_1}}{\sum x_0 \times \dfrac{f_0}{\sum f_0}} \qquad I_x = \frac{\sum x_1 \times \dfrac{f_1}{\sum f_1}}{\sum x_0 \times \dfrac{f_1}{\sum f_1}} \qquad I_{\frac{f}{\sum f}} = \frac{\sum x_0 \times \dfrac{f_1}{\sum f_1}}{\sum x_0 \times \dfrac{f_0}{\sum f_0}}$$

$$I_{\bar{x}} = I_x \times I_{\frac{f}{\sum f}}$$

上述指数体系中，各组水平指数称为固定构成指数，结构指数称为结构影响指数，利用上述指数体系即可对总平均数的变动进行因素分析。

例 11-8：公司将车间工人按技术等级划分为初级工、中级工和高级工三种类型，各类员工两个不同时期的人数及工作效率如表 11-7 所示，试从工人结构和员工效率水平两方面对该公司所有车间工人整体生产效率的变动进行因素分析。

表 11-7 某公司工人结构及员工效率

工人类别	人数（人）		人均产量（件/人）	
	基期	报告期	基期	报告期
初级工	181	105	42	45
中级工	159	269	68	77
高级工	110	206	87	91
合计	450	580	—	—

解：将表 11-7 中的各类工人人数转换为各类工人比重，并计算组平均与工人比重的乘积，如表 11-8 所示。

表 11-8 工人结构及水平变化对整体效率影响的因素分析

工人类别	工人比重（%）		人均产量（件/人）		$x\ (f/\sum f)$		
	基期 $(f_0/\sum f_0)$	报告期 $(f_1/\sum f_1)$	基期 (x_0)	报告期 (x_1)	$x_0\ (f_0/\sum f_0)$	$x_1\ (f_1/\sum f_1)$	$x_0\ (f_1/\sum f_1)$
初级工	40.2	18.1	42	45	16.9	8.2	7.6
中级工	35.3	46.4	68	77	24.0	35.7	31.5
高级工	24.5	35.5	87	91	21.3	32.3	30.9
合计	100.0	100.0	—	—	62.2	76.2	70.0

（1）计算总体效率（总平均产量）指数：

$$I_{\bar{x}} = \frac{\sum x_1 \times \dfrac{f_1}{\sum f_1}}{\sum x_0 \times \dfrac{f_0}{\sum f_0}} = \frac{76.2}{62.2} = 122.5\%$$

$$\sum x_1 \times \frac{f_1}{\sum f_1} - \sum x_0 \times \frac{f_0}{\sum f_0} = 76.2 - 62.2 = 14.0(件／人)$$

结果表明，所有工人整体生产效率提高了 22.5%，提高的绝对量为 14.0（件／人）。

（2）计算效率水平指数（固定构成指数），分析各类工人效率变动对总效率的影响：

$$I_x = \frac{\sum x_1 \times \dfrac{f_1}{\sum f_1}}{\sum x_0 \times \dfrac{f_1}{\sum f_1}} = \frac{76.2}{70.0} = 108.8\%$$

$$\sum x_1 \times \frac{f_1}{\sum f_1} - \sum x_0 \times \frac{f_1}{\sum f_1} = 76.2 - 70.0 = 6.2(件／人)$$

结果表明，由于工人效率水平的提高，使整体效率提高了 8.8%，提高的绝对量为 6.2（件／人）。

（3）计算比重指数（结构影响指数），分析工人结构变动对总效率的影响：

$$I_{\frac{f}{\sum f}} = \frac{\sum x_0 \times \dfrac{f_1}{\sum f_1}}{\sum x_0 \times \dfrac{f_0}{\sum f_0}} = \frac{70.0}{62.2} = 112.5\%$$

$$\sum x_0 \times \frac{f_1}{\sum f_1} - \sum x_0 \times \frac{f_0}{\sum f_0} = 70.0 - 62.2 = 7.8(件／人)$$

结果表明，由于工人结构变化，中高级工比重上升、初级工比重下降，使整体效率提高了 12.5%，提高的绝对量为 7.8（件／人）。

□□■ 小知识：股票价格指数

价格总指数是反映由多个个体构成的总现象价格总变动的统计指数。现实生活中，常见的价格指数有消费价格指数、生产者价格指数、股票价格指数等。上海证券交易所是我国规模最大的股票交易场所，截至 2023 年 9 月 12 日，共有上市公司 2245 家，股票总市值 48.6 万亿元，当年日均成交金额近 4000 亿元。为了反映所有上市公司股票价格的整体变动情况，上海证券交易所推出了上海证券交易所股票价格综合指数，简称上证综指。

上证综指采用加权算术平均数指数计算，报告期上证综指基本计算方法是：以各上市公司发行的总股本为权数，对各公司股票价格变动进行加权，综合反映整体市场股票价格的变动。由于不断有新公司上市和不再符合条件的公司退市，为了使指数具有历史可比性，需要在前一交易日的基础上对指数进行修正。上证综指以 1990 年 12 月 19 日为基期，以基期日指数为 100 点，2023 年 8 月 31 日收盘指数 3120 点。

思考与练习

1. 计算综合指数时,同度量因素起什么作用?将同度量因素固定在基期和报告期分别得到什么指数?如何理解现实生活中编制物价指数时将同度量因素固定在报告期,而编制物量指数时将同度量因素固定在基期?

2. 某市一居民户在水、电和管道煤气三种公共生活必需品价格调整前后的消费数据如下:

商品名称	计量单位	调整前		调整后	
		价格(元)	消费量	价格(元)	消费量
水	吨	2.00	520	2.20	540
电	度	0.70	4500	0.73	4800
煤气	立方米	2.20	270	2.58	290

(1)分别计算该市水、电和管道煤气三种公共生活必需品价格个体指数。

(2)编制三种生活必需品价格帕氏指数,相对该居民户而言,价格总体调整幅度是多少?

(3)编制该居民户三种生活必需品消费量的拉氏指数。

(4)该居民户在价格调整后与调整前相比,三种生活必需品方面的总支出增加多少,其中,由于价格调整增加的部分占多少?

(5)因三种必需品价格上调分别给该居民户带来的支出增加各是多少?

3. 某公司在报告期采取系列措施降低产品的单位成本,其生产的三种产品单位成本报告期和基期数据如下表:

产品代码	计量单位	产量			单位成本(万元)	
		基期	报告期		基期	报告期
A	件	3080	3260		160	158
B	吨	2750	2800		980	960
C	吨	1980	2110		430	430

(1)计算三种产品单位成本总指数,说明其含义。

(2)计算总成本指数、三种产品的单位成本总指数和产量总指数。

(3)分析公司报告期增加的总成本中,由于产量增加导致总成本增加多少?

由于报告期采取的降低单位成本举措共为公司节约多少总成本?

（4）由于 B 商品单位成本下降而节约多少总成本?

4. 有四种商品销售资料如下：

商品名称	计量单位	基期销售额（万元）	报告期销售额（万元）	个体价格指数（%）
A	件	1860	2060	107
B	千克	2430	2790	103
C	袋	850	1010	98
D	瓶	4620	4800	101

（1）计算四种商品的销售额总指数，分析销售额的总变动情况。

（2）计算四种商品的物价总指数及其影响销售额的变动。

（3）计算四种商品的销售量总指数及其影响销售额的变动。

5. 企业将生产工人按操作时间长短分为熟练工人和非熟练工人两种，两种工人的人员构成及工资水平如下：

工人类别	人数（人）		工资水平（元）	
	基期	报告期	基期	报告期
熟练工人	240	560	3000	3300
非熟练工人	380	120	2600	2860

（1）报告期与基期相比，熟练工人的比重发生了什么变化？两类工人的工资水平有变化吗？

（2）计算企业全部工人的总平均工资指数，并说明总体平均工资发生了什么变化？

（3）计算总平均工资的结构影响指数，并说明由于生产工人结构变化对总平均工资的影响。

（4）计算总平均工资的固定构成指数，说明工人工资水平的总体上升幅度，由于工资水平提高导致总平均工资增加了多少？

（5）企业管理者对外声称工人平均工资有较大幅度提高，你觉得应如何分析？

第十二章　聚类分析

实践中的数据分析 12：心理健康咨询者的归类

类型划分是数据分析中经常碰到的问题，与存在明确划分标准的先验性分类不同，聚类分析无任何可依赖的标准，完全依靠个体间的数据差异进行探索辨识，形成的类也无明确的概念，通常用于多变量描述的个体的类型划分，属于一种数据降维的多元统计分析方法。

科大健康管理中心负责全校师生心理健康宣传、咨询和辅导，对于前来进行心理咨询的每位师生采用标准化的科学量表进行测试，建立了数据档案库，中心需要将库内师生加以归类，性格和行为相似的师生归为一类，不同类的师生在讲座内容、辅导方式方面会有差异，目的是更有成效地开展针对性辅导。结合以上目的，健康管理中心采用什么方法对存在心理障碍的师生进行科学分类？

第一节　聚类分析概述

类别划分是以个体的属性、特点等作为区分标准，将符合同一标准的个体归类、不同则分开的一种认识事物的方法。对个体分类时依据的标准可能是明确的，类可以事先确定，类间界限清晰；也可能无法事先确定类及类间的界限，只能依据事先确定的准则，探索性地进行类别划分。聚类分析属于后者，是无先验性的一种多元数据分析方法。

一、聚类分析的含义与基本原理

聚类分析（Cluster Analysis）又称群分析，是根据"物以类聚"的道理，将大量的样品（或变量）依据数据间的相似性归为不同类的一种数据分类方法。

聚类的原理是根据已知数据，通过计算测定各样品（或变量）之间的亲疏关系（或相似程度），根据某种准则，将众多样品（或变量）归为不同类的一种多元统计分析方法，聚类的结果要使同一类样品（或变量）间的差别较小，而类与类之间的差别较大。聚类分析中，通常使用数据间的距离（或相关系数）来确定样品（或变量）间的亲疏关系，而区分类别时依据的准则有最短距离法、最长距离法、中间距离法、重心法等多种。

聚类分析作为数据挖掘的常用技术被应用于各个领域。在市场营销方面，聚类分析被用于发现不同的客户群，并通过购买模式刻画不同客户群的特征；在银行业中，根据客户的职业、收入、贷款金额、贷款用途等多个指标，依据聚类方法将贷款客户分成不同类别以实施贷款的风险等级控制；在电子商务领域，通过跟踪记录网购者浏览的商品类型、购买的商品价格、购买时间偏好等因素，将网购者聚类为不同的类别，以定向投放购物信息和广告；等等。

二、聚类分析的特点

与常见的分类相比，聚类分析有以下几个特点：

（1）聚类分析属于探索性分类方法，通过分析数据的内在特点和规律，根据个体或变量间的相似性对其进行分类。聚类分析采用的距离计算方法、依据的类间聚类准则的不同都可能会有不同的聚类结果。

（2）聚类分析适用于没有先验知识的分类。常见的分类会有事先确定的经验或一些国际标准、国内标准、行业标准等作为依据，而聚类分析在进行归类时并没有先验的标准。

（3）聚类分析得到的"类"并不存在一个明确的概念，需要研究者结合研究目的和任务加以概括（如果没有必要也可以不用给出），这与常见的分类中每一类都有一个明确的概念完全不同，因此将聚类分析中的"类"理解为"簇"更为恰当。

（4）聚类分析适合处理多个变量决定的分类。例如，要根据购买量的多少对消费者进行分类比较容易，但如果在进行数据挖掘时，要求根据消费者的购买量、家庭收入、家庭支出、年龄等多个指标对消费者进行分类通常比较复杂，而聚类分析方法可以解决这类问题。

三、聚类分析的类型

（1）根据聚类的方法不同可将聚类分析分为系统聚类与快速聚类。

系统聚类（Hierarchical Cluster）又称分层聚类，其基本思想是：先将每个样品（或变量）各看成一类，然后规定类与类之间的距离计算准则，选择距离最小的两个样品（或变量）合并成新的一类，计算新类与其他类之间的距离，再将距离最近的两类合并，这样每次减少一类，直至所有的样品（或变量）合为一类为止。进行类别合并的出发点是使类间差异最大，而类内差异最小。系统聚类过程清晰直观，可以得到完整的树状聚类族谱，但该种聚类的计算量大，当数据量较大时其聚类效率不高，适用于小样本数据。

快速聚类（K-means Cluster）是先确定所分的类别数目 K，并确定 K 个样品作为 K 个类别的初始聚类中心，依次计算每个样品到 K 个聚类中心的距离，根据距离最近原则将所有样品分到事先确定的 K 个类别中，以此形成 K 个类别，计算各类别中每个变量的均值，以均值点作为新的 K 个类别的中心，重新上述过程，反复迭代直至满足终止聚类条件为止。快速聚类中类别数的确定具有一定的主观性，分多少类合适取决于研究者的经验及对问题的了解程度。快速聚类适用于对大样本进行聚类，尤其是对形成的类的特征（各变量值范围）有了一定认识时，聚类的效果较好。

（2）根据分类的对象的不同可将聚类分析分为 Q 型聚类与 R 型聚类。

Q 型聚类（Clustering for Individuals）是对样品进行分类。一个样品有多个变量属性描述，对于观测到的多个样品，根据样品的变量特征，将特征相似的样品归为一类。Q 型聚类是聚类分析中最常见的一种，具有以下特点：可综合利用多个变量的信息对样品进行分类；分类结果直观，聚类谱系图非常清楚地表现分类结果；所得结果比传统分类方法更细致、全面、合理。

R 型聚类（Clustering for Variables）是对变量进行分类。一般来说，可以反映研究对象特点的变量有许多，但由于对客观事物的认识有限，往往难以找出彼此独立且有代表性的变量，影响了对问题进一步的认识和研究，因此往往需要先对变量聚类，找出相互独立又有代表性的变量，而又不丢失大部分信息。R 型聚类具有以下特点：可了解个别变量之间及变量组合之间的亲疏程度；根据变量的分类结果以及它们之间的关系，可以选择主要变量进行回归分析或 Q 型聚类分析。

常见的距离计算方法有绝对值距离、欧氏距离、明可斯基距离、车贝雪夫距离、马氏距离、兰氏距离等。类与类之间合并的距离准则有很多种，主要有类平均法、重心法、中间距离法、最长距离法、最短距离法、离差平方法、密度估计法等。

第二节　相似程度的度量

聚类分析中，对各样品（或变量）之间的亲疏关系由相似性描述，通常用距离描述样品间的相似性，用相似系数度量变量间的相似性。

一、样品间距离的度量

假定有 n 个样品，每个样品有 p 个指标，从 p 个不同角度描述其性质，形成 p 维向量，n 个样品就形成了 p 维空间中的 n 个点。用 d_{ij}（$d_{ij} \geqslant 0$）度量 p 维空间中第 i 个样品和第 j 个样品的距离，距离越大，二者越不相似；距离越小，二者越相似，越可能在一个类中。这样可以得到一个对称的距离矩阵 D（$n \times n$）：

$$D = \begin{pmatrix} d_{11} & d_{12} & \cdots & d_{1n} \\ d_{21} & d_{22} & \cdots & d_{2n} \\ \vdots & \vdots & \ddots & \vdots \\ d_{n1} & d_{n2} & \cdots & d_{nn} \end{pmatrix}$$

矩阵 D 包括 n 个样品两两间的距离，d_{ij} 为每个距离要素。其中距离的计算公式主要有以下几种：

（1）Euclidean 距离：

$$d_{ij} = \sqrt{\sum_{k=1}^{p} (x_{ik} - x_{jk})^2}$$

（2）Euclidean 平方距离：

$$d_{ij} = \sum_{k=1}^{p} (x_{ik} - x_{jk})^2$$

（3）Chebychev 距离：

$$d_{ij} = \max |x_{ik} - x_{jk}|$$

（4）Minkowski 距离：

$$d_{ij} = \left(\sum_{k=1}^{p} |x_{ik} - x_{jk}|^r \right)^{1/r}$$

根据 r 的不同取值，有不同情况。当 $r=1$ 时，转换为绝对值距离；当 $r=2$ 时，转换为 Euclidean 距离；当 r 趋于 ∞ 时，转换为 Chebychev 距离。

上述四种距离计算方式适合于各变量计量单位相同并且变量值变动范围相差不大的情况，否则，应将变量进行标准化处理。此外，上述方式没有考虑变量之间的相关性，只能用于变量之间相关性较低的情形。

（5）Lance 距离：

$$d_{ij} = \sum_{k=1}^{p} \frac{|x_{ki} - x_{kj}|}{x_{ki} + x_{kj}}$$

Lance 距离要求各变量值必须大于 0，它消除了变量单位不同的影响，并且对大的变量值不敏感，Lance 距离同样没有考虑变量间的相关性，适用于变量间相关性较低的情况。

（6）Mahalanobis 距离：

$$d_{ij} = \sqrt{(x_i - x_j)' \sum{}^{-1} (x_i - x_j)}$$

$$= \sqrt{(x_{1i} - x_{1j},\ x_{2i} - x_{2j},\ \cdots,\ x_{pi} - x_{pj}) \begin{pmatrix} S_{11}^2 & S_{12}^2 & \cdots & S_{1p}^2 \\ S_{21}^2 & S_{22}^2 & \cdots & S_{2p}^2 \\ \vdots & \vdots & \ddots & \vdots \\ S_{p1}^2 & S_{p2}^2 & \cdots & S_{pp}^2 \end{pmatrix}^{-1} \begin{pmatrix} x_{1i} - x_{1j} \\ x_{2i} - x_{2j} \\ \vdots \\ x_{pi} - x_{pj} \end{pmatrix}}$$

马氏距离（Mahalanobis）又称为广义欧式距离。其中，$\sum$ 表示观测变量之间的协方差矩阵。在实践应用中，若总体协方差矩阵 $\sum$ 未知，则可用样本协方差矩阵作为估计代替计算。它既消除了量纲属性，不易受极端值影响，同时还考虑了变量间的相关性，缺点是协方差矩阵难以确定。

例 12-1：对于下表中两维指标的 5 个观测样品，计算绝对值距离和 Euclidean 距离矩阵。

解：绝对值距离矩阵计算如下：

样本号	指标	
	X_1	X_2
1	5	7
2	7	1
3	3	2
4	6	5
5	6	6

$$\Rightarrow D = \begin{pmatrix} 0 & 8 & 7 & 3 & 2 \\ 8 & 0 & 5 & 5 & 6 \\ 7 & 5 & 0 & 6 & 7 \\ 3 & 5 & 6 & 0 & 1 \\ 2 & 6 & 7 & 1 & 0 \end{pmatrix}$$

式中，$d_{12} = \sum\limits_{k=1}^{2} |x_{1k} - x_{2k}| = |x_{11} - x_{21}| + |x_{12} - x_{22}| = |5 - 7| + |7 - 1| = 8$

Euclidean 距离矩阵如下：

样本号	指标	
	X_1	X_2
1	5	7
2	7	1
3	3	2
4	6	5
5	6	6

$$\Rightarrow \begin{pmatrix} 0 & 40 & 29 & 5 & 2 \\ 40 & 0 & 17 & 17 & 26 \\ 29 & 17 & 0 & 18 & 25 \\ 5 & 17 & 18 & 0 & 1 \\ 2 & 26 & 25 & 1 & 0 \end{pmatrix} \xrightarrow{\text{取根号}} \begin{pmatrix} 0 & 6.32 & 5.39 & 2.23 & 1.41 \\ 6.32 & 0 & 4.12 & 4.12 & 5.10 \\ 5.39 & 4.12 & 0 & 4.24 & 5.00 \\ 2.23 & 4.12 & 4.24 & 0 & 1 \\ 1.41 & 5.10 & 5.00 & 1 & 0 \end{pmatrix}$$

式中，$d_{13}^2 = \sum_{k=1}^{2} |x_{1k} - x_{3k}|^2 = |5-3|^2 + |7-2|^2 = 29$

二、变量间相似性的度量

假定有 p 个变量，对其进行了 n 次观测。用 $r_{ij}(|r_{ij}| \leq 1)$ 表示 n 次观测中第 i 个变量和第 j 个变量之间的相似系数，相似系数越大，变量之间相似程度越高，越可能在一个类中；相似系数越小，变量之间相似程度越低，越可能属于不同类。对所有变量两两间计算相似系数，同样得到一个对称的相似系数矩阵 $R(p \times p)$：

$$R = \begin{pmatrix} r_{11} & r_{12} & \cdots & r_{1p} \\ r_{21} & r_{22} & \cdots & r_{2p} \\ \vdots & \vdots & \ddots & \vdots \\ r_{p1} & r_{p2} & \cdots & r_{pp} \end{pmatrix}$$

相似系数矩阵中，相似系数 r_{ij} 的常用计算方式有夹角余弦和相关系数两种。

（1）夹角余弦。

$$r_{ij} = \frac{\sum_{k=1}^{n} x_{ki} x_{kj}}{\left[\left(\sum_{k=1}^{n} x_{ki}^2 \right) \left(\sum_{k=1}^{n} x_{kj}^2 \right) \right]^{1/2}}$$

式中，r_{ij} 为变量 x_i 的观测向量 $(x_{1i}, x_{2i}, \cdots, x_{ni})'$ 和变量 x_j 的观测向量 $(x_{1j}, x_{2j}, \cdots, x_{nj})'$ 之间夹角的余弦函数。如果所有变量值非负，则夹角余弦在 0 到 1 之间。

（2）Pearson 相关系数。

变量 x_i 与量 x_j 的相关系数为：

$$r_{ij} = \frac{\sum_{k=1}^{n} (x_{ki} - \overline{x}_i)(x_{kj} - \overline{x}_j)}{\sqrt{\left(\sum_{k=1}^{n} (x_{ki} - \overline{x}_i)^2 \right) \left(\sum_{k=1}^{n} (x_{kj} - \overline{x}_j)^2 \right)}}$$

如果变量经过 Z 得分标准化处理，则两变量间的夹角余弦等于相关系数。相关系数在-1 到 1 之间。对于等级变量，也可使用等级相关系数。

第三节　系统聚类法

聚类分析虽然有多种不同的方法和类型，但原理基本相同。下面仅以使用最多的系统聚类法为例进行介绍。

一、系统聚类方法的步骤

（1）将 n 个样品各作为一类，形成 n 类。

（2）计算 n 个样品两两之间的距离，构成距离矩阵。

（3）基于上一步的样品距离公式计算类与类之间的距离。把距离最近的两类合并成一类，总类数减少 1。

（4）重复上一步，计算类与类之间的距离。把距离最近的两类合并成一类，总类数减少 1，直至只有一类为止。

（5）画聚类图，解释类与类之间的距离。

二、类与类之间的距离计量方法

常用的类与类之间的距离计算方法有 8 种，对应 8 种系统聚类方法：最短距离法、最长距离法、中间距离法、重心法、类平均法、可变类平均法、可变法及相似分析法、Ward 离差平方和法。下面仅介绍前 5 种方法。

1. 最短距离法

最短距离是将类与类之间的距离定义为两类中相距最近的样品之间的距离，如图 12-1 所示。

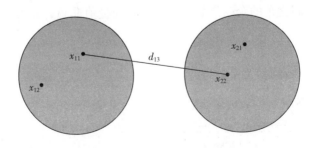

图 12-1　最短距离法示意图

即类 G_p 与类 G_q 之间的距离 D_{pq} 定义为：

$$D_{pq} = \min_{i \in G_p, j \in G_q} d_{ij}$$

取当前样品与已经形成的小类中的各样品间距离的最小值作为当前样品与该小类之间的距离。当 G_p 和 G_q 合并为新类 G_r 后，按最短距离法计算新类 G_r 与其他类的类间距离，以此类推。

例 12-2：为了研究辽宁等 5 省区某年城镇居民生活消费的分布规律，调查得到 A、B 等与消费相关的 8 个方面的指标数据（见表 12-1）以最短距离方法做类型划分。

表 12-1　5 省区城镇居民生活消费数据

省份	A	B	C	D	E	F	G	H
辽宁	7.9	39.77	8.49	12.94	19.27	11.05	2.04	13.29
浙江	7.68	50.37	11.35	13.3	19.25	14.59	2.75	14.87
河南	9.42	27.93	8.2	8.14	16.17	9.42	1.55	9.76
甘肃	9.16	27.98	9.01	9.32	15.99	9.1	1.82	11.35
青海	10.06	28.64	10.52	10.05	16.18	8.39	1.96	10.81

解：各样品为：$G_1 = \{$辽宁$\}$，$G_2 = \{$浙江$\}$，$G_3 = \{$河南$\}$，$G_4 = \{$甘肃$\}$，$G_5 = \{$青海$\}$。

第一步，采用欧氏距离计算两两样品间的距离值，得到距离表 12-2。

表 12-2（a）　样品间的距离值表 D_1

	1	2	3	4	5
1	0				
2	11.67	0			
3	13.8	24.63	0		
4	13.12	24.06	2.2	0	
5	12.8	23.54	3.51	2.21	0

表 12-2（b）　类间距离表 D_2

	6	1	2	5
6	0			
1	13.12	0		
2	24.06	11.67	0	
5	2.21	12.8	23.54	0

由距离表 D_1 可判断，河南与甘肃的距离最近，先将二者（3）和（4）合为一类 $G_6 = \{G_3, G_4\}$，其余分类不变，样品聚为 4 类。

第二步，计算 4 类中的最短距离，得到新的类间距离表 D_2：

表 D_2 中：$d_{61} = d_{(3,4)1} = \min\{d_{13}, d_{14}\} = 13.12$；$d_{62} = d_{(3,4)2} = \min\{d_{23}, d_{24}\} = 24.06$；$d_{65} = d_{(3,4)5} = \min\{d_{35}, d_{45}\} = 2.21$。

由 D_2 判断，{河南、甘肃}与青海并为一新类 $G_7 = \{G_6, G_5\} = \{G_3, G_4, G_5\}$。

第三步，对于得到的 3 类样品，重复第二步，得到新的类间距离表 D_3。

表 12-2（c）　类间距离表 D_3

	7	1	2
7	0		
1	12.8	0	
2	23.54	11.67	0

表 12-2（d）　类间距离表 D_4

	7	8
7	0	
8	12.8	0

表 D_3 中，$d_{71} = d_{(3,4,5)1} = \min\{d_{13}, d_{14}, d_{15}\} = 12.80$；$d_{72} = d_{(3,4,5)2} = \min\{d_{23}, d_{24}, d_{25}\} = 23.54$。

由 D_3 判断，辽宁和浙江合为一类 $G_8 = \{G_1, G_2\}$，所有样聚为两类。

第四步，对于得到的两类样品，重复第三步，得到新的类间距离表 D_4：

表 D_4 中，$d_{78} = \min\{d_{71}, d_{72}\} = 12.80$，此时，所有样品合为一类。

对于上述聚类过程，可用图 12-2 的树状图描述：

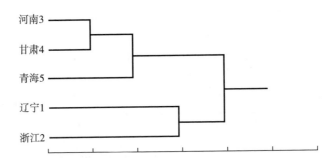

图 12-2　最短距离法聚类过程树状图

2. 最长距离法

最长距离法是将类与类之间的距离定义为两类中相距最远的样品之间的距离，如图 12-3 所示。即类 G_p 与类 G_q 之间的距离 D_{pq} 定义为：

$$D_{pq} = \max_{i \in G_p, j \in G_q} d_{ij}$$

以当前某个样本与已经形成的小类中的各样本距离中的最大值作为当前样本与该小类之间的距离。当 G_p 和 G_q 合并为新类 G_r 后，按最长距离法计算新类 G_r 与其他类 G_k 的类间距离，以此类推。

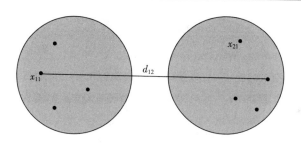

图12-3 最长距离法示意图

3. 中间距离法

最长距离夸大了类间距离,最短距离低估了类间距离。介于两者间的距离即为中间距离。

首先取距离值居于中间的两个样品为一类,当 G_p 和 G_q 合并为 G_r 后,按中间距离法计算新类 G_r 与其他类 G_k 的类间距离,其递推公式为:

$$D_{rk}^2 = \frac{1}{2}(D_{pk}^2 + D_{qk}^2) + \beta D_{pq}^2 \quad \left(-\frac{1}{4} \leqslant \beta \leqslant 0, \ k \neq p, \ q\right)$$

当 $\beta = -1/4$ 时,D_{rk} 就是以 D_{qk}、D_{pk}、D_{pq} 为边的三角形中 D_{pq} 边上的中线,如图12-4所示。

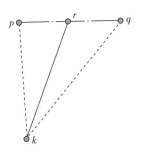

图12-4 中间距离法示意图

4. 重心法

对样品分类时,每一类的重心(又称质心)就是该类所有样品的均值,类间距离用各自重心间的距离表示。最长、最短和中间距离法在定义类与类之间距离时,没有考虑到每一类中所包含的样品个数不同。如果将两类间的距离定义为两类重心间的距离,这种聚类方法称为重心法,如图12-5所示。

当某步骤类 G_p 和 G_q 合并为 G_r 后,它们所包含的样品个数分别为 n_p、n_q 和 $n_r(n_r = n_p + n_q)$,各类的重心分别为 $\overline{X}^{(p)}$、$\overline{X}^{(q)}$ 和 $\overline{X}^{(r)}$,显然有:

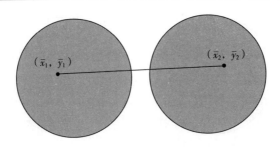

图 12-5　重心法示意图

$$\overline{X}^{(r)} = \frac{1}{n_r}(n_p\overline{X}^{(p)} + n_q\overline{X}^{(q)})$$

5. 类平均法（Average Linkage Between Group）

重心法虽有较好的代表性，但并未充分利用各个样品的信息，因而又有人提出用两类样品两两之间平方距离的平均作为类之间的距离，即：

$$D_{pq}^2 = \frac{1}{n_p n_q}\sum_{i\in G_p,\,j\in G_q} d_{ij}^2$$

当某步骤类 G_p 和 G_q 合并为 G_r：$G_r = \{G_p,\ G_q\}$，且 $n_r = n_p + n_q$，则 G_r 与其他类 G_k 距离平方的递推公式为：

$$D_{rk}^2 = \frac{n_p}{n_r}D_{pk}^2 + \frac{n_q}{n_r}D_{qk}^2$$

类平均法是一种使用上比较广泛、聚类效果较好的方法，该方法是 SPSS 软件的默认方法。

除以上 5 种类间距离计量方法外，常见的还有可变法、可变类平均法及 Ward 法等方法，各种方法的计算步骤完全相同，仅类与类之间的定义不同。Lance 和 Williams 于 1967 年将其统一为下列公式，公式中各参数取值如表 12-3 所示。

$$D_{MJ}^2 = \alpha_K D_{KJ}^2 + \alpha_L D_{LJ}^2 + \beta D_{KL}^2 + \gamma \left| D_{KJ}^2 - D_{LJ}^2 \right|$$

表 12-3　八种系统聚类法统一公式的参数表

方法	α_K	α_L	β	γ
最短距离法	1/2	1/2	0	−1/2
最长距离法	1/2	1/2	0	1/2
中间距离法	1/2	1/2	−1/4	0

续表

方法	α_K	α_L	β	γ
可变法	$(1-\beta)/2$	$(1-\beta)/2$	$\beta(<1)$	0
类平均法	n_K/n_M	$n_L n_M$	0	0
可变类平均法	$(1-\beta)n_K/n_M$	$(1-\beta)n_L/n_M$	$\beta(<1)$	0
重心法	n_K/n_M	$n_L n_M$	$-\alpha_K\alpha_L$	0
Ward 法	$(n_J+n_K)/(n_J+n_M)$	$(n_J+n_L)/(n_J+n_M)$	$-n_J/(n_J+n_M)$	0

第四节 系统聚类案例及 SPSS 实现

SPSS 提供了系统聚类和快速聚类两种不同的聚类方法，其中，快速聚类使用 K 均值算法（K-Means），其操作更为简单，本节仅介绍系统聚类的实现。

一、样品聚类分析案例及 SPSS 实现

例 12-3：对江苏省 2008 年 30 个县域经济体（指标值见表 12-4）进行聚类分析。

表 12-4 江苏省 2008 年县域经济指标　　　单位：万元

地区名称	地区生产总值	第一产业增加值	第二产业增加值	第三产业增加值	全社会固定资产投资	地方一般预算财政收入	地方一般预算财政支出	农林牧渔业总产值	社会消费品零售总额
海门市	3107400	240000	1851500	1015900	1710595	131021	147882	409373	1024542
赣榆县	1133400	253900	500900	378600	1065641	63018	138124	516986	476805
东海县	1140600	287700	486800	366100	918735	63018	132799	528125	435152
灌云县	699800	201600	299600	198600	879421	42133	101374	459417	350361
灌南县	625300	151500	289900	183900	781769	44562	107475	275795	213401
涟水县	881000	276000	349500	255500	443500	33444	109020	548420	254188
洪泽县	577800	123300	255100	199400	327300	31615	68126	267221	241628

续表

地区名称	地区生产总值	第一产业增加值	第二产业增加值	第三产业增加值	全社会固定资产投资	地方一般预算财政收入	地方一般预算财政支出	农林牧渔业总产值	社会消费品零售总额
盱眙县	884600	202000	430600	252000	623200	40079	82814	400823	258309
金湖县	543300	115000	235900	192400	276900	26214	56460	216221	226898
响水县	628000	162000	283000	183000	492167	31373	75526	351363	163688
滨海县	1079000	266800	462200	350000	749527	43336	116062	568973	297684
阜宁县	1186000	254000	573000	359000	627873	47008	128328	564670	376569
射阳县	1530400	396400	642000	492000	777360	58116	121852	928223	478807
建湖县	1401000	242000	678000	481000	693665	63166	118612	473430	442633
东台市	2243000	467300	1031700	744000	1172632	87460	156060	1037530	690726
大丰市	1738000	385000	773000	580000	870739	68166	117690	902000	457396
宝应县	1380100	268300	680100	431700	781077	62378	126168	518098	458361
仪征市	1625000	93500	1091700	439800	1118546	109588	112886	183036	522997
高邮市	1495100	281700	747800	465600	851615	64818	109815	540197	472617
江都市	2801000	225000	1778000	798000	1551036	123957	143998	421300	798384
丹阳市	3567674	181000	2112600	1274074	1165099	167056	164956	309560	889766
扬中市	1460000	44100	881900	534000	505323	80124	85356	76513	406557
句容市	1530500	122000	916000	492500	738944	75058	100860	224589	426376
兴化市	2127300	417700	1012100	697500	937052	95838	172331	760869	480450
靖江市	2191000	97500	1306500	787000	1029593	149469	152193	169797	558726
泰兴市	2551500	261600	1449400	840500	1504180	152559	193227	435947	691986
姜堰市	2027400	189000	1162700	675700	1449103	113468	147198	318028	574050
沭阳县	1461300	394500	636100	430700	1220000	80019	190597	729204	459370
泗阳县	1001000	254500	448100	298400	830000	42074	117422	451025	272501
泗洪县	962000	286000	370000	306000	780000	44347	124246	503525	255447

资料来源：江苏省统计局. 江苏省统计年鉴2009［M］. 北京：中国统计出版社，2009.

1. 数据标准化

在 SPSS 中打开上表。由于各项指标数量级别不同，先标准化，选择"分析"—"描述统计"—"描述"，进入数据标准化对话框，如图 12-6 所示。

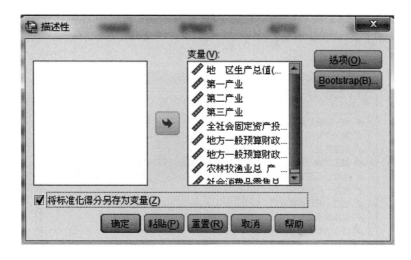

图 12-6　数据标准化

将地区生产总值等各项变量移入右端，勾选"将标准化得分另存为变量"，点"确定"实施标准化，结果如图 12-7 所示，在原有 9 列变量右端得到 9 列 z 开头的变量，为标准化以后的变量。

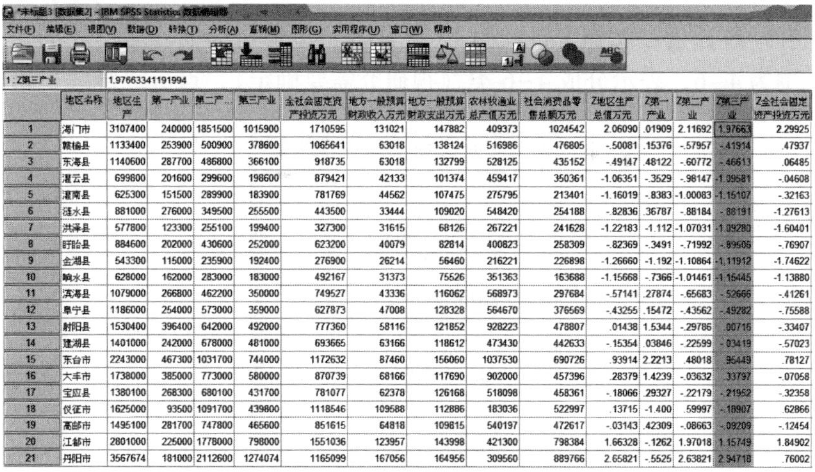

图 12-7　数据标准化后的结果

2. 系统聚类变量选取

选择"分析"—"分类"—"系统聚类"，进入系统聚类对话框（见图 12-8）。从左边变量列表框中选择聚类所依据的标准化变量，依次加入到"变量"

框中，由于本例属于样品聚类，选择聚类类型为"个案"，从左边变量列表中选取"地区名称变量"进入"标注个案"栏。

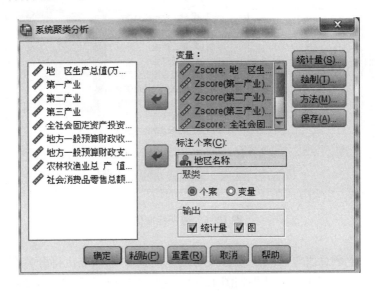

图 12-8　分层聚类法

3. 系统聚类设置

点开"统计量"按钮，进入图 12-9 统计量设置对话框，聚类成员中，选择方案范围为 4~6，表示分成 4~6 类（视研究需要确定），点击"继续"返回。

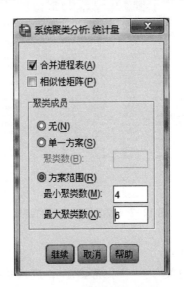

图 12-9　分层聚类法统计量设置

打开"绘制"对话框（见图 12-10），在绘制图设置框中，勾选"树状图"，并选择图的方向，点击"继续"返回。

图 12-10　分层聚类法图表设置

打开"方法"设置，选择聚类方法，如图 12-11 所示。本例选择"组间联接"，度量标准选择"平方 Euclidean 距离"，点击"继续"返回，进入"保存"设置后返回，点击"确定"输出聚类结果。

图 12-11　聚类与距离计算方法设置

4. 结果分析与识别

表 12-5 为输出的个案汇总情况，共 30 个个案，全部为有效个案。

表 12-5　案例处理汇总输出表：案例处理汇总[a,b]

案例处理汇总[a,b]					
有效		缺失		总计	
N	百分比	N	百分比	N	百分比
30	100.0	0	0.0	30	100.0

注：a. 平方 Euclidean 距离已使用，b. 平均联结（组之间）。

表 12-6 为输出的聚类表，该表描述了系统聚类的进度，第一列为聚类分析的步骤，"群集组合"表示各阶段所合并的两类的"类号"；"群集 1"是合并类中序号较小的类，"群集 2"是合并类中序号较大的类；"系数"即为两个合并类别的距离；"首次出现阶群集"表示合并两类前该类上次被合并时的阶段，0 表示此次合并前该类未合并过；"下一阶"表示该阶段合并结果在下一次合并时的阶段。

例如，第 1 阶，7 和 9 两个个案距离最近，合并为一类，合并后的类编号取小值 7，"首次出现阶群集"均为 0 表示两个案均为首次被合并，"下一阶"14 表示该类下次被合并出现在 14 步。此时由 30 类减少为 29 类（包括 28 个个案类），第 2、3、4 阶与第 1 阶类似。第 5 阶为 11 和 29 类合并成新类 11，因 29 类在第 2 阶出现，即此时 29 类包含样品 29 和 30，新类 11 包含样品 11、29 和 30。

表 12-6　SPSS 聚类过程输出：聚类表

阶	群集组合		系数	首次出现阶群集		下一阶
	群集 1	群集 2		群集 1	群集 2	
1	7	9	0.227	0	0	14
2	29	30	0.246	0	0	5
3	14	17	0.257	0	0	7
4	2	3	0.352	0	0	10
5	11	29	0.355	0	2	8
6	13	16	0.437	0	0	23
7	14	19	0.468	3	0	10

续表

阶	群集组合		系数	首次出现阶群集		下一阶
	群集1	群集2		群集1	群集2	
8	11	12	0.878	5	0	11
9	8	10	0.910	0	0	14
10	2	14	1.290	4	7	16
11	6	11	1.427	0	8	16
12	4	5	1.455	0	0	18
13	22	23	1.704	0	0	20
14	7	8	1.941	1	9	18
15	1	20	2.346	0	0	21
16	2	6	2.415	10	11	24
17	24	28	3.497	0	0	22
18	4	7	3.518	12	14	24
19	25	27	3.777	0	0	26
20	18	22	3.958	0	13	26
21	1	26	5.245	15	0	25
22	15	24	5.650	0	17	23
23	13	15	6.118	6	22	28
24	2	4	7.102	16	18	27
25	1	21	7.936	21	0	29
26	18	25	9.520	20	19	27
27	2	18	14.927	24	26	28
28	2	13	19.234	27	23	29
29	1	2	37.631	25	28	0

　　表12-7为群集成员分类表，描述了江苏30个县市分别分成6类、5类和4类时各县市所在的类别，比如分成6类时，第1类有海门市、江都市等3个市，第2类有赣榆县、东海县、灌云县等16个县市，第3类有东台市、大丰市等5个县市，第4类有仪征市、扬中市等3个县市，第5类有丹阳市1个市，第6类有靖江市和姜堰市2个市。

表 12-7　群集成员分类表

案例	6 群集	5 群集	4 群集
1：海门市	1	1	1
2：赣榆县	2	2	2
3：东海县	2	2	2
4：灌云县	2	2	2
5：灌南县	2	2	2
6：涟水县	2	2	2
7：洪泽县	2	2	2
8：盱眙县	2	2	2
9：金湖县	2	2	2
10：响水县	2	2	2
11：滨海县	2	2	2
12：阜宁县	2	2	2
13：射阳县	3	3	3
14：建湖县	2	2	2
15：东台市	3	3	3
16：大丰市	3	3	3
17：宝应县	2	2	2
18：仪征市	4	4	4
19：高邮市	2	2	2
20：江都市	1	1	1
21：丹阳市	5	1	1
22：扬中市	4	4	4
23：句容市	4	4	4
24：兴化市	3	3	3
25：靖江市	6	5	4
26：泰兴市	1	1	1
27：姜堰市	6	5	4
28：沭阳县	3	3	3
29：泗阳县	2	2	2
30：泗洪县	2	2	2

图 12-12 为垂直冰柱图，类似于冬天倒垂的冰柱得名，冰柱图与聚类表描述的聚类进程相同，自下而上进行观测，当首次出现两个相邻的深色冰柱时，表示相邻两个样品合成一类，如从 30 个样品开始，7 洪泽县和 9 金湖县首先合成一类，从 29 类开始，29 泗阳县和 30 泗洪县合为一类，这和聚类表的顺序和结果一致。

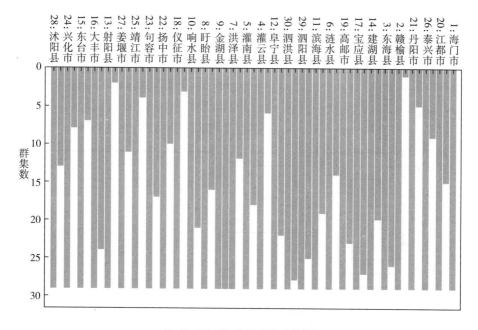

图 12-12　聚类输出的冰柱图

图 12-13 为使用平均联接（组间）的树状图，与冰柱图一样，树状图也是用于描述聚类的进程，只是形式不同，描述了各样品逐步合成不同类别的过程和结果。

需要注意的是，在系统聚类中，选取不同的聚类方法和距离度量标准可能会得到不同的聚类结果，不同方法的聚类效果无法得到比较和验证。

二、变量聚类分析案例及 SPSS 实现

例 12-4：对个体采用某种品格测试工具进行测试，其中品格使用乐群性、聪慧性、稳定性等 25 个维度进行描述，各维度均使用 1~10 的得分加以标度，共观察个体 103 个，要求将 25 个维度降维为 6 类。（数据略）

1. 变量选取

由于本例中各变量（维度）计量尺度相同，无须对数据进行标准化处理。直接将需要聚类的 25 个变量选入变量框，与案例 12-3 不同的是，聚类勾选框下需要勾选"变量"而不是"个案"（见图 12-14）。

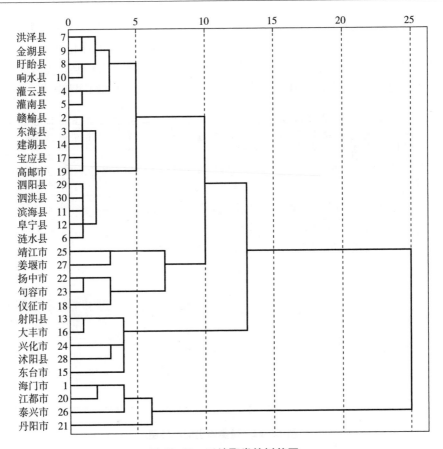

图 12-13　系统聚类的树状图

图 12-14　聚类变量选取

2. 系统聚类设置

点击"统计量"按钮，进入图 12-15 统计量设置对话框。勾选"相似性矩阵"可以更直观地观察变量两两之间的相似性；聚类成员中，选择方案范围为 6，表示 25 个变量分成 6 类（案例要求），点击"继续"返回。"绘制"和"方法"设置与案例 12-3 中的操作相同。本例中"绘制"仅勾选了冰柱图，未勾选树状图（见图 12-16）。"方法"选取 Pearson 相关系数（见图 12-17）是为了更好观察变量间的相似性。

图 12-15　统计量设置

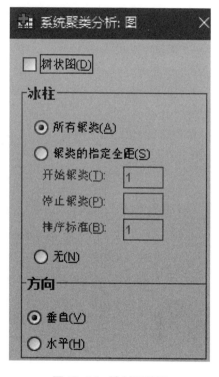

图 12-16　绘制图设置

3. 输出结果分析解读

图 12-18 相关系数矩阵（仅截取了部分）显示，"乐群性"与"内向与外向""活泼性""敢为性"等变量之间相关系数较高且为正，成为第 1 类（图 12-19）。

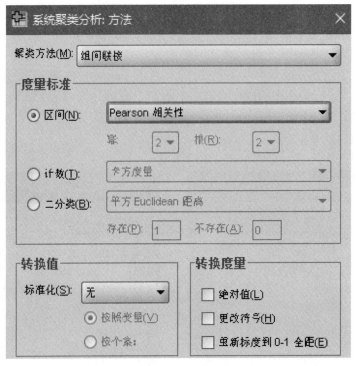

图 12-17　方法设置

	乐群性	聪慧性	稳定性	支配性	活泼性	规范性	敢为性	敏感性	怀疑性
乐群性	1.000	0.047	0.175	0.108	0.329	0.180	0.323	0.205	-0.047
聪慧性	0.047	1.000	-0.089	-0.048	0.088	-0.018	-0.058	-0.003	0.172
稳定性	0.175	-0.089	1.000	0.301	0.246	0.358	0.419	-0.048	-0.360
支配性	0.108	-0.048	0.301	1.000	0.365	0.093	0.532	-0.058	-0.099
活泼性	0.329	0.088	0.246	0.365	1.000	0.044	0.477	0.187	-0.202
规范性	0.180	-0.018	0.358	0.093	0.044	1.000	0.200	0.048	-0.236
敢为性	0.323	-0.058	0.419	0.532	0.477	0.200	1.000	-0.011	-0.222
敏感性	0.205	-0.003	-0.048	-0.058	0.187	0.048	-0.011	1.000	-0.032
怀疑性	-0.047	0.172	-0.360	-0.099	-0.202	-0.236	-0.222	-0.032	1.000
想象性	0.051	0.156	0.060	0.226	0.184	0.137	0.165	0.269	0.026
世故性	0.133	-0.166	0.124	-0.057	0.153	0.168	0.141	0.297	-0.164

图 12-18　相关系数阵

续表

	乐群性	聪慧性	稳定性	支配性	活泼性	规范性	敢为性	敏感性	怀疑性
忧虑性	-0.187	0.068	-0.529	-0.460	-0.319	-0.252	-0.579	0.056	0.349
变革性	0.014	0.022	0.177	0.019	-0.016	0.094	0.061	-0.032	0.015
独立性	-0.192	-0.013	0.024	0.005	-0.299	0.037	-0.204	-0.037	0.069
自律性	0.115	-0.051	0.341	0.181	0.046	0.431	0.264	-0.051	-0.267
紧张性	-0.142	0.065	-0.473	-0.285	-0.226	-0.236	-0.376	0.066	0.386
适应与焦虑	-0.161	0.098	-0.666	-0.402	-0.306	-0.284	-0.608	0.026	0.466
内向与外向	0.455	-0.002	0.364	0.646	0.705	0.159	0.831	0.089	-0.276
感情用事与安详机警	-0.372	-0.169	0.225	0.199	-0.055	-0.121	0.202	-0.706	-0.127
怯懦与果断	-0.401	-0.076	0.114	0.396	-0.108	-0.178	0.130	-0.129	-0.005

图 12-18　相关系数阵（续）

群集成员

序号	案例	6 群集	序号	案例	6 群集
1	乐群性	1	14	独立性	6
2	聪慧性	2	15	自律性	1
3	稳定性	1	16	紧张性	4
4	支配性	1	17	适应与焦虑	4
5	活泼性	1	18	内向与外向	1
6	规范性	1	19	感情用事与安详机警	6
7	敢为性	1	20	怯懦与果断	6
8	敏感性	3	21	好印象倾向	1
9	怀疑性	4	22	有效性	5
10	想象性	5	23	心理素质水平	1
11	世故性	3	24	专业因素	1
12	忧虑性	4	25	成就因素	1
13	变革性	6			

图 12-19　变量聚类类别结果

需要注意的是，两个变量能否聚为同一类，不能仅依据两个变量之间的相关系数，还要综合考虑该变量与其他多个变量之间的相关性。

□□■ 小知识：大数据与聚类分析

大数据与聚类分析之间存在密切的关系。大数据分析中的聚类分析是一种无监督学习方法，用于将数据集中的对象划分为具有相似特征的不同组或类别。

在大数据分析中，聚类分析可以帮助人们发现数据集中的隐藏结构和模式。通过对大量样本数据进行聚类分析，可以快速识别出数据中的相似对象和类别，并对数据集进行分组和分类。聚类分析可以提供洞察力和洞见，帮助人们对大数据中的数据结构和特征有更深入的理解。

大数据通常包含大量的数据点，这些数据点可能来自不同的来源，例如社交媒体、传感器、日志文件等。聚类分析可将这些数据点分组，以识别潜在的模式和群体，这有助于发现新的信息和见解。

在大数据分析中，数据通常包含许多维度，聚类分析可以帮助降低数据维度，将相似的特征组合在一起，从而降低数据复杂性并提高可解释性。

在大数据驱动的个性化推荐系统中，聚类分析可用于将用户或产品划分为不同的群体，以更好地理解用户的兴趣和行为，并提供相关的推荐。

在大数据环境下，聚类分析还可用于异常检测。通过将正常行为聚类在一起，可以更容易地检测到不正常的模式和异常数据点。

对于大规模流数据，聚类分析也可以应用于实时数据流，以不断更新聚类结果并监测数据的动态变化。

需要注意的是，在大数据环境下执行聚类分析可能需要使用分布式计算框架（如 Hadoop、Spark）或云计算平台，以处理数据的规模和复杂性。此外，选择合适的聚类算法（如 K 均值、层次聚类、DBSCAN 等）取决于数据的性质和分析目标。大数据与聚类分析的结合可以帮助组织更好地理解和利用其大数据资源，以支持决策制定和业务优化。

□□■ 思考与练习

1. 使用 Lance 距离度量方法，计算本章例 12-2 中各省之间的距离，并依据类间最短距离法进行系统聚类，将其结果与例 12-2 的结果进行比较。

2. 对本章例 12-2 使用类间最长距离度量方法进行系统聚类，将结果与例 12-2 的结果进行比较。

3. 下表是 2021 年我国 31 个省市区城镇居民人均消费支出情况，试对城镇居民按消费支出情况聚类。

地区	食品	衣着	居住	生活用品及服务	交通通信	文教娱乐	医疗保健	其他
北京	9307	2104	16847	2560	4227	3348	4286	963
天津	9138	1872	7520	1941	4390	3373	3748	1208
河北	5646	1372	4521	1217	2755	2007	1984	452
山西	4622	1277	3851	1029	1988	2059	1935	429
内蒙古	6299	1641	4533	1215	3488	2544	2355	585
辽宁	6916	1628	4914	1308	3034	2809	2485	738
吉林	5499	1346	3707	1026	2656	2413	2361	596
黑龙江	6282	1466	3843	1041	2761	2254	2475	514
上海	12605	2087	16137	2248	5626	4710	3878	1589
江苏	8661	1784	8434	1912	4336	2985	2463	878
浙江	10160	2051	9943	2073	5197	3769	2499	977
安徽	7143	1431	4665	1343	2480	2585	1784	482
福建	9168	1432	8301	1473	3121	2572	1769	606
江西	6519	1080	4721	1142	2343	2382	1694	411
山东	6196	1530	4683	1716	3496	2729	2016	456
河南	5232	1405	4027	1229	2104	2209	1787	399
湖北	7276	1465	4992	1327	3186	2863	2239	498
湖南	6737	1329	4812	1411	2891	3061	2122	435
广东	10485	1278	8190	1614	4165	3242	1901	716
广西	5825	710	3698	1059	2473	2284	1753	286
海南	8207	746	5028	1034	2651	2445	1683	449
重庆	8155	1708	4490	1683	3050	2601	2326	585

续表

地区	食品	衣着	居住	生活用品及服务	交通通信	文教娱乐	医疗保健	其他
四川	7549	1315	4036	1388	2807	1892	2072	459
贵州	5554	1162	3462	1098	2678	2248	1368	388
云南	5964	959	3954	1006	2838	2059	1700	371
西藏	5460	1294	3623	976	2105	768	781	335
陕西	5332	1265	4402	1267	2284	2111	2265	422
甘肃	5218	1217	3706	1068	2215	1894	1761	377
青海	5850	1359	3580	1119	3109	1628	1938	438
宁夏	5447	1370	3693	1203	3379	2273	2127	533
新疆	5739	1321	3598	1150	2708	1664	1991	790

资料来源：中华人民共和国住房和城乡建设部．中国统计年鉴 2022［M］．北京：中国统计出版社，2022.

第十三章　判别分析

实践中的数据分析 13：针对客户类型定向营销

判别分析是利用已知分类的样本建立判别函数，对未知类别的个体进行类别归属判断的一种多元统计分析方法，判别函数中，类别可看作定性因变量，刻画类别特征的变量（判别变量）可看作自变量。

伊人公司是一家高档时装制造商，在全国主要大中城市设有零售终端，为了更好服务顾客，公司建立了统一的客户信息数据库，收集客户特征数据（如消费金额、面料质地喜好、穿戴风格等），并将顾客分为不同类型（款式偏好型、偏重质量型、价格敏感型……），以便向不同类型的顾客针对性推送促销广告。伊人公司在客户管理中是如何划分顾客类型的？如何判断一个新顾客所属的类型？

第一节　判别分析概述

判别分析是建立在已知分类的基础上，对未知类别的个体进行归类的一种数据分类方法。判别分析与聚类分析都是研究分类问题，尽管两者都是对个体类别进行划分，但与聚类分析事先不知道总体分类不同，判别分析事先已知总体分类，两者的基本思想和研究目的完全不同。

一、判别分析的基本思想

判别分析是根据已知分类的样本，建立判别函数，进而对未知类别的个体进行类别划分的一种分类方法。判别分析中用于建立判别函数的样本称为训练样本，训练样本由许多已知类型的个体组成，个体特征由一系列的观测变量概括，这些变量用于区分个体的类别归属。

判别分析在社会、经济、管理等领域具有广泛的用途。比如，根据上市公司当年的财务数据将公司划分为盈利、微利和亏损三种类型，通过选取部分上市公司为样本，对公司上一年度的主营业务利润率、收入增长率、速动比率等一系列指标进行调查，找出判别公司类别的判别函数，将公司当年的上述指标值代入判别函数即可判断出公司该年度是盈利、微利还是亏损。

判别分析中，每一类别可看作一个总体，每一总体包含许多个体，个体又称为样品或个案。描述个体的变量称为判别指标，这些指标用于区分各类的不同，因而可以看成自变量，而类型可以看成因变量。通过训练样本最终得出的判别函数是关于各变量的函数表达式，是基于一定的判别准则、利用样本数据计算得出，得到的判别函数的个数取决于类别数及具体的判别方法，有多少个变量最终进入判别函数与变量本身的区别能力及选择方法有关。

判别分析与聚类分析不同，聚类分析中个体的类型不明确且类型数未知，需要依据数据本身的特征按某种相似性标准将个体标记为不同类别；判别分析中各个体的类型明确，通过观测变量的数据找出判别函数，进而应用判别函数判断未知类型个体的类别。

二、判别分析对数据的要求

（1）选取的观测变量（作为判别分析的自变量）应该是与分类有关的重要尺度，要尽可能准确、可靠，否则会影响判别函数的准确性，从而影响判别分析的效果。

（2）所分析的自变量应是因变量（类型）的重要影响因素，自变量个数不能太多也不能太少，应该挑选既有重要特性又有区别能力的变量，达到以较少的变量取得较高辨别能力的效果。

（3）作为训练样本，样本的容量不能太小，通常要求样本容量是自变量个数的 10 倍以上，每一类的样本容量是自变量个数的 3 倍以上，否则得到的判别函数的稳定性较差，利用其预测未知类型个体时效果可能不太理想。由于客观条件限制，在对某些社会经济问题进行研究时，难以达到上述要求。

三、判别分析的分类

（1）按判别的总体数分：两总体判别分析和多总体判别分析。

当判别的样品来源于两个总体，即样品共分为两类时，为两总体判别分析，来源于两个以上的总体时，称为多总体判别分析。实际应用中一般为多总体判别。

（2）按判别函数的模型形式分：线性判别和非线性判别。

当判别函数为判别指标的线性组合时，该判别分析为线性判别分析。但很多情况下不同因素间的联系为非线性联系，此时判别函数为非线性判别函数，属于非线性判别。本章只涉及线性判别分析。

（3）按判别分析时对变量处理方法不同分：逐步判别和序贯判别。逐步判别法每一步选入一个判别能力最显著的变量进入判别函数，而且在每次选入变量之前对已进入的各变量逐个检验其显著性，当发现有某个变量由于新变量的引入而变得不显著时，就加以剔除，直到判别函数中只剩下判别能力显著的变量，也就是直到在所有可供选择的变量中再无显著变量可引进，在判别函数中也没有变量因其作用下不显著而被剔除为止。当变量较多时，一般先进行逐步判别筛选出有统计意义的变量，再结合实际情况选择用哪种判别方法。

逐步判别法要求对每个样品的每个指标都要测量，序贯判别法是采取逐项指标测定，当能作出判断时，其余指标就不需要测量了。所以序贯判别法可以节省样品的指标，但一般参加构成判别式的样品必须足够多。

（4）按判别准则来分：距离判别、贝叶斯判别（Bayers）、费歇尔判别（Fisher）。距离判别法按照样品至某总体重心的马氏距离最近原则判断样品属于该总体；贝叶斯判别基于贝叶斯原理计算出样品来源于各个总体的概率，将新样品归为来自概率最大的总体；费歇尔判别借助方差分析的思想构造一个判别函数或称判别式，确定系数的原则是使不同总体间的区别最大，而每个总体内部的离差最小；有了判别式以后，将样品的指标值代入判别式，然后与判别临界值进行比较，从而判别该样品属于哪个总体。

第二节 判别分析的方法

依据判别准则不同，判别分析可以分为距离判别法、贝叶斯判别法和费歇尔判别法。不同的方法适用条件不同，同一样本采用不同方法得到的判别结果也可能存在差异。

一、距离判别法

距离判别法是最为简单直观的方法，对总体的分布并没有特定的要求。

距离判别法的基本思路：首先，根据已知总体的数据，分别计算各总体的重心即均值；其次，对任给的一个样品，利用马氏距离最小准则，即该样品与第 i 类的中心距离最近，就认为它来自第 i 类。

以两个总体为例，只考虑两个总体协方差矩阵相等的情况，设 $\Sigma_1 = \Sigma_2$，分别计算 X 到两个总体的距离 $D^2(X, G_1)$、$D^2(X, G_2)$，并按距离最近准则归类，判别准则为：

$$\begin{cases} X \in G_1, & \text{当 } D^2(X, G_1) \leqslant D^2(X, G_2) \\ X \in G_2, & \text{当 } D^2(X, G_1) > D^2(X, G_2) \end{cases}$$

其中马氏距离为：

$$\begin{aligned} D^2(X, G_i) &= (X - \overline{X}^{(i)})' S^{-1} (X - \overline{X}^{(i)}) \\ &= X' S^{-1} X - 2 \left[(S^{-1} \overline{X}^{(i)})' X - \frac{1}{2} (\overline{X}^{(i)})' S^{-1} \overline{X}^{(i)} \right] \\ &= X' S^{-1} X - 2 Y_i(X) \quad (i = 1, 2) \end{aligned}$$

马氏距离基于欧氏距离进行了标准化，其中，$Y_i(X)$ 是 X 的线性函数。对于给定的样本 X，为了计算 X 到各个总体的马氏距离，只需计算 $Y_i(X)$：

$$Y_i(X) = (S^{-1} \overline{X}^{(i)})' X - \frac{1}{2} (\overline{X}^{(i)})' S^{-1} \overline{X}^{(i)} \big] \quad i = 1, 2$$

等价考察这两个马氏距离之差，经计算可得：

$$D^2(X, G_2) - D^2(X, G_1) = 2 \left(X - \frac{1}{2} (\overline{X}^{(1)} + \overline{X}^{(2)}) \right)' S^{-1} (\overline{X}^{(1)} - \overline{X}^{(2)}) = 2W(X)$$

其中，$W(X)$ 是 X 的线性函数，称为线性判别函数：

$$W(X) = (X - X^*)' S^{-1} (\overline{X}^{(1)} - \overline{X}^{(2)}), \quad X^* = \frac{1}{2} (\overline{X}^{(1)} + \overline{X}^{(2)})$$

判别规则变为：$\begin{cases} X \in G_1, & \text{当 } W(X) > 0 \\ X \in G_2, & \text{当 } W(X) \leqslant 0 \end{cases}$

总体均值和方差未知时，可以使用样本均值和协方差矩阵分别对总体均值和总体协方差矩阵进行估计。

二、贝叶斯判别法

距离判别法最大的优点是简明清晰，但是该方法有几个弊端，首先未考虑各个总体出现的概率，其次未考虑错判损失的不同。贝叶斯判别法则综合考虑了各个总体出现的概率和不同错判损失，解决了距离判别法的不足。贝叶斯判别法就是根据各个总体出现的概率、概率密度及错判损失，利用贝叶斯原理计算出使得期望错判损失最小的总体作为 X 所来自的总体。

考虑不同总体出现的概率及概率密度，设有 k 个组 G_1, G_2, $\cdots$, G_k，且组

G_i 的概率密度为 $f_i(X)$，样品 X 来自组 G_i 的概率为 $p_i(i=1,2,\cdots,k)$，满足 $(p_1+p_2+\cdots+p_k)=1$。利用贝叶斯理论，样品 X 来自组 G_j 的概率为：

$$P(j\mid x)=\frac{p_jf_j(x)}{\displaystyle\sum_{i=1}^{k}p_if_i(x)},\quad j=1,2,\cdots,k$$

不考虑错判损失，采用如下的概率最大判别规则：

$$x\in G_l,\ P(G_l\mid x)=\max_{1\leqslant j\leqslant k}P(G_j\mid x)$$

再引入错判损失 $c(l/j)$，$c(l/j)$ 为将来自 G_j 的 X 判别为来自 G_l 的代价，当 $l=j$ 时，$c(l/j)=0$，即判断正确时没有损失。

当观察到 X 后，错判到总体 G_l 的期望损失为：

$$E(l/x)=\sum_{j=1}^{k}c(l/j)P(j/x)=\sum_{j=1}^{k}c(l/j)\frac{p_jf_j(x)}{\displaystyle\sum_{i=1}^{k}p_if_i(x)}$$

计算出使得期望错判损失最小的总体作为 X 所来自的总体，建立以下期望误判最小判别规则：

$$x\in G_h,\quad \text{若}E\ (h/x)=\min_{1\leqslant l\leqslant k}E\ (l/x)$$

在误判损失 $c(l/j)$ 无法确定时，不失一般性，令 $c(l/j)=1$，当 $l\neq j$ 时，l，$j=1,2,\cdots,k$，此时，概率最大判别规则和期望误判最小判别规则等价。

三、费歇尔判别法

费歇尔判别法是历史上最早提出的判别方法之一，也称线性判别法。费歇尔判别法的基本思想是投影（或降维），在降维的过程中应采用适当的方法尽量减少信息的损失。为便于理解，我们用一个简单的二维例子来加以说明。

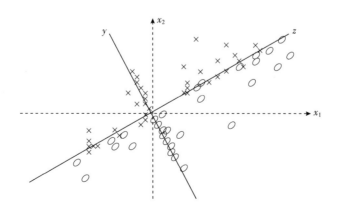

图 13-1　不同投影方向的判别效果

图 13-1 中，"+"是来自总体 1 的样品，"○"是来自总体 2 的样品，如果这些样品投影到直线 z 上，则难以区分，如果投影到直线 y 上，两个总体投影区分明显，从这个二维坐标平面图上可以直观地看出，选择投影方向对总体的判别具有重要意义。如果是多维空间投影如何衡量投影方向的优劣，无法直观看出，为此，费歇尔借鉴方差分析的思路，提出可以用误差及其来源衡量。

投影的过程实际上就是一元线性变换的过程，将 p 维数据通过线性变换投影至一维直线上的一个点的线性变换是：

$$y = a_1 x_1 + a_2 x_2 + \cdots + a_p x_p = a'X$$

式中，$a = (a_1, \cdots, a_p)'$，$X = (x_1, x_2, \cdots, x_p)$。

确定系数 a 的原则是使不同总体间的区别最大，而每个总体内部的离差最小；确定系数 a 后，就构建了判别式，将新样品的指标值代入判别式，从而投影至一维直线上的一点，然后与判别临界值（阈值）进行比较，从而判别该样品属于哪个总体。

设有来自 k 个总体的一组样本：

$$G_1: X_1^{(1)}, \cdots, X_{n_1}^{(1)}$$
$$G_2: X_1^{(2)}, \cdots, X_{n_2}^{(2)}$$
$$\vdots \quad \vdots \quad \ddots \quad \vdots$$
$$G_k: X_1^{(k)}, \cdots, X_{n_k}^{(k)}$$

均值向量为：

$$\overline{X}^{(1)} = \frac{1}{n_1} \sum_{j=1}^{n_1} X_j^{(1)}$$

$$\overline{X}^{(2)} = \frac{1}{n_2} \sum_{j=1}^{n_2} X_j^{(2)}$$

$$\cdots$$

$$\overline{X}^{(k)} = \frac{1}{n_k} \sum_{j=1}^{n_k} X_j^{(k)}$$

总的样本均值向量为：

$$\overline{X} = \frac{1}{n} \sum_{t=1}^{k} \sum_{j=1}^{n_t} X_j^{(t)}, \quad n = n_1 + n_2 + \cdots + n_k$$

设投影向量为 a，按照一元方差分析的思想，投影的效度可以通过误差及其来源衡量，为此计算投影后的组间离差平方和为：

$$SSA = \sum_{t=1}^{k} n_t (a'\overline{X}^{(t)} - a'\overline{X})^2 = a' \left[\sum_{t=1}^{k} n_t (\overline{X}^{(t)} - \overline{X})(\overline{X}^{(t)} - \overline{X})' \right] a = a'Aa$$

设：$A = \sum_{t=1}^{k} n_t (\overline{X}^{(t)} - \overline{X})(\overline{X}^{(t)} - \overline{X})'$，称为组间离差矩阵。

组内离差平方和为：

$$SSE = \sum_{t=1}^{k} \sum_{j=1}^{n_t} (a'X_j^{(t)} - a'\overline{X}^{(t)})^2 = a'\left[\sum_{t=1}^{k} \sum_{j=1}^{n_t} (X_j^{(t)} - \overline{X}^{(t)})(X_j^{(t)} - \overline{X}^{(t)})'\right]a$$

令 $E = \sum_{t=1}^{k} \sum_{j=1}^{n_t} (X_j^{(t)} - \overline{X}^{(t)})(X_j^{(t)} - \overline{X}^{(t)})'$，为组内离差矩阵，则：

$$SSE = a'Ea$$

SSA 和 SSE 的自由度分别为 $k-1$ 和 $n-k$，与方差分析类似，在各组总体方差相同时，构造 F 统计量检验各组均值是否存在显著差异：

$$F = \frac{MSA}{MSE} = \frac{SSA/(k-1)}{SSE/(n-k)} \sim F(k-1, n-k)$$

只有在各组均值存在显著差异时，向量 a 对不同总体的区分才更为显著。样本进行判别分类才有意义。通过寻找投影方向 a，使得 SSA/SSE 达到最大，判别分类达到最优效果，即：

$$\max\Delta(a) = \frac{a'Aa}{a'Ea}$$

显然当投影方向 a，使得 $\Delta(a) = \dfrac{a'Aa}{a'Ea}$ 达到最大，ca 也使得 $\Delta(a) = \dfrac{a'Aa}{a'Ea}$ 达到最大 $(c \neq 0)$，需要对 a 加以限制，将 a 标准化，附加约束条件：$a'Ea = 1$，因此问题转化为求条件极值。由 Lagrange 乘数法求条件极值，令：

$$\phi(a) = a'Aa - \lambda(a'Ea - 1),$$

达到极值的充分条件为 $\begin{cases} \dfrac{\partial \phi}{\partial a} = 2(A - \lambda E)a = 0 \\[2mm] \dfrac{\partial \phi}{\partial \lambda} = 1 - a'Ea = 0 \end{cases}$

整理得 $Aa = \lambda Ea \Rightarrow E^{-1}Aa = \lambda a$，所以 λ 是矩阵 $E^{-1}A$ 的特征根，a 为相应的特征向量，上式两边同时乘以 a' 得：

$$a'Aa = \lambda a'Ea \Leftrightarrow \frac{a'Aa}{a'Ea} = \lambda，\quad \text{即} \quad \lambda = \Delta(a)$$

在 Fisher 判别准则下，线性判别函数 $y = a'X$ 的解即为矩阵 $E^{-1}A$ 的最大特征根所对应的满足约束条件的特征向量，特征根越大，所对应特征向量构建的判别函数就能更好地区分不同总体。

设 $E^{-1}A$ 的非零特征根为 $\lambda_1 \geq \lambda_2 \geq \cdots \lambda_r > 0$，相应的满足条件 $a'Ea = 1$ 的特征向量为 $l_1, l_2, \cdots, l_r$。取 $a_1 = l_1$，得第一个判别函数 $l'_1 X$。

如果仅用一个线性判别函数还不能完全区分 k 个总体，这时可用第二大特征根所对应的满足约束条件的特征向量建立第二个判别函数 l'_2X，如果还不能完全区分，再建立第三个判别函数，依次下去，直到所有总体都能被区分为止。

第三节 判别分析案例及 SPSS 实现

上文介绍的三种判别方法在 SPSS 中都有对应的输出结果，其中，典型函数系数（Canonical Discriminant Function Coefficients）即费歇尔判别法的函数系数；Fisher's 函数系数（Classification Function Coefficients）即贝叶斯判别函数系数。不同的判别方法得到的结果可能会有差别，SPSS 输出的个案统计量表中，预测组是按贝叶斯方法决定的类别。

例 13-1：为研究某市县域经济发展情况，选取"工业增加值占 GDP 比重"（$x1$）、"投资占 GDP 比重"（$x2$）、"财政收支比"（$x3$）和"社会商品零售总额占 GDP 比重"（$x4$）四个指标通过系统聚类法将下属 29 个县区分为 3 种类别，数据及结果见表 13-1。试用判别分析方法对聚类效果进行检验，并对第 30 个县按上述判别规则进行类别划分。

表 13-1 某省县域经济指标

编号	$x1$	$x2$	$x3$	$x4$	类别	编号	$x1$	$x2$	$x3$	$x4$	类别
1	0.5958	0.5505	0.89	0.3297	1	16	0.4448	0.501	0.58	0.2632	2
2	0.4419	0.9402	0.46	0.4207	2	17	0.4928	0.566	0.49	0.3321	2
3	0.4268	0.8055	0.47	0.3815	2	18	0.6718	0.6883	0.97	0.3218	1
4	0.4281	1.2567	0.42	0.5007	3	19	0.5002	0.5696	0.59	0.3161	2
5	0.4636	1.2502	0.41	0.3413	3	20	0.6348	0.5537	0.86	0.285	1
6	0.3967	0.5034	0.31	0.2885	2	21	0.5922	0.3266	1.01	0.2494	1
7	0.4415	0.5665	0.46	0.4182	2	22	0.604	0.3461	0.94	0.2785	1
8	0.4868	0.7045	0.48	0.292	2	23	0.5985	0.4828	0.74	0.2786	1
9	0.4342	0.5097	0.46	0.4176	3	24	0.4758	0.4405	0.56	0.2258	1
10	0.4506	0.7837	0.42	0.2606	2	25	0.5963	0.4699	0.98	0.255	1
11	0.4284	0.6946	0.37	0.2759	2	26	0.5681	0.5895	0.79	0.2712	1
12	0.4831	0.5294	0.37	0.3175	2	27	0.5735	0.7148	0.77	0.2831	1
13	0.4195	0.5079	0.48	0.3129	2	28	0.4353	0.8349	0.42	0.3144	2
14	0.4839	0.4951	0.53	0.3159	2	29	0.4477	0.8292	0.36	0.2722	2
15	0.46	0.5228	0.56	0.3079	2	30	0.3846	0.8108	0.36	0.2655	?

一、操作设置

1. 建立数据文件

将数据输入 SPSS，本例中数据度量尺度相似，可以不用标准化处理。如果数据差别较大，则需要转换为标准化变量再进行判别分析。

2. 打开判别分析对话框

单击"分析"→"分类"→"判别分析"，打开主对话框，如图 13-2 所示。

图 13-2 判别分析对话框

3. 变量选择

从对话框左侧的变量列表中选中进行判别分析的有关变量，将 $x1$、$x2$、$x3$ 和 $x4$ 一一选入自变量框；将"类别"选入分组变量框，单击下方的"定义范围"，在"最小值"和"最大值"栏分别填写 1 和 3，表示 3 个类别数，填写后单击"继续"返回。

4. 选择分析方法

● 一起输入自变量（本例选择此项）：所有变量全部参与判别分析，选此方法则"方法"按钮呈灰色，不能调用。

● 采用步进式方法：自动筛选变量。选择该项时"方法"按钮激活，打开步进式对话框如图 13-3 所示，从中可进一步选择判别分析方法。

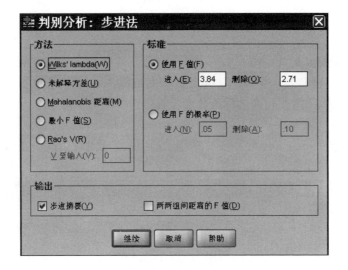

图 13-3 步进法对话框

➤ 方法栏（选择变量进入的度量统计量及标准）

Wilks' lambda（默认）：按统计量 Wilks λ 最小值选择变量；

未解释方差：每步都是使各类不可解释的方差和最小的变量进入判别函数；

Mahalanobis 距离：每步都使靠得最近的两类间的 Mahalanobis 距离最大的变量进入判别函数；

最小 F 值：每步都使任何两类间的 F 值最大的变量进入判别函数；

Rao's V：每步都是使 Rao's V 统计量产生最大增量的变量进入判别函数。

➤ 使用 F 值

是系统默认的标准，当加入一个变量（或剔除一个变量）后，对判别函数中的变量进行方差分析。

当计算的 F 值大于指定的"进入"值时，该变量保留在函数中。默认值是"进入"值为 3.84。

当该变量计算的 F 值小于指定的"删除"值时，该变量从函数中剔除。默认值是"删除"值为 2.71。

即当被加入的变量 F 值 $\geqslant 3.84$ 时才把该变量加入到模型中，否则变量不能进入模型；或者当要从模型中移出的变量 F 值 $\leqslant 2.71$ 时，该变量才被移出模型，否则模型中的变量不会被移出。

设置这两个值时应该使"进入"值大于"删除"值。

➤ 使用 F 的概率

用 F 检验的概率决定变量是否加入函数或被剔除而不是用 F 值。即 p 值检验的阈值。

加入变量的 F 值概率的默认值是 0.05（5%）；移出变量的 F 值概率是 0.10（10%）。"删除"值（移出变量的 F 值概率）大于"进入"值（加入变量的 F 值概率）。

5. 设置统计量

单击"统计"按钮，打开统计对话框如图 13-4 所示，从中指定输出的统计量。

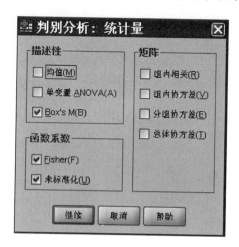

图 13-4 统计对话框

- 描述性统计量栏

均值：输出总的及各类各个自变量的均值、标准差。

单变量 ANOV：对各类中同一自变量均值都相等的假设进行检验，输出单变量的方差分析结果。

Box's M：对各类的协方差矩阵相等的假设进行检验（本例选择）。

- 函数系数

Fisher（F）：给出贝叶斯判别函数系数（本例选择）

未标准化：给出未标准化的典型判别（也称典则判别）系数，即 Fisher 判别函数系数（本例选择）。

- 矩阵栏

组内相关：合并类内相关系数矩阵。

组内协方差：合并类内协方差矩阵。

分组协方差：各类内协方差矩阵。

总体协方差：总协方差矩阵。

6. 分类输出设置

上述"统计量设置"完成后，返回主对话框，单击"分类"按钮，打开分类对话框如图 13-5 所示：

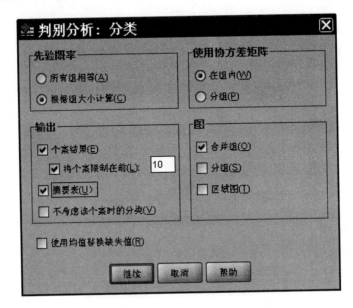

图 13-5 分类对话框

- 先验概率栏

各组相等：各类先验概率相等（系统默认）。

根据组大小计算：各类的先验概率与其样本量成正比（本例选择）。

- 使用协方差矩阵栏，选择使用的协方差矩阵

在组内：使用合并类内协方差矩阵进行分类（系统默认）（本例选择）。

分组：使用各类协方差矩阵进行分类。

- 输出栏，选择生成到输出窗口中的分类结果

个案结果：输出每个观测量包括判别分数实际类预测类（根据判别函数求得的分类结果）和后验概率等。当个案较多不需要全部输出时，可以将输出个案控制在前几个（本例选择输出前 10 个）。

摘要表：输出分类的小结，给出正确分类观测量数（原始类和根据判别函数计算的预测类）和错分观测量数和错分率（本例选择）。

不考虑该个案时的分类：输出交互验证结果。交互验证就是每次留出 1 个个案，利用剩余个案得出判别函数，用留出的个案进行验证，得到结果，每一个案轮流进行。

- 图栏，要求输出的统计图

合并组：生成一张包括各类的散点图（本例选择）。

分组：每类生成一个散点图。

区域图：根据生成的函数值把各观测值分到各组的区域图。

7. 保存设置

单击"保存"按钮，打开保存对话框，见图 13-6。

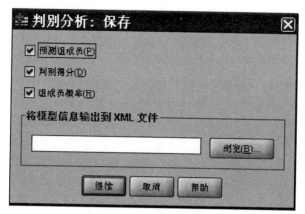

图 13-6 保存对话框

- 预测组成员

在数据编辑器中建立一个新变量，系统根据判别分数，将全部个案的类别存放在该变量中（本例选择）；

- 判别得分

建立表明判别得分的新变量，该变量存放每一个案的各 Fisher 判别函数得分。（本例选择）

- 组成员概况

建立存放每一个案的 Bayers 后验概率，如果分 m 类，则有 m 个概率值，因此建立 m 个新变量（本例选择）。

全部选择完成后，点击"确定"，得到输出结果。

二、结果解释与分析

1. 案例处理摘要（略）

本表为案例摘要，已分类个案 29 个县，待分类个案 1 个县，合计 30 个个案。

2. 协方差矩阵检验结果

表 13-2 为协方差矩阵的整体箱式检验，结果表明，在 0.175 以下的显著性水平下，各类协方差矩阵不相等的假设成立。

表 13-2   检验结果

箱的 M		17. 811
F	近似	1. 399
	df1	10
	df2	1204. 939
	Sig.	0. 175

3. 函数的特征值

表 13-3 为输出的特征值表，表中列出了 2 个 Fisher 判别函数的特征值，判别函数的特征值越大，说明该函数越有区别力，判别函数 1 能够区分 85.1% 的类的不同，具有很强的区别力，两个函数累计（100.0%）能区分所有类的不同。最后一列为正则相关性，表明判别函数与组别之间的关联程度。

表 13-3   特征值

函数	特征值	方差百分比（%）	累计百分比（%）	正则相关性
1	8. 421[a]	85. 1	85. 1	0. 945
2	1. 471[a]	14. 9	100. 0	0. 772

注：a 表示分析中使用了前 2 个典型判别式函数。

4. 判别函数的显著性检验

表 13-4 为 Fisher 判别函数的显著性检验结果，1~2 表示 2 个判别函数的平均数在 3 个组别之间的差异情况，Sig. = 0. 000 小于显著性水平 0. 05，表示达到了显著性水平，2 表示排除了第一个判别函数后，第 2 个判别函数在 3 个组别间的差异情况，Sig. = 0. 000 小于显著性水平 0. 05，表示达到了显著性水平。

表 13-4   判别函数显著性检验（Wilks 的 Lambda）

函数检验	Wilks 的 Lambda	卡方	df	Sig.
1~2	0. 043	77. 115	8	0. 000
2	0. 405	22. 164	3	0. 000

5. Fisher 判别函数

表 13-5（a）为系统对变量标准化处理后得到的两个 Fisher 判别函数系数，系数的绝对值越大，表明该变量对函数值的影响越大，比如，变量 $x3$ 和 $x1$ 对函

数 1 的值影响较大，变量 $x2$ 对函数 2 的值影响较大。表 13-5（b）为非标准化的 Fisher 判别函数系数，将每一个案的原始变量值代入，可得到 Fisher 函数得分。表 13-6 为 3 个类别的非标准化 Fisher 判别函数的重心值，以此为准则，依据每一个案的 Fisher 函数得分，可以判别个案的类别。

表 13-5（a）　标准化的典型判别式函数系数

变量	函数	
	1	2
$x1$	0.580	-0.082
$x2$	0.096	1.030
$x3$	0.600	0.363
$x4$	-0.097	0.163

表 13-5（b）　典型判别式函数系数（非标准化）

变量	函数	
	1	2
$x1$	19.622	-2.764
$x2$	0.667	7.175
$x3$	7.056	4.268
$x4$	-1.827	3.073
常量	-13.819	-6.697

表 13-6　组质心处的函数

类别	函数	
	1	2
1	4.095	0.040
2	-1.817	-0.479
3	-2.076	4.129

6. Bayers 判别函数

表 13-7 为各类别的先验概率，是"6 分类输出设置"中选择先验概率根据

组大小计算得到的。

表 13-7　组的先验概率表

类别	先验	用于分析的案例	
		未加权的	已加权的
1	0.310	9	9.000
2	0.621	18	18.000
3	0.069	2	2.000
合计	1.000	29	29.000

表 13-8 为 3 个 Bayers 判别函数的系数，将每一个案的变量数据代入，可以计算出个案在 3 组的得分，得分最大的函数类即为个案的类别。

表 13-8　分类函数系数（Fisher 的线性判别式函数）

	类别		
	1	2	3
$x1$	679.611	565.051	547.236
$x2$	33.010	25.343	58.238
$x3$	34.084	−9.842	8.000
$x4$	118.819	128.022	142.657
常量	−246.937	−154.456	−192.855

比如将第 1 个县的变量数据依次代入 3 个函数，得分为：

函数 1：$d_1 = -246.937 + 679.611 \times 0.5958 + 33.01 \times 0.5505 + 34.084 \times 0.89 + 118.819 \times 0.3297 = 245.66$

函数 2：$d_2 = -154.456 + 565.051 \times 0.5958 + 25.343 \times 0.5505 - 9.842 \times 0.89 + 128.022 \times 0.3297 = 229.60$

函数 3：$d_3 = -192.855 + 547.236 \times 0.5958 + 58.238 \times 0.5505 + 8.000 \times 0.89 + 142.657 \times 0.3297 = 219.40$

函数 1 值最大，因此第 1 个县归为第 1 类。类似地，将第 30 个县的数据代入，得到 3 个函数值分别为 85.02、113.86 和 105.59，则第 30 个县预测为第 2 类。

7. 个案预测统计

表 13-9 为个案统计量表（经过整理），由于前面设置为只输出前 10 个，所以只有 10 个个案。"案例数目"表示县编号，"实际组"表示实际所在类别，"判别式得分"栏为两个 Fisher 判别函数的得分。

"最高组"和"第二最高组"表示 Bayers 方法得到的三个函数的后验概率中的前两个，其中，"预测组"表示 Bayers 判别预测的类别，在"7 保存设置"中，如果选择了"组成员概率"，则数据编辑器中会自动出现三个 Bayers 后验概率，"到质心的平方 M 氏距离"为各观测值到各类重心的马氏平方距离，由 Fisher 函数得分和组质心计算得到，以第 1 县为例，其计算方式如下：

到第 1 类：$d_1 = (3.916-4.095)^2 + (0.418-0.040)^2 = 0.17$

到第 2 类：$d_2 = (3.916-(-1.817))^2 + (0.418-(-0.479))^2 = 33.67$

到第 3 类：$d_3 = (3.916-(-2.076))^2 + (0.418-4.129)^2 = 49.67$

由马氏距离准则，到第 1 类质心距离最近，则第 1 县归为第 1 类，表 13-9 中仅输出了其中的两个距离。

表 13-9　按照案例顺序的统计量

案例数目	实际组	最高组			第二最高组			判别式得分	
		预测组	P(G=g|D=d)	到质心的平方 M 氏距离	组	P(G=g|D=d)	到质心的平方 M 氏距离	函数 1	函数 2
1	1	1	1.000	0.175	2	0.000	33.670	3.916	0.418
2	2	2	0.727	6.619	3	0.273	4.186	-2.044	2.084
3	2	2	0.996	2.656	3	0.004	9.337	-2.288	1.081
4	3	3	1.000	0.323	2	0.000	24.985	-2.532	4.468
5	3	3	0.999	0.323	2	0.001	18.270	-1.619	3.791
6	2	2	1.000	7.168	3	0.000	41.082	-4.039	-1.972
7	2	2	1.000	0.246	3	0.000	22.456	-2.296	-0.604
8	2	2	1.000	0.953	3	0.000	18.679	-0.944	-0.042
9	2	2	1.000	0.700	3	0.000	26.405	-2.477	-0.993
10	2	2	1.000	0.590	3	0.000	14.875	-1.967	0.274

（表中左侧标注"初始"）

除输出每一个案的预测统计外，SPSS 还可输出预测分类汇总情况（见表 13-10），该表统计了各类及总的正确分类和错误分类的个案数及比率。本例中 29 个个案全部判断正确，另有一个未分类个案。

表 13-10 个案分类结果汇总：分类结果[a]

		类别	预测组成员			合计
			1	2	3	
初始	计数	1	9	0	0	9
		2	0	18	0	18
		3	0	0	2	2
		未分组的案例	0	1	0	1
	%	1	100.0	0.0	0.0	100.0
		2	0.0	100.0	0.0	100.0
		3	0.0	0.0	100.0	100.0
		未分组的案例	0.0	100.0	0.0	100.0

注：a 表示已对初始分组案例中的 100.0% 个进行了正确分类。

8. 个案分组散点分布图

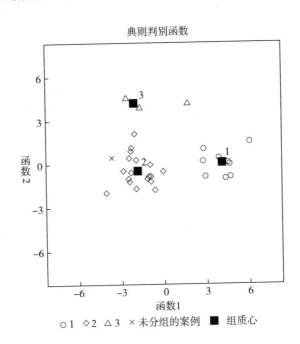

图 13-7 个案分组散点分布图

图 13-7 是根据表 13-9 中 Fisher 函数得分得到的各类个案的散点分布图，图中，各个案在相应的类重心周围分布，直观判断，各类的区分情况较好。

小知识：大数据与判别分析

判别分析是一种用于分类和预测的统计分析方法，可以帮助人们根据已知的特征或变量来判断未知对象的所属类别或结果。判别分析在大数据领域的应用主要有以下几个方面：

应用于大数据分类：在大数据分析中，判别分析可以用于分类问题，以将大规模的数据点分为不同的类别。例如，可以使用判别分析对大规模的社交媒体数据进行情感分析，将文本评论分类为正面、负面或中性。

数据降维：在大数据中，数据维度可能非常高。判别分析也可以用于降低数据维度，以便更好地可视化和理解大数据。例如，可以使用线性判别分析（LDA）来实现降维并保留类别信息。

异常检测：在大数据环境中，判别分析可以用于检测异常或异常模式，从而帮助识别潜在的问题或威胁。

模式识别：大数据分析中的判别分析还可以用于模式识别任务，例如，在金融领域中检测信用卡欺诈行为。

判别分析在大数据分析中可以用于各种任务，如客户分类、风险评估、市场预测等。例如，在金融领域，可以通过判别分析将客户划分为不同的信用等级，从而为不同的客户提供相应的金融服务和产品。通过对大数据中的样本数据进行判别分析，可以帮助人们发现和理解数据中的模式和关联，并进行更准确和可靠的预测。

□□■ **思考与练习**

按盈利能力将公司分为困难、一般和较好三类，分别用1、2和3标度，现选择"流动比率"（X_1）、现金流动比率（X_2）、资产负债率（X_3）、应收账款周转率（X_4）和存货周转率（X_5）五个指标作为判别指标，经对20家公司财务数据的调查得到如下资料，分别利用SPSS提供的费歇尔判别法和贝叶斯判别法试建立判别函数，并对两家未知类别的公司进行判别，对比两种方法的判别准确率。

公司序号	流动比率	现金流量比率	资产负债率	应收账款周转率	存货周转率	公司类型
1	0.6336	−11.7382	62.0755	1.6295	3.631	1
2	0.6366	−6.0243	75.1105	3.042	0.8706	1
3	1.1319	27.4054	59.7945	8.4317	3.4703	1
4	0.4877	−4.0764	88.6787	22.8788	5.8326	1
5	0.6218	7.8529	77.2553	113.9494	4.3426	1
6	1.7102	−35.3404	37.8631	0.5137	0.6104	1
7	1.5519	9.9704	39.5634	28.7043	31.1402	2
8	1.2256	−3.2794	45.8035	5.4723	4.0529	2
9	29.7044	94.9452	1.5349	9.0594	6.0223	2
10	1.6591	5.7025	48.991	11.6508	2.6224	2
11	2.0257	−30.9944	39.5539	3.6018	3.2161	2
12	1.6057	−18.7319	41.3404	7.1678	4.1022	2
13	0.3102	12.1219	50.4488	36.9605	10.0111	2
14	2.7292	−61.3425	40.3076	387.6237	0.4041	2
15	6.941	114.6199	10.0871	6.5004	4.0267	3
16	1.4409	27.8662	37.3437	2.8962	7.4961	3
17	3.0529	108.8176	28.0455	17.7382	12.5208	3
18	3.4348	29.1485	45.9509	5.9174	2.6712	3
19	1.7261	29.7115	49.5446	4.2405	3.0835	3
20	1.7123	52.3509	21.1433	9.0289	10.367	3
21	1.9223	51.4216	29.498	8.9475	3.663	3
22	0.2712	−1.258	64.0055	9.1091	22.0791	?
23	0.3252	33.2881	78.5661	10.0387	8.6707	?

第十四章　因子分析

实践中的数据分析 14：文理科的划分依据是什么？

描述个体特征的多个变量间存在多重数量关联时，需要弄清变量间的内部结构和依赖关系，因子分析是从存在数量关联的多个可观测变量中，寻找潜在的共性因子，用少数因子即可反映原变量的大部分信息，从而实现数据降维的一种多元统计分析方法。

语文、数学、英语、物理、化学、历史和政治作为中考必考科目，得到恒城市各中学同等重视，恒强中学对历届参加升学考试的学生成绩进行分析发现，数学成绩优秀的同学往往物理科目也有较好的表现，语文成绩则与历史和政治存在正向关联。不仅该学校如此，这一现象在其他学校也普遍存在。人们常将数学、物理、化学称为理科，将其他学科归为文科，两类学科的学习对思维方式的要求差异较大。上述划分中，语文、数学、英语、物理、化学、历史和政治成绩是可以直接观测的显性变量，文科和理科则是不可观测的隐性因子。如何为这种划分寻找数据支撑？

第一节　因子分析概述

因子分析是从一组变量中提取共性因子的统计分析方法。如果变量间存在一定程度的数量关联，则因子分析的任务是将隐藏其中的共性部分抽取出来，其分析对象是一组可观测的变量，这与判别分析中研究样品或个体类别不同。

一、因子分析的基本思想

因子分析（Factor Analysis）是一种数据降维技术，最早由心理学家 Chales Spearman 在 1904 年提出，它通过研究众多变量之间的内部依赖关系，探求观测数据中的基本结构，并用少数几个假想变量表示其基本的数据结构。这几个假想变量能够反映原来众多变量的主要信息。原始的变量是可观测的显性变量，而假想变量是不可观测的潜在变量，称为因子，也可称为公共因子。

从研究目的角度看，因子分析有探索性和验证性因子分析，一般所指因子分析为探索性。探索性因子分析是没有先验性的，其因子也是未知的，需要从分析结果中进行概括。例如，在企业形象或品牌形象的研究中，消费者可以通过一个有 24 个指标构成的评价体系，评价购物中心的 24 个方面的优劣，但消费者主要关心的是三个方面，即购物环境、购物中心的服务和商品的价格。因子分析方法可以通过 24 个变量，找出反映购物中心环境、服务水平和商品价格的三个潜在的因子，对购物中心进行综合评价。每个变量通过三个公共因子表示为：

$$x_i = \alpha_{i1}F_1 + \alpha_{i2}F_2 + \alpha_{i3}F_3 + \varepsilon_i \quad i = 1, 2, \cdots, 24$$

式中，称 F_1、F_2、F_3 是不可观测的潜在因子，24 个变量共享这三个因子，但每个变量又有自己的个性，不被包含的部分 ε_i，称为特殊因子。

在经济统计中，描述一种经济现象的指标往往很多，如影响物价变动的因素有多个，若对各种商品的价格做全面调查固然可以达到目的，但耗时费力。实际上，某一类商品中很多商品的价格间存在明显的相关性，只要选择几种主要商品的价格或对这几种主要商品的价格进行综合，得到某种假想的"综合商品"的价格，就足以反映某一类物价的变动情况，这里"综合商品"的价格就是提取出来的因子。这样，仅对主要类别商品的物价进行分析并加以综合，就可以反映出物价的整体变动情况。

简言之，因子分析是通过对变量之间关系的研究，找出能综合原始变量的少数几个因子，使得少数因子能够反映原始变量的绝大部分信息，然后根据相关性的大小将原始变量分组，使得组内的变量之间相关性较高，而不同组的变量之间相关性较低，每组变量代表一个基本结构，这个基本结构称为一个公共因子。

二、因子分析与主成分分析的联系与区别

主成分分析和因子分析是多元统计方法中关系密切的两种方法，应用范围十分广泛，可以解决经济、教育、科技、社会等领域中的综合评价问题。主成分分析采用降维的思想，将研究对象的多个相关变量指标综合为少数几个不相关的变量，反映原变量提供的主要信息。因子分析也是利用降维的思想，它将具有错综复

杂关系的变量综合为数量较少的几个公因子，用少数几个公因子来描述原始变量之间的联系，探求观测数据中的基本结构，反映原变量的大部分信息。因子分析可以看作主成分分析的推广和发展，而主成分分析又可以看作因子分析的一个特例。

1. 两者的相同点

第一，思想一致。都是降维的思想。

第二，应用范围一致。都要求变量之间具有不完全的相关性。

第三，数据处理过程一致。数据的无量纲化，求相关系数矩阵的特征值和特征向量，通过累计贡献率确定主成分个数、因子个数。

第四，合成方法一致。都没有考虑原始变量之间的关系，直接用线性关系处理变量与主成分和因子之间的关系。

2. 两者的不同点

第一，变现形式上。主成分分析把主成分表示为原始变量的线性组合，是对原始变量的重新组合；因子分析则把原始变量表示为各公共因子的线性组合，是对原始变量的分解。

第二，方差损失方面。主成分解释了原始变量的全部方差，无方差损失；因子模型中除了有公因子外还有特殊因子，公因子只解释了部分信息，有方差损失。

第三，唯一性方面。主成分分析不存在因子旋转，主成分是唯一的；因子分析要进行因子旋转，而旋转方法有多种，故其解不唯一。

第四，实际意义方面。主成分没有实际意义；公因子有实际意义。

第五，应用方面。主成分侧重信息贡献、影响力综合评价，因子分析侧重成因清晰性的综合评价，和主成分分析相比，由于因子分析可以使用旋转技术帮助解释因子，在解释方面更有优势。

第二节　因子分析的一般模型

设 X_1, X_2, $\cdots$, X_p 为 p 个原有变量，为了便于研究，并消除观测量纲差异及数量级别不同的影响，假设这 p 个变量已做标准化处理，即是均值为零、方差为1的标准化变量，F_1, F_2, $\cdots$, F_m 为 m 个因子变量，ε_i 为 X_i 的特殊因子，$m \leq p$，则因子模型表示为（以下简称模型 I）：

$X_i = a_{i1}F_1 + a_{i2}F_2 + \cdots + a_{im}F_m + \varepsilon_i$，$(i = 1, 2, \cdots, p)$

模型 I 表示成矩阵形式为：

$X = AF + \varepsilon$

$$X = \begin{bmatrix} X_1 \\ X_2 \\ \vdots \\ X_P \end{bmatrix}, \quad A = \begin{bmatrix} a_{11} & a_{12} & \cdots & a_{1m} \\ a_{21} & a_{22} & \cdots & a_{2m} \\ \vdots & \vdots & \ddots & \vdots \\ a_{p1} & a_{p2} & \cdots & a_{pm} \end{bmatrix}, \quad F = \begin{bmatrix} F_1 \\ F_2 \\ \vdots \\ F_m \end{bmatrix}, \quad \varepsilon = \begin{bmatrix} \varepsilon_1 \\ \varepsilon_2 \\ \vdots \\ \varepsilon_p \end{bmatrix}$$

一、因子分析模型的假设条件

模型 I 满足以下条件：

(1) $\mathrm{Cov}\ (F,\ \varepsilon) = 0$，即公共因子与特殊因子之间不相关；

(2) $\mathrm{var}(F) = \begin{bmatrix} 1 & 0 & \cdots & 0 \\ 0 & 1 & \cdots & 0 \\ \vdots & \vdots & \ddots & \vdots \\ 0 & 0 & \cdots & 1 \end{bmatrix} = I_m$，即各个公共因子不相关且方差为 1；

(3) $\mathrm{var}(\varepsilon) = \begin{bmatrix} \sigma_1^2 & 0 & \cdots & 0 \\ 0 & \sigma_2^2 & \cdots & 0 \\ \vdots & \vdots & \ddots & \vdots \\ 0 & 0 & \cdots & \sigma_p^2 \end{bmatrix}$，即各个特殊因子不相关，方差不要求相等。

二、因子载荷

模型 I 中 a_{ij} 称为因子载荷，是第 i 个变量 X_i 在第 j 个因子 F_j 上的负荷，若把变量 X_i 看成 m 维空间中的一个点，则 a_{ij} 表示在坐标轴 F_j 上的投影，矩阵 A 称为因子载荷矩阵。

因子载荷 a_{ij} 既是第 i 个变量 X_i 与第 j 个公共因子 F_j 的相关系数，又是 X_i 与 F_j 的协方差。

可以证明，因子载荷 a_{ij} 是第 i 个变量与第 j 个公共因子的相关系数。将模型 I 的左右两边乘以 F_j，再求数学期望，有：

$$E(X_i F_j) = a_{i1} E(F_1 F_j) + \cdots + a_{ij} E(F_j F_j) + \cdots + a_{im} E(F_m F_j) + E(\varepsilon_i F_j)$$

根据公共因子的模型性质，有：

$$\gamma_{x_i F_j} = a_{ij}$$

同时，由于：

$$\begin{aligned} \mathrm{cov}(X_i,\ F_j) &= \mathrm{cov}(a_{i1} F_1 + \cdots + a_{im} F_m + \varepsilon_i,\ F_j) \\ &= \mathrm{cov}(a_{i1} F_1 + \cdots + a_{im} F_m,\ F_j) + \mathrm{cov}(\varepsilon_i,\ F_j) \\ &= a_{ij} \end{aligned}$$

故 a_{ij} 也是 X_i 与 F_j 的协方差。

三、变量共同度

变量 X_i 的共同度是因子载荷矩阵 A 的第 i 行的元素的平方和，记为：

$$h_i^2 = \sum_{j=1}^m a_{ij}^2$$

对于模型 I，两边求方差：

$$\mathrm{var}(X_i) = a_{i1}^2 \mathrm{var}(F_1) + \cdots + a_{im}^2 \mathrm{var}(F_m) + \mathrm{var}(\varepsilon_i)$$

可以得到：

$$1 = \sum_{j=1}^m a_{ij}^2 + \sigma_i^2$$

或者：

$$h_i^2 + \sigma_i^2 = 1$$

上式表明所有的公共因子和特殊因子对变量 X_i 的贡献为 1，共同度 h_i^2 与剩余方差 σ_i^2 具有互补关系，h_i^2 越大表明 X_i 对公共因子的依赖程度越大，公共因子解释 X_i 方差的比例越大，则因子分析的效果越好，从原变量空间到公共因子空间的转化性质越好。

四、公共因子方差贡献

因子载荷矩阵中各列元素的平方和：

$$S_j = \sum_{i=1}^p a_{ij}^2$$

表示公共因子 F_j 对所有的 X_i（$i=1$，$\cdots$，p）的方差贡献和，用于衡量公共因子 F_j 的相对重要性。S_j 越大，表明公共因子 F_j 对 X 的贡献越大，或者说对 X 的影响和作用越大。如果将因子载荷矩阵 A 的所有 S_j（$j=1$，$\cdots$，m）都计算出来，按大小排序，就可以此提炼出有显著影响的公共因子。

第三节　因子模型求解与因子提取

一、因子载荷矩阵的求解

实际应用中建立因子分析的具体模型，关键是根据样本数据估计载荷矩阵 A。注意到模型 I 中的 F_1，F_2，$\cdots$，F_m 是不可观测的潜在变量，因此因子载荷矩阵 A 的估计方法都比较复杂，常用的方法有主成分法、极大似然法、迭代主成分法、最小二乘法、α 因子提取法等。不同的方法由于求解因子载荷的出发点不同，得到的结果也不全相同。本节仅介绍相对简单的主成分法。

用主成分法确定因子载荷，就是对原变量进行主成分分析，把前面几个主成分作为原始公共因子。其具体过程如下，假设从相关矩阵出发求解主成分，设有 p 个变量，则可以找出 p 个主成分并按由大到小排序，记作 Y_1，Y_2，$\cdots$，Y_p，原始变量与主成分之间存在如下的关系：

$$
\begin{bmatrix} Y_1 \\ Y_2 \\ \vdots \\ Y_p \end{bmatrix} = \begin{bmatrix} r_{11} & r_{12} & \cdots & r_{1p} \\ r_{21} & r_{22} & \cdots & r_{2p} \\ \vdots & \vdots & \ddots & \vdots \\ r_{p1} & r_{p2} & \cdots & r_{pp} \end{bmatrix} \begin{bmatrix} X_1 \\ X_2 \\ \vdots \\ X_p \end{bmatrix}
$$

上式中，r_{ij} 为向量 X 的相关矩阵的特征值所对应的特征向量的分量，由于特征向量彼此正交，容易得到：

$$
\begin{bmatrix} X_1 \\ X_2 \\ \vdots \\ X_p \end{bmatrix} = \begin{bmatrix} r_{11} & r_{21} & \cdots & r_{p1} \\ r_{12} & r_{22} & \cdots & r_{p2} \\ \vdots & \vdots & \ddots & \vdots \\ r_{1p} & r_{2p} & \cdots & r_{pp} \end{bmatrix} \begin{bmatrix} Y_1 \\ Y_2 \\ \vdots \\ Y_p \end{bmatrix}
$$

对上面每一等式只保留前 m 个主成分而把其余的 $p-m$ 个主成分用特殊因子 ε_i 代替，则上式转换为以下模型（以下简称模型 II）：

$$
\begin{bmatrix} X_1 \\ X_2 \\ \vdots \\ X_p \end{bmatrix} = \begin{bmatrix} r_{11} & r_{21} & \cdots & r_{m1} \\ r_{12} & r_{22} & \cdots & r_{m2} \\ \vdots & \vdots & \ddots & \vdots \\ r_{1p} & r_{2p} & \cdots & r_{mp} \end{bmatrix} \begin{bmatrix} Y_1 \\ Y_2 \\ \vdots \\ Y_m \end{bmatrix} + \begin{bmatrix} \varepsilon_1 \\ \varepsilon_2 \\ \vdots \\ \varepsilon_p \end{bmatrix}
$$

可以看到模型 II 与因子模型 I 在形式上一致，Y_i 表示主成分，因此相互独立。为了使 Y_i 符合模型 I 假设的公共因子的第 2 个条件，需要将主成分 Y_i 的方差转变为 1。由于主成分方差为特征根 λ_i，只需要将 Y_i 除以标准差，即令：$F_i = Y_i / \sqrt{\lambda_i}$，$a_{ij} = \sqrt{\lambda_i} r_{ji}$。则模型 II 转化为：

$$
\begin{bmatrix} X_1 \\ X_2 \\ \vdots \\ X_p \end{bmatrix} = \begin{bmatrix} a_{11} & a_{21} & \cdots & a_{m1} \\ a_{12} & a_{22} & \cdots & a_{m2} \\ \vdots & \vdots & \ddots & \vdots \\ a_{1p} & a_{2p} & \cdots & a_{mp} \end{bmatrix} \begin{bmatrix} F_1 \\ F_2 \\ \vdots \\ F_m \end{bmatrix} + \begin{bmatrix} \varepsilon_1 \\ \varepsilon_2 \\ \vdots \\ \varepsilon_p \end{bmatrix}
$$

该模型与模型 I 完全一致，由此，得到了载荷矩阵 A 和一组初始公共因子（未旋转）。

二、因子数目的确定

接下来，讨论如何确定公共因子的数目 m。一般来说，因子数目的确定取决于研究者本人。对同一问题进行因子分析时，不同的研究者可能给出不同的公共因子数目。这里介绍几种常用的方法准则：

（1）最小特征值（Kaiser-Guttman Minimum Eigenvalue）。Kaiser-Guttman 规则也叫作"特征值大于 1"方法，是最常用的一种方法。只需要计算离差矩阵（相关矩阵、协方差矩阵）的特征值，特征值超过平均值的个数作为因子个数。特别地，对于相关矩阵，特征值的均值为 1，所以通常取特征值大于 1 的数作为公因子数。SPSS 的因子分析工具中默认此种准则。

（2）总方差比例（Fraction of Total Variance）。选择公因子个数 m 使得前 m 个特征值的和超过公因子总方差的某一门限值。这种方法多用于主成分分析方法，比较典型的是这些成分构成总方差的 70% 以上。

（3）碎石图（Screen Plot）。以公因子的个数为横坐标，特征值为纵坐标，比较合适的公因子数量为碎石图趋于平稳所对应的公因子数量。

值得注意的是，若用主成分法进行因子分析，可以借鉴确定主成分个数的准则，即所选取的公共因子的信息量的和达到总体信息量的一个合适比例为止。不过不管何种准则都不能照抄照搬，应具体问题具体分析，使所选取的公共因子能合理描述原始变量相关矩阵的结构，同时有利于因子模型的解释。

三、因子旋转的方法

建立因子分析数学模型的目的是不仅要找出公共因子以及对变量进行分组，更重要的是要知道每个公共因子的意义，以便进行进一步的分析，如果每个公共因子的含义不清，则不便于进行实际背景的解释。由于因子载荷矩阵是不唯一的，所以应该对因子载荷矩阵进行旋转。目的是使因子载荷矩阵的结构简化，使载荷矩阵每列或行的元素平方值向 0 和 1 两极分化。其原理类似于调整显微镜的焦距，以便更清楚观察物体。实际应用中有多种因子旋转方法，常见的有：

（1）最大方差法。该方法通过使在每个因子上具有较高载荷的变量的个数最小化来简化因子。

（2）最大四次方值法，通过对变量作旋转，该方法可以减少因子个数且简化变量。

（3）最大平衡值法。通过对变量和因子均作旋转，该方法使有较大载荷作用于因子上的变量数和作用于解释变量的因子数最小化。

（4）直接 Oblimin 法。采用直接斜交旋转。

（5）Promax 法。该方法允许因子相关，计算速度快，一般用于大的数据集集合。

之所以有多种因子旋转方法，是因为无论哪种方法都有缺陷，其中，最大方差法最为常用。该方法是从简化因子载荷矩阵的每一列出发，将因子载荷矩阵的行作简化，即对坐标进行旋转，使和每个因子有关的载荷的差异达到最大，此时，每个因子列只在少数几个变量上有很大载荷，公因子的解释也变得容易。

设已求得的因子分析模型为：

$X = AF + \varepsilon$

$B = (r_{ij})_{mm}$ 为一正交矩阵，以 B 右乘 A，记作：$A^* = AB$

若 A 为旋转前的因子载荷矩阵，则 A^* 为旋转后的因子载荷矩阵，而称 B 为因子转换矩阵。可以证明，经过正交变换，新的公因子的贡献发生了变化，但是所有公因子对原始变量总方差的解释程度不变，并且能实现各因子载荷之间的差异极大化。

限于篇幅，其他旋转方法的具体内容在此不作介绍。

四、因子得分

当公因子确定后，对每一样本数据，希望得到它们在不同因子上的具体数值，这些数值即因子得分。在因子分析模型中，观测变量是由因子的线性组合表示的，因子载荷则是该线性组合的权数，而求因子得分的过程正好相反。该过程是通过观测变量的线性组合来表示因子，并依据该因子对应的每个变量的具体数值进行测度。因子得分是观测变量的加权平均，是因子分析的最终体现。对于因子分析模型 $X = AF + \varepsilon$，若不考虑特殊因子的影响，当 $m = p$ 且 A 可逆时，可以从每个样本的指标值 X 计算出其在因子 F 上的相应取值：$F = A^{-1}X$，即样本在因子 F 上的得分情况，称为该样本的因子得分。但实际中由于 $m < p$，因此只能对因子得分进行估计。

在估计出公共因子得分后，可以利用因子得分进行进一步分析，如样本点之间的比较分析，对样本点的聚类分析等。

第四节 因子分析案例及 SPSS 实现

一、因子分析的步骤

1. 选择要分析的变量，检验待分析的原始变量是否适合作因子分析

用定性分析和定量分析的方法选择变量，因子分析的前提条件是观测变量间

有较强的相关性，因为如果变量之间无相关性或相关性较小的话，他们不会有共享因子，所以原始变量间应该有较强的相关性。最简单的是计算相关系数矩阵，若大部分相关系数都不超过 0.3，并且未通过检验，则不适合进行因子分析。此外，SPSS 还提供了以下三种检验方法以判断数据是否适合作因子分析。

Bartlett's 球形检验：以相关系数矩阵为出发点，原假设是相关系数矩阵是单位矩阵，检验统计量是根据样本的相关系数矩阵的行列式计算得到的，若该统计量值较大，相应的 p 值（相伴概率值）小于显著性水平 α，则拒绝原假设，认为原始变量之间存在相关性，数据适合作因子分析。

反映象相关矩阵检验：以变量的偏相关系数矩阵为出发点，将偏相关系数矩阵的每个元素取反，得到反映象相关矩阵，若该矩阵对角线外的元素大多绝对值较小，对角线上的元素绝对值越接近 1，则表明这些变量的相关性越强，越适合作因子分析。

KMO 检验：用于比较变量间的简单相关系数和偏相关系数，其中，KMO>0.9 表明非常适合作因子分析；0.8<KMO<0.9，适合；0.7<KMO<0.8，一般适合；0.5<KMO<0.7，比较勉强；KMO<0.5，不适合。

2. 提取公共因子

SPSS 提取公共因子的方法主要有：主成分分析法、未加权最小平方法、综合最小平方法、极大似然估计法、主轴因子法、α 因子法、映像因子分解法。其中，基于主成分模型的主成分分析法是使用最多的提取公因子的方法之一，也是 SPSS 中的默认选项。

关于公共因子的数量，没有明确的标准，需要根据研究者的设计方案或有关的经验或知识事先确定。主要判断标准有：一是根据特征值的大小确定，一般取大于 1 的特征值，这也是 SPSS 中的默认选项；二是根据因子的累计方差贡献度来确定，一般认为如果达到 70%以上，则非常适合；三是根据碎石图，公因子数量为碎石图趋于平稳所对应的公因子数量。

3. 因子旋转

通过坐标变换使每个原始变量在尽可能少的因子之间有密切的关系，这样因子解的实际意义更容易解释，并为每个潜在因子赋予有实际意义的名字。

4. 计算因子得分

有了因子得分值，则可以在许多分析中使用这些因子，例如以因子的得分做聚类分析的变量，做回归分析中的回归因子等。

二、因子分析的 SPSS 实现

下面用 SPSS 软件的"分析→降维→因子分析"模块结合一个具体的实例讨

论因子分析的具体求解过程。

例 14-1：生育率受社会、经济、文化、计划生育政策等很多因素的影响，但这些因素对生育率的影响并不是完全独立的，而是交织在一起的。为了进一步研究生育率的影响因素，现取全国 30 个省、自治区、直辖市的指标数据，对其进行因子分析。具体指标有：多子率（%）（x_1）、综合节育率（%）（x_2）、初中以上文化程度比例（%）（x_3）、人均国民收入（元）（x_4）、城镇人口比例（%）（x_5）。数据如表 14-1 所示。

表 14-1　各省区市基本数据

省区市编号	x_1	x_2	x_3	x_4	x_5
1	0.94	89.89	64.51	3577	73.08
2	2.58	92.32	55.41	2981	68.65
3	13.46	90.71	38.20	1148	19.08
4	12.46	90.04	45.12	1124	27.68
5	8.94	90.46	41.83	1080	36.12
6	2.80	90.17	50.64	2011	50.86
7	8.91	91.43	46.32	1383	42.65
8	8.82	90.78	47.33	1628	47.17
9	0.80	91.47	62.36	4822	66.23
10	5.94	90.31	40.85	1696	21.24
11	2.60	92.42	35.14	1717	32.81
12	7.07	87.97	29.51	933	17.90
13	14.44	88.71	29.04	1313	21.36
14	15.24	89.43	31.05	943	20.40
15	3.16	90.21	37.85	1372	27.34
16	9.04	88.76	39.71	880	15.52
17	12.02	87.28	38.76	1248	28.91
18	11.15	89.13	36.33	976	18.23
19	22.46	87.72	38.38	1845	36.77
20	24.34	84.86	31.07	798	15.10
21	33.21	83.79	39.44	1193	24.05
22	4.78	90.57	31.26	903	20.25
23	21.56	86.00	22.38	654	19.93

省区市编号	x_1	x_2	x_3	x_4	x_5
24	14.09	80.86	21.49	956	14.72
25	32.31	87.60	7.70	865	12.59
26	11.18	89.71	41.01	930	21.49
27	13.80	86.33	29.69	938	22.04
28	25.34	81.56	31.30	1100	27.35
29	20.84	81.45	34.59	1024	25.82
30	39.60	64.90	38.47	1374	31.91

资料来源：王雪华. 管理统计学——基于 SPSS 软件应用［M］. 北京：电子工业出版社，2011.

具体求解如下：

（1）数据准备：建立 $x_1 \sim x_5$ 共 5 个数据变量和一个"编号"变量，将 30 个编号的数据作为个案数据输入并保存。在 SPSS 窗口中选择"分析→降维→因子分析"，调出因子分析主界面（见图 14-1），并将变量 x_1，…，x_5 移入"变量"框中。

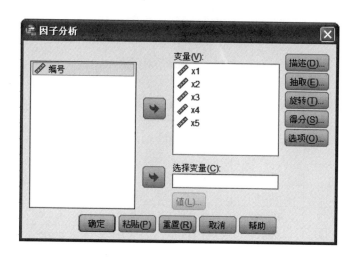

图 14-1 因子分析的主界面

（2）点击"描述"按钮，展开相应对话框，如图 14-2 所示。该对话框有两个选项组，用于设置输出的结果。

在"统计量"选项组中，"单变量描述性"表示输出原始变量的基本描述统计量；"原始分析结果"给出各因子的特征值、各因子特征值占总方差的百分比以及累计百分比，本例仅选择"原始分析结果"。在"相关矩阵"选项组中选择"系数"给出原始变量之间的简单相关系数矩阵；选择"显著性水平"进行相关系数的显著性检验；选择"KMO 和 Bartlett 的球形检验"用于分析变量间的偏相关性及检验相关系数矩阵是否为单位矩阵，以判断是否适宜进行因子分析。有关结果如表 14-2 所示。

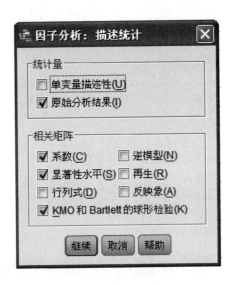

图 14-2　描述子对话框

表 14-2　相关系数矩阵及相关显著性检验

		x_1	x_2	x_3	x_4	x_5
相关	x_1	1.000	−0.757	−0.542	−0.453	−0.452
	x_2	−0.757	1.000	0.295	0.254	0.247
	x_3	−0.542	0.295	1.000	0.771	0.847
	x_4	−0.453	0.254	0.771	1.000	0.877
	x_5	−0.452	0.247	0.847	0.877	1.000
Sig.（单侧）	x_1	—	0.000	0.001	0.006	0.006
	x_2	0.000	—	0.057	0.087	0.094
	x_3	0.001	0.057	—	0.000	0.000
	x_4	0.006	0.087	0.000	—	0.000
	x_5	0.006	0.094	0.000	0.000	—

表 14-2 的上半部分是原始变量的相关系数矩阵，可以看到矩阵中存在许多比较高的相关系数，该表下半部分是相关系数显著性检验的 p 值，其中存在大量的小于 0.05 的值，说明原始变量之间存在较强的相关性，具有进行因子分析的必要性。

表 14-3 给出了 KMO 检验统计量和 Bartlett 的球形检验结果。由该表可以看到，KMO 检验统计量的值是 0.715，Bartlett 的球形检验 p 值是 0，这些结果进一步说明本例数据比较适合进行因子分析。

表 14-3 KMO 和 Bartlett 的检验

取样足够度的 Kaiser-Meyer-Olkin 度量		0.715
Bartlett 的 球形检验	近似卡方	105.895
	df	10
	Sig.	0.000

（3）点击"抽取"按钮，设置因子提取的选项，如图 14-3 所示。SPSS 默认按主成分分析法提取因子。在"分析"栏中指定用于提取因子的分析矩阵，本例选择"相关性矩阵"；在"输出"栏中指定与因子提取有关的输出项，显示未旋转的因子载荷矩阵和因子的碎石图。在"抽取"栏中指定因子提取的数目，一般在"基于特征值"后的框中设置提取的因子对应的特征值的范围，系统默认值为 1，即要求提取那些特征值大于 1 的因子。运行后的结果如表 14-4、表 14-5、表 14-6 和图 14-4 所示。

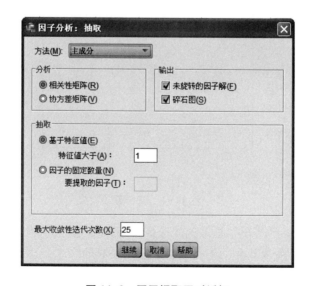

图 14-3 因子提取子对话框

表 14-4 公因子方差

	初始	提取
x_1	1.000	0.885
x_2	1.000	0.911
x_3	1.000	0.860
x_4	1.000	0.878
x_5	1.000	0.930

提取方法：主成分分析。

表 14-5 解释的总方差

成分	初始特征值			提取平方和载入		
	合计	方差百分比（%）	累计百分比（%）	合计	方差百分比（%）	累计百分比（%）
1	3.249	64.984	64.984	3.249	64.984	64.984
2	1.215	24.291	89.274	1.215	24.291	89.274
3	0.252	5.031	94.305			
4	0.184	3.683	97.988			
5	0.101	2.012	100.000			

提取方法：主成分分析。

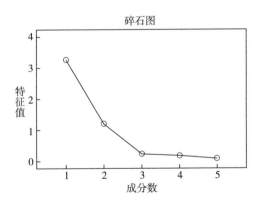

图 14-4 碎石图

表 14-4 最后一列给出了提取两个公因子后的变量共同度，可以看到所有的变量对应的共同度接近 0.9，说明每个变量被提取的两个公因子程度都比较高，损失的信息少。

表 14-5 显示 SPSS 提取了两个公共因子（其特征值都大于 1），前两个因子

的累计方差贡献率已达到 89.274%，表明提取两个公因子比较合适。再结合碎石图 14-4，由于到第三个公因子时，特征值开始趋于平稳，进一步确定提取两个公因子是合适的。

表 14-6 为因子载荷矩阵，它是因子命名的主要依据。可以看出，第一个公因子在除 $x2$ 外的其余 4 个变量上的载荷都相差不大，无法明确解释各公因子的含义，也就无法进行因子命名，因此须进行因子旋转。

表 14-6   旋转前的因子载荷矩阵^a

	成分	
	1	2
x_1	-0.761	0.553
x_2	0.569	-0.767
x_3	0.892	0.254
x_4	0.871	0.346
x_5	0.891	0.370

提取方法：主成分。a. 已提取了 2 个成分。

（4）点击因子分析主对话框的"旋转"按钮，设置因子旋转的方法，见图 14-5。旋转的目的是使因子载荷矩阵结构简化，以帮助我们解释因子。这里选择 SPSS 默认的"最大方差法"，并选择"输出"栏中的"旋转解"复选框，在输出窗口中显示旋转后的因子载荷矩阵。运行结果如表 14-7、表 14-8 所示。

图 14-5   旋转子对话框

表14-7是旋转后的因子载荷矩阵，该表与旋转前得到的表14-6对比，可以发现，各因子在5个变量上的载荷更趋向两极分化。从旋转后的因子载荷矩阵可以看出，第一个公因子在x_3、x_4、x_5上有较大的载荷，说明初中以上文化程度比例、人均国民收入、城镇人口比例这三个指标具有较强的相关性，可以归为一类，并命名为"经济发展水平因子"；第二个公因子在x_1和x_2上有较大的载荷，说明多子率和综合节育率这两个指标之间相关性较强，是和计划生育有关的指标，命名为"计划生育因子"。

表14-7 旋转后的因子载荷矩阵[a]

	成分	
	1	2
x_1	−0.353	−0.872
x_2	0.078	0.952
x_3	0.891	0.256
x_4	0.922	0.167
x_5	0.951	0.157

提取方法：主成分。旋转法：具有 Kaiser 标准化的正交旋转法。a. 旋转在3次迭代后收敛。

表14-8与表14-5类似，只是多出旋转后的特征根、方差贡献率及累计方差贡献率，对比旋转前和旋转后的累计方差贡献率，可以发现前两个公因子的累计贡献率均是89.274%，但每个公因子的特征根发生了变化，当然其贡献率也相应地发生了变化。由此可见，因子旋转相当于在确定公因子数目 m 的前提下，将相同的累计贡献率在 m 个公因子上重新分配。

表14-9是成分转换矩阵，即对因子载荷矩阵进行旋转时使用的正交矩阵。若表14-6中的矩阵为 A，表14-7中的矩阵为 A^*，表14-9的矩阵为 B，则有 $A^* = AB$。

（5）点击"得分"按钮，设置因子得分的选项，如图14-6所示。选中"保存为变量"复选框，将因子得分作为新变量保存在数据文件中，系统默认"回归"法作为估计因子得分系数的方法，并显示因子得分系数矩阵。运行结果见表14-10。同时，SPSS的数据编辑窗口可以显示原数据文件中多出了"FAC1_1""FAC2_1"两列数据，即为因子得分值，经整理如表14-11所示。

最后，表14-12显示的是因子得分的协方差矩阵。根据因子分析的数学模型，因子得分的协方差矩阵应该是单位矩阵，该表正好验证了此结论。

表 14-8　解释的总方差

成分	初始特征值			提取平方和载入			旋转平方和载入		
	合计	方差的%	累积%	合计	方差的%	累积%	合计	方差的%	累积%
1	3.249	64.984	64.984	3.249	64.984	64.984	2.680	53.606	53.606
2	1.215	24.291	89.274	1.215	24.291	89.274	1.783	35.668	89.274
3	0.252	5.031	94.305						
4	0.184	3.683	97.988						
5	0.101	2.012	100.000						

提取方法：主成分分析。

表 14-9　成分转换矩阵

成分	1	2
1	0.849	0.529
2	0.529	-0.849

提取方法：主成分。旋转法：具有 Kaiser 标准化的正交旋转法。

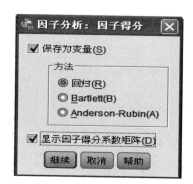

图 14-6　因子得分子对话框

表 14-10　因子得分系数矩阵

	成分	
	1	2
x_1	0.042	-0.510
x_2	-0.185	0.628
x_3	0.343	-0.032
x_4	0.378	-0.100
x_5	0.394	-0.113

提取方法：主成分。旋转法：具有 Kaiser 标准化的正交旋转法。

表 14-11 因子得分表

省市编号	F1	F2	省市编号	F1	F2
1	2.59532	0.29925	16	−0.60233	0.52725
2	1.88771	0.62657	17	−0.08680	0.06907
3	−0.49721	0.48310	18	−0.60070	0.44376
4	−0.07424	0.37802	19	0.37294	−0.52909
5	−0.01574	0.56153	20	−0.70405	−0.67406
6	0.98101	0.60705	21	0.00291	−1.38056
7	0.37000	0.58582	22	−0.81029	0.94548
8	0.63530	0.45171	23	−0.95778	−0.39149
9	2.83625	0.40751	24	−0.83482	−0.61569
10	−0.15200	0.73339	25	−1.49352	−0.67907
11	−0.12037	1.08534	26	−0.42217	0.48025
12	−0.80631	0.53962	27	−0.61328	−0.02571
13	−0.57081	0.18792	28	−0.15379	−1.23507
14	−0.71245	0.27507	29	−0.14014	−1.00980
15	−0.23867	0.86472	30	0.92604	−4.01186

表 14-12 因子得分协方差矩阵

成分	1	2
1	1.000	0.000
2	0.000	1.000

提取方法：主成分。旋转法：具有 Kaiser 标准化的正交旋转法。

□□■ 小知识：大数据与因子分析

　　因子分析是一种用于研究多个变量之间相关性的统计方法，可以帮助人们从复杂的数据中提取出具有解释力的因子。在大数据分析中，因子分析可以用来降低数据的维度，提取关键特征，并发现潜在的数据模式和结构。

　　降维：对于大数据分析而言，数据维度通常非常高，这可能导致分析和可视化的困难。因子分析可以用于降低维度，将多个相关变量合并成更少的潜在因子，从而简化数据集。

　　结构发现：大数据中可能包含大量的信息，其中一些信息可能与潜在结构或因子相关。因子分析可用于揭示隐藏在数据中的潜在关系，这有助于更好地理解数据。

　　特征提取：在大数据中，选择哪些特征或变量进行分析可能是挑战性的。因子分析可以帮助确定哪些变量在分析中是最重要的，从而更有效地利用数据。

　　洞察力：因子分析有助于提供有关数据的结构和内在关系的洞察力，这有助于解释数据中的变化和趋势。

　　需要注意的是，在使用因子分析处理大数据时，需要小心考虑数据的规模和复杂性，以确保分析方法的适用性。因子分析通常基于某些假设，例如，因子之间的独立性等，这些假设在大数据分析中可能需要进一步验证。因此，因子分析可以是处理大数据的有用工具之一，但需要根据具体情况进行调整和优化。

下表为我国中部某省 11 个城市经济发展总水平的 7 项主要指标（均以万元为单位），运用因子分析法对其进行分析。所选取的指标如下：

x_1——农业总产值 x_2——工业总产值

x_3——建筑业总产值 x_4——固定资产投资

x_5——固定资产投资 x_6——批零贸易餐饮业产值

x_7——金融保险业总产值

单位：万元

城市	x_1	x_2	x_3	x_4	x_5	x_6	x_7
1	594005	3060760	979844	427383	824349	467139	3383170
2	159019	649538	222159	84454	163341	139763	880327
3	196176	923791	89989	102558	104838	41377	942028
4	554155	1245152	522001	271379	342665	118905	1434454
5	181000	619000	118400	85428	80253	57100	574015
6	155488	416628	30378	117083	49115	30059	413430
7	1126049	946503	350228	325334	248270	106856	1450835
8	742790	494037	294556	131430	158179	107862	1029173
9	885586	953383	161588	189587	199583	115380	1027284
10	630100	619309	240417	89531	59561	40856	888795
11	708208	967518	219508	159839	292811	74265	1379343

附表 1　随机数字表

1 7 0 9 4 9 5 2 9 4	2 9 7 2 4 2 1 2 5 9	8 5 2 0 7 6 1 4 1 6	2 2 6 6 2 1 5 9 4 0
8 7 2 4 2 7 1 6 7 2	5 1 2 9 7 1 3 8 2 4	4 0 1 8 4 1 0 3 0 6	1 7 2 7 4 3 9 5 9 1
7 9 5 8 1 0 5 4 9 2	3 9 7 0 4 1 2 8 4 3	6 8 6 4 8 9 2 4 8 8	0 2 0 4 1 1 2 2 2 1
9 6 7 1 5 2 0 2 9 5	3 9 7 0 5 2 6 0 5 2	7 5 5 6 5 6 5 2 2 4	4 2 6 4 0 4 5 7 7 1
7 7 1 3 5 7 9 2 3 3	5 5 7 2 0 1 5 0 3 5	2 2 5 6 4 5 9 8 2 6	8 3 8 7 7 2 3 2 1 2
8 2 4 9 9 3 6 8 1 5	8 2 1 9 4 3 4 2 8 6	7 0 9 8 9 0 8 5 9 5	2 9 3 4 6 0 1 7 6 8
9 7 4 3 8 6 4 9 2 0	4 8 4 1 5 5 9 5 2 6	2 5 1 7 0 8 1 5 3 3	4 1 5 0 2 1 2 6 8 5
4 2 4 0 1 1 0 8 6 7	2 4 1 6 8 5 7 7 3 9	7 7 7 0 5 9 8 9 0 5	5 1 3 8 3 6 2 9 4 3
3 7 6 5 1 1 4 9 5 6	8 9 0 3 7 3 3 7 2 1	2 0 6 1 9 4 4 7 1 6	9 4 1 2 5 1 1 9 5 3
1 7 3 0 5 8 9 3 7 5	3 1 6 2 1 1 9 5 2 0	0 0 9 7 3 9 5 1 0 0	7 7 2 0 2 5 5 9 9 4
4 5 3 9 7 0 2 0 1 4	2 1 6 5 3 8 2 6 2 3	3 7 7 5 4 4 0 3 1 7	2 0 6 5 3 8 1 0 7 4
0 3 5 6 0 4 7 8 6 3	8 2 2 8 5 7 2 4 1 9	4 1 7 5 9 5 1 4 6 9	0 3 8 0 3 6 9 1 3 8
0 0 7 2 2 1 8 3 7 5	8 6 8 0 2 7 9 3 3 1	2 0 0 8 3 3 2 3 0 3	1 4 2 7 8 4 8 2 1 1
1 4 4 6 4 2 5 2 3 8	0 5 0 6 4 5 6 6 6 4	7 3 7 3 9 2 4 1 9 8	2 8 1 8 2 6 0 5 6 3
4 4 9 2 9 7 1 9 7 3	0 2 8 5 0 9 2 0 6 7	7 7 7 5 4 4 5 3 7 6	2 7 3 2 9 8 7 4 6 2
7 6 7 7 6 2 0 2 1 6	5 2 2 4 3 0 9 3 9 0	9 3 4 3 8 7 1 3 0 1	4 7 7 2 2 7 9 1 3 9
6 8 3 8 6 6 6 5 2 4	2 0 7 0 6 8 5 5 9 5	6 8 5 8 7 0 3 4 8 9	7 1 2 6 7 9 0 7 1 9
0 7 3 1 8 3 1 5 8 1	5 3 6 9 8 5 0 1 2 0	4 4 9 6 8 7 8 4 1 1	2 9 8 3 2 0 8 8 1 7
8 1 8 5 5 0 7 7 1 1	3 6 9 9 4 1 8 2 3 9	6 2 9 4 8 5 0 5 5 4	8 0 7 6 3 6 0 3 0 3
9 5 6 7 7 2 9 2 2 9	3 0 4 4 6 9 1 8 4 9	1 3 6 2 0 8 0 1 9 9	4 3 6 4 8 1 0 5 4 7
2 9 3 5 9 6 6 3 7 4	9 5 2 3 3 0 5 1 4 7	4 6 8 4 5 1 2 5 5 5	0 8 4 4 0 9 7 6 4 5
2 0 7 4 4 3 8 1 7 2	8 6 2 8 5 4 6 7 5 1	3 2 3 4 3 5 1 2 6 4	5 7 8 1 0 3 0 8 5 6
4 8 3 5 7 7 9 8 9 2	2 8 9 3 0 9 9 1 2 2	2 0 4 5 8 6 0 6 1 7	7 1 7 6 3 8 5 4 0 5
0 0 2 2 8 3 7 4 8 5	8 6 3 8 4 3 0 5 3 8	5 4 4 9 5 9 5 6 7 5	1 8 3 9 3 3 1 2 0 1
8 0 6 3 8 5 9 8 2 5	7 6 6 5 7 4 6 6 6 7	7 3 5 4 1 7 7 0 4 2	1 4 8 3 8 1 5 6 6 0
6 8 9 2 5 6 2 8 3 0	0 8 1 1 5 5 9 8 2 0	1 0 4 1 1 9 3 2 6 7	9 8 8 2 0 7 3 9 4 7
9 2 1 6 9 8 6 9 0 4	7 7 7 8 6 0 6 1 2 8	8 2 3 6 0 5 4 5 1 6	9 0 4 2 4 1 0 1 3 1
0 1 1 7 7 2 0 9 5 6	9 4 1 9 3 9 8 5 5 4	3 3 9 6 6 0 8 0 9 7	5 8 9 1 1 6 9 3 7 7
4 7 9 3 3 7 4 5 6 9	3 2 9 1 6 7 1 0 5 9	4 7 5 2 1 2 2 4 8 1	5 3 4 3 2 1 1 6 2 0
7 7 0 8 9 2 6 9 5 5	8 5 3 4 9 0 0 5 6 8	6 8 3 0 0 8 2 4 3 7	7 0 4 0 1 8 2 6 2 7

0191172389	0832081565	1224340369	8859857116
7077537187	7278403383	3931127464	9521347411
3408766376	3659098123	8917229579	3422843095
7254251316	1503614658	4170776461	8591994260
9501455630	3507840143	2824424174	0594753745
3124829813	7290079934	0514160745	9746339653
2246155001	1905827285	8920824347	6451682430
8345224527	5524700875	4759496685	7562595957
7873671655	1347510042	0878066850	5149176314
8312411642	5679027293	6410064323	2465646127
4458285070	0728838828	5031925444	2557876965
8118308099	8141171692	8075635313	4427761958
5192613877	2024976182	2317792193	5033422210
9796761156	1974811340	1607010322	0439724240
6914826121	1426543498	9548898634	1181718191
1072465818	9732404082	5053437015	2152.128115
5834251524	9173844133	0967170463	2781997976
6500082607	7878477656	0174532289	3037964292
1205665740	2597897572	6328211018	4206932345
2673934420	5910634048	4001887460	9172718321
6517947589	9359377719	4946114456	3253277102
2609743020	5406220626	3385191604	6149683629
1948009677	0747724272	1919010646	8470338458
7673050352	7085226541	4449633292	7629405588
2736045205	6368064802	1255780663	1280999145
5938201862	5475408693	0048278888	8986188349
7532758127	4740970764	4941804188	2902158611
5180518507	9165876355	2448621641	7592831105
7036017328	3407465790	3877079244	9098634467
7795516795	2010776547	1586809435	2342843746
9561200422	0950270747	9147400454	7351675528
9282250394	3973567308	2309487094	6861167631
1810930748	0589197486	2563604379	0991258149
5230286957	3765711334	1963328287	7649871834
2429846284	0273630374	6656617857	6738905128

续表

9 0 3 3 5 0 3 2 6 9	6 0 7 2 2 7 6 9 4 3	6 9 9 3 3 0 3 2 9 0	8 3 4 8 1 1 9 5 4 8
6 6 2 0 9 8 1 2 7 9	3 5 1 2 1 0 8 2 8 5	7 2 2 7 8 4 9 5 7 9	4 7 3 5 2 2 5 4 5 0
5 3 3 2 8 6 5 4 9 9	7 6 4 1 9 8 8 6 5 2	0 6 0 0 6 6 3 0 1 1	4 8 1 6 5 1 2 4 4 2
5 2 6 3 4 4 9 7 5 2	5 2 3 5 2 7 8 0 3 2	4 0 8 6 6 0 6 4 5 4	2 4 1 6 7 8 8 0 7 2
7 6 1 7 1 1 6 4 8 6	8 8 7 3 0 6 3 7 3 4	3 7 0 2 4 8 3 3 8 6	0 2 6 3 3 4 9 8 2 5
9 1 3 9 8 8 3 4 6 5	7 0 5 2 8 7 5 7 5 4	6 8 7 3 7 9 3 9 9 3	8 8 8 1 4 6 9 1 4 6
9 6 9 0 7 5 3 0 0 7	0 6 2 7 3 7 6 4 4 7	2 8 7 1 7 9 1 0 3 5	3 6 4 5 9 8 7 8 4 4
6 5 9 4 2 4 9 3 9 2	8 4 9 5 8 3 4 0 4 2	0 6 2 6 6 7 4 1 2 5	0 6 7 3 9 5 9 2 5 2
8 7 4 4 2 3 4 0 1 9	0 4 9 9 9 6 1 3 5 0	7 1 6 8 8 3 7 7 4 8	7 1 7 2 9 6 4 8 7 8
3 0 8 8 7 8 5 1 3 1	2 2 0 6 7 0 7 1 5 0	9 2 3 6 9 5 9 5 7 5	0 6 9 0 9 3 1 7 1 3
6 4 4 5 2 4 1 4 3 4	6 2 0 8 2 7 2 7 3 0	9 2 0 9 9 7 6 1 0 6	9 6 5 7 2 0 6 1 4 2
1 3 6 3 9 4 6 6 3 3	5 3 0 3 4 5 4 0 9 7	3 1 0 6 6 4 6 4 0 5	0 5 0 2 5 2 2 2 5 1
1 2 0 3 3 0 8 3 7 6	3 5 8 2 6 9 9 8 0 1	4 1 7 6 2 7 4 4 6 4	9 2 2 2 8 1 0 4 2 3
5 5 8 4 6 7 5 3 3 2	9 0 2 9 2 7 4 6 1 6	1 5 9 0 3 5 9 5 0 2	2 1 4 9 4 3 3 6 9 3
3 8 9 5 5 6 3 1 8 9	4 7 6 8 9 5 0 6 6 6	9 5 1 4 0 7 9 2 0 1	0 7 5 8 5 1 5 2 9 7
3 2 3 5 3 9 5 6 1 2	7 9 1 9 1 6 3 2 1 9	9 0 2 4 3 6 9 6 1 5	7 9 9 2 4 5 2 8 2 7
1 6 9 2 1 9 4 1 5 5	1 6 7 4 4 3 4 5 3 3	3 1 3 5 4 8 1 0 9 3	0 1 0 3 7 6 7 2 8 6
4 9 4 4 0 5 0 9 1 0	6 5 5 5 7 9 3 3 9 5	6 2 3 8 2 6 1 5 4 6	1 5 4 4 5 0 5 3 7 0
0 4 1 4 3 7 1 1 9 1	2 3 0 0 3 4 2 0 0 2	9 8 5 7 8 3 9 9 9 2	0 6 2 0 4 8 1 4 0 5
1 9 0 1 6 3 7 2 4 1	4 3 6 3 1 7 6 6 6 6	7 3 8 8 1 3 2 2 8 1	0 6 2 0 9 4 3 7 4 3
4 3 8 0 4 7 3 7 9 1	6 0 6 2 6 6 8 8 5 1	6 5 1 9 8 0 9 1 5 3	5 3 9 6 5 9 8 2 8 7
6 0 8 8 6 8 7 8 2 0	8 7 6 0 3 3 8 5 1 3	4 4 1 9 1 3 9 2 6 3	3 7 4 0 2 4 7 3 7 5
0 5 2 5 9 8 9 6 4 1	2 7 8 3 6 0 6 0 7 1	4 0 6 0 6 1 4 0 6 4	5 1 6 3 6 4 6 9 2 8
0 4 4 9 6 7 0 8 2 2	1 7 6 0 4 9 9 7 6 6	1 1 8 7 3 8 3 3 4 4	8 0 9 5 3 9 2 7 3 9
2 1 8 3 6 3 5 1 3 6	9 7 2 3 8 0 2 5 0 3	5 5 8 8 9 1 7 5 5 0	8 3 6 2 1 1 7 1 3 1

附表 2 标准正态分布累积概率表

（根据 Z 求左侧累积概率）

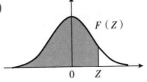

Z	F (Z)	Z	F (Z)	Z	F (Z)	Z	F (Z)	Z	F (Z)
0.01	0.50399	0.41	0.65910	0.81	0.79103	1.21	0.88686	1.61	0.94630
0.02	0.50798	0.42	0.66276	0.82	0.79389	1.22	0.88877	1.62	0.94738
0.03	0.51197	0.43	0.66640	0.83	0.79673	1.23	0.89065	1.63	0.94845
0.04	0.51595	0.44	0.67003	0.84	0.79955	1.24	0.89251	1.64	0.94950
0.05	0.51994	0.45	0.67364	0.85	0.80234	1.25	0.89435	1.65	0.95053
0.06	0.52392	0.46	0.67724	0.86	0.80511	1.26	0.89617	1.66	0.95154
0.07	0.52790	0.47	0.68082	0.87	0.80785	1.27	0.89796	1.67	0.95254
0.08	0.53188	0.48	0.68439	0.88	0.81057	1.28	0.89973	1.68	0.95352
0.09	0.53586	0.49	0.68793	0.89	0.81327	1.29	0.90147	1.69	0.95449
0.10	0.53983	0.50	0.69146	0.90	0.81594	1.30	0.90320	1.70	0.95543
0.11	0.54380	0.51	0.69497	0.91	0.81859	1.31	0.90490	1.71	0.95637
0.12	0.54776	0.52	0.69847	0.92	0.82121	1.32	0.90658	1.72	0.95728
0.13	0.55172	0.53	0.70194	0.93	0.82381	1.33	0.90824	1.73	0.95818
0.14	0.55567	0.54	0.70540	0.94	0.82639	1.34	0.90988	1.74	0.95907
0.15	0.55962	0.55	0.70884	0.95	0.82894	1.35	0.91149	1.75	0.95994
0.16	0.56356	0.56	0.71226	0.96	0.83147	1.36	0.91309	1.76	0.96080
0.17	0.56749	0.57	0.71566	0.97	0.83398	1.37	0.91466	1.77	0.96164

Z	F (Z)	Z	F (Z)	Z	F (Z)	Z	F (Z)	Z	F (Z)
0.18	0.57142	0.58	0.71904	0.98	0.83646	1.38	0.91621	1.78	0.96246
0.19	0.57535	0.59	0.72240	0.99	0.83891	1.39	0.91774	1.79	0.96327
0.20	0.57926	0.60	0.72575	1.00	0.84134	1.40	0.91924	1.80	0.96407
0.21	0.58317	0.61	0.72907	1.01	0.84375	1.41	0.92073	1.81	0.96485
0.22	0.58706	0.62	0.73237	1.02	0.84614	1.42	0.92220	1.82	0.96562
0.23	0.59095	0.63	0.73565	1.03	0.84849	1.43	0.92364	1.83	0.96638
0.24	0.59483	0.64	0.73891	1.04	0.85083	1.44	0.92507	1.84	0.96712
0.25	0.59871	0.65	0.74215	1.05	0.85314	1.45	0.92647	1.85	0.96784
0.26	0.60257	0.66	0.74537	1.06	0.85543	1.46	0.92785	1.86	0.96856
0.27	0.60642	0.67	0.74857	1.07	0.85769	1.47	0.92922	1.87	0.96926
0.28	0.61026	0.68	0.75175	1.08	0.85993	1.48	0.93056	1.88	0.96995
0.29	0.61409	0.69	0.75490	1.09	0.86214	1.49	0.93189	1.89	0.97062
0.30	0.61791	0.70	0.75804	1.10	0.86433	1.50	0.93319	1.90	0.97128
0.31	0.62172	0.71	0.76115	1.11	0.86650	1.51	0.93448	1.91	0.97193
0.32	0.62552	0.72	0.76424	1.12	0.86864	1.52	0.93574	1.92	0.97257
0.33	0.62930	0.73	0.76730	1.13	0.87076	1.53	0.93699	1.93	0.97320
0.34	0.63307	0.74	0.77035	1.14	0.87286	1.54	0.93822	1.94	0.97381
0.35	0.63683	0.75	0.77337	1.15	0.87493	1.55	0.93943	1.95	0.97441
0.36	0.64058	0.76	0.77637	1.16	0.87698	1.56	0.94062	1.96	0.97500
0.37	0.64431	0.77	0.77935	1.17	0.87900	1.57	0.94179	1.97	0.97558
0.38	0.64803	0.78	0.78230	1.18	0.88100	1.58	0.94295	1.98	0.97615
0.39	0.65173	0.79	0.78524	1.19	0.88298	1.59	0.94408	1.99	0.97670
0.40	0.65542	0.80	0.78814	1.20	0.88493	1.60	0.94520	2.00	0.97725

Z	F（Z）	Z	F（Z）	Z	F（Z）	Z	F（Z）	Z	F（Z）	Z	F（Z）
2.01	0.97778	2.41	0.99202	2.81	0.99752	3.21	0.99934	3.61	0.99985	4.01	0.99997
2.02	0.97831	2.42	0.99224	2.82	0.99760	3.22	0.99936	3.62	0.99985	4.02	0.99997
2.03	0.97882	2.43	0.99245	2.83	0.99767	3.23	0.99938	3.63	0.99986	4.03	0.99997
2.04	0.97932	2.44	0.99266	2.84	0.99774	3.24	0.99940	3.64	0.99986	4.04	0.99997
2.05	0.97982	2.45	0.99286	2.85	0.99781	3.25	0.99942	3.65	0.99987	4.05	0.99997
2.06	0.98030	2.46	0.99305	2.86	0.99788	3.26	0.99944	3.66	0.99987	4.06	0.99998
2.07	0.98077	2.47	0.99324	2.87	0.99795	3.27	0.99946	3.67	0.99988	4.07	0.99998
2.08	0.98124	2.48	0.99343	2.88	0.99801	3.28	0.99948	3.68	0.99988	4.08	0.99998
2.09	0.98169	2.49	0.99361	2.89	0.99807	3.29	0.99950	3.69	0.99989	4.09	0.99998
2.10	0.98214	2.50	0.99379	2.90	0.99813	3.30	0.99952	3.70	0.99989	4.10	0.99998
2.11	0.98257	2.51	0.99396	2.91	0.99819	3.31	0.99953	3.71	0.99990	4.11	0.99998
2.12	0.98300	2.52	0.99413	2.92	0.99825	3.32	0.99955	3.72	0.99990	4.12	0.99998
2.13	0.98341	2.53	0.99430	2.93	0.99831	3.33	0.99957	3.73	0.99990	4.13	0.99998
2.14	0.98382	2.54	0.99446	2.94	0.99836	3.34	0.99958	3.74	0.99991	4.14	0.99998
2.15	0.98422	2.55	0.99461	2.95	0.99841	3.35	0.99960	3.75	0.99991	4.15	0.99998
2.16	0.98461	2.56	0.99477	2.96	0.99846	3.36	0.99961	3.76	0.99992	4.16	0.99998
2.17	0.98500	2.57	0.99492	2.97	0.99851	3.37	0.99962	3.77	0.99992	4.17	0.99998
2.18	0.98537	2.58	0.99506	2.98	0.99856	3.38	0.99964	3.78	0.99992	4.18	0.99999
2.19	0.98574	2.59	0.99520	2.99	0.99861	3.39	0.99965	3.79	0.99992	4.19	0.99999
2.20	0.98610	2.60	0.99534	3.00	0.99865	3.40	0.99966	3.80	0.99993	4.20	0.99999
2.21	0.98645	2.61	0.99547	3.01	0.99869	3.41	0.99968	3.81	0.99993	4.21	0.99999
2.22	0.98679	2.62	0.99560	3.02	0.99874	3.42	0.99969	3.82	0.99993	4.22	0.99999
2.23	0.98713	2.63	0.99573	3.03	0.99878	3.43	0.99970	3.83	0.99994	4.23	0.99999
2.24	0.98745	2.64	0.99585	3.04	0.99882	3.44	0.99971	3.84	0.99994	4.24	0.99999
2.25	0.98778	2.65	0.99598	3.05	0.99886	3.45	0.99972	3.85	0.99994	4.25	0.99999

续表

Z	F (Z)	Z	F (Z)	Z	F (Z)	Z	F (Z)	Z	F (Z)	Z	F (Z)
2.26	0.98809	2.66	0.99609	3.06	0.99889	3.46	0.99973	3.86	0.99994	4.26	0.99999
2.27	0.98840	2.67	0.99621	3.07	0.99893	3.47	0.99974	3.87	0.99995	4.27	0.99999
2.28	0.98870	2.68	0.99632	3.08	0.99896	3.48	0.99975	3.88	0.99995	4.28	0.99999
2.29	0.98899	2.69	0.99643	3.09	0.99900	3.49	0.99976	3.89	0.99995	4.29	0.99999
2.30	0.98928	2.70	0.99653	3.10	0.99903	3.50	0.99977	3.90	0.99995	4.30	0.99999
2.31	0.98956	2.71	0.99664	3.11	0.99906	3.51	0.99978	3.91	0.99995	4.31	0.99999
2.32	0.98983	2.72	0.99674	3.12	0.99910	3.52	0.99978	3.92	0.99996	4.32	0.99999
2.33	0.99010	2.73	0.99683	3.13	0.99913	3.53	0.99979	3.93	0.99996	4.33	0.99999
2.34	0.99036	2.74	0.99693	3.14	0.99916	3.54	0.99980	3.94	0.99996	4.34	0.99999
2.35	0.99061	2.75	0.99702	3.15	0.99918	3.55	0.99981	3.95	0.99996	4.35	0.99999
2.36	0.99086	2.76	0.99711	3.16	0.99921	3.56	0.99981	3.96	0.99996	4.36	0.99999
2.37	0.99111	2.77	0.99720	3.17	0.99924	3.57	0.99982	3.97	0.99996	4.37	0.99999
2.38	0.99134	2.78	0.99728	3.18	0.99926	3.58	0.99983	3.98	0.99997	4.38	0.99999
2.39	0.99158	2.79	0.99736	3.19	0.99929	3.59	0.99983	3.99	0.99997	4.39	0.99999
2.40	0.99180	2.80	0.99744	3.20	0.99931	3.60	0.99984	4.00	0.99997	4.40	0.99999

附表3 标准正态分布分位数表

(根据左侧累积概率 P 求对应的分位数 Z)

P	0.000	0.001	0.002	0.003	0.004	0.005	0.006	0.007	0.008	0.009
0.50	0.0000	0.0025	0.0050	0.0075	0.0100	0.0125	0.0150	0.0175	0.0201	0.0226
0.51	0.0251	0.0276	0.0301	0.0326	0.0351	0.0376	0.0401	0.0426	0.0451	0.0476
0.52	0.0502	0.0527	0.0552	0.0577	0.0602	0.0627	0.0652	0.0677	0.0702	0.0728
0.53	0.0753	0.0778	0.0803	0.0828	0.0853	0.0878	0.0904	0.0929	0.0954	0.0979
0.54	0.1004	0.1030	0.1055	0.1080	0.1105	0.1130	0.1156	0.1181	0.1206	0.1231
0.55	0.1257	0.1282	0.1307	0.1332	0.1358	0.1383	0.1408	0.1434	0.1459	0.1484
0.56	0.1510	0.1535	0.1560	0.1586	0.1611	0.1637	0.1662	0.1687	0.1713	0.1738
0.57	0.1764	0.1789	0.1815	0.1840	0.1866	0.1891	0.1917	0.1942	0.1968	0.1993
0.58	0.2019	0.2045	0.2070	0.2096	0.2121	0.2147	0.2173	0.2198	0.2224	0.2250
0.59	0.2275	0.2301	0.2327	0.2353	0.2378	0.2404	0.2430	0.2456	0.2482	0.2508
0.60	0.2533	0.2559	0.2585	0.2611	0.2637	0.2663	0.2689	0.2715	0.2741	0.2767
0.61	0.2793	0.2819	0.2845	0.2871	0.2898	0.2924	0.2950	0.2976	0.3002	0.3029
0.62	0.3055	0.3081	0.3107	0.3134	0.3160	0.3186	0.3213	0.3239	0.3266	0.3292
0.63	0.3319	0.3345	0.3372	0.3398	0.3425	0.3451	0.3478	0.3505	0.3531	0.3558
0.64	0.3585	0.3611	0.3638	0.3665	0.3692	0.3719	0.3745	0.3772	0.3799	0.3826
0.65	0.3853	0.3880	0.3907	0.3934	0.3961	0.3989	0.4016	0.4043	0.4070	0.4097
0.66	0.4125	0.4152	0.4179	0.4207	0.4234	0.4261	0.4289	0.4316	0.4344	0.4372
0.67	0.4399	0.4427	0.4454	0.4482	0.4510	0.4538	0.4565	0.4593	0.4621	0.4649
0.68	0.4677	0.4705	0.4733	0.4761	0.4789	0.4817	0.4845	0.4874	0.4902	0.4930
0.69	0.4959	0.4987	0.5015	0.5044	0.5072	0.5101	0.5129	0.5158	0.5187	0.5215
0.70	0.5244	0.5273	0.5302	0.5330	0.5359	0.5388	0.5417	0.5446	0.5476	0.5505
0.71	0.5534	0.5563	0.5592	0.5622	0.5651	0.5681	0.5710	0.5740	0.5769	0.5799
0.72	0.5828	0.5858	0.5888	0.5918	0.5948	0.5978	0.6008	0.6038	0.6068	0.6098

续表

P	0.000	0.001	0.002	0.003	0.004	0.005	0.006	0.007	0.008	0.009
0.73	0.6128	0.6158	0.6189	0.6219	0.6250	0.6280	0.6311	0.6341	0.6372	0.6403
0.74	0.6433	0.6464	0.6495	0.6526	0.6557	0.6588	0.6620	0.6651	0.6682	0.6713
0.75	0.6745	0.6776	0.6808	0.6840	0.6871	0.6903	0.6935	0.6967	0.6999	0.7031
0.76	0.7063	0.7095	0.7128	0.7160	0.7192	0.7225	0.7257	0.7290	0.7323	0.7356
0.77	0.7388	0.7421	0.7454	0.7488	0.7521	0.7554	0.7588	0.7621	0.7655	0.7688
0.78	0.7722	0.7756	0.7790	0.7824	0.7858	0.7892	0.7926	0.7961	0.7995	0.8030
0.79	0.8064	0.8099	0.8134	0.8169	0.8204	0.8239	0.8274	0.8310	0.8345	0.8381
0.80	0.8416	0.8452	0.8488	0.8524	0.8560	0.8596	0.8633	0.8669	0.8705	0.8742
0.81	0.8779	0.8816	0.8853	0.8890	0.8927	0.8965	0.9002	0.9040	0.9078	0.9116
0.82	0.9154	0.9192	0.9230	0.9269	0.9307	0.9346	0.9385	0.9424	0.9463	0.9502
0.83	0.9542	0.9581	0.9621	0.9661	0.9701	0.9741	0.9782	0.9822	0.9863	0.9904
0.84	0.9945	0.9986	1.0027	1.0069	1.0110	1.0152	1.0194	1.0237	1.0279	1.0322
0.85	1.0364	1.0407	1.0450	1.0494	1.0537	1.0581	1.0625	1.0669	1.0714	1.0758
0.86	1.0803	1.0848	1.0893	1.0939	1.0985	1.1031	1.1077	1.1123	1.1170	1.1217
0.87	1.1264	1.1311	1.1359	1.1407	1.1455	1.1503	1.1552	1.1601	1.1650	1.1700
0.88	1.1750	1.1800	1.1850	1.1901	1.1952	1.2004	1.2055	1.2107	1.2160	1.2212
0.89	1.2265	1.2319	1.2372	1.2426	1.2481	1.2536	1.2591	1.2646	1.2702	1.2759
0.90	1.2816	1.2873	1.2930	1.2988	1.3047	1.3106	1.3165	1.3225	1.3285	1.3346
0.91	1.3408	1.3469	1.3532	1.3595	1.3658	1.3722	1.3787	1.3852	1.3917	1.3984
0.92	1.4051	1.4118	1.4187	1.4255	1.4325	1.4395	1.4466	1.4538	1.4611	1.4684
0.93	1.4758	1.4833	1.4909	1.4985	1.5063	1.5141	1.5220	1.5301	1.5382	1.5464
0.94	1.5548	1.5632	1.5718	1.5805	1.5893	1.5982	1.6072	1.6164	1.6258	1.6352
0.95	1.6449	1.6546	1.6646	1.6747	1.6849	1.6954	1.7060	1.7169	1.7279	1.7392
0.96	1.7507	1.7624	1.7744	1.7866	1.7991	1.8119	1.8250	1.8384	1.8522	1.8663
0.97	1.8808	1.8957	1.9110	1.9268	1.9431	1.9600	1.9774	1.9954	2.0141	2.0335
0.98	2.0537	2.0749	2.0969	2.1201	2.1444	2.1701	2.1973	2.2262	2.2571	2.2904
0.99	2.3263	2.3656	2.4089	2.4573	2.5121	2.5758	2.6521	2.7478	2.8782	3.0902

附表4 t分布双侧临界值表

（根据双侧概率 α 和自由度 m 求对应的临界值 t）

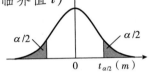

m/α	0.750	0.500	0.250	0.200	0.100	0.050	0.025	0.020	0.010	0.005
1	0.4142	1.0000	2.4142	3.0777	6.3138	12.7062	25.4517	31.8205	63.6567	127.3213
2	0.3651	0.8165	1.6036	1.8856	2.9200	4.3027	6.2053	6.9646	9.9248	14.0890
3	0.3492	0.7649	1.4226	1.6377	2.3534	3.1824	4.1765	4.5407	5.8409	7.4533
4	0.3414	0.7407	1.3444	1.5332	2.1318	2.7764	3.4954	3.7469	4.6041	5.5976
5	0.3367	0.7267	1.3009	1.4759	2.0150	2.5706	3.1634	3.3649	4.0321	4.7733
6	0.3336	0.7176	1.2733	1.4398	1.9432	2.4469	2.9687	3.1427	3.7074	4.3168
7	0.3315	0.7111	1.2543	1.4149	1.8946	2.3646	2.8412	2.9980	3.4995	4.0293
8	0.3298	0.7064	1.2403	1.3968	1.8595	2.3060	2.7515	2.8965	3.3554	3.8325
9	0.3286	0.7027	1.2297	1.3830	1.8331	2.2622	2.6850	2.8214	3.2498	3.6897
10	0.3276	0.6998	1.2213	1.3722	1.8125	2.2281	2.6338	2.7638	3.1693	3.5814
11	0.3267	0.6974	1.2145	1.3634	1.7959	2.2010	2.5931	2.7181	3.1058	3.4966
12	0.3261	0.6955	1.2089	1.3562	1.7823	2.1788	2.5600	2.6810	3.0545	3.4284
13	0.3255	0.6938	1.2041	1.3502	1.7709	2.1604	2.5326	2.6503	3.0123	3.3725
14	0.3250	0.6924	1.2001	1.3450	1.7613	2.1448	2.5096	2.6245	2.9768	3.3257
15	0.3246	0.6912	1.1967	1.3406	1.7531	2.1314	2.4899	2.6025	2.9467	3.2860
16	0.3242	0.6901	1.1937	1.3368	1.7459	2.1199	2.4729	2.5835	2.9208	3.2520
17	0.3239	0.6892	1.1910	1.3334	1.7396	2.1098	2.4581	2.5669	2.8982	3.2224
18	0.3236	0.6884	1.1887	1.3304	1.7341	2.1009	2.4450	2.5524	2.8784	3.1966
19	0.3233	0.6876	1.1866	1.3277	1.7291	2.0930	2.4334	2.5395	2.8609	3.1737
20	0.3231	0.6870	1.1848	1.3253	1.7247	2.0860	2.4231	2.5280	2.8453	3.1534
21	0.3229	0.6864	1.1831	1.3232	1.7207	2.0796	2.4138	2.5176	2.8314	3.1352
22	0.3227	0.6858	1.1815	1.3212	1.7171	2.0739	2.4055	2.5083	2.8188	3.1188
23	0.3225	0.6853	1.1802	1.3195	1.7139	2.0687	2.3979	2.4999	2.8073	3.1040

m/α	0.750	0.500	0.250	0.200	0.100	0.050	0.025	0.020	0.010	0.005
24	0.3223	0.6848	1.1789	1.3178	1.7109	2.0639	2.3909	2.4922	2.7969	3.0905
25	0.3222	0.6844	1.1777	1.3163	1.7081	2.0595	2.3846	2.4851	2.7874	3.0782
26	0.3220	0.6840	1.1766	1.3150	1.7056	2.0555	2.3788	2.4786	2.7787	3.0669
27	0.3219	0.6837	1.1756	1.3137	1.7033	2.0518	2.3734	2.4727	2.7707	3.0565
28	0.3218	0.6834	1.1747	1.3125	1.7011	2.0484	2.3685	2.4671	2.7633	3.0469
29	0.3217	0.6830	1.1739	1.3114	1.6991	2.0452	2.3638	2.4620	2.7564	3.0380
30	0.3216	0.6828	1.1731	1.3104	1.6973	2.0423	2.3596	2.4573	2.7500	3.0298
31	0.3215	0.6825	1.1723	1.3095	1.6955	2.0395	2.3556	2.4528	2.7440	3.0221
32	0.3214	0.6822	1.1716	1.3086	1.6939	2.0369	2.3518	2.4487	2.7385	3.0149
33	0.3213	0.6820	1.1710	1.3077	1.6924	2.0345	2.3483	2.4448	2.7333	3.0082
34	0.3212	0.6818	1.1703	1.3070	1.6909	2.0322	2.3451	2.4411	2.7284	3.0020
35	0.3212	0.6816	1.1698	1.3062	1.6896	2.0301	2.3420	2.4377	2.7238	2.9960
36	0.3211	0.6814	1.1692	1.3055	1.6883	2.0281	2.3391	2.4345	2.7195	2.9905
37	0.3210	0.6812	1.1687	1.3049	1.6871	2.0262	2.3363	2.4314	2.7154	2.9852
38	0.3210	0.6810	1.1682	1.3042	1.6860	2.0244	2.3337	2.4286	2.7116	2.9803
39	0.3209	0.6808	1.1677	1.3036	1.6849	2.0227	2.3313	2.4258	2.7079	2.9756
40	0.3208	0.6807	1.1673	1.3031	1.6839	2.0211	2.3289	2.4233	2.7045	2.9712
41	0.3208	0.6805	1.1669	1.3025	1.6829	2.0195	2.3267	2.4208	2.7012	2.9670
42	0.3207	0.6804	1.1665	1.3020	1.6820	2.0181	2.3246	2.4185	2.6981	2.9630
43	0.3207	0.6802	1.1661	1.3016	1.6811	2.0167	2.3226	2.4163	2.6951	2.9592
44	0.3206	0.6801	1.1657	1.3011	1.6802	2.0154	2.3207	2.4141	2.6923	2.9555
45	0.3206	0.6800	1.1654	1.3006	1.6794	2.0141	2.3189	2.4121	2.6896	2.9521
46	0.3206	0.6799	1.1651	1.3002	1.6787	2.0129	2.3172	2.4102	2.6870	2.9488
47	0.3205	0.6797	1.1647	1.2998	1.6779	2.0117	2.3155	2.4083	2.6846	2.9456
48	0.3205	0.6796	1.1644	1.2994	1.6772	2.0106	2.3139	2.4066	2.6822	2.9426
49	0.3204	0.6795	1.1642	1.2991	1.6766	2.0096	2.3124	2.4049	2.6800	2.9397
50	0.3204	0.6794	1.1639	1.2987	1.6759	2.0086	2.3109	2.4033	2.6778	2.9370
51	0.3204	0.6793	1.1636	1.2984	1.6753	2.0076	2.3095	2.4017	2.6757	2.9343
52	0.3203	0.6792	1.1633	1.2980	1.6747	2.0066	2.3082	2.4002	2.6737	2.9318
53	0.3203	0.6791	1.1631	1.2977	1.6741	2.0057	2.3069	2.3988	2.6718	2.9293
54	0.3203	0.6791	1.1629	1.2974	1.6736	2.0049	2.3056	2.3974	2.6700	2.9270
55	0.3202	0.6790	1.1626	1.2971	1.6730	2.0040	2.3044	2.3961	2.6682	2.9247

m/α	0.750	0.500	0.250	0.200	0.100	0.050	0.025	0.020	0.010	0.005
56	0.3202	0.6789	1.1624	1.2969	1.6725	2.0032	2.3033	2.3948	2.6665	2.9225
57	0.3202	0.6788	1.1622	1.2966	1.6720	2.0025	2.3022	2.3936	2.6649	2.9204
58	0.3202	0.6787	1.1620	1.2963	1.6716	2.0017	2.3011	2.3924	2.6633	2.9184
59	0.3201	0.6787	1.1618	1.2961	1.6711	2.0010	2.3000	2.3912	2.6618	2.9164
60	0.3201	0.6786	1.1616	1.2958	1.6706	2.0003	2.2990	2.3901	2.6603	2.9146
70	0.3199	0.6780	1.1600	1.2938	1.6669	1.9944	2.2906	2.3808	2.6479	2.8987
80	0.3197	0.6776	1.1588	1.2922	1.6641	1.9901	2.2844	2.3739	2.6387	2.8870
90	0.3196	0.6772	1.1578	1.2910	1.6620	1.9867	2.2795	2.3685	2.6316	2.8779
100	0.3195	0.6770	1.1571	1.2901	1.6602	1.9840	2.2757	2.3642	2.6259	2.8707

附表5 χ^2 分布右侧临界值表

（根据右侧收尾概率和自由度求临界值）

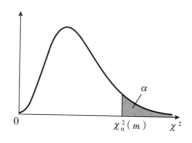

m/α	0.995	0.990	0.975	0.950	0.900	0.100	0.050	0.025	0.010	0.005
1	0.000	0.000	0.001	0.004	0.016	2.706	3.841	5.024	6.635	7.879
2	0.010	0.020	0.051	0.103	0.211	4.605	5.991	7.378	9.210	10.597
3	0.072	0.115	0.216	0.352	0.584	6.251	7.815	9.348	11.345	12.838
4	0.207	0.297	0.484	0.711	1.064	7.779	9.488	11.143	13.277	14.860
5	0.412	0.554	0.831	1.145	1.610	9.236	11.070	12.833	15.086	16.750
6	0.676	0.872	1.237	1.635	2.204	10.645	12.592	14.449	16.812	18.548
7	0.989	1.239	1.690	2.167	2.833	12.017	14.067	16.013	18.475	20.278
8	1.344	1.646	2.180	2.733	3.490	13.362	15.507	17.535	20.090	21.955
9	1.735	2.088	2.700	3.325	4.168	14.684	16.919	19.023	21.666	23.589
10	2.156	2.558	3.247	3.940	4.865	15.987	18.307	20.483	23.209	25.188
11	2.603	3.053	3.816	4.575	5.578	17.275	19.675	21.920	24.725	26.757
12	3.074	3.571	4.404	5.226	6.304	18.549	21.026	23.337	26.217	28.300
13	3.565	4.107	5.009	5.892	7.042	19.812	22.362	24.736	27.688	29.819
14	4.075	4.660	5.629	6.571	7.790	21.064	23.685	26.119	29.141	31.319
15	4.601	5.229	6.262	7.261	8.547	22.307	24.996	27.488	30.578	32.801
16	5.142	5.812	6.908	7.962	9.312	23.542	26.296	28.845	32.000	34.267
17	5.697	6.408	7.564	8.672	10.085	24.769	27.587	30.191	33.409	35.718
18	6.265	7.015	8.231	9.390	10.865	25.989	28.869	31.526	34.805	37.156
19	6.844	7.633	8.907	10.117	11.651	27.204	30.144	32.852	36.191	38.582

m/α	0.995	0.990	0.975	0.950	0.900	0.100	0.050	0.025	0.010	0.005
20	7.434	8.260	9.591	10.851	12.443	28.412	31.410	34.170	37.566	39.997
21	8.034	8.897	10.283	11.591	13.240	29.615	32.671	35.479	38.932	41.401
22	8.643	9.542	10.982	12.338	14.041	30.813	33.924	36.781	40.289	42.796
23	9.260	10.196	11.689	13.091	14.848	32.007	35.172	38.076	41.638	44.181
24	9.886	10.856	12.401	13.848	15.659	33.196	36.415	39.364	42.980	45.559
25	10.520	11.524	13.120	14.611	16.473	34.382	37.652	40.646	44.314	46.928
26	11.160	12.198	13.844	15.379	17.292	35.563	38.885	41.923	45.642	48.290
27	11.808	12.879	14.573	16.151	18.114	36.741	40.113	43.195	46.963	49.645
28	12.461	13.565	15.308	16.928	18.939	37.916	41.337	44.461	48.278	50.993
29	13.121	14.256	16.047	17.708	19.768	39.087	42.557	45.722	49.588	52.336
30	13.787	14.953	16.791	18.493	20.599	40.256	43.773	46.979	50.892	53.672
31	14.458	15.655	17.539	19.281	21.434	41.422	44.985	48.232	52.191	55.003
32	15.134	16.362	18.291	20.072	22.271	42.585	46.194	49.480	53.486	56.328
33	15.815	17.074	19.047	20.867	23.110	43.745	47.400	50.725	54.776	57.648
34	16.501	17.789	19.806	21.664	23.952	44.903	48.602	51.966	56.061	58.964
35	17.192	18.509	20.569	22.465	24.797	46.059	49.802	53.203	57.342	60.275
36	17.887	19.233	21.336	23.269	25.643	47.212	50.998	54.437	58.619	61.581
37	18.586	19.960	22.106	24.075	26.492	48.363	52.192	55.668	59.893	62.883
38	19.289	20.691	22.878	24.884	27.343	49.513	53.384	56.896	61.162	64.181
39	19.996	21.426	23.654	25.695	28.196	50.660	54.572	58.120	62.428	65.476
40	20.707	22.164	24.433	26.509	29.051	51.805	55.758	59.342	63.691	66.766
41	21.421	22.906	25.215	27.326	29.907	52.949	56.942	60.561	64.950	68.053
42	22.138	23.650	25.999	28.144	30.765	54.090	58.124	61.777	66.206	69.336
43	22.859	24.398	26.785	28.965	31.625	55.230	59.304	62.990	67.459	70.616
44	23.584	25.148	27.575	29.787	32.487	56.369	60.481	64.201	68.710	71.893
45	24.311	25.901	28.366	30.612	33.350	57.505	61.656	65.410	69.957	73.166
46	25.041	26.657	29.160	31.439	34.215	58.641	62.830	66.617	71.201	74.437
47	25.775	27.416	29.956	32.268	35.081	59.774	64.001	67.821	72.443	75.704
48	26.511	28.177	30.755	33.098	35.949	60.907	65.171	69.023	73.683	76.969
49	27.249	28.941	31.555	33.930	36.818	62.038	66.339	70.222	74.919	78.231
50	27.991	29.707	32.357	34.764	37.689	63.167	67.505	71.420	76.154	79.490
51	28.735	30.475	33.162	35.600	38.560	64.295	68.669	72.616	77.386	80.747

续表

m/α	0.995	0.990	0.975	0.950	0.900	0.100	0.050	0.025	0.010	0.005
52	29.481	31.246	33.968	36.437	39.433	65.422	69.832	73.810	78.616	82.001
53	30.230	32.018	34.776	37.276	40.308	66.548	70.993	75.002	79.843	83.253
54	30.981	32.793	35.586	38.116	41.183	67.673	72.153	76.192	81.069	84.502
55	31.735	33.570	36.398	38.958	42.060	68.796	73.311	77.380	82.292	85.749
56	32.490	34.350	37.212	39.801	42.937	69.919	74.468	78.567	83.513	86.994
57	33.248	35.131	38.027	40.646	43.816	71.040	75.624	79.752	84.733	88.236
58	34.008	35.913	38.844	41.492	44.696	72.160	76.778	80.936	85.950	89.477
59	34.770	36.698	39.662	42.339	45.577	73.279	77.931	82.117	87.166	90.715
60	35.534	37.485	40.482	43.188	46.459	74.397	79.082	83.298	88.379	91.952
70	43.275	45.442	48.758	51.739	55.329	85.527	90.531	95.023	100.425	104.215
80	51.172	53.540	57.153	60.391	64.278	96.578	101.879	106.629	112.329	116.321
90	59.196	61.754	65.647	69.126	73.291	107.565	113.145	118.136	124.116	128.299
100	67.328	70.065	74.222	77.929	82.358	118.498	124.342	129.561	135.807	140.169

附表 6 F 分布右侧临界值表

（根据右侧收尾概率和自由度求临界值）

n_1、n_2 为分子、分母自由度，$\alpha = 0.005$

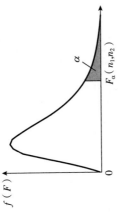

n_2/n_1	1	2	3	4	5	6	7	8	9	10	11	12	13	14	15	16	17	18	19	20	25	30	50	100
1	16211	19999	21615	22500	23056	23437	23715	23925	24091	24224	24334	24426	24505	24572	24630	24681	24727	24767	24803	24836	24960	25044	25211	25337
2	198.5	199.0	199.2	199.2	199.3	199.3	199.4	199.4	199.4	199.4	199.4	199.4	199.4	199.4	199.4	199.4	199.4	199.4	199.4	199.4	199.5	199.5	199.5	199.5
3	55.55	49.80	47.47	46.19	45.39	44.84	44.43	44.13	43.88	43.69	43.52	43.39	43.27	43.17	43.08	43.01	42.94	42.88	42.83	42.78	42.59	42.47	42.21	42.02
4	31.33	26.28	24.26	23.15	22.46	21.97	21.62	21.35	21.14	20.97	20.82	20.70	20.60	20.51	20.44	20.37	20.31	20.26	20.21	20.17	20.00	19.89	19.67	19.50
5	22.78	18.31	16.53	15.56	14.94	14.51	14.20	13.96	13.77	13.62	13.49	13.38	13.29	13.21	13.15	13.09	13.03	12.98	12.94	12.90	12.76	12.66	12.45	12.30
6	18.63	14.54	12.92	12.03	11.46	11.07	10.79	10.57	10.39	10.25	10.13	10.03	9.95	9.88	9.81	9.76	9.71	9.66	9.62	9.59	9.45	9.36	9.17	9.03
7	16.24	12.40	10.88	10.05	9.52	9.16	8.89	8.68	8.51	8.38	8.27	8.18	8.10	8.03	7.97	7.91	7.87	7.83	7.79	7.75	7.62	7.53	7.35	7.22
8	14.69	11.04	9.60	8.81	8.30	7.95	7.69	7.50	7.34	7.21	7.10	7.01	6.94	6.87	6.81	6.76	6.72	6.68	6.64	6.61	6.48	6.40	6.22	6.09
9	13.61	10.11	8.72	7.96	7.47	7.13	6.88	6.69	6.54	6.42	6.31	6.23	6.15	6.09	6.03	5.98	5.94	5.90	5.86	5.83	5.71	5.62	5.45	5.32
10	12.83	9.43	8.08	7.34	6.87	6.54	6.30	6.12	5.97	5.85	5.75	5.66	5.59	5.53	5.47	5.42	5.38	5.34	5.31	5.27	5.15	5.07	4.90	4.77
11	12.23	8.91	7.60	6.88	6.42	6.10	5.86	5.68	5.54	5.42	5.32	5.24	5.16	5.10	5.05	5.00	4.96	4.92	4.89	4.86	4.74	4.65	4.49	4.36
12	11.75	8.51	7.23	6.52	6.07	5.76	5.52	5.35	5.20	5.09	4.99	4.91	4.84	4.77	4.72	4.67	4.63	4.59	4.56	4.53	4.41	4.33	4.17	4.04
13	11.37	8.19	6.93	6.23	5.79	5.48	5.25	5.08	4.94	4.82	4.72	4.64	4.57	4.51	4.46	4.41	4.37	4.33	4.30	4.27	4.15	4.07	3.91	3.78

续表

n_2/n_1	1	2	3	4	5	6	7	8	9	10	11	12	13	14	15	16	17	18	19	20	25	30	50	100
14	11.06	7.92	6.68	6.00	5.56	5.26	5.03	4.86	4.72	4.60	4.51	4.43	4.36	4.30	4.25	4.20	4.16	4.12	4.09	4.06	3.94	3.86	3.70	3.57
15	10.80	7.70	6.48	5.80	5.37	5.07	4.85	4.67	4.54	4.42	4.33	4.25	4.18	4.12	4.07	4.02	3.98	3.95	3.91	3.88	3.77	3.69	3.52	3.39
16	10.58	7.51	6.30	5.64	5.21	4.91	4.69	4.52	4.38	4.27	4.18	4.10	4.03	3.97	3.92	3.87	3.83	3.80	3.76	3.73	3.62	3.54	3.37	3.25
17	10.38	7.35	6.16	5.50	5.07	4.78	4.56	4.39	4.25	4.14	4.05	3.97	3.90	3.84	3.79	3.75	3.71	3.67	3.64	3.61	3.49	3.41	3.25	3.12
18	10.22	7.21	6.03	5.37	4.96	4.66	4.44	4.28	4.14	4.03	3.94	3.86	3.79	3.73	3.68	3.64	3.60	3.56	3.53	3.50	3.38	3.30	3.14	3.01
19	10.07	7.09	5.92	5.27	4.85	4.56	4.34	4.18	4.04	3.93	3.84	3.76	3.70	3.64	3.59	3.54	3.50	3.46	3.43	3.40	3.29	3.21	3.04	2.91
20	9.94	6.99	5.82	5.17	4.76	4.47	4.26	4.09	3.96	3.85	3.76	3.68	3.61	3.55	3.50	3.46	3.42	3.38	3.35	3.32	3.20	3.12	2.96	2.83
21	9.83	6.89	5.73	5.09	4.68	4.39	4.18	4.01	3.88	3.77	3.68	3.60	3.54	3.48	3.43	3.38	3.34	3.31	3.27	3.24	3.13	3.05	2.88	2.75
22	9.73	6.81	5.65	5.02	4.61	4.32	4.11	3.94	3.81	3.70	3.61	3.54	3.47	3.41	3.36	3.31	3.27	3.24	3.21	3.18	3.06	2.98	2.82	2.69
23	9.63	6.73	5.58	4.95	4.54	4.26	4.05	3.88	3.75	3.64	3.55	3.47	3.41	3.35	3.30	3.25	3.21	3.18	3.15	3.12	3.00	2.92	2.76	2.62
24	9.55	6.66	5.52	4.89	4.49	4.20	3.99	3.83	3.69	3.59	3.50	3.42	3.35	3.30	3.25	3.20	3.16	3.12	3.09	3.06	2.95	2.87	2.70	2.57
25	9.48	6.60	5.46	4.84	4.43	4.15	3.94	3.78	3.64	3.54	3.45	3.37	3.30	3.25	3.20	3.15	3.11	3.08	3.04	3.01	2.90	2.82	2.65	2.52
30	9.18	6.35	5.24	4.62	4.23	3.95	3.74	3.58	3.45	3.34	3.25	3.18	3.11	3.06	3.01	2.96	2.92	2.89	2.85	2.82	2.71	2.63	2.46	2.32
40	8.83	6.07	4.98	4.37	3.99	3.71	3.51	3.35	3.22	3.12	3.03	2.95	2.89	2.83	2.78	2.74	2.70	2.66	2.63	2.60	2.48	2.40	2.23	2.09
50	8.63	5.90	4.83	4.23	3.85	3.58	3.38	3.22	3.09	2.99	2.90	2.82	2.76	2.70	2.65	2.61	2.57	2.53	2.50	2.47	2.35	2.27	2.10	1.95
60	8.49	5.79	4.73	4.14	3.76	3.49	3.29	3.13	3.01	2.90	2.82	2.74	2.68	2.62	2.57	2.53	2.49	2.45	2.42	2.39	2.27	2.19	2.01	1.86
70	8.40	5.72	4.66	4.08	3.70	3.43	3.23	3.08	2.95	2.85	2.76	2.68	2.62	2.56	2.51	2.47	2.43	2.39	2.36	2.33	2.21	2.13	1.95	1.80
80	8.33	5.67	4.61	4.03	3.65	3.39	3.19	3.03	2.91	2.80	2.72	2.64	2.58	2.52	2.47	2.43	2.39	2.35	2.32	2.29	2.17	2.08	1.90	1.75
90	8.28	5.62	4.57	3.99	3.62	3.35	3.15	3.00	2.87	2.77	2.68	2.61	2.54	2.49	2.44	2.39	2.35	2.32	2.28	2.25	2.13	2.05	1.87	1.71
100	8.24	5.59	4.54	3.96	3.59	3.33	3.13	2.97	2.85	2.74	2.66	2.58	2.52	2.46	2.41	2.37	2.33	2.29	2.26	2.23	2.11	2.02	1.84	1.68
150	8.12	5.49	4.45	3.88	3.51	3.25	3.05	2.89	2.77	2.67	2.58	2.51	2.44	2.38	2.33	2.29	2.25	2.21	2.18	2.15	2.03	1.94	1.76	1.59
200	8.06	5.44	4.41	3.84	3.47	3.21	3.01	2.86	2.73	2.63	2.54	2.47	2.40	2.35	2.30	2.25	2.21	2.18	2.14	2.11	1.99	1.91	1.71	1.54
300	8.00	5.39	4.36	3.80	3.43	3.17	2.97	2.82	2.69	2.59	2.51	2.43	2.37	2.31	2.26	2.21	2.17	2.14	2.10	2.07	1.95	1.87	1.67	1.50

（根据右侧收尾概率和自由度求临界值）n_1、n_2 为分子、分母自由度，$\alpha=0.01$

n_2/n_1	1	2	3	4	5	6	7	8	9	10	11	12	13	14	15	16	17	18	19	20	25	30	50	100
1	4052	4999	5403	5625	5764	5859	5928	5981	6022	6056	6083	6106	6126	6143	6157	6170	6181	6192	6201	6209	6240	6261	6303	6334
2	98.50	99.00	99.17	99.25	99.30	99.33	99.36	99.37	99.39	99.40	99.41	99.42	99.42	99.43	99.43	99.44	99.44	99.44	99.45	99.45	99.46	99.47	99.48	99.49
3	34.12	30.82	29.46	28.71	28.24	27.91	27.67	27.49	27.35	27.23	27.13	27.05	26.98	26.92	26.87	26.83	26.79	26.75	26.72	26.69	26.58	26.50	26.35	26.24
4	21.20	18.00	16.69	15.98	15.52	15.21	14.98	14.80	14.66	14.55	14.45	14.37	14.31	14.25	14.20	14.15	14.11	14.08	14.05	14.02	13.91	13.84	13.69	13.58
5	16.26	13.27	12.06	11.39	10.97	10.67	10.46	10.29	10.16	10.05	9.96	9.89	9.82	9.77	9.72	9.68	9.64	9.61	9.58	9.55	9.45	9.38	9.24	9.13
6	13.75	10.92	9.78	9.15	8.75	8.47	8.26	8.10	7.98	7.87	7.79	7.72	7.66	7.60	7.56	7.52	7.48	7.45	7.42	7.40	7.30	7.23	7.09	6.99
7	12.25	9.55	8.45	7.85	7.46	7.19	6.99	6.84	6.72	6.62	6.54	6.47	6.41	6.36	6.31	6.28	6.24	6.21	6.18	6.16	6.06	5.99	5.86	5.75
8	11.26	8.65	7.59	7.01	6.63	6.37	6.18	6.03	5.91	5.81	5.73	5.67	5.61	5.56	5.52	5.48	5.44	5.41	5.38	5.36	5.26	5.20	5.07	4.96
9	10.56	8.02	6.99	6.42	6.06	5.80	5.61	5.47	5.35	5.26	5.18	5.11	5.05	5.01	4.96	4.92	4.89	4.86	4.83	4.81	4.71	4.65	4.52	4.41
10	10.04	7.56	6.55	5.99	5.64	5.39	5.20	5.06	4.94	4.85	4.77	4.71	4.65	4.60	4.56	4.52	4.49	4.46	4.43	4.41	4.31	4.25	4.12	4.01
11	9.65	7.21	6.22	5.67	5.32	5.07	4.89	4.74	4.63	4.54	4.46	4.40	4.34	4.29	4.25	4.21	4.18	4.15	4.12	4.10	4.01	3.94	3.81	3.71
12	9.33	6.93	5.95	5.41	5.06	4.82	4.64	4.50	4.39	4.30	4.22	4.16	4.10	4.05	4.01	3.97	3.94	3.91	3.88	3.86	3.76	3.70	3.57	3.47
13	9.07	6.70	5.74	5.21	4.86	4.62	4.44	4.30	4.19	4.10	4.02	3.96	3.91	3.86	3.82	3.78	3.75	3.72	3.69	3.66	3.57	3.51	3.38	3.27
14	8.86	6.51	5.56	5.04	4.69	4.46	4.28	4.14	4.03	3.94	3.86	3.80	3.75	3.70	3.66	3.62	3.59	3.56	3.53	3.51	3.41	3.35	3.22	3.11
15	8.68	6.36	5.42	4.89	4.56	4.32	4.14	4.00	3.89	3.80	3.73	3.67	3.61	3.56	3.52	3.49	3.45	3.42	3.40	3.37	3.28	3.21	3.08	2.98
16	8.53	6.23	5.29	4.77	4.44	4.20	4.03	3.89	3.78	3.69	3.62	3.55	3.50	3.45	3.41	3.37	3.34	3.31	3.28	3.26	3.16	3.10	2.97	2.86
17	8.40	6.11	5.18	4.67	4.34	4.10	3.93	3.79	3.68	3.59	3.52	3.46	3.40	3.35	3.31	3.27	3.24	3.21	3.19	3.16	3.07	3.00	2.87	2.76
18	8.29	6.01	5.09	4.58	4.25	4.01	3.84	3.71	3.60	3.51	3.43	3.37	3.32	3.27	3.23	3.19	3.16	3.13	3.10	3.08	2.98	2.92	2.78	2.68
19	8.18	5.93	5.01	4.50	4.17	3.94	3.77	3.63	3.52	3.43	3.36	3.30	3.24	3.19	3.15	3.12	3.08	3.05	3.03	3.00	2.91	2.84	2.71	2.60
20	8.10	5.85	4.94	4.43	4.10	3.87	3.70	3.56	3.46	3.37	3.29	3.23	3.18	3.13	3.09	3.05	3.02	2.99	2.96	2.94	2.84	2.78	2.64	2.54

续表

n_2/n_1	1	2	3	4	5	6	7	8	9	10	11	12	13	14	15	16	17	18	19	20	25	30	50	100
21	8.02	5.78	4.87	4.37	4.04	3.81	3.64	3.51	3.40	3.31	3.24	3.17	3.12	3.07	3.03	2.99	2.96	2.93	2.90	2.88	2.79	2.72	2.58	2.48
22	7.95	5.72	4.82	4.31	3.99	3.76	3.59	3.45	3.35	3.26	3.18	3.12	3.07	3.02	2.98	2.94	2.91	2.88	2.85	2.83	2.73	2.67	2.53	2.42
23	7.88	5.66	4.76	4.26	3.94	3.71	3.54	3.41	3.30	3.21	3.14	3.07	3.02	2.97	2.93	2.89	2.86	2.83	2.80	2.78	2.69	2.62	2.48	2.37
24	7.82	5.61	4.72	4.22	3.90	3.67	3.50	3.36	3.26	3.17	3.09	3.03	2.98	2.93	2.89	2.85	2.82	2.79	2.76	2.74	2.64	2.58	2.44	2.33
25	7.77	5.57	4.68	4.18	3.85	3.63	3.46	3.32	3.22	3.13	3.06	2.99	2.94	2.89	2.85	2.81	2.78	2.75	2.72	2.70	2.60	2.54	2.40	2.29
30	7.56	5.39	4.51	4.02	3.70	3.47	3.30	3.17	3.07	2.98	2.91	2.84	2.79	2.74	2.70	2.66	2.63	2.60	2.57	2.55	2.45	2.39	2.25	2.13
40	7.31	5.18	4.31	3.83	3.51	3.29	3.12	2.99	2.89	2.80	2.73	2.66	2.61	2.56	2.52	2.48	2.45	2.42	2.39	2.37	2.27	2.20	2.06	1.94
50	7.17	5.06	4.20	3.72	3.41	3.19	3.02	2.89	2.78	2.70	2.63	2.56	2.51	2.46	2.42	2.38	2.35	2.32	2.29	2.27	2.17	2.10	1.95	1.82
60	7.08	4.98	4.13	3.65	3.34	3.12	2.95	2.82	2.72	2.63	2.56	2.50	2.44	2.39	2.35	2.31	2.28	2.25	2.22	2.20	2.10	2.03	1.88	1.75
70	7.01	4.92	4.07	3.60	3.29	3.07	2.91	2.78	2.67	2.59	2.51	2.45	2.40	2.35	2.31	2.27	2.23	2.20	2.18	2.15	2.05	1.98	1.83	1.70
80	6.96	4.88	4.04	3.56	3.26	3.04	2.87	2.74	2.64	2.55	2.48	2.42	2.36	2.31	2.27	2.23	2.20	2.17	2.14	2.12	2.01	1.94	1.79	1.65
90	6.93	4.85	4.01	3.53	3.23	3.01	2.84	2.72	2.61	2.52	2.45	2.39	2.33	2.29	2.24	2.21	2.17	2.14	2.11	2.09	1.99	1.92	1.76	1.62
100	6.90	4.82	3.98	3.51	3.21	2.99	2.82	2.69	2.59	2.50	2.43	2.37	2.31	2.27	2.22	2.19	2.15	2.12	2.09	2.07	1.97	1.89	1.74	1.60
150	6.81	4.75	3.91	3.45	3.14	2.92	2.76	2.63	2.53	2.44	2.37	2.31	2.25	2.20	2.16	2.12	2.09	2.06	2.03	2.00	1.90	1.83	1.66	1.52
200	6.76	4.71	3.88	3.41	3.11	2.89	2.73	2.60	2.50	2.41	2.34	2.27	2.22	2.17	2.13	2.09	2.06	2.03	2.00	1.97	1.87	1.79	1.63	1.48
300	6.72	4.68	3.85	3.38	3.08	2.86	2.70	2.57	2.47	2.38	2.31	2.24	2.19	2.14	2.10	2.06	2.03	1.99	1.97	1.94	1.84	1.76	1.59	1.44

（根据右侧收尾概率和自由度求临界值）

n_1、n_2 为分子、分母自由度，$\alpha = 0.025$

n_2/n_1	1	2	3	4	5	6	7	8	9	10	11	12	13	14	15	16	17	18	19	20	25	30	50	100
1	648	799	864	900	922	937	948	957	963	969	973	977	980	983	985	987	989	990	992	993	998	1001	1008	1013
2	38.51	39.00	39.17	39.25	39.30	39.33	39.36	39.37	39.39	39.40	39.41	39.41	39.42	39.43	39.43	39.44	39.44	39.44	39.45	39.45	39.46	39.46	39.48	39.49
3	17.44	16.04	15.44	15.10	14.88	14.73	14.62	14.54	14.47	14.42	14.37	14.34	14.30	14.28	14.25	14.23	14.21	14.20	14.18	14.17	14.12	14.08	14.01	13.96
4	12.22	10.65	9.98	9.60	9.36	9.20	9.07	8.98	8.90	8.84	8.79	8.75	8.71	8.68	8.66	8.63	8.61	8.59	8.58	8.56	8.50	8.46	8.38	8.32
5	10.01	8.43	7.76	7.39	7.15	6.98	6.85	6.76	6.68	6.62	6.57	6.52	6.49	6.46	6.43	6.40	6.38	6.36	6.34	6.33	6.27	6.23	6.14	6.08
6	8.81	7.26	6.60	6.23	5.99	5.82	5.70	5.60	5.52	5.46	5.41	5.37	5.33	5.30	5.27	5.24	5.22	5.20	5.18	5.17	5.11	5.07	4.98	4.92
7	8.07	6.54	5.89	5.52	5.29	5.12	4.99	4.90	4.82	4.76	4.71	4.67	4.63	4.60	4.57	4.54	4.52	4.50	4.48	4.47	4.40	4.36	4.28	4.21
8	7.57	6.06	5.42	5.05	4.82	4.65	4.53	4.43	4.36	4.30	4.24	4.20	4.16	4.13	4.10	4.08	4.05	4.03	4.02	4.00	3.94	3.89	3.81	3.74
9	7.21	5.71	5.08	4.72	4.48	4.32	4.20	4.10	4.03	3.96	3.91	3.87	3.83	3.80	3.77	3.74	3.72	3.70	3.68	3.67	3.60	3.56	3.47	3.40
10	6.94	5.46	4.83	4.47	4.24	4.07	3.95	3.85	3.78	3.72	3.66	3.62	3.58	3.55	3.52	3.50	3.47	3.45	3.44	3.42	3.35	3.31	3.22	3.15
11	6.72	5.26	4.63	4.28	4.04	3.88	3.76	3.66	3.59	3.53	3.47	3.43	3.39	3.36	3.33	3.30	3.28	3.26	3.24	3.23	3.16	3.12	3.03	2.96
12	6.55	5.10	4.47	4.12	3.89	3.73	3.61	3.51	3.44	3.37	3.32	3.28	3.24	3.21	3.18	3.15	3.13	3.11	3.09	3.07	3.01	2.96	2.87	2.80
13	6.41	4.97	4.35	4.00	3.77	3.60	3.48	3.39	3.31	3.25	3.20	3.15	3.12	3.08	3.05	3.03	3.00	2.98	2.96	2.95	2.88	2.84	2.74	2.67
14	6.30	4.86	4.24	3.89	3.66	3.50	3.38	3.29	3.21	3.15	3.09	3.05	3.01	2.98	2.95	2.92	2.90	2.88	2.86	2.84	2.78	2.73	2.64	2.56
15	6.20	4.77	4.15	3.80	3.58	3.41	3.29	3.20	3.12	3.06	3.01	2.96	2.92	2.89	2.86	2.84	2.81	2.79	2.77	2.76	2.69	2.64	2.55	2.47
16	6.12	4.69	4.08	3.73	3.50	3.34	3.22	3.12	3.05	2.99	2.93	2.89	2.85	2.82	2.79	2.76	2.74	2.72	2.70	2.68	2.61	2.57	2.47	2.40
17	6.04	4.62	4.01	3.66	3.44	3.28	3.16	3.06	2.98	2.92	2.87	2.82	2.79	2.75	2.72	2.70	2.67	2.65	2.63	2.62	2.55	2.50	2.41	2.33
18	5.98	4.56	3.95	3.61	3.38	3.22	3.10	3.01	2.93	2.87	2.81	2.77	2.73	2.70	2.67	2.64	2.62	2.60	2.58	2.56	2.49	2.44	2.35	2.27
19	5.92	4.51	3.90	3.56	3.33	3.17	3.05	2.96	2.88	2.82	2.76	2.72	2.68	2.65	2.62	2.59	2.57	2.55	2.53	2.51	2.44	2.39	2.30	2.22
20	5.87	4.46	3.86	3.51	3.29	3.13	3.01	2.91	2.84	2.77	2.72	2.68	2.64	2.60	2.57	2.55	2.52	2.50	2.48	2.46	2.40	2.35	2.25	2.17

续表

n_2/n_1	1	2	3	4	5	6	7	8	9	10	11	12	13	14	15	16	17	18	19	20	25	30	50	100
21	5.83	4.42	3.82	3.48	3.25	3.09	2.97	2.87	2.80	2.73	2.68	2.64	2.60	2.56	2.53	2.51	2.48	2.46	2.44	2.42	2.36	2.31	2.21	2.13
22	5.79	4.38	3.78	3.44	3.22	3.05	2.93	2.84	2.76	2.70	2.65	2.60	2.56	2.53	2.50	2.47	2.45	2.43	2.41	2.39	2.32	2.27	2.17	2.09
23	5.75	4.35	3.75	3.41	3.18	3.02	2.90	2.81	2.73	2.67	2.62	2.57	2.53	2.50	2.47	2.44	2.42	2.39	2.37	2.36	2.29	2.24	2.14	2.06
24	5.72	4.32	3.72	3.38	3.15	2.99	2.87	2.78	2.70	2.64	2.59	2.54	2.50	2.47	2.44	2.41	2.39	2.36	2.35	2.33	2.26	2.21	2.11	2.02
25	5.69	4.29	3.69	3.35	3.13	2.97	2.85	2.75	2.68	2.61	2.56	2.51	2.48	2.44	2.41	2.38	2.36	2.34	2.32	2.30	2.23	2.18	2.08	2.00
30	5.57	4.18	3.59	3.25	3.03	2.87	2.75	2.65	2.57	2.51	2.46	2.41	2.37	2.34	2.31	2.28	2.26	2.23	2.21	2.20	2.12	2.07	1.97	1.88
40	5.42	4.05	3.46	3.13	2.90	2.74	2.62	2.53	2.45	2.39	2.33	2.29	2.25	2.21	2.18	2.15	2.13	2.11	2.09	2.07	1.99	1.94	1.83	1.74
50	5.34	3.97	3.39	3.05	2.83	2.67	2.55	2.46	2.38	2.32	2.26	2.22	2.18	2.14	2.11	2.08	2.06	2.03	2.01	1.99	1.92	1.87	1.75	1.66
60	5.29	3.93	3.34	3.01	2.79	2.63	2.51	2.41	2.33	2.27	2.22	2.17	2.13	2.09	2.06	2.03	2.01	1.98	1.96	1.94	1.87	1.82	1.70	1.60
70	5.25	3.89	3.31	2.97	2.75	2.59	2.47	2.38	2.30	2.24	2.18	2.14	2.10	2.06	2.03	2.00	1.97	1.95	1.93	1.91	1.83	1.78	1.66	1.56
80	5.22	3.86	3.28	2.95	2.73	2.57	2.45	2.35	2.28	2.21	2.16	2.11	2.07	2.03	2.00	1.97	1.95	1.92	1.90	1.88	1.81	1.75	1.63	1.53
90	5.20	3.84	3.26	2.93	2.71	2.55	2.43	2.34	2.26	2.19	2.14	2.09	2.05	2.02	1.98	1.95	1.93	1.91	1.88	1.86	1.79	1.73	1.61	1.50
100	5.18	3.83	3.25	2.92	2.70	2.54	2.42	2.32	2.24	2.18	2.12	2.08	2.04	2.00	1.97	1.94	1.91	1.89	1.87	1.85	1.77	1.71	1.59	1.48
150	5.13	3.78	3.20	2.87	2.65	2.49	2.37	2.28	2.20	2.13	2.08	2.03	1.99	1.95	1.92	1.89	1.87	1.84	1.82	1.80	1.72	1.67	1.54	1.42
200	5.10	3.76	3.18	2.85	2.63	2.47	2.35	2.26	2.18	2.11	2.06	2.01	1.97	1.93	1.90	1.87	1.84	1.82	1.80	1.78	1.70	1.64	1.51	1.39
300	5.07	3.73	3.16	2.83	2.61	2.45	2.33	2.23	2.16	2.09	2.04	1.99	1.95	1.91	1.88	1.85	1.82	1.80	1.77	1.75	1.67	1.62	1.48	1.36

（根据右侧收尾概率和自由度求临界值）
n_1、n_2 为分子、分母自由度，$\alpha=0.05$

n_2/n_1	1	2	3	4	5	6	7	8	9	10	11	12	13	14	15	16	17	18	19	20	25	30	50	100
1	161	199	216	225	230	234	237	239	241	242	243	244	245	245	246	246	247	247	248	248	249	250	252	253
2	18.51	19.00	19.16	19.25	19.30	19.33	19.35	19.37	19.38	19.40	19.40	19.41	19.42	19.42	19.43	19.43	19.44	19.44	19.44	19.45	19.46	19.46	19.48	19.49
3	10.13	9.55	9.28	9.12	9.01	8.94	8.89	8.85	8.81	8.79	8.76	8.74	8.73	8.71	8.70	8.69	8.68	8.67	8.67	8.66	8.63	8.62	8.58	8.55
4	7.71	6.94	6.59	6.39	6.26	6.16	6.09	6.04	6.00	5.96	5.94	5.91	5.89	5.87	5.86	5.84	5.83	5.82	5.81	5.80	5.77	5.75	5.70	5.66
5	6.61	5.79	5.41	5.19	5.05	4.95	4.88	4.82	4.77	4.74	4.70	4.68	4.66	4.64	4.62	4.60	4.59	4.58	4.57	4.56	4.52	4.50	4.44	4.41
6	5.99	5.14	4.76	4.53	4.39	4.28	4.21	4.15	4.10	4.06	4.03	4.00	3.98	3.96	3.94	3.92	3.91	3.90	3.88	3.87	3.83	3.81	3.75	3.71
7	5.59	4.74	4.35	4.12	3.97	3.87	3.79	3.73	3.68	3.64	3.60	3.57	3.55	3.53	3.51	3.49	3.48	3.47	3.46	3.44	3.40	3.38	3.32	3.27
8	5.32	4.46	4.07	3.84	3.69	3.58	3.50	3.44	3.39	3.35	3.31	3.28	3.26	3.24	3.22	3.20	3.19	3.17	3.16	3.15	3.11	3.08	3.02	2.97
9	5.12	4.26	3.86	3.63	3.48	3.37	3.29	3.23	3.18	3.14	3.10	3.07	3.05	3.03	3.01	2.99	2.97	2.96	2.95	2.94	2.89	2.86	2.80	2.76
10	4.96	4.10	3.71	3.48	3.33	3.22	3.14	3.07	3.02	2.98	2.94	2.91	2.89	2.86	2.85	2.83	2.81	2.80	2.79	2.77	2.73	2.70	2.64	2.59
11	4.84	3.98	3.59	3.36	3.20	3.09	3.01	2.95	2.90	2.85	2.82	2.79	2.76	2.74	2.72	2.70	2.69	2.67	2.66	2.65	2.60	2.57	2.51	2.46
12	4.75	3.89	3.49	3.26	3.11	3.00	2.91	2.85	2.80	2.75	2.72	2.69	2.66	2.64	2.62	2.60	2.58	2.57	2.56	2.54	2.50	2.47	2.40	2.35
13	4.67	3.81	3.41	3.18	3.03	2.92	2.83	2.77	2.71	2.67	2.63	2.60	2.58	2.55	2.53	2.51	2.50	2.48	2.47	2.46	2.41	2.38	2.31	2.26
14	4.60	3.74	3.34	3.11	2.96	2.85	2.76	2.70	2.65	2.60	2.57	2.53	2.51	2.48	2.46	2.44	2.43	2.41	2.40	2.39	2.34	2.31	2.24	2.19
15	4.54	3.68	3.29	3.06	2.90	2.79	2.71	2.64	2.59	2.54	2.51	2.48	2.45	2.42	2.40	2.38	2.37	2.35	2.34	2.33	2.28	2.25	2.18	2.12
16	4.49	3.63	3.24	3.01	2.85	2.74	2.66	2.59	2.54	2.49	2.46	2.42	2.40	2.37	2.35	2.33	2.32	2.30	2.29	2.28	2.23	2.19	2.12	2.07
17	4.45	3.59	3.20	2.96	2.81	2.70	2.61	2.55	2.49	2.45	2.41	2.38	2.35	2.33	2.31	2.29	2.27	2.26	2.24	2.23	2.18	2.15	2.08	2.02

续表

n_2/n_1	1	2	3	4	5	6	7	8	9	10	11	12	13	14	15	16	17	18	19	20	25	30	50	100
18	4.41	3.55	3.16	2.93	2.77	2.66	2.58	2.51	2.46	2.41	2.37	2.34	2.31	2.29	2.27	2.25	2.23	2.22	2.20	2.19	2.14	2.11	2.04	1.98
19	4.38	3.52	3.13	2.90	2.74	2.63	2.54	2.48	2.42	2.38	2.34	2.31	2.28	2.26	2.23	2.21	2.20	2.18	2.17	2.16	2.11	2.07	2.00	1.94
20	4.35	3.49	3.10	2.87	2.71	2.60	2.51	2.45	2.39	2.35	2.31	2.28	2.25	2.22	2.20	2.18	2.17	2.15	2.14	2.12	2.07	2.04	1.97	1.91
21	4.32	3.47	3.07	2.84	2.68	2.57	2.49	2.42	2.37	2.32	2.28	2.25	2.22	2.20	2.18	2.16	2.14	2.12	2.11	2.10	2.05	2.01	1.94	1.88
22	4.30	3.44	3.05	2.82	2.66	2.55	2.46	2.40	2.34	2.30	2.26	2.23	2.20	2.17	2.15	2.13	2.11	2.10	2.08	2.07	2.02	1.98	1.91	1.85
23	4.28	3.42	3.03	2.80	2.64	2.53	2.44	2.37	2.32	2.27	2.24	2.20	2.18	2.15	2.13	2.11	2.09	2.08	2.06	2.05	2.00	1.96	1.88	1.82
24	4.26	3.40	3.01	2.78	2.62	2.51	2.42	2.36	2.30	2.25	2.22	2.18	2.15	2.13	2.11	2.09	2.07	2.05	2.04	2.03	1.97	1.94	1.86	1.80
25	4.24	3.39	2.99	2.76	2.60	2.49	2.40	2.34	2.28	2.24	2.20	2.16	2.14	2.11	2.09	2.07	2.05	2.04	2.02	2.01	1.96	1.92	1.84	1.78
30	4.17	3.32	2.92	2.69	2.53	2.42	2.33	2.27	2.21	2.16	2.13	2.09	2.06	2.04	2.01	1.99	1.98	1.96	1.95	1.93	1.88	1.84	1.76	1.70
40	4.08	3.23	2.84	2.61	2.45	2.34	2.25	2.18	2.12	2.08	2.04	2.00	1.97	1.95	1.92	1.90	1.89	1.87	1.85	1.84	1.78	1.74	1.66	1.59
50	4.03	3.18	2.79	2.56	2.40	2.29	2.20	2.13	2.07	2.03	1.99	1.95	1.92	1.89	1.87	1.85	1.83	1.81	1.80	1.78	1.73	1.69	1.60	1.52
60	4.00	3.15	2.76	2.53	2.37	2.25	2.17	2.10	2.04	1.99	1.95	1.92	1.89	1.86	1.84	1.82	1.80	1.78	1.76	1.75	1.69	1.65	1.56	1.48
70	3.98	3.13	2.74	2.50	2.35	2.23	2.14	2.07	2.02	1.97	1.93	1.89	1.86	1.84	1.81	1.79	1.77	1.75	1.74	1.72	1.66	1.62	1.53	1.45
80	3.96	3.11	2.72	2.49	2.33	2.21	2.13	2.06	2.00	1.95	1.91	1.88	1.84	1.82	1.79	1.77	1.75	1.73	1.72	1.70	1.64	1.60	1.51	1.43
90	3.95	3.10	2.71	2.47	2.32	2.20	2.11	2.04	1.99	1.94	1.90	1.86	1.83	1.80	1.78	1.76	1.74	1.72	1.70	1.69	1.63	1.59	1.49	1.41
100	3.94	3.09	2.70	2.46	2.31	2.19	2.10	2.03	1.97	1.93	1.89	1.85	1.82	1.79	1.77	1.75	1.73	1.71	1.69	1.68	1.62	1.57	1.48	1.39
150	3.90	3.06	2.66	2.43	2.27	2.16	2.07	2.00	1.94	1.89	1.85	1.82	1.79	1.76	1.73	1.71	1.69	1.67	1.66	1.64	1.58	1.54	1.44	1.34
200	3.89	3.04	2.65	2.42	2.26	2.14	2.06	1.98	1.93	1.88	1.84	1.80	1.77	1.74	1.72	1.69	1.67	1.66	1.64	1.62	1.56	1.52	1.41	1.32
300	3.87	3.03	2.63	2.40	2.24	2.13	2.04	1.97	1.91	1.86	1.82	1.78	1.75	1.72	1.70	1.68	1.66	1.64	1.62	1.61	1.54	1.50	1.39	1.30

习题参考答案

第三章

6. （1）未分组：周平均销售额为 360.8 万元，标准差为 70.48 万元。

7. 该公司各季度利润平均计划完成程度为调和平均，计算结果为 96.47%，整体未完成计划。除第二季度完成较好外，其他 3 个季度均未能完成计划。

8. 计算甲产品的平均废品率需要先计算平均合格率。

甲产品的平均合格率也就是各道工序平均合格率，属于几何平均数：

$G = \sqrt{98.0\% \times 95.0\% \times 94.0\%} = 95.65\%$，平均废品率为 4.35%。

乙产品平均废品率为简单算术平均：

$\bar{x} = (2.0\% + 5.0\% + 6.0\%)/3 = 4.33\%$

结果表明，乙产品平均合格率略高于甲产品。

9. （1）两组数据的均值、众数和中位数为：

$\bar{x}_甲 = 5429 \quad M_{o甲} = 4700 \quad M_{e甲} = 5135$

$\bar{x}_乙 = 6335 \quad M_{o乙} = 6459 \quad M_{e乙} = 6376$

甲的分布形态为右偏分布，乙的分布形态为左偏分布。

（2）令 $y = x - 6500$，利用简捷计算公式计算 y 的标准差：

$$S_{x甲} = S_{y甲} = \sqrt{\frac{\sum y_甲^2 f_甲}{\sum f_甲} - \left(\frac{\sum y_甲 f_甲}{\sum f_甲}\right)^2} = 1536.36$$

$$S_{x乙} = S_{y乙} = \sqrt{\frac{\sum y_乙^2 f_乙}{\sum f_乙} - \left(\frac{\sum y_乙 f_乙}{\sum f_乙}\right)^2} = 1613.51$$

$v_甲 = 0.283$，$v_乙 = 0.255$，$v_甲$ 大于 $v_乙$，说明甲组均代表性不如乙组。

（3）$SK_甲 = 0.744 \quad SK_乙 = -0.047$

偏态系数表明，甲为正偏分布即右偏分布，乙为负偏分布即左偏分布。

10. （1）商业类公司平均收益率为 7.14%，均方差为 9.40%。高科技类公司平均收益率为 13.08%，均方差为 17.21%。

（2）商业类公司收益率的均方差为 9.40%，高科技类公司收益率的均方差为 17.21%，由于高科技类公司收益率均方差远大于商业类公司，这意味着投资高科技类公司的风险相对更高。降低投资风险的途径是选择多家公司进行组合投资，以分散风险。

11. 以 1998 年作为基础，1999~2021 年收盘指数年平均增长速度即涨幅为 6.07%。

12. 甲、乙两品种的平均亩产分别为 524 和 522，标准差分别为 24.2 和 39.2，离散系数分别为 0.046 和 0.075。结果表明，甲品种的平均亩产更高并且稳定性更好，因此甲品种推广价值更大。

第四章

1.（1）可能的样本数为 49。

（2）样本年龄均值的取值有 17、17.5、18、18.5、19、19.5、20、20.5、21、21.5、22、22.5、23、23.5、24 共 15 种。

（3）样本均值的分布如下：

均值	17.0	17.5	18.0	18.5	19.0	19.5	20.0	20.5	21.0	21.5	22.0	22.5	23.0
频数	1	2	3	4	5	6	7	6	5	4	3	2	1

（4）总体年龄均值为 20，方差为 4。

（5）$E(\bar{x}) = 17.0 \times (1/49) + 17.5 \times (2/49) + \cdots + 22.5 \times (2/49) + 23 \times (1/49) = 20$

（6）$\sigma_{\bar{x}}^2 = E[\bar{x} - E(\bar{x})]^2$

$$= (17-20) \times \frac{1}{49} + (17.5-20) \times \frac{2}{49} + \cdots + (22.5-20) \times \frac{2}{49} + (23-20) \times \frac{1}{49}$$

$$= 4/49$$

（7）$\sigma_{\bar{x}}^2 = \dfrac{\sigma^2}{n} = \dfrac{4}{49}$

（8）所有样本的平均抽样误差为 2/7 岁。

2. 样本均值 $\bar{x}$ 的数学期望等于总体均值 180，重复抽样下标准差为 1（12/12），服从正态分布。

3. 抽取容量为 36、100、400 的样本时，重复抽样下，样本均值的标准差分别为 2.33、1.40、0.70，随着样本容量增大，标准差逐渐变小。

4. 抽取 50 人比抽取 100 人的概率更大，同样的精度要求（区间宽度），样本容量更大时抽样估计的置信度越高。

$$Z_1 = \frac{\bar{x} - \mu}{\sigma / \sqrt{n}} = \pm \frac{500}{6400 / \sqrt{50}} = \pm 0.5524$$

$$Z_2 = \frac{\bar{x} - \mu}{\sigma / \sqrt{n}} = \pm \frac{500}{6400 / \sqrt{100}} = \pm 0.7827$$

查标准正态分布概率表，概率分别为 0.419、0.565。

5. 重复抽样下，60 名新生平均身高的标准差为：

$$\mu_{\bar{x}} = \frac{S}{\sqrt{n}} = \frac{8.2}{\sqrt{60}} = 1.0586 \text{（厘米）}$$

不重复抽样下，60 名新生平均身高的标准差为：

$$\mu_{\bar{x}} = \frac{S}{\sqrt{n}} \sqrt{\frac{N-n}{N-1}} \approx \frac{S}{\sqrt{n}} \sqrt{1 - \frac{n}{N}} = 1.0586 \times \sqrt{0.99} = 1.0533 \text{（厘米）}$$

由于抽样比为 1%，重复抽样与不重复抽样计算的结果差别可以忽略。

6. $P(40\% \leqslant p \leqslant 50\%) = P\left(\dfrac{40\% - 43.8\%}{\sqrt{\dfrac{43.8\%(1 - 43.8\%)}{60}}} \leqslant \dfrac{p - \pi}{\sqrt{\dfrac{\pi(1 - \pi)}{n}}} \leqslant \right.$

$$\left. \dfrac{50\% - 43.8\%}{\sqrt{\dfrac{43.8\%(1 - 43.8\%)}{60}}} \right)$$

$$= P(-1.196 \leqslant Z \leqslant 1.951) = 0.859$$

7. $P(\sigma^2 > 100^2) = P\left(\dfrac{(n-1)S^2}{\sigma^2} < \dfrac{19 \times 84^2}{100^2} \right) = P(\chi^2 < 13.406) = 0.183$

8. 一种组件有两种装配方法，选取 10 位工人分别用两种装配方法实验，以下是观测到的装配所花时间数据（单位：分钟）。

工人编号	A 方法 所花时间	B 方法 所花时间	$d = X_A - X_B$
01	11	12	−1
02	8	7	1
03	12	10	2
04	15	14	1
05	13	9	4
06	9	8	1
07	14	13	1

续表

工人编号	A 方法 所花时间	B 方法 所花时间	$d=X_A-X_B$
08	10	10	0
09	8	7	1
10	11	9	2

（1）匹配数据的差值见上表。

（2）$\bar{d}=1.2$，$s_d=1.25$

第五章

1.（1）平均时间为 26.76，样本标准差为 3.865，抽样平均误差为 0.773。

（2）使用 t 分布 95% 置信度下的置信区间为 26.76±1.52。90% 置信度下的置信区间为 26.76±0.99。置信度与置信区间正向变化，区间随着置信度变小会变窄。

2. 采用重复抽样：

$$162\pm1.96\times\frac{4.5}{\sqrt{80}} \qquad 即（161.01，162.99）厘米$$

采用不重复抽样：

$$162\pm1.96\times\frac{4.5}{\sqrt{80}}\sqrt{1-\frac{80}{300}} \qquad 即（161.16，162.84）厘米$$

在总体单位为 300、样本容量为 80 的情况下，抽样比大于 5%，采用重复抽样和不重复抽样的差别不可以忽略。

3. $18\%\pm1.96\times\sqrt{\frac{18\%\times82\%}{80}}$ 即（9.6%，26.4%）

4. 依据样本，A、B 两种方法平均时间分别为 53.7、55.2 秒，方差分别为 3.54、4.29。B 与 A 两种组装方法所花平均时间之差的区间估计：

$$（55.2-53.7）\pm1.96\sqrt{\frac{3.54}{30}+\frac{4.29}{40}} \qquad 即（0.57，2.43）$$

5. $（172-158）\pm t_{0.05/2}（22）\sqrt{s_p^2\left(\frac{1}{12}+\frac{1}{12}\right)}$

其中，$s_p^2=\frac{12^2+8^2}{2}$，装配时间差的估计区间为（5.4，22.6）

6. $(172-158) \pm t_{0.05/2}(v) \sqrt{\dfrac{12^2}{12}+\dfrac{8^2}{12}}$

$$v = \frac{\left(\dfrac{12^2}{12}+\dfrac{8^2}{12}\right)^2}{(12^2/12)^2/11+(8^2/12)^2/11} \approx 20$$

装配时间差的估计区间为（5.3，22.7）

7. $(172-158) \pm Z_{0.05/2} \sqrt{\dfrac{12^2}{12}+\dfrac{8^2}{12}}$

装配时间差的估计区间为（5.8，22.2），与第6题相比，区间宽度变窄，估计精度更高。

8. $\left(\dfrac{42}{50}-\dfrac{31}{50}\right) \pm 1.96 \sqrt{\dfrac{\dfrac{42}{50} \times \left(1-\dfrac{42}{50}\right)}{50}+\dfrac{\dfrac{31}{50} \times \left(1-\dfrac{31}{50}\right)}{50}}$

参与率之差的估计区间为（5.1%，38.9%）。

9. $n = \dfrac{1.96^2 \times 4.2^2}{1.2^2} = 47.06 \approx 48$

至少应抽取48人。

10. 取 $P=97.2\%$，$\sigma^2 = 97.2\% \ (1-97.2\%) = 0.0272$

$$n = \frac{1.96^2 \times 0.0272}{0.02^2} = 261.4 \approx 262$$

至少应抽262件产品进行检验。

第六章

6. $H_0: \mu \geqslant 10$　$H_{1:}: \mu < 10$，$n=20$，样本均值为9.8，样本标准差 $S=0.51$；

总体方差未知，样本容量 $n=20<30$，采用 t 检验；

$$t = \frac{\bar{x}-\mu}{s/\sqrt{n}} = \frac{9.8-10}{0.51/\sqrt{20}} = -1.754$$

计算出 t 值为 -1.754，拒绝域为 $t < -t_{0.05}(19) = -1.729$；

t 值落在拒绝域，因此拒绝原假设，即认为工艺优化后该种部件的平均装配时间显著减少。

7. $H_0: \mu \geqslant 1000cm$　$H_1: \mu < 1000cm$。$n=25$，样本均值为950，总体标准差 $\sigma=100$；

采取 Z 检验，计算出 Z 值

$$Z = \frac{\bar{x}-\mu}{\sigma/\sqrt{n}} = \frac{950-1000}{100/\sqrt{25}} = -2.5$$

查表 $Z_{0.05} = 1.65$，拒绝域为 $z < -Z_{a=} = -1.65$；

Z 值落在拒绝域，拒绝原假设，即原件使用寿命低于 1000 小时。

8. H_0：$\pi \geqslant 40\%$　H_1：$\pi < 40\%$。$n = 200$，样本比率 $p = 76/200 = 38\%$；

采用 Z 检验，

$$Z = \frac{p - \pi}{\sqrt{\pi\,(1-\pi)\,/n}} = \frac{0.38 - 0.4}{\sqrt{0.4 \times 0.6/200}} = -0.577$$

$Z_{0.05} = 1.65$，拒绝域为 $Z < -Z_{a=} = -1.65$；

Z 值落在接受域，不能拒绝原假设，即证据不足于表明报纸订阅率出现显著下降。

9. A 批产品用 1 表示，$n_1 = 6$，样本均值 14.07，$S_1 = 0.280$；

B 批产品用 2 表示，$n_2 = 6$，样本均值 13.85，$S_2 = 0.266$。

（1）H_0：$\sigma_1^2 = \sigma_2^2$　$H_{1:}$：$\sigma_1^2 \neq \sigma_2^2$，$n_1 = n_2 = 6$，$S_1 = 0.280$，$S_2 = 0.266$；

当原假设成立时，$F = s_1^2/s_2^2 \sim F(5, 5)$，计算得 $F = 1.053$；

拒绝域为：$F > F_{0.025}(5, 5) = 0.14$ 或 $F < F_{1-0.025}(5, 5) = 7.15$；

$0.140 < 1.053 < 7.15$，落在接受域，即认为两批电子器件电阻方差相等。

（2）H_0：$\mu_1 = \mu_2$　$H_{1:}$：$\mu_1 \neq \mu_2$；

由（1）的结果，基于两总体方差相等的前提，采用合并方差的 t 检验；

$$t = \frac{(\bar{x}_1 - \bar{x}_2) - (\mu_1 - \mu_2)}{s_p\sqrt{\dfrac{1}{n_1} + \dfrac{1}{n_2}}} = \frac{0.22}{\sqrt{\dfrac{0.28^2 + 0.266^2}{2}}\sqrt{\dfrac{1}{3}}} = 0.465$$

计算得 $t = 0.465$，拒绝域为 $|t| > t_{0.025}(10) = 2.2281$；

t 值落在接受域，不能拒绝原假设，即认为两批器件电阻均值相等。

10. 设 μ_1、μ_2 分别代表小区和沿街门点粮油销售均值。

（1）H_0：$\mu_1 \leqslant \mu_{2:}$　H_1：$\mu_1 > \mu_2$

（2）沿街和小区样本门店销售均值分别为 141.8 和 161.7；样本方差分别为 763.4 和 2027.3。

$$t = \frac{(\bar{x}_1 - \bar{x}_2) - (\mu_1 - \mu_2)}{s_p\sqrt{\dfrac{1}{n_1} + \dfrac{1}{n_2}}} = \frac{19.9}{\sqrt{\dfrac{763.4 + 2027.3}{2}}\sqrt{\dfrac{2}{9}}} = 1.130$$

拒绝域为：$t > t_{0.05}(16) = 1.746$；$1.130 < 1.746$，接受原假设，即小区门店销售均值并未显著高于沿街门店。

第七章

4. 设 μ_1、μ_2、μ_3、μ_4 分别代表四种食品质量指标的评分均值。

提出假设如下：

H_0：$\mu_1 = \mu_2 = \mu_3 = \mu_4$（四种食品的质量指标没有显著影响）

H_1：μ_1，μ_2，μ_3，μ_4 不全相等（四种食品的质量指标有显著影响）

单因素方差分析表：

差异源	SS	df	MS	F	P-value	$F_{0.05}$ (3, 34)
组间	35.51061	3	11.837	3.8555	0.0178	2.8826
组内	104.3841	34	3.070			
总计	139.8947	37				

决策：由于 $F > F_\alpha$，或者 $P = 0.0178 < \alpha = 0.05$，拒绝原假设 H_0，表明 μ_1、μ_2、μ_3、μ_4 不全相等，或者四种食品的质量指标有显著差异。

5. 首先对行因素和列因素分别提出假设：

H_{01}：销售方式对销售量没有显著影响；H_{11}：销售方式对销售量有显著影响。

H_{02}：销售地点对销售量没有显著影响；H_{12}：销售地点对销售量有显著影响。

无重复双因素方差分析表：

差异源	SS	df	MS	F	P-value	$F_{0.05}$
行	685	3	228.333	8.0945	0.0032	3.4903
列	159.5	4	39.875	1.4136	0.2881	3.2592
误差	338.5	12	28.208			
总计	1183	19				

决策：

对于行因素：$F = 8.0945 > F_\alpha = 3.4903$（$P = 0.0032 < \alpha = 0.05$），拒绝原假设，表明销售方式对销售量有显著影响。

对于列因素：$F = 1.4136 < F_\alpha = 3.4903$（$P = 0.2881 > \alpha = 0.05$），不拒绝原假设，表明销售地点对销售量无显著影响。

6. 对行因素、列因素和两者的交互作用分别提出假设：

H_{01}：材料类型对电池的输出电压无显著影响；

H_{02}：环境温度对电池的输出电压无显著影响；

H_{03}：材料类型和环境温度的交互作用对电池的输出电压无显著影响。

可重复双因素方差分析表：

差异源	SS	df	MS	F	P-value	$F_{0.05}$
行（材料类型）	6767.2	2	3383.6	6.7402	0.0042	3.3541
列（环境温度）	47534.0	2	23767.0	47.3446	1.49E-09	3.3541
交互	13204.8	4	3301.2	6.5761	0.0008	2.7278
内部	13554.0	27	502.0			
总计	81060.0	35				

决策：

对于材料类型因素，$F = 6.7402 > F_\alpha = 3.3541$（$P = 0.0042 < \alpha = 0.05$），拒绝原假设，表明材料类型对电池的输出电压有显著影响；

对于环境温度因素，$F = 47.3446 > F_\alpha = 3.3541$（$P = 1.49E-09 < \alpha = 0.05$），拒绝原假设，表明环境温度对电池的输出电压有显著影响；

对于交互作用，$F = 6.5761 > F_\alpha = 2.7278$（$P = 0.0008 < \alpha = 0.05$），拒绝原假设，表明材料类型和环境温度的交互作用对电池的输出电压有显著影响。

第八章

4.（2）$r = -0.984$ $t = \dfrac{r\sqrt{n-2}}{\sqrt{1-r^2}} = -17.54$ $t < -t_{0.05/2}(10) = -2.23$，表明两者显著负相关。

（3）以机动车流量为 x，机动车速度为 y，回归方程如下：

$$\bar{y} = 70.60 - 0.659x$$

（4）$x = 80$ 代入方程，得 $\bar{y} = 17.9$。

5. $r = 0.915$，表明选手赛道排位名次和最终比赛名次之间高度正相关。

6.（1）$n = 11$。

（2）由 $P = 0.0114$，说明在 5% 的显著性水平下回归模型成立，在 1% 的显著性水平下则不能成立。

（3）根据自变量居民收入前系数的 P 值 0.0114，表明居民收入能够显著解释旅游消费支出。

（4）自变量前的系数 0.106667 代表的含义是居民收入每增加 1 元，则旅游消费支出平均增加 0.106667 元。

（5）以自变量居民收入预测旅游支出，平均误差为 319.3428 元。

7.（1）$\hat{\beta}_0 = 396.25$ $\hat{\beta}_1 = 3.01$ $\hat{\beta}_2 = 43.34$

（2）$F = 264.47$，对应的显著性水平为 2.16E-9，说明方程显著成立。

（3）两个自变量均能通过显著性检验，管理层的上述假设显著性成立。

（4）依据回归结果预测，在一个拥有 1000 万人口、居民人均收入达到 40000 元的城市，公司产品的销售额平均为 5296.4 万元，如果该城市人口规模不变，居民人均收入上升 10% 时，理论上销售额平均提高 189.3 万元。

第九章

1. $\chi^2 = \sum\limits_{i=1}^{r} \sum\limits_{j=1}^{c} \dfrac{(n_{ij} - E_{ij})^2}{E_{ij}} = 3.19$； $\chi^2_{0.05}(4) = 9.488$

3.19<9.488，可以认为被调查者的文化程度与驾乘体验无关联。

2. 计算成绩均值和标准差。

$$\bar{x} = \frac{\sum x}{n} = \frac{3624}{52} = 69.69 \quad s = \sqrt{\frac{\sum(x - \bar{x})^2}{n-1}} = \sqrt{\frac{5719.08}{51}} = 10.59$$

作出如下假设：

H_0：成绩服从均值为 69.69，标准差为 10.59 的正态分布；

H_1：成绩不服从均值为 69.69，标准差为 10.59 的正态分布。

将正态分布划分为 10 个等概率区间，找出成绩分组的组限，按组限对成绩进行分组，统计各组频数 f_i，并计算期望频数 e_i，在此基础上计算 χ^2 值，结果为 7.61。

查卡方分布表，右尾概率 0.05、自由度 7 的 χ^2 值为 14.07，大于 7.61，落在接受域，因此，不能拒绝 H_0，表明成绩服从正态分布。

3. 使用 SPSS 工具，进行 W 检验和 D 检验，结果如下：

	Kolmogorov–Smirnov			Shapiro–Wilk		
	统计量	df	Sig.	统计量	df	Sig.
成绩	0.117	52	0.072	0.956	52	0.053

本题中，W 检验和 D 检验统计量对应的尾部（Sig.）概率均小于 0.05，表明数据服从正态分布，但 D 检验 Sig. 更大，由于样本容量为 52，属于小样本，W 检验结果更准确。

4. 使用 SPSS 工具，以 75 分作为两组割点，进行符号转换，检验结果如下：

		类别	N	观察比例	检验比例	精确显著性（双侧）
成绩	组 1	≤75	37	0.71	0.50	0.003
	组 2	>75	15	0.29		
	总数		52	1.00		

显著性为 0.003，小于 0.05，拒绝中位数为 75 分的假设（原假设为中位数≥75）。可以认为，本次线下测试成绩中位数低于 75 分。

第十章

7. 第二季度全部员工平均人数 = （421/2+430+438+439/2）= 432.67 人

第二季度生产工人平均人数 = （355/2+351+352+348/2）= 351.50 人

第二季度生产工人占全部员工平均比重 = 351.50/432.67 = 81.24%

8. （1）略。

（2）采用简单一次指数平滑法，α 取 0.9 时预测的绝对平均误差为 192.61 千人。预测 2022 年底该地区工会成员人数 15506 千人。各期预测人数略。

（3）对序列配合直线趋势模型，利用模型求各年份年底该地区工会成员人数，计算绝对平均误差，为 190.25 千人，误差与上述简单一次指数平滑方法接近。

9. （1）以 $t=1$，2，…，28 分别对应 2016 年第一季度至 2022 年第四季度，直线模型为 $54.825+0.376t$，标准误差 4.049，二次抛物线模型为 $48.276+1.686t-0.045t^2$，标准误差 3.049，从拟合效果比较，二次抛物线模型优于直线模型。

（2）采用 4 项二次移动平均得到序列 M，M 消除了季节和不规则变动，用原序列 Y 除以 M 剔除趋势后得到序列 F，在 F 序列的基础上求得各季度的季节指数分别为 $S_1 = 99.73\%$、$S_2 = 99.01\%$、$S_3 = 100.89\%$、$S_4 = 100.37\%$，从季节指数判断，存在轻微的季节变动。

（3）按上述 t 值编码，2024 年第四季度 t 值为 36，选用二次抛物线作为长期趋势成分 T，$T = 48.276+1.686t-0.045t^2 = 50.6$；$Y' = T \times S_4 = 50.6 \times 100.37\% = 50.8$。得到 2024 年第四季度销售额为 50.8（百万元）。

（4）预测绝对平均误差为 2.68（百万元）。

第十一章

2. （1）水、电、气价格个体指数分别为 110.0%、104.3%、117.3%。

（2）三种生活必需品价格帕氏指数 107.1%，说明价格总体上涨 7.1%。

（3）三种生活必需品消费量的拉氏指数 106.1%。

（4）该居民户在价格调整后与调整前相比，三种生活必需品方面的总支出增加 656.2 元，其中，由于价格调整增加的部分为 362.2 元。

（5）水价上调增加支出 108 元，电价上调增加支出 144 元，燃气增加支出 110.2 元。

3. （1）计算三种产品单位成本总指数 98.50%，说明三种产品单位成本平均下降 1.5%。

（2）总成本指数 101.76%，单位成本总指数 98.50%，产量总指数 103.31%。

（3）报告期总成本增加 71180 万元，产量增加致使总成本增加 133700 万元，由于报告期采取的降低单位成本举措共为公司节约成本 6252 万元。

（4）由于 B 产品单位成本下降而节约总成本 56000 万元。

4．（1）四种商品的销售额总指数为 10660/9760＝109.2%，说明四种商品销售额总体增长了 9.2%，增加的绝对额为 900 万元。

（2）计算四种商品的物价总指数为 10660/10417.1＝102.3%，由于价格整体上涨使销售额增加 10660－10417.1＝242.9 万元。

（3）四种商品的销售量总指数为 109.2%/102.3%＝106.7%，由于销售量整体增加使销售额增加（900－242.9）＝657.1 万元。

5．（1）熟练工人的比重由基期的 38.71%提高到报告期的 82.35%，两类工人的工资水平各提高了 10%。

（2）总平均工资指数＝3222.35/2754.84＝116.97%，所有工人平均工资整体增加 467.51 元。

（3）总平均工资的结构影响指数 2929.41/2754.84＝106.34%，由于熟练工人比重整体提高，使全部工人平均工资提高 6.34%，增加的绝对额为 174.57 元。

（4）总平均工资的固定构成指数＝3222.35/2929.41＝110.00%，表明两类工人工资水平平均提高 10.00%，由于工资水平提高使工人平均工资整体增加 292.94 元。

（5）虽然所有工人平均工资提高 16.97%，绝对额增加 467.51 元，但其中工资水平提高仅使全体工人平均工资提高 10.00%，绝对额增加 292.94 元，另有 174.57 元是由于熟练工人比重提高增加的。

第十二章

略

第十三章

略

第十四章

略

参考文献

［1］袁卫，庞皓，贾俊平，杨灿．统计学（第5版）［M］．北京：高等教育出版社，2019．

［2］曾五一，朱平辉．统计学［M］．北京：机械工业出版社，2012．

［3］向蓉美，王青华，马丹．统计学（第2版）［M］．北京：机械工业出版社，2017．

［4］贾俊平，何晓群，金勇进．统计学（第8版）［M］．北京：中国人民大学出版社，2022．

［5］宋廷山，葛金田．统计学——以Excel为分析工具［M］．北京：北京大学出版社，2011．

［6］贾俊平．统计学基础（第5版）［M］．北京：中国人民大学出版社，2020．

［7］谢家发．调查数据分析［M］．郑州：郑州大学出版社，2011．

［8］李红松，邓旭东，殷志平，刘俊武，李洪斌．统计数据分析方法与技术［M］．北京：经济管理出版社，2014．

［9］李子奈，潘文卿．计量经济学（第5版）［M］．北京：高等教育出版社，2020．

［10］周玉敏，邓维斌．SPSS16.0与统计数据分析［M］．成都：西南财经大学出版社，2009．

［11］何晓群．多元统计分析（第5版）［M］．北京：中国人民大学出版社，2019．

［12］汪冬华．多元统计分析与SPSS应用［M］．上海：华东理工大学出版社，2010．

［13］王雪华．管理统计学——基于SPSS软件应用（第2版）［M］．北京：电子工业出版社，2014．

［14］徐国祥．统计学［M］．上海：上海人民出版社，2007．

［15］戴维·R. 安德森，丹尼斯·J. 斯威尼，托马斯·A. 威廉斯，杰弗里·D. 卡姆，詹姆斯·J. 科克伦. 商务与经济统计（第 13 版）［M］. 北京：机械工业出版社，2020.